"大国三农"系列规划教材 高等学校"十四五"农林规划新形态教材

种子生产学

（第2版）

主编 王建华 张春庆 顾日良

U0212928

高等教育出版社·北京

内容提要

本教材共 10 章,内容包括:绪论,品种审定、登记和新品种保护,种子生产基本原理,自花授粉农作物种子生产,异花授粉农作物种子生产,常异花授粉农作物种子生产,无性繁殖农作物种子生产,蔬菜种子生产技术,牧草种子生产技术,其他植物种子种苗生产技术和种子生产的认证体系。本教材由中国农业大学农学院种子科学与技术研究中心组织协调,邀请目前已开办种子专业的农林院校的任课教师进行编写。本教材紧紧围绕本科教学要求,以崭新的视角看待种子生产学问题,既借鉴国外种子生产发展的先进经验,又密切结合现阶段中国的种子生产发展实际情况,以种子生产的基本理论为基础,拓宽种子生产的概念与内涵,增加种子生产的品种经济学寿命、种子生产认证、新品种保护等内容。

本教材适合作为高等农林院校农学专业及种子专业的本科生教材,也可供其他有关专业研究人员和农业科技工作者参考。

图书在版编目(CIP)数据

种子生产学 / 王建华,张春庆,顾日良主编 . --2
版 . -- 北京:高等教育出版社,2020.12
ISBN 978-7-04-055240-9

Ⅰ . ①种… Ⅱ . ①王… ②张… ③顾… Ⅲ . ①作物育
种 Ⅳ . ① S33

中国版本图书馆 CIP 数据核字(2020)第 215424 号

Zhongzi Shengchanxue

策划编辑 孟 丽   责任编辑 赵晓玉   封面设计 张 楠   责任印制 耿 轩

出版发行	高等教育出版社	网 址	http://www.hep.edu.cn
社 址	北京市西城区德外大街4号		http://www.hep.com.cn
邮政编码	100120	网上订购	http://www.hepmall.com.cn
印 刷	固安县铭成印刷有限公司		http://www.hepmall.com
开 本	787mm×1092mm 1/16		http://www.hepmall.cn
印 张	20.75	版 次	2006 年 1 月第 1 版
字 数	520 千字		2020 年 12 月第 2 版
购书热线	010-58581118	印 次	2020 年 12 月第 1 次印刷
咨询电话	400-810-0598	定 价	50.00 元

数字课程（基础版）

种子生产学

（第2版）

主编　王建华　张春庆　顾日良

种子生产学（第2版）

　　种子生产学（第2版）数字课程，是与教材一体化设计的配套教学资源，是教材的有利补充。本数字课程内容有彩图、全书参考文献、中英文对照等，可供学生进行自主学习，提升教学效果。

| 用户名: | 密码: | 验证码: | 5360 | 忘记密码？ | 登录 | 注册 |

http://abook.hep.com.cn/55240

扫描二维码，下载Abook应用

《种子生产学》第 2 版编委会

主　编　王建华　张春庆　顾日良
副主编　赵光武　李　岩　杜雪梅
编　者　绪　论　王建华（中国农业大学）
　　　　　　第一章　邓　超（农业农村部植物新品种测试中心）
　　　　　　第二章　赵光武（浙江农林大学）　　　　李　岩（山东农业大学）
　　　　　　　　　　孙爱清（山东农业大学）　　　　杜雪梅（中国农业大学）
　　　　　　第三章　唐启源（湖南农业大学）　　　　孙　群（中国农业大学）
　　　　　　　　　　麻　浩（南京农业大学）
　　　　　　第四章　张春庆（山东农业大学）　　　　吴承来（山东农业大学）
　　　　　　　　　　顾日良（中国农业大学）
　　　　　　第五章　石书兵（新疆农业大学）
　　　　　　第六章　马守才（西北农林科技大学）
　　　　　　第七章　汪国平（华南农业大学）
　　　　　　第八章　顾日良（中国农业大学）
　　　　　　第九章　王建华（中国农业大学）　　　　顾日良（中国农业大学）
　　　　　　　　　　孙　群（中国农业大学）　　　　杜雪梅（中国农业大学）
　　　　　　第十章　王建华（中国农业大学）　　　　李　莉（中国农业大学）

《种子生产学》第 1 版编委会

主　编　王建华　张春庆

副主编　姚大年　高荣岐　王　倩　张文明

编　者　绪　论　王建华（中国农业大学）

第一章　金文林（北京农学院）

第二章　高荣岐（山东农业大学）

第三章　孙　群（中国农业大学）　　　姚大年（安徽农业大学）

　　　　郑芝荣（莱阳农学院）

第四章　张春庆（山东农业大学）　　　张文明（安徽农业大学）

　　　　侯建华（内蒙古农业大学）

第五章　梅四卫（河南农业大学）

第六章　马守才（西北农林科技大学）

　　　　梁康靖（福建农业大学）

第七章　王　倩（中国农业大学）

第八章　康玉凡（中国农业大学）　　　张文明（安徽农业大学）

第九章　梁康靖（福建农业大学）　　　侯建华（内蒙古农业大学）

　　　　王建华（中国农业大学）　　　王　倩（中国农业大学）

　　　　高荣岐（山东农业大学）　　　孙　群（中国农业大学）

第十章　王建华（中国农业大学）

第 2 版前言

种子是农业生产最基本的生产资料，只有生产出高质量的种子并用于农业生产，才可以保证丰产丰收，而高质量种子生产取决于优良品种和先进的种子生产技术。

种子生产学是种子科学与工程本科专业的骨干课程，在构建学生完善的专业知识体系中具有重要地位。《种子生产学》第 1 版于 2006 年由高等教育出版社出版，得到众多农业院校使用，深受师生欢迎。但是该教材已经出版 15 年，期间我国种业得到迅猛发展，种子科学与技术在农业农村部（原农业部）行业公益专项的支持下，种子生产学领域涌现出很多新理论、新技术、新手段，教材中的部分内容已显陈旧，大家在使用中也提出了一些修改建议，促成了我们对该教材的修订。

全书基本保持了第 1 版的结构。根据农作物、蔬菜、草类、花卉、林木和中药材种子生产中的共性问题，首先介绍了品种审定、登记、新品种保护以及种子生产的基本原理；然后分别以自花授粉农作物、异花授粉农作物、常异花授粉农作物、无性繁殖农作物、蔬菜、牧草以及其他植物种子种苗生产技术展开论述，介绍了水稻、小麦、玉米、油菜、棉花、马铃薯等主要农作物以及蔬菜、草类、花卉、林木和药用植物共 30 多种植物种子生产技术；最后介绍了国际种子生产中的两大认证制度。在第 1 版的基础上，本版绪论补充了近年来种业领域发展的大事件。第一章补充完善了种业知识产权与新品种保护的内容，第二章增加了种子发育和杂种优势的理论，第三章增加了水稻种子高活力生产技术和第三代杂交水稻种子生产技术，第四章增加了玉米种子高活力生产理论与玉米种子生产 SPT 技术，第五章增加了棉花种子高活力生产技术，第七章增加了菜豆种子生产技术，第八章增加了牧草种子生产基本特点，第十章更新了中国种子认证的概念和现状。

本教材注重系统性、科学性和先进性相结合，内容覆盖面广，既可作为高等院校种子科学与工程专业学生的教材，也可作为相关领域农业科技人员的参考书。由于信息技术、生物技术等相关技术发展突飞猛进，而编者的认识与知识水平有限，疏漏甚至错误之处在所难免，恳请广大读者提出宝贵意见，以便进一步修改完善。

编　者
2020 年 11 月

第 1 版前言

目　录

参考文献

中英文（拉丁）对照

绪　　论

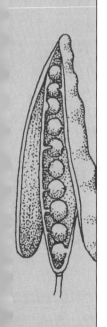

学习要求

　　掌握种子生产、品种和良种的概念。熟悉品种的种子生产四级程序，了解中国种子生产方式及种业现代化发展趋势。

一、种子生产的意义和任务

种子是农业生产的基本生产资料，也是农业生产发展的重要条件。农业生产水平的高低在很大程度上取决于种子质量的高低，因为使用高质量的种子有助于减少农业生产劳动力的投入和保证粮食丰产丰收。优质种子的生产取决于优良品种和先进的种子生产技术。种子生产是作物育种工作的延续，是育种成果在实际生产中进行推广转化的重要技术措施，是连接育种与农业生产的核心技术；没有科学的种子生产技术，育种家选育的优良品种的增产特性将难以在生产中得到发挥。因此，一个优良品种要取得理想的经济效益，在具有良好的符合农业生产需要的遗传特性和经济性状的同时，还必须有数量足、质量高的良种（大田用种）。种子生产就是将育种家选育的优良品种，结合作物的繁殖方式与遗传变异特点，使用科学的种子生产技术，在保持优良种性不变、维持较长经济寿命的条件下，迅速扩大繁殖，为农业生产提供足够数量的优质种子。

种子生产是一项极其复杂和严格的系统工程。广义的种子生产包括新品种选育和引进、区试、审定、育种家种子繁殖、良种种子生产、收获、清选、包衣、包装、贮藏、检验、销售等环节。狭义的种子生产包括两方面任务：一是加速生产扩繁新选育或新引进的优良品种种子，以替换原有的老品种，实现品种更换；二是对已经在生产中大量使用的品种，有计划的利用原原种生产出遗传纯度变异最小的生产用种，进行种子更换。种子的清选、包衣、包装、贮藏、检验、销售等环节将列入种子贮藏加工学、种子检验学和种子经营管理的范畴，因此本教材的内容基本集中在狭义种子生产的范畴。

本教材主要内容包括：绪论；第一章，品种审定、登记和新品种保护；第二章，种子生产基本原理，如作物的繁殖方式、种子发育、品种防杂保纯等原理；第三章，自花授粉农作物种子生产，包括水稻、小麦、大豆常规品种与杂交种子生产；第四章，异花授粉农作物种子生产，包括玉米、油菜和向日葵的亲本种子与杂交种种子生产技术；第五章，常异花授粉农作物种子生产技术，包括棉花、高粱常规品种与杂交种种子生产技术；第六章，无性繁殖农作物种子生产，包括马铃薯、甘薯及甘蔗的种薯或种苗生产技术；第七章，蔬菜作物种子生产技术，包含十字花科、茄科、葫芦科和豆科等蔬菜种子生产技术；第八章，牧草种子生产技术，包括豆科牧草、禾本科牧草、草坪草种子生产技术；第九章，其他植物种子种苗生产技术，如烟草、甜菜、花卉林木、药用植物等种子或种苗生产技术；第十章，种子生产的认证体系，介绍目前国际流行的种子生产认证管理体系。

本课程的主要目的是要求学生在学习遗传学、作物育种学和作物栽培学的基础上，进一步了解不同作物的开花生物学与繁殖特性，学习和掌握种子生产的基本原理、生产技术系统及各类作物种子生产的技能。

二、种子、品种和良种的概念

（一）种子的概念

种子是指能够发育成新植物个体的生物组织器官。从植物学概念上理解，种子是指有性繁殖的植物经授粉、受精，由胚珠发育而成的繁殖器官，主要由种皮、胚和胚乳三部分组成。种皮是包围在胚和胚乳外部的保护构造，其结构及内部不同组分的化学物质对种子的休眠、寿命、发芽、种子处理措施及干燥、贮藏等均发生直接和间接的作用，种皮上的色泽、花纹、茸毛等特征，可用来区分作物的种类和品种；胚是种子的最核心部分，在适宜的条件下，能迅速发芽生长成正常植株，直到形成新的种子；胚乳是种子营养物质的贮藏器官，有些植物种子胚乳在种子发育过程中被胚吸收，成为无胚乳种子，其营养物质贮藏于胚内，特别是子叶内。

从农业生产的实际应用来理解，凡可用作播种材料的任何植物组织、器官或其营养体（如马铃薯块茎）的一部分，能作为繁殖后代用的都称为种子。农业上的种子具有比较广泛的含义，为了区别植物学的种子，亦可称其为"农业种子"。农业种子一般可归纳为三大类型：①真种子，即植物学上所称的种子，它是由母株花器中的胚珠发育而来，如豆类、棉花、油菜、烟草等作物的种子。②植物学上的果实，内含一粒或多粒种子，外部则由子房壁发育的果皮包围，如禾本科作物的小麦、黑麦、玉米、高粱和谷子等种子都属颖果；荞麦、向日葵、苎麻和大麻等种子是瘦果；甜菜种子是坚果等；③营养器官，主要包括根、茎及其变态物的自然无性繁殖器官，如甘薯的块根、马铃薯的块茎、甘蔗的茎节芽和葱（蒜）的鳞茎、某些花卉的叶片等。

（二）品种的概念

品种是人类长期以来根据特定的经济需要，将野生植物驯化成栽培植物，并经长期的培育和不断地选择而形成的或利用现代育种技术所获得的具有经济价值的作物群体，不是植物分类学上的单位，也不同于野生植物。品种群体中每一个体具有相对整齐一致的、稳定的形态特征和生理、生化特性，即具有特有的遗传特性；而不同品种间的特征、特性，彼此不完全相同并能互相区别。品种是一种重要的生产资料，能在一定的自然、栽培条件下获得高而稳定的产量和品质优良的产品，满足农业生产和人类生活的需要。

品种是在一定的生态条件下选育而成的，具有地区适应性。因此种子生产也要考虑生态条件的适应性，进行因地制宜制种。不同品种的适应性有广有窄，但没有任何一个品种能适应所有地区。不同的生态类型地区所种植的品种不同，即使在同一地区，由于地势、土壤类别、肥力水平等存在差异，所种植的品种也各不相同。在农业生产上，应根据当地的生态与经济条件来选择相应的品种。

品种的利用有时间性。任何品种在生产上利用的年限都是有限的。每个地区，随着经济、自然和生产条件的变化，原有的品种便不再适应，因此必须不断地进行新品种的选育研究，不断地选育出新的接替品种，以满足农业生产对品种更换的需求。

品种根据其来源于自然变异与人工变异，可将其分为农家品种（farmers' variety，FV）与现代品种（modern variety，MV），或者传统品种（traditional variety，TV）与高产品种（high yielding variety，HYV）。一般而言，农家品种与传统品种均是指在当地的自然和栽培条件下，经过自然的长期进化而来或者经农民长期的选择和培育而来的品种；现代品种与高产品种则是通过人工杂交等各种育种方法选育的、符合现代农业生产需要的品种。现代品种一般具有高产、抗病、优质等特点。

（三）良种的概念

良种与品种的概念不同。良种是指优良品种的优质种子。一般认为，良种是经过审定定名的品种符合一定质量等级标准的种子。优良品种和优质种子是密切相关的。优良品种是生产优质种子的前提，一个生产潜力差、品质低劣的品种，繁殖不出优质的种子，不会有生产价值；但是，一个优良品种如果由于存在繁殖缺陷或障碍而难以繁殖生产出优质的种子，如种子产量低、纯度不够高、不耐逆境出苗、易感染病虫害等，也无法充分在生产上发挥其生产潜力和作用。

从目前我国各地的农业生产及经济发展来看，一个优良品种应具备高产、稳产、优质、多抗、成熟期适当、适应性广、易于种植和栽培管理等特点。高产是一个优良品种必须具备的基本条件。但单纯认为高产就是好品种的看法也不全面。随着生产和人民生活水平的提高，不仅要求农产品的数量多，而且还要求质量好。因此，良种除应具备稳定遗传的产量和优良的品种特性外，还要具备较强的抵抗各种自然灾害（如病、虫害，霜、冻害，以及旱、涝、盐、碱等）的能力和对当地及不同地区自然条件（气候条件、土壤条件、耕作制度和栽培条件）的适应能力，品种的抗逆性、适应性以及稳定性是充分发挥良种高产、稳产和优质潜力的必要条件和保证。

优良品种必须具备的条件是多方面的，且各方面是相互联系的，一定要全面衡量，不能片面地强调某一性状，性状间要能协调，以适应各种环境条件。但是，要求一个优良品种的各个性状都十全十美也不现实。优良品种在主要经济性状和适应性方面是好的，在另一些性状上还可能存在缺点，但这些缺点的程度轻，或属于次要的性状，可以通过栽培措施予以克服或削弱。因此，品种的选择要着眼于它在整个农业生产或国民经济中的经济效益。比如，有些品种特别早熟，产量并不高，但能给后季安排一个早茬口，可提高全年的总产量；又如，在麦棉两熟地区，选育早熟、优质的棉花品种作为麦后棉或麦套棉，这样即使棉花本身的产量稍低些，但可缓解粮、棉争地的矛盾，也会受到欢迎。目前各地都在推广优质小麦品种，它们的产量可能稍低，但由于人民生活水平的提高，对优质麦的需求量增加，优质小麦可以优价销售，同样也受到群众的欢迎。优质的油菜、大豆、花生、向日葵等油料作物品种的子粒产量也可能稍低些，但其子粒的含油量高时，相对经济效益较高，这样的品种也会受到欢迎。

良种是优良品种的繁殖材料——种子，应符合纯、净、壮、健、干的要求。

纯：是指种子纯度高，没有或很少混杂有其他作物种子、其他品种或杂草种子；特征特性符合该品种种性和国家种子质量标准中对品种纯度的要求。

净：是指种子的净度好，即清洁干净，不带有病菌、虫卵；不含有泥沙、残株和叶片等杂质，符合国家种子质量标准中对品种净度的要求。

壮：是指种子饱满充实、千粒重和容重高；发芽势、发芽率高，种子活力强，发芽、出苗快，出苗健壮、整齐，符合国家种子质量标准中对种子发芽率的要求。

健：是指种子健康，不带有检疫性病虫害和危险性杂草种子。符合国家检疫条例对种子健康的要求。

干：是指种子干燥、含水量低，没有受潮和发霉变质，符合国家种子质量标准中对种子水分的要求，能安全贮藏。

为了使生产上能获得优质的种子，国家技术监督局发布了农作物种子质量国家标准。根据种子质量的优劣，将常规种子和亲本种子分为育种家种子、原种和良种三个层次；良种又划分为大田用种一代和大田用种二代。将杂交种种子分为一级和二级。各级原、良种均必须符合国家规定的质量标准。

三、种子生产的种类

种子生产的种类与播种材料的生物学特性有关。根据目前栽培植物种类划分，播种材料主要有农作物种子、蔬菜种子、牧草种子、林木花卉种子种苗以及中药材种子种苗等。各类播种材料的品种选育水平不同，采取的主要种子生产方式也不同。但是一般的种子生产种类主要分为品种的种子生产、杂交种的种子生产和无性繁殖材料的种子生产三类。

（一）品种的种子生产

1. 育种家种子生产

育种家种子（breeder's seed）是育种家育成的遗传性状稳定、特征特性一致的品种或亲本组合的最初一批种子，即育种者育成品种的原始种子。育种者可以是一个单位，也可以是一个育种家个人。育种家种子的生产是在育种者亲自掌握和指导下进行的一个世代（原原种）或者两个世代（原种）的高纯度的种子生产。育种家种子的一般标准为：性状典型一致，生长整齐一致，纯度高；生长势、抗逆性、丰产性等不降低，杂交种亲本原种的配合力保持原有水平，或者略有提高；种子的播种品质要求纯度、净度、发芽率和活力高，粒重均匀度高，种子无病虫危害等。

2. 基础种子的生产

利用育种家种子直接繁殖生产的种子称为基础种子（foundation seed），它是育种家种子的后代。基础种子一般是由育种者或者取得授权的种子公司或者其他获得授权的种子生产专业户来生产。基础种子的繁殖数量以满足进一步繁殖合格种子与大田生产用种数量的需求而定。同时基础种子要求具备与育种家种子同样的播种品质，在种子纯度上应尽可能接近育种家种子。

3. 合格种子的生产

利用基础种子进一步繁殖的种子称为合格种子。一般是在得到授权的种子生产商的监控下进行繁殖生产。合格种子根据不同用途又分为合格种子一代与合格种子二代。种子的纯度要求基本与基础种子一致。

4. 生产用种的生产

大田生产用种的生产既可以是由合格种子直接生产，也可以将足够数量的合格种子直接用于大田生产。

这几种类型种子的生产在不同国家都按照一个品种的不同繁殖世代来进行划分。美国根据种子繁殖世代划分为育种家种子、基础种子、登记种子（registered seed）和认证种子（certified seed）。英国划分为未认证的前基础种子（uncertified pre-basic seed）（仅用于玉米种）、育种家种子、前基础种子（pre-basic seed）、基础种子（basic seed）、认证一代种子（certified seed of the first generation）、认证二代种子（certified seed of the second generation），在蔬菜种子中单独划分了一个类别称为标准种子（standard seed）。法国、德国、波兰的种子分类与英国基本相同，也是以四个世代为主，但根据不同作物类别在细化程度上有细微差别。我国的种子生产目前划分为育种家种子、原种和良种三级，良种又可以划分为大田用种一代、大田用种二代。各世代种子生产繁殖步骤见图0-1。

（二）杂交种的种子生产

杂交种（hybrid）的种子生产分为两大类，一类是由不同自交系或者品种杂交而成；另一类是由不育系与恢复系杂交而成。因此，在杂交种的生产中，不仅要生产杂交种，而且要生产自交系或者三系，即不育系、保持系和恢复系。杂交种子生产是一个复杂的生产系统，不同植物品种的杂交种生产模式也是不同的，如玉米主要以单交种为主，水稻以三系和两系杂交为主，其他一些自花授粉植物的杂交种生产往往采用人工去雄等方法。此外，由于亲本间基因型差异较大，花粉的传播能力，以及花粉对温度、光照、土壤条件的反应各不相同，因此隔离、雌雄株花期调控等技术环节对于杂交种的生产可能有所不同，

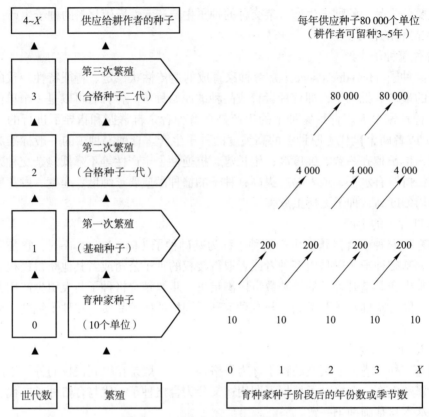

图 0-1　种子生产的各个步骤

假设：①栽培品种是自花授粉和新发放的

②育种者拥有 10 个单位的种子

③繁殖系数 = 20

但都非常关键。后面的章节中将针对不同的植物进行详细叙述。同时，杂交种种子交易在种子的交易中占主导地位，因此杂交种种子生产是国内外种子公司的主要生产任务。

（三）无性繁殖材料的生产

以营养体如块根、块茎、芽、茎等作为播种材料的种苗生产称为无性繁殖材料生产。一般情况下，马铃薯、大蒜、果树苗木以及部分花卉物种多采用组织技术进行生产。由于营养体带病毒会造成产量降低，在组织培养的过程中往往需进行脱毒处理。组织培养生产无性繁殖材料无毒种苗的技术已经在生产上广泛应用。

四、种子生产体系的发展

（一）种子生产体系发展的一般过程

一切现代农业技术、农艺措施都是直接或者间接地通过种子这一载体在农业生产中发挥作用。种子生产水平在一定程度上代表一个国家的农业科技水平，因此受到世界各国的高度重视。由于各国科技与经济发展的不平衡，其种子生产体系发展水平各不相同。但是 Douglas（1980）与 Morris（1998）指出，各国的种子生产发展均要经历相同的过程。他们对种子生产体系的发展阶段，分别提出了不同的划分标准与方法。例如，Douglas 从种子工业发展的组织形式变化将种子工业的发展过程划分为以下四个阶段。

阶段一：存在一些育种单位与组织，这些育种单位或组织繁殖少量的种子并散发给少数的农户种植。

阶段二：种子仍由育种单位组织繁殖，但种子的散发则由经过挑选的承担种子繁殖任务的农户承担，而在市场上仅有少量的种子销售。

阶段三：国家制定了一系列有关种子工业发展、种子生产、种子销售、质量控制、签证、培训等的政策，这些政策被有效地执行。

阶段四：国家的种子政策经常被修订，其注意力放在发展和强化商品种子的生产与销售上，有关种子的法律已被确立，各种培训活动经常进行，并建立了与其他有关组织和单位的联系。

然而，随着有关种子研究、生产与供应的国际合作的增加，除了一些国际合作组织对种子生产、科研与供应的作用外，一些集新品种选育科研、种子生产与销售为一体的跨国公司对国际种子市场的作用越来越大，一些国家农业生产使用的种子主要依赖于这些公司的供应。与此同时，各国国内的种子科研、生产与供应情况也发生了相应的变化，一些发达国家相关政府公共组织参与种子生产的活动逐渐被削弱，而一些私人组织的种子经营活动则越来越强。为此，Morris（1998）依据技术发展、经济学、组织理论与行为科学等有关理论，提出了世界种子生产体系发展的新的阶段划分方法，他将整个种子工业的发展过程划分为四个阶段，即前工业化阶段、产生阶段、快速发展阶段与成熟阶段。

1. 前工业化阶段

在该阶段，所有的种子生产、改良与散发活动均由单个农户进行，专门从事种子经营活动的组织由于缺乏生产种子的材料而很难生存。但这一时期农户的种子相互交换效率相对较高。

2. 产生阶段

随着农业生产发展对种子需求的不断增加，不断刺激与诱导了种子工业组织的形成和发展。起初，政府的公共组织承担了新品种科研、良种生产、向农户散发（包括无偿分发种子给农民、以粮换种及销售种子等）及给农户提供培训与教育等种子使用技术服务的主要任务。虽然许多这样的活动无利可图，但政府以此作为实现保障食物安全、改善公共福利或者平衡不同行业分配不平等政策目标的手段。在这种情况下，种子的价格不是取决于市场需求，而是取决于政府的政策目标。在这一阶段，农民对良种的需求压力仍较弱。有关改良品种的研究、良种的生产、种子的散发及对农民采用新品种的教育培训活动的成本，高于种子经营活动所获得的收入。商业种子公司或者私人种子经营者很难生存。

3. 快速发展阶段

随着农民对良种增产作用认识的不断增强，越来越多的农民开始购买和采用商品种子，使种子工业快速发展。政府的公共组织仍控制着育种科研活动，但商业种子公司与私人公司开始生产和销售商品种子并与公共组织竞争。很多情况下，最初的私人公司是前国有公司雇员支持或资助的小公司，这些公司往往作为公共组织种子经营活动的补充，承担一些传统的国有公共组织不经营的小规模经营项目任务。

4. 成熟阶段

当较多的农户定期更换种子时，种子销售市场则多由种子商业企业与私人公司所控制。政府的公共组织则逐渐被商业企业与私人公司所替代，公共组织不再从事种子的销售活动，由公共组织控制的一些应用育种研究活动也逐渐减少。在这一时期，种子的生产与服务活动受到市场的调节，其价格与市场需求相吻合，价格信号反映市场需求，商业企业与私人公司进行较高效率的种子生产、经营与服务活动。与此同时，公共组织的种子经营活动全部被商业企业与私人公司的相应活动所替代。但公共组织所承担的任务并未消失，将主要承担保障本国的食物安全、改善公共福利与平衡不同行业分配不平等的任务，并由原来保障种子的供应转移到加强基础研究上来。

（二）中国种子生产体系的发展

中国是一个农业大国，也是一个农业古国，早在西汉年间的《氾胜之书》中即记载了对种子的处理方法，《齐民要术》也有关于种子的叙述。罗振玉（1900 年）著《农事私议》中对种子的重要性进行了介绍："郡、县设售种所议"，建议从欧美引进玉米良种，并设立种子田"俾得繁殖，免求远之劳，而收倍徒之利"。1949 年中华人民共和国成立前夕，中央有中央农业推广委员会、中央农业实验站，省有农业改进所，各地有农事实验场，形成了种子生产体系的雏形。但是由于科技水平的局限性，只有少数单位从事主要农作物引进示范推广工作，农业生产中使用的种子多为当地农家品种，类型繁多，产量较低。中华人民共和国成立后，随着中国农村经济体制改革和商品经济的发展以及农业科学水平的快速提高，中国的种子生产体系取得了前所未有的进步。通过分析和比对国际种子生产体系的发展历程，我国的种子生产体系发展也基本沿着这条轨迹在向前发展，逐渐走向成熟。具体来说，中国种子生产体系的发展经历了五个不同的发展时期。

1. "家家种田，户户留种"时期（1949—1957 年）

中华人民共和国建立初期，种子生产基本处于家家种田、户户留种的状况。广大农村地区使用的品种和种子多、乱、杂，常常是粮种不分、以粮代种。同时由于技术落后和生产设施的简陋以及自然灾害的影响，许多农户在春季播种时没有足量的种子。原农业部根据当时的农业生产情况，要求广泛开展群选群育活动，选出的品种就地繁殖，就地推广，在农村实行家家种田、户户留种，以保证农户的基本用种需求。但是这种方式只能适用于较低生产水平的农业生产，由于户户留种，邻里串换，造成种粮不分，以粮代种，很难大幅度提高粮食单位面积产量。

2. "四自一辅"时期（1958—1978 年）

随着生产的发展，农业合作化后，集体经济得到发展，原农业部于 1958 年 4 月提出我国的种子生产推行"四自一辅"的方针，即农业生产合作社自繁、自选、自留、自用，辅之以国家调剂。同时种子机构得到充实，各级种子管理站实施行政、技术、经营三位一体。山东省栖霞县"大队统一供种"和黑龙江省呼兰县"公社统一供种"走在了全国种子生产"四自一辅"的前列，并被作为典型经验在全国推广。这种生产大队（或公社）拥有种子生产基地、种子生产队伍、种子仓库，统一繁殖、统一保管和统一供种的"三有三统一"的措施，基本解决了农村用种的问题。

在"四自一辅"的方针指导下，种子生产有了很大的发展。此方针强调种子生产的自选、自繁、自留、自用，农业生产中品种多、乱、杂的情况虽然有所改变，但未能彻底解决。农村地区种子生产还处于多单位、多层次、低水平状态。

3. "四化一供"时期（1978—1995 年）

1978 年 5 月，国务院批转了农业部《关于加强种子工作的报告》，批准在全国建立各级种子公司，继续实行行政、技术、经营三位一体的种子生产体制，并且提出我国的种子生产要实行"四化一供"的目标。即品种布局区域化、种子生产专业化、种子加工机械化、种子质量标准化，以县为单位有计划地组织统一供种。种子生产由"四自一辅"向"四化一供"转变是当时农村实行家庭联产承包责任制及商品经济发展的必然结果。以生产队为基础的三级良种繁育推广体系自然而然地开始解体，种子生产的专业化和社会化以及商品化的生产供应体系应运而生。在这一时期，有关部门制定了一系列的种子相关法规，国务院1989年3月发布了《中华人民共和国种子管理条例》，条例包括总则、种质资源管理、种子选育与审定、种子生产、种子经营、种子检验和检疫、种子储备、罚则、附则共9章。1989年12月原农业部颁布了《全国农作物品种审定委员会章程（试行）》和《全国农作物品种审定办法（试行）》。这一系列法规条例的发布，极大地促进了我国种子生产的发展，为我国种子产业的现代化发展奠定了基础。

4. 实施"种子工程"，加速建设现代化种子产业时期（1996—2000年）

随着我国经济体制由计划经济向市场经济的转变，"四化一供"的种子生产体系虽然在提高种子质量、规范品种推广、促进农业生产方面发挥了巨大的作用，但是已经不能够适应新的经济体制下农业生产对种子的需要，急需一个适应现代农业要求的种子生产新体系。为了把中国的种子生产推上国际商品竞争的舞台，在1995年召开的全国种子工作会议提出了推进种子产业化、创建"种子工程"的集体意见，并于1996年正式启动"种子工程"，写入中共中央关于制定国民经济和社会发展的'九五'计划。党的十五大和十五届六中全会将种子工程列入农业生产发展的重点。"种子工程"明确提出了我国的种子生产体系要实现四大根本转变：由传统的粗放型向集约型大生产转变；由行政区域的自给性生产经营向社会化、国际化、市场化转变；由分散的小规模生产经营向专业化的大中型或集团化转变；由科研、生产、经营相互脱节向育种、生产、销售一体化转变，从而形成结构优化、布局合理的种子产业体系和科学的管理体系，建立种子生产专业化、经营集团化、管理规范化、育繁销一体化、大田用种商品化的适应市场经济的现代化种子生产体系。

在"种子工程"的推动下，我国的种子生产体系发生了深刻的变化。1997年国务院颁布《中华人民共和国植物新品种保护条例》，1999年加入国际植物新品种保护联盟（UPOV.1978），从而建立了知识产权保护制度和国际种子贸易对接制度。2000年《中华人民共和国种子法》（以下简称《种子法》）诞生，标志着我国的种子供应由计划供种到市场经营的转变。

5. 现代种业发展阶段（2000—至今）

《中华人民共和国种子法》颁布后，2006年国务院办公厅颁布《关于推进种子管理体制改革加强市场监管的意见》，推进种子企业的政业脱钩，为构建公平竞争的种子市场环境奠定基础，促进一大批具有市场竞争力的种子公司蓬勃发展，至2011年原农业部成立种子管理局，全国从事种子生产的持证经营企业超过5 000家，种子零售商近18万家，其中农业部认证的育繁推企业91家、进出口企业100家、中外合资企业33家。众多的中小企业参与，在一定程度上造成了市场混乱和种子质量提升困难。为适应发展，农业部开展了提升中国种业竞争力的行业整顿，全国人大常务委员会在2015年对《中华人民共和国种子法》进行了修订。首先，提高了种子生产经营许可的门槛，例如两杂作物（杂交玉米和杂交水稻）种子生产企业的注册资金由过去的500万元提高到3 000万元，并提出促进繁育推一体化龙头企业发展的思路，达到促进企业的规模化发展的目的。在种子市场化日益完善的发展历程中，数量庞大的种子公司基本分化为三大战略集团：第一集团是种业上市公司，截至 2020 年有七家：隆平高科、登海种业、敦煌种业、丰乐种业、荃银高科、万向德农、神农基因，这七家上市公司的合计国内种业市场占有率为 15%。此外，2017 年中国化工集团收购了瑞士的先正达种业公司，该公司独占世界种业市场的 6%。第二战略集团是获得农业农村部育、繁、推一体化的全国性种子经营资格的种业企业近 100 家。第三战略集团是地县级的现有国有种子公司和私人小公司，随着种子产业的快速发展，这一部分种业企业将逐步成为第一或第二战略集团的分销机构或逐步退出种业市场。

（三）美国种子生产体系的发展

美国现代种子产业开始于 19 世纪，形成于 20 世纪中期，特别是杂种优势的发现和应用，促进了大规模杂交种子产业的形成。纵观美国种子产业发展历程，主要经过了以下几个历史时期。

1. 政府管理时期

1900—1930 年，种子产业刚刚兴起，优良品种尚未置于法律保护之下，种子市场运营缺乏操作基础。政府拨款给各州立大学农业试验站，培育出第一批玉米新品种。各州相继成立"作物品种改良协会"或"种子认证机构"，开始组织和实施种子认证计划，其目的是生产和销售高质量的种子。1919 年美国正式成立国际作物改良协会，其目的：一是促进认证种子的生产、鉴定、销售和使用；二是制定种子生产、储存和装卸的最低质量标准；三是制定统一的种子认证标准和规程；四是向公众宣传认证种子的益处以鼓励广泛使用。1930 年以后美国的玉米新品种大多是由州立大学和科研机构培育，政府管理下的种子认证系统成为农民获得良种的唯一途径。作物品种改良协会对提高种子质量、促进种业发展起到了重要保证作用。

2. 立法过渡时期

1930 年以后，美国通过立法实行品种保护，促进种业市场化。种子立法为种子市场提供法律制度保证，开始从以公立机构经营为主向以私立机构经营为主转变。私人种子公司主要有三类：最初的私人公司只从事种子加工、包装和销售，在此基础上逐渐演化出专业性或地域性的种子公司；一些公司靠销售公共品种起家，还有许多公司聘用育种家，培育新品种或出售亲本材料；后期出现了大型的种业公司，把研究、育种、生产和销售紧密结合起来。

3. 公司垄断时期

20 世纪 70—80 年代，私人种子公司居美国种业的主导地位，通过市场竞争，特别是高新技术引入种子产业，超额利润吸引大量工业资本和金融资本进入种业市场，使种子公司朝着大型化和科研、生产、销售、服务一体化垄断方向发展。

4. 跨国公司竞争时期

20 世纪 90 年代，种子产业最明显的是育种研究、种子生产与营销供应的国际化趋势加强，兴起集育、繁、销于一体的跨国种业集团公司，对国际种子市场垄断趋势越来越大。一些国家的种子主要依赖跨国种业公司供应，而种子公司也为实力更为雄厚的财团兼并或收购。美国的种业公司大力面向国外扩展，而欧洲一些国家的种子公司也开始进军美国，参与种子市场竞争。目前，美国发展了一大批集种子科研、生产、加工、销售、技术服务于一体的世界著名的跨国种子公司或集团，如孟山都、杜邦、迪卡等，它们的种子年贸易额达到 60 亿美元左右，每年大约生产 60 000 个品种的种子，与世界上 120 多个国家有种子贸易往来，贸易额占世界种子总贸易额的 20%。

5. 跨国公司的全产业链形成时期

经历 20 世纪初期的垄断式发展后，世界种业巨头取得了巨大成就，但随着农业生产机械化的不断发展，2015 年后出现了大公司的产业链整合，如 2017 年杜邦和陶氏益农进行重组合并，合并后该公司占据了世界种业市场 15% 的份额；2018 年德国的拜耳公司收购了美国的孟山都，合并后的"拜耳 + 孟山都"一家公司就占据世界种业市场的 20% 份额（表 0-1）。杜邦先锋和孟山都主要从事种子业务，而拜耳和陶氏益农则主要从事农化（农药和化肥）服务，此外我国的中国化工集团收购了先正达种业公司也类似于农化公司和种业公司的合并。因此，这三则合并，代表着种子公司和化肥农药公司的产业链整合，为未来种子销售及其配套的农业生产服务（如施肥和打药）一体化销售的农业生产全产业链服务奠定基础。这种全产业链整合一方面提升了企业的利润，另一方面也促进了农业生产效率的进一步提升。

表 0-1　2019 年国际种业大公司的市场份额比例

公司	市场份额	国家
拜耳 + 孟山都	20%	德国
杜邦 + 陶氏益农	15%	美国
先正达	6%	中国
利马格兰	3%	法国
蓝多湖	3%	美国
KWS	3%	德国
合计	50%	

思考题

1. 简述种子生产的主要任务。

2. 品种和良种的概念有何区别？

3. 中华人民共和国成立以来，我国种子生产体系发展可分为哪几个阶段？

4. 从杜邦和陶氏益农、拜耳和孟山都、中国化工收购先正达三个兼并事件，谈谈未来种业的发展趋势。

第一章
品种审定、登记和新品种保护

学习要求

理解、掌握品种的定义、内涵；掌握栽培品种的分类和概念；理解 DUS 测试和 VCU 测试的目的和意义，了解 DUS 测试的基本原理和流程；树立品种审定、登记是品种市场准入的理念，了解品种审定、登记的一般程序；了解新品种保护的发展历史，建立新品种保护是种业最重要的知识产权保护，以及重视、尊重、运用和维护新品种权的理念，掌握新品种权的授权条件，了解新品种权的申请、审批流程；理解新品种保护与品种审定、登记的区别联系。掌握跟踪品种审定、登记和新品种保护最新进展的技能。

引言

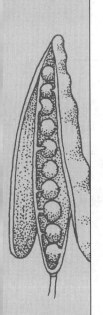

优良品种对于实现农业增产、保障粮食安全，满足消费者多样需求，以及促进农民增收、经济增长、保护环境等方面至关重要。为了保障用种安全，鼓励育种创新，我国建立了以品种审定和登记为主的品种市场准入制度，以及以新品种保护为主的种业知识产权保护制度。品种特异性（可区别性）、一致性、稳定性（DUS）测试和栽培利用价值（VCU）测试是这些制度的重要技术支持。我国早在 20 世纪 50 年代就开始开展品种区域性审定工作，20 世纪 80 年代形成品种审定制度，并逐步完善、不断改革。品种审定对保障用种安全、规范种业秩序起到了重要作用，并从客观上推动了育种创新。2015 年新修订《中华人民共和国种子法》建立起非主要农作物品种登记制度，我国品种准入的市场化迈出了关键一步。品种选育并非易事，需要大量的智力、人力、资源和时间投入，若育种成果得不到有效保护，势必会阻碍持续的育种创新。为此，国际上自 19 世纪后期就开始探索植物品种的知识产权保护，建立于 20 世纪 60 年代的《国际植物新品种保护公约》（UPOV 公约）框架下的新品种保护制度，逐渐发展为目前最主要的种业知识产权保护制度。我国于 1997 年颁布《中华人民共和国植物新品种保护条例》，1999 年 4 月 23 日加入 UPOV，开启了新品种保护工作。品种审定、登记和新品种保护共同为我国的种业发展提供了制度保障和发展动力。

第一节　品种的概念

一、品种的定义

（一）品种定义的不同形式

不同学科和领域对品种（variety）定义的表述不尽相同，各有侧重，以下为品种的部分定义。

《中华人民共和国种子法》对品种的描述：品种是指经过人工选育或者发现并经过改良，形态特征与生物学特性一致，遗传性状相对稳定的植物群体。

《国际植物新品种保护公约》（UPOV 公约）1991 年文本对品种的描述：品种是已知最低一级的植物分类单位内的单一植物类群，不论是否完全满足授予品种权的条件，该植物类群：①能够通过由某一特定基因型或基因型组合决定的性状表达进行定义；②能够通过至少一个上述性状表达，与任何其他植物类群相区别；③具备繁殖后整体特征特性保持不变的特点。

作物育种学：作物品种是在一定的生态和社会经济条件下，根据生产和生活的需要而创造的一定作物群体；它具有相对稳定的遗传性状，在生物学、经济上和形态上具有相对一致性，与同一作物的其他群体在特征、特性上有所区别；这种群体在一定的地区和耕作条件下种植，在产量、品质、适应性等方面符合生产和生活的需要。

作物栽培学：品种是指在一定时期内主要经济性状上符合生产和消费市场的需要；生物学特性适应一定地区生态环境和农业技术的要求；可用适当的繁殖方式保持群体内不妨碍利用的整齐度和前后代遗传的稳定性，以及具有某些可区别于其他品种的标志性状的栽培植物群体。品种不是植物分类学中的分类单位，而是属于栽培学上的变异类型，实际上是栽培植物的变种或变型。需要注意的是，在栽培学中，品种特指栽培品种（cultivar）。

（二）品种定义的基本内涵

虽然品种定义有不同表述，但分析其中的关键词（表 1-1）可知，品种定义有如下

表 1-1　不同品种定义中的关键词

	植物群体	形态特征和生物学特性一致	遗传性状相对稳定	具备特异性	形态特征和生物学特性
种子法					
UPOV 公约	植物类群	最低一级植物分类单元的单一植物类群	繁殖后整体特征特性保持不变	与任何其他植物类群相区别	通过性状表达进行定义
作物育种学	作物群体	相对一致性	相对稳定的遗传性状	与同一植物的其他群体在特征、特性上有所区别	特征、特性
作物栽培学	栽培植物群体	整齐度	前后代遗传的稳定性	可区别于其他品种的标志性状	性状
结论	群体概念	一致性	稳定性	特异性（可区别性）	通过性状来描述

基本内涵：首先，品种是群体概念，一株植物或者植物的某个部分不能称为品种。其次，品种都应具备 3 个基本属性，即群体内部的整齐一致（一致性）、世代间的遗传性状稳定（稳定性）、能与其他群体（品种）相区别（特异性／可区别性）。最后，品种是通过表达的性状进行描述和定义的。

二、栽培品种

（一）栽培品种分类的依据

顾名思义，栽培品种（cultivar）即有栽培利用价值的品种（variety）。但一般"cultivar"和"variety"在中文中都译作"品种"。栽培品种类型的划分是一个颇为复杂的问题，目前有关教科书或专著对栽培品种类型的划分不尽一致。究其原因，主要是划分的依据和标准不同。从不同的角度可以将植物品种划分为相应的类型或系列。

（二）栽培品种的类型及其特点

依据潘家驹的分类法，将栽培品种分为纯系品种、杂交种品种、群体品种和无性系品种四种类型。

1. 纯系品种

纯系品种（pure-line cultivar，又称定型品种）是指生产上利用的遗传基础相同、基因型纯合的植物群体，是由杂交组合及突变中经系谱法选育而成。规定纯系品种的理论亲本系数（theoretical coefficient of parentage）不低于 0.87，即具有亲本纯合基因型的后代植株数达到或超过 87%。因此，现在生产上种植的大多数水稻、小麦、大麦、大豆、花生，以及诸多蔬菜等自花授粉植物的常规品种都是纯系品种。大多数常异花授粉植物（如棉花等）品种也属于纯系品种类型。

2. 杂交种品种

杂交种品种（hybrid cultivar）亦称杂交组合，是指在严格筛选强优势组合和控制授粉条件下生产的各类杂交组合的 F_1 植株群体。由于其基因型是高度杂合的，群体又具有不同程度的同质性，所以杂种优势显著，有较高的生产力。杂交种品种不能稳定遗传，F_2 代发生基因型分离，性状整齐度降低，导致产量下降，故农业大田生产上通常只种植 F_1 代种子。

过去主要在异花授粉植物中利用杂交种品种，包括品种间杂交种和自交系间杂交种。顶交种、单交种、三交种、双交种均属于自交系间杂交种的范畴，它们之间的区别在于组配时所利用的自交系数目和杂交方式的差异。综合品种（synthetic cultivar）又称综交种，它是用多个自交系或自交系间杂交种，经充分自由授粉，混合选择而成。这几类杂交种的整齐一致性、增产效果存在差异，适用情况也不相同，详细情况见第二章中的"杂种优势"。

自花授粉植物和常异花授粉植物利用杂种优势的主要方式，是选配两个特定的优良品种获得强优势的品种间杂交种。随着雄性不育系的选育成功，解决了大量生产杂交种子的问题，为自花授粉植物和常异花授粉植物利用杂交种品种创造了有利条件，扩大了杂种优势利用的领域。我国在水稻和甘蓝型油菜杂交种品种的选育和利用方面处于国际领先地位，园艺植物白菜、洋葱、胡萝卜、三色堇等也相继育成杂交种品种。

3. 群体品种

群体品种（population cultivar）的基本特点是遗传基础比较复杂，群体内的植株基因型是不一致的。因植物种类和组成方式不同，群体品种又可分为不同类型，主要有：

（1）异花授粉植物的自由授粉品种　自由授粉品种（open pollinated cultivar）在生产、繁殖过程中品种内植株间自由随机传粉，也经常与相邻种植的其他品种相互传粉，所以群体中包含杂交、自交和姊妹交产生的后代，个体基因型是杂合的，群体是异质的，但保持着一些本品种的主要特征特性，可以区别于其他品种。例如许多黑麦、玉米、白菜、甜瓜、翠菊等异花授粉植物的地方品种都是自由授粉品种。少数果树采用实生繁殖的群体品种也属此类。

（2）自花授粉植物的杂交合成群体　杂交合成群体（composite-cross population）是由自花授粉植物两个或两个以上纯系品种杂交以后，在特定的环境条件下进行繁殖、分离并主要靠自然选择，逐渐形成的一个较稳定的群体。实际上经过若干代以后，最后形成的杂交合成群体是一个多种纯合基因型的混合群体。例如，哈兰德（Harland）大麦和麦芒拉（Mezcla）利马豆都是杂交合成群体。

（3）多系品种　多系品种（multiline cultivar）是由若干个纯系品种的种子混合后繁殖的后代群体。可以用自花授粉植物的几个近等基因系（near-isogenic line）的种子混合繁殖成为多系品种，由于近等基因系具有相似的遗传背景，只在个别性状上有差异，因此多系品种在大部分性状上是整齐一致的，而在个别性状上存在基因型多样性。一般多应用于抗病育种中，可以合成一个大部分农艺性状相似而又可兼抗多个病原物生理小种的多系品种，具有良好的效果。例如，美国抗冠锈病的燕麦多系品种、印度抗条锈病的小麦多系品种的推广应用，都曾对减轻病害发挥过作用。多系品种也可用几个无亲缘关系的自交系，把它们的种子按预定的比例混合繁殖而成。

（4）无性系品种　无性系品种（clonal cultivar）是由一个无性系经过营养器官的繁殖而成。它们的基因型由母体决定，表现型也与母体相同。许多薯类和果树品种都是这类无性系品种。如目前生产上应用的甘薯品种，桃的果用品种如上海水蜜桃、白芒蟠桃，观赏用品种如重瓣白花寿星桃、洒金碧桃等。无性系品种通过无性繁殖保持品种内个体间的高度一致，但是它们在遗传性上与杂交种品种一样，是高度杂合的。由专性无融合生殖（obligate apomixis）产生的种子繁殖的后代也属无性系品种。

第二节　品种试验

品种特异性（可区别性，distinctness）、一致性（uniformity）、稳定性（stability）（简称 DUS）测试和栽培利用价值（value for cultivation and use，VCU）测试是目前世界通行的最重要的两类品种试验。前者评价一个植物类群是否为品种，后者评价品种的优劣，两者共同为品种管理提供技术支撑。

一、DUS 测试

（一）DUS 和 DUS 测试的概念

在本章第一节中介绍了品种概念的内涵，可以得知，特异性（可区别性）、一致性和稳定性是品种的基本属性。

特异性（可区别性）是指一个植物品种有一个以上性状明显区别于已知品种。所谓

"已知品种"（variety of common knowledge）是指现有的公知公用品种。根据 UPOV 相关解释，已知品种包括品种繁殖材料或收获材料已商业化、品种描述已公开的品种。申请保护或官方登记注册的品种，如果获得授权或登记，从申请日起，也被视为已知品种。此外，对公众开放的植物园、苗圃或公园种植的活体材料也包括在已知品种内。已知品种不受国界或地理边界限制，因此范围十分广泛。根据《中华人民共和国种子法》的规定，已知品种是指已受理申请或者已通过品种审定、品种登记、新品种保护，或者已经销售、推广的植物品种。

一致性是指一个植物品种的特性除可预期的自然变异外，群体内个体间相关的特征或者特性表现一致。

稳定性是指一个植物品种经过反复繁殖后或者在特定繁殖周期结束时，其主要性状保持不变。

DUS 测试是指依据相应植物测试技术与标准（DUS 测试指南和 DUS 审查及性状描述总则等），通过田间种植试验或室内分析实验对待测品种的特异性（可区别性）、一致性和稳定性进行评价的过程。DUS 测试实际上是对品种进行定义和描述的过程，不评价品种的优劣。

（二）DUS 测试的基本步骤

DUS 测试的基本步骤见图 1-1：①接收繁殖材料；②筛选近似品种；③组织种植试验；④开展性状观测，记录性状表达状态；⑤对 DUS "三性" 进行判定；⑥编写测试报告。

由于植物性状表达受到环境影响，因此大多数作物需进行两个周期测试。但对于在可控条件下（如智能温室）和设施栽培的无性繁殖作物（如郁金香、蝴蝶兰），可只进行一个周期测试。若经两个周期测试还难以对 DUS 进行判定，可进行加测。通常，在开展第一个生长周期测试之前，测试单位根据测试申请人提供的技术问卷（含有对品种的简单描述）信息或通过 DNA 指纹数据的辅助，从已知品种库中筛选近似品种。若所筛选到的近似品种无法通过已有的记录（图片）等与待测品种明显区分，则需将近似品种与待测品种相邻种植进行对比。第一个生长周期结束后，利用第一个生长周期获得的待测品种性状描述（也可通过 DNA 指纹数据的辅助），进一步筛选近似品种，并开展第二个生

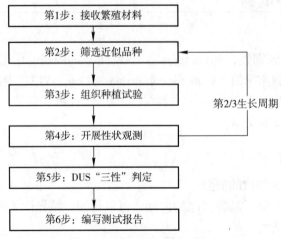

图 1-1 DUS 测试的基本步骤

长周期测试。

实际操作中，也可以在第一个周期测试中重点进行品种描述和一致性的初步评价，以及筛选近似品种，在第二个周期重点评价特异性（可区别性）。但无论采取何种策略，均以 DUS "三性"科学、准确判定为目的。

（三）DUS 测试的开展和"三性"的判定

DUS 测试的最主要目的是对植物类群的特异性（可区别性）、一致性和稳定性进行判定，从而判断一个植物类群是否为品种，是否为区别于已有品种的品种。DUS 测试主要依据不同作物的 DUS 测试指南（在我国，一般以国家标准或行业标准的形式发布）开展，同时需要配合 UPOV 相关技术文件，必要时需要辅之以各作物的 DUS 测试操作规程、拍摄规程等技术规程。在 DUS 测试指南中，规定了 DUS 测试中繁殖材料的要求、测试方法（测试周期，测试地点，田间试验设计和管理，性状观测时间、方法、数量，结果判定标准等）、性状表及其解释、技术问卷等。其中性状表是测试指南中最核心的部分，所有品种均需按照性状表及所列的观测时期和方法进行测试。对于性状表中未列入但符合 DUS 测试性状要求的性状，可以进行附加测试。附加测试一般发生在使用测试指南所列性状无法区别待测品种和近似品种，但育种人能提出两者在性状表之外的性状有区别的情况。在实际测试中，一般按照一致性、特异性（可区别性）和稳定性的顺序进行判定，当待测品种不具备一致性时，可终止测试，不再进行特异性（可区别性）和稳定性的判定。

1. DUS 测试性状

在 DUS 测试中，性状是指可遗传表达的能明确识别、区分和描述的植物的特征或特性。性状是 DUS 测试的基础。任何植物都有许多性状，有的是形态学上的特征或特性，有的生理生化学上的特征或特性。用于描述植物的性状是无穷无尽的，比如仅考虑叶片，可以用大小、形状、长度、宽度、长宽比、颜色（正面／背面，不同位置）、亮度、茸毛（正面／背面，不同位置）、叶脉（颜色、形状、分布）、锯齿、边缘、光滑度、叶柄长度、叶尖（长度、形状）、叶绿素含量等性状进行描述。DUS 测试的目的除了描述品种性状，更重要的是评价品种的 DUS "三性"（定义品种），因此并不是所有用于描述品种的性状都能用于 DUS 测试。

UPOV 的技术文件《植物新品种 DUS 审查及性状统一描述 总则》（UPOV TG/1/3）4.2.1 规定，在性状用于 DUS 测试或者形成品种描述之前，其表达必须满足以下基本要求：①是特定的基因型或者基因型组合作用的结果；②在特定环境条件下是充分一致和可重复的；③在品种间表现出足够的差异，能够用于确定特异性；④能够准确描述和识别；⑤能够满足一致性的要求；⑥能够满足稳定性的要求，即经重复繁殖或者在每一个繁殖周期结束后，其结果是一致的和可重复的。只有同时满足这 6 条要求的性状，才可以作为 DUS 测试性状。

有些性状对于农业生产十分重要，但由于不满足上述要求，因此不能用于 DUS 测试，最典型的便是"产量"。这是因为产量虽然满足条件①，但其受环境（光照、温度、水分、肥料等）、栽培模式（如种植密度）等影响较大，难以满足条件②，且在 DUS 测试条件下（小区）产量难以准确定义和识别。另外，品种间的产量变异是否足够大可用以判定特异性、同一品种内不同植株间的"产量"（若能测量）是否足够一致均难以判断，因此产量无法作为 DUS 测试性状。

2. 特异性（可区别性）的判定

根据特异性（可区别性）的定义可以看出，要判定某个待测品种具备特异性（可区别性），需要其与所有已知品种均有明显区别。明显区别是指"方向一致，且明显的"区别。由于已知品种范围十分广泛，实际中不可能将待测品种与世界上所有其他品种进行比较，因此需要建立已知品种库，尽可能多地收集已知品种，以尽量避免将不具备特异性（可区别性）的品种误判为具备特异性（可区别性）。已知品种库包括数据库和实体库，数据库包括图像、性状描述，实体库包括种子（对于有性繁殖植物）、植株（对于无性繁殖植物）。在实际测试中，已知品种库也可能十分庞大，难以将待测品种与已知品种库里的品种——比较，常常需要进行近似品种的筛选。所谓近似品种（similar variety），是指与待测品种特征特性最相近的品种。在近似品种筛选合适的前提下，当待测品种与近似品种有明显区别时，即可判定该品种具备特异性（可区别性）。因此，特异性（可区别性）判定的关键是构建完善的已知品种库，以及进行科学有效的近似品种筛选。在测试时，只有那些无法通过图像、数据明显区分的品种，才有必要作为近似品种与待测品种进行肩并肩田间种植试验，并根据 DUS 测试指南中所列性状或附加性状进行比较。

3. 一致性的判定

一致性是对品种内部变异程度的评价。异型株法（Off-types）和标准差法（Variance）是一致性评价最常用的两种方法。异型株法是指通过比较品种内明显区别的植株（即异型株）的数量是否超出最大允许出现的异型株数量来评价一致性的方法，主要适用于能有效区分异型株和典型株的品种，如无性繁殖品种和自花授粉品种。标准差法是指通过比较待测品种的品种内性状表达的变异水平是否明显超出其同类品种的变异水平，进而对一致性做出评价的方法，主要适用于难以有效区分异型株和典型株的品种，如异花授粉品种和综合种。

需要注意的是，判断两个品种之间是否有明显区别与判断一个植物群体中不同植株间是否有明显区别的标准应当一样。例如，在小麦"植株：高度"这一性状上，若设定了相差 5 cm 即为明显差异，则在判定不同品种之间是否有明显区别，以及品种内部某个植株与典型株是否有明显区别时，均要以此为标准。

品种内遗传变异水平与品种的繁殖特性密切相关，在测试指南中，品种一致性水平的要求因繁殖方式不同而异；另外，育种技术的发展也会影响品种的一致性水平。因此，测试指南中对不同作物、同一作物不同繁殖类型的一致性要求是不同的。通常，作物遗传变异越小、育种水平越高，对一致性的要求就越高，反之亦然。例如，我国的测试指南中，对水稻的一致性判定标准为："对于自交种（常规种、保持系、恢复系和光温敏核不育系），一致性判定时，采用 0.1% 的群体标准和至少 95% 的接受概率。当样本大小为356~818 株时，最多可以允许有 2 株异型株。对于杂交种和三系不育系，一致性判定时，采用 1% 的群体标准和至少 95% 的接受概率。当样本大小为 400~471 株时，最多可以允许有 8 株异型株。"对玉米的一致性判定标准为："对于自交系和单交种品种，采用 3% 的群体标准和至少 95% 的接受概率。当样本大小为 40 株时，最多可以允许有 3 个异型株；当样本大小为 80 株时，最多可以允许有 5 个异型株。对于三交种、双交种和开放授粉品种，品种内的变异程度不能显著超过同类型品种。"

4. 稳定性的判定

经验表明，对于大多数类型的品种而言，如果一个品种表现出足够的一致性，则可认为该品种也具备稳定性。因此，实践中一般不对稳定性进行像特异性和一致性测试那样的测试，而是通过对品种一致性的判定来推测该品种是否具备稳定性。但若有必要，可以通过：①测试一批新种子或者植株材料；②测试原始样品繁殖后得到的种子或植株材料进行稳定性测试。对于杂交种，可以通过测试其亲本的稳定性来推测其稳定性。

（四）我国的 DUS 测试

DUS 测试是由国际植物新品种保护联盟（UPOV）发展并推广的一种品种评价方法，由于其是对品种内涵的科学评价，已被国际广泛认可，成为各国品种管理、种子贸易的基本技术依据。我国引入 DUS 测试较晚，自 1997 年颁布《植物新品种保护条例》，DUS 的概念才正式进入我国，并且在此后较长一段时间内 DUS 测试仅用于新品种保护领域。2016 年新修订的《中华人民共和国种子法》开始实施，DUS 作为品种保护、审定、登记的基本技术要求得以法定化，此后 DUS 测试得到了更广泛的认识和应用。

在新品种保护领域，我国的 DUS 审查可分为官方集中测试、现场考察和书面审查 3 种形式。官方集中测试是指申请人将繁殖材料提交给审批机关（植物新品种保护办公室），由审批机关安排到官方 DUS 测试机构进行测试。目前绝大部分农作物品种采用官方集中测试，为此我国已经建设了 1 个测试中心、27 个分中心、6 个专业测试站在内的 DUS 测试体系，每年测试上万个品种。对于一些需要特殊栽培条件，官方测试机构尚无测试能力，或者诸如果树官方测试周期过长的作物，可以采取现场考察的方式，即由申请人自行按照 DUS 测试指南开展测试，审批机关审查员在品种性状表达最充分的时期到现场进行审查。书面审查是指测试完全由申请人开展，审批机关依据书面材料进行审查，但目前该方法极少运用。

对于品种审定，申请人可以自主或委托官方授权的测试机构开展 DUS 测试，并接受农业农村部科技发展中心指导。对于品种登记，申请人可以自主或委托其他机构开展 DUS 测试。

二、VCU 测试

与 DUS 测试不同，VCU 测试是一类品种试验的统称，其目的是评价品种的丰产性、稳产性、适应性、抗逆性（抗虫、抗病、抗旱等）、品质等。在我国，农作物品种审定的 VCU 测试通常通过品种区域试验（区试）和生产试验的形式组织，其中国家级品种区域试验、生产试验由全国农业技术推广服务中心组织实施，省级品种区域试验、生产试验由省级种子管理机构组织实施。另外，对于一些符合规定的情况，区域试验和生产试验可以自行开展，详见本章第三节。对于品种登记，VCU 测试由申请人自行或委托其他机构开展。

（一）区域试验

区域试验（reginal test）是在一定生态区域内和生产条件下统一安排的多点多年品种比较试验，鉴定品种的丰产性、抗病性、抗逆性、品质、适应性等，评价参试品种特征特性和生产利用价值。根据 2017 年发布的《主要农作物品种审定办法》，区域试验应当对品种丰产性、稳产性、适应性、抗逆性等进行鉴定，并进行品质分析、DNA 指纹检测、转基因检测等。每个品种的区域试验，试验时间不少于 2 个生产周期，田间试验设计采用随机区组或间比法排列。同一生态类型区试验点，国家级不少于 10 个，省级不少于 5 个。区域试验中的对照品种应当是同一生态类型区同期生产上推广应用的已审定品种，具备良好的代表性。需要注意，区域试验中的对照品种与 DUS 测试中的近似品种使用概念不同，前者是为了比较品种优劣，后者是为了判定特异性。抗逆性鉴定由品种审定委员会指定的测试机构承担，品质检测、DNA 指纹检测、转基因检测由具有资质的检测机构承担，这些测试均有相应的检测标准，需根据不同的测试项目进行查询。

（二）生产试验

生产试验（production test）是在接近大田生产的条件下，对品种的丰产性、适应性、抗逆性等进一步验证，同时总结配套栽培技术。根据农业部《主要农作物品种审定办法》（2016 年第 4 号），生产试验在区域试验完成后开展，每个品种的生产试验点数量不少于区域试验点，每个品种在 1 个试验点的种植面积不少于 300 m²，不大于 3 000 m²，试验时间不少于 1 个生产周期。第一个生产周期综合性状突出的品种，生产试验可与第二个生产周期的区域试验同步进行。

第三节　品种审定与登记

《中华人民共和国种子法》第十五条至第二十四条对主要农作物品种和主要林木品种审定，以及非主要农作物品种登记进行了规定。根据《中华人民共和国种子法》，我国对主要农作物和主要林木实行品种审定制度。主要农作物品种和主要林木品种在推广前应当通过国家级或者省级审定。由省、自治区、直辖市人民政府林业主管部门确定的主要林木品种实行省级审定。对部分非主要农作物实行品种登记制度。列入非主要农作物登记目录的品种在推广前应当登记。品种审定、登记制度是列入审定、登记目录内作物推广的前置条件，其主要目的是确保用种安全，规范品种管理。

一、主要农作物品种审定

（一）主要农作物的范围

2016 年以前，我国的主要农作物包括稻、小麦、玉米、棉花、大豆、油菜、马铃薯和各省级人民政府农业行政主管部门确定的其他 1～2 种农作物，共 28 种。2016 年实施的《中华人民共和国种子法》规定，主要农作物为稻、小麦、玉米、棉花、大豆共 5 种，审定作物品种由 28 种减少至 5 种。

（二）主要农作物品种审定的历史沿革

我国主要农作物品种审定大体上可分为形成、发展、规范和改革 4 个阶段。

1. 形成阶段

20 世纪 50—80 年代，为防止品种盲目引种使用给农业生产带来损失，国家和省（区、市）陆续开展了品种审定工作，审定制度逐步形成。1954 年全国种子工作会议提出"认真进行品种区域性审定"。1956 年原农业部组织全国性农作物品种联合试验，各省（区、市）也相继开展同样的试验，国家、省两级区域试验逐步形成。20 世纪 60 年代中期各省（区、市）陆续成立品种审定委员会。1981 年原农业部成立第一届全国农作物品种审定委员会，国家、省两级区试审定制度初步形成。此阶段，国家审定作物多、品种少，审定内容简单、技术体系不完善，无法律保障和经费支持，依据生产面积的认定为主，审定滞后于推广。

2. 发展阶段

20世纪90年代，1991年颁布《种子管理条例农作物种子实施细则》，明确了审定的法律地位。1995年明确农业部全国农业技术服务中心负责国家农作物品种区域试验的组织管理。1999年国家设财政专项经费支持区域试验，国家审定滞后推广的现象得到扭转，国家和省两级独立试验基础上的审定机制基本确立。

3. 规范阶段

2000年《中华人民共和国种子法》颁布，确立了主要农作物品种国家、省两级审定制度，主要农作物品种的审定和推广速度明显加快。建立了比较完备的法律法规、技术标准、评价体系，试验的组织管理、网络运行、财政保障逐步健全，以品种的展示示范为抓手的推广体系初步形成。

4. 改革阶段

2014年修订的《主要农作物品种审定办法》开始施行，为水稻、玉米开辟两条国家级品种审定绿色通道，申请品种审定门槛提高，品种试验要求更加严格，建立品种公示制度。2016年，新修订的《中华人民共和国种子法》实施，主要农作物品种审定制度得到较大的修改：审定作物种类由原来的28种减少到5种；突出组织形式由国家、省级之外，增加了绿色通道，DUS测试作为审定的法定要求，建立审定档案可追溯，明确审定的主体责任，开展同生态区的引种备案等。同年，农业部依据《中华人民共和国种子法》再次修订的《主要农作物品种审定办法》开始实施，进一步拓宽了品种试验渠道，缩短了试验审定周期，简化了引种备案程序。

（三）主要农作物品种审定的主要流程

根据《主要农作物品种审定办法》，品种审定的主要流程包括申请、受理、品种试验、审定、公告等。

1. 申请

申请者可以直接向国家品种审定委员会或省级品种审定委员会提出书面申请，并按要求提交申请表、品种选育报告、品种比较试验报告等材料。申请者可以单独申请国家级审定或省级审定，也可以同时申请国家级审定和省级审定，还可以同时向几个省、自治区、直辖市申请审定。在中国没有经常居所或者营业场所的外国人、外国企业或者其他组织在中国待测品种审定的，应当委托具有法人资格的中国种子科研、生产、经营机构代理。

申请审定的品种应当具备下列条件：①人工选育或发现并经过改良；②与现有品种（已审定通过或本级品种审定委员会已受理的其他品种）有明显区别；③形态特征和生物学特性一致；④遗传性状稳定；⑤具有符合《农业植物品种命名规定》的名称；⑥已完成同一生态类型区2个生产周期以上、多点的品种比较试验。其中，申请国家级品种审定的，稻、小麦、玉米品种比较试验每年不少于20个点，棉花、大豆品种比较试验每年不少于10个点，或具备省级品种审定试验结果报告；申请省级品种审定的，品种比较试验每年不少于5个点。

2. 受理

品种审定委员会办公室在收到申请材料45日内做出受理或不予受理的决定，并书面通知申请者。对于符合规定的，应当受理，并通知申请者在30日内提供试验种子。对于提供试验种子的，由办公室安排品种试验。逾期不提供试验种子的，视为撤回申请。

对于不符合规定的，不予受理。申请者可以在接到通知后30日内陈述意见或者对申请材料予以修正，逾期未陈述意见或者修正的，视为撤回申请；修正后仍然不符合规定的，驳回申请。

3. 品种试验

品种试验包括区域试验、生产试验和 DUS 测试。国家级品种区域试验、生产试验由全国农业技术推广服务中心组织实施；省级品种区域试验、生产试验由省级种子管理机构组织实施；DUS 测试由申请者自主或委托农业农村部授权的测试机构开展，接受农业农村部科技发展中心指导。

申请者具备试验能力并且试验品种是自有品种的，可以按要求自行开展品种试验：①在国家级或省级品种区域试验基础上，自行开展生产试验；②自有品种属于特殊用途品种的，自行开展区域试验、生产试验，生产试验可与第二个生产周期区域试验合并进行。③申请者属于联合体的，组织开展相应区组的品种试验。上述自行开展的试验，在播种前30 日向国家级或省级品种试验组织实施单位备案，并纳入统一管理。④育繁推一体化种子企业，对其自主研发的品种可以在相应生态区自行开展区域试验和生产试验，完成试验程序后提交申请材料。试验实施方案在播种前30 日以报国家级或省级品种试验组织实施单位备案。④申请者可以自主开展 DUS 测试，测试方案在播种前30 日以报农业农村部科技发展中心（申请国家级审定）或所在省级种子管理机构（申请省级审定）备案。

对于第一个生产周期综合性状突出的品种，生产试验可与第二个生产周期的区域试验同步进行。DUS 测试可以与区域试验、生产试验同步开展。

4. 审定

对于完成试验程序的品种，申请者、品种试验组织实施单位、育繁推一体化种子企业将品种各试验点数据、汇总结果、DUS 测试报告提交品种审定委员会办公室。品种审定委员会办公室提交品种审定委员会相关专业委员会初审。专业委员会根据审定标准，采用无记名投票表决，赞成票数达到该专业委员会委员总数50% 以上的品种，通过初审。对于育繁推一体化种子企业的品种，达到审定标准的，通过初审。

初审通过的品种，由品种审定委员会办公室将初审意见及各试点试验数据、汇总结果，在同级农业主管部门官方网站公示不少于30 日。公示期满后，品种审定委员会办公室将初审意见、公示结果，提交品种审定委员会主任委员会审核。审核同意的，通过审定。

品种审定标准由同级农作物品种审定委员会制定，应当有利于产量、品质、抗性等的提高与协调，有利于适应市场和生活消费需要的品种的推广。

5. 公告

审定通过的品种，由品种审定委员会编号、颁发证书，同级农业主管部门公告。省级审定的农植物品种在公告前，由省级人民政府农业主管部门将品种名称等信息报农业农村部公示，公示期为15 个工作日。

6. 引种备案

省级人民政府农业主管部门建立同一适宜生态区省际品种试验数据共享互认机制，开展引种备案。通过省级审定的品种，其他省、自治区、直辖市属于同一适宜生态区的地域引种的，引种者应当报所在省、自治区、直辖市人民政府农业主管部门备案。

7. 撤销审定

审定通过的品种，有下列情形之一的，撤销审定：①在使用过程中出现不可克服严重缺陷的；②种性严重退化或失去生产利用价值的；③未按要求提供品种标准样品或者标准样品不真实的；④ 以欺骗、伪造试验数据等不正当方式通过审定的。

二、主要林木品种审定

（一）主要林木品种的范围

根据《种子法》，主要林木由国务院林业主管部门确定并公布；省、自治区、直辖市人民政府林业主管部门可以在国务院林业主管部门确定的主要林木之外确定其他 8 种以下的主要林木。原国家林业局分别于 2001 年和 2016 年发布了第一批和第二批主要林木目录。第一批目录包括松树、杉木等 129 个植物属（种），第二批目录包括杉松、茶等 237 个植物属（种）。

（二）主要林木品种审定的主要流程

根据国家林业局《主要林木品种审定办法》（2017 年第 44 号令），主要林木品种审定的主要流程包括申请、受理、审定、公告等。

1. 申请

申请人向林木品种审定委员会提出申请，并提交品种选育报告、DUS 描述表、区域试验证明表、林木品种特征图像资料或图谱等材料。由国家林业主管部门确定的主要林木，其品种可以申请国家级或者省级审定；但仅在一个省、自治区、直辖市完成区域试验的，应申请省级审定。由省级人民政府林业主管部门确定的主要林木，其品种应当申请省级审定。同一林木品种不能同时申报国家级和省级审定。

在中国境内没有经常居所或者营业场所的境外机构、个人在境内申请林木品种审定的，应当委托具有法人资格的境内种子企业代理，并签订委托书。

2. 受理

林木品种审定委员会收到申请材料后进行形式审查，合格的予以受理。

3. 审定

受理林木品种审定申请后，由专业委员会按照以下条件进行初审：①经区域试验证实，在一定区域内生产上有较高使用价值、性状优良的林木品种。②优良种源区的优良林分或者良种基地生产的种子。③有特殊使用价值的种源、家系、无性系、品种。④引种驯化成功的树种及其优良种源、家系、无性系、品种。以记名投票方式表决，2/3 以上的委员赞成的，通过初审。通过初审的林木品种，专业委员会提出该林木品种的特性、栽培技术要点、主要用途和适宜种植范围，由秘书处在同级人民政府林业主管部门网站进行公示，公示期限不少于 30 日。公示期满后，秘书处将初审结论和公示结果报主任委员会。主任委员会审核同意的，通过审定。

林木品种审定执行国家、行业和地方有关标准；暂无标准的，执行省级以上人民政府林业主管部门制定的相关技术规定。

4. 公告

林木品种审定委员会对审（认）定通过的林木良种统一命名、编号，颁发林木良种证书，并由同级人民政府林业主管部门公告。

5. 引种备案

建立同一适宜生态区省际良种试验数据共享互认机制，开展引种备案。通过省级审定的林木良种，引种至其他省、自治区、直辖市属于同一适宜生态区的，引种者将引种的林木良种和区域报所在省、自治区、直辖市人民政府林业主管部门备案。

6. 撤销审定

审定的林木良种，有下列情形之一的，可以撤销审定：①在使用过程中出现不可克服的严重缺陷的；②以欺骗、伪造试验数据等不正当方式通过审定的。

三、非主要农作物品种登记

（一）非主要农作物品种登记概述

我国实施品种审定制度以来，在推广普及良种，实现农民增产增收，规范种业秩序，推动我国种业发展和保障农产品供给发挥了不可替代的积极作用。但同时也存在不少问题，突出表现在审定的品种试验容量有限，不能满足育种主体需求，导致进入试验资格"一票难求"；由于审定过程为政府主导，育种主体责任不清，审定成为部分有缺陷品种的"免责牌"；审定标准、适种区域等均由官方统一制定，难以满足生物多样性、生态多样性、品种多样性和市场化的需求。因此，在 20 世纪 90 年代后期制定《种子法》时，以更加市场化、更加强调育种主体责任的品种登记制度取代审定制度引起业界广泛讨论。由于当时我国市场经济立法还不够健全，在一段时间内，继续实行品种审定制度是必要的，因此品种登记制度没有建立。虽然从 2014 年起，品种审定制度进行了大范围改革，但仍不能满足市场化、简政放权的要求，因此在修订《种子法》时，建立品种登记制度再次提上日程。2016 年，新的《种子法》实施，最终采取主要农作物品种审定，非主要农作物品种登记的"折中"形式，在我国建立起品种登记制度。2017 年，原农业部制定《非主要农作物品种登记办法》，发布第一批非主要农作物目录和《非主要农作物品种登记指南》，品种登记工作正式开展。

《非主要农作物品种登记办法》以保护生物多样性、保证消费安全和用种安全为原则，简政放权，强化事中事后监管，确保品种登记科学、公正、及时，为品种管理与市场监管提供依据，维护良好的种业市场秩序，保护农民合法利益，促进非主要农作物产业健康发展。

农业农村部主管全国非主要农植物品种登记工作，制定、调整非主要农作物登记目录和品种登记指南，建立全国非主要农植物品种登记信息平台，具体工作由全国农业技术推广服务中心承担。省级人民政府农业主管部门负责品种登记的具体实施和监督管理，受理品种登记申请，对申请者提交的申请文件进行书面审查。

申请者对申请文件和种子样品的合法性、真实性负责，保证可追溯，接受监督检查。给种子使用者和其他种子生产经营者造成损失的，依法承担赔偿责任。

（二）非主要农作物品种登记的主要流程

根据《非主要农作物品种登记办法》，品种登记的主要流程包括申请、受理与审查、登记与公告。

1. 申请

品种登记全国统一，申请实行属地管理。一个品种只需要在一个省份申请登记。申请者在品种登记平台上实名注册后通过品种登记平台提出登记申请，或向住所地省级人民政府农业主管部门提出书面登记申请。在中国境内没有经常居所或者营业场所的境外机构、个人在境内待测品种登记的，需委托具有法人资格的境内种子企业代理。

申请登记的品种应当具备下列条件：①人工选育或发现并经过改良；②具备特异性、一致性、稳定性；③具有符合《农业植物品种命名规定》的品种名称。申请登记具有植物新品种权的品种，还应当经过品种权人的书面同意。

对新培育的品种，申请者应当按照品种登记指南的要求提交申请表，品种特性和育种过程等的说明材料，DUS 测试报告，种子、植株及果实等实物彩色照片等材料。对登记制度实施前已审定或者已销售种植的品种，申请者可以按照品种登记指南的要求，提交申请表、品种生产销售应用情况或者品种 DUS 说明材料，申请品种登记。

2. 受理与审查

省级人民政府农业主管部门对申请者提交的材料进行形式审查，申请材料齐全、符合法定形式，或者申请者按照要求提交全部补正材料的，予以受理。

省级人民政府农业主管部门自受理品种登记申请之日起 20 个工作日内，对申请者提交的申请材料进行书面审查，符合要求的，将审查意见报农业农村部，并通知申请者提交标准样品。经审查不符合要求的，书面通知申请者并说明理由。

3. 登记与公告

农业农村部自收到省级人民政府农业主管部门的审查意见之日起 20 个工作日内进行复核。对符合规定并按规定提交种子样品的，予以登记，颁发登记证书，并将品种登记信息进行公告；不予登记的，书面通知申请者并说明理由。

第四节　新品种保护

植物新品种保护（plant variety protection，PVP），即植物新品种权（plant variety right），也称植物育种者权利（plant breeder's right，PBR），是指完成育种的单位和个人对其获得授权的品种，享有排他的独占权。植物新品种保护的目的是通过保护育种人的合法权益，激励育种创新，造福人类社会。

一、种业知识产权保护概述

（一）知识产权的性质和特征

《中华人民共和国民法典》（简称《民法典》）第一百二十三条规定，"民事主体依法享有知识产权。知识产权是权利人依法就下列客体享有的专有的权利：①作品；②发明、实用新型、外观设计；③商标；④地理标志；⑤商业秘密；⑥集成电路布图设计；⑦植物新品种；⑧法律规定的其他客体。"知识产权本质上是一种私权。国内外知识产权法学界对知识产权范围和种类界定并不完全一致，大致可以分为三类：一是创造性成果，包括作品及其传播媒介（著作权及邻接权）、工业技术（专利权、植物新品种权、集成电路布图设计、商业秘密等）；二是工业标志（商标权、商号权、外观设计权、地理标志权等）；三是经营性资信（特许专营权、商誉等）。不同的国际条约、各国的法律主要通过列举的方式界定知识产权的种类。著作权与商业秘密专有权从创作活动完成时起就依法自动产生，其他知识产权需通过申请，经行政主管部门审查批准后才产生。与传统财产所有权相比，知识产权具有无形性、专有性、地域性、时间性等特征。

（1）无形性（非物质性）　指知识产权的客体是智力创造性成果或标记性标识、信誉，与土地、房屋等有形财产不同，在物理上没有形体，不能发生有形控制的占有，不发生有形损耗的使用，不发生消灭知识产品的事实处分与有形交付的法律处分。

（2）专有性　又称排他性或独占性。主要表现在两个方面：一是权利人垄断权利并受到严格保护，未经权利人许可或无法律的特殊规定（如科研豁免、强制许可），任何人不得使用权利人的知识产品或侵犯权利人利用知识产品获得利益的能力；二是同一项知识产品不允许有两个或以上同一属性的知识产权存在（如两个相同的植物新品种，只能授予一项品种权）。

（3）地域性　是指知识产权的效力受地域限制，具有严格的领土性，在一国获得的知识产权，不当然受到他国法律保护。

（4）时间性　是指知识产权仅在法律规定的期限内受到保护，一旦超期，权利就自行消灭，相关知识产品即成为整个社会的共同财富。

（二）种业各环节的主要知识产权保护

现代种业是典型的高科技产业，从资源收集和创制、育种（测试）到种子生产、经营各环节均涉及不同类型的知识产权保护，主要包括专利权、植物新品种权、商标权和商业秘密，其中植物新品种权和专利权在我国种业知识产权保护中运用最为广泛。

在资源收集和创制阶段，挖掘到的基因、用于开发遗传资源的技术方法等都可以通过专利权进行保护。对收集的野生资源加以开发，或在资源创制过程中得到的植物新品种，只要满足授权条件，可以申请新品种保护。种质资源和中间产物，种质资源创制的实（试）验方法、工艺、数据、结果，合作协议等可以作为商业秘密进行保护。资源收集和创制过程中形成的文字资料、数据、论文、图片（如资源的描述照片）、计算机软件等都可通过著作权得以保护。

在育种（测试）阶段，无论是亲本、育种过程中的中间品种，还是拟商业化的品种，只要满足授权条件，均可申请植物新品种保护。育种的方法、技术（如基因编辑技术、单双倍体技术、基因转化技术等），测试的方法、技术（如单粒切片、分子标记检测、性状自动采集等）可以申请专利保护。育种方法（如利用某种特殊剂量的化学或物理诱变）、策略、数据、结果，育种的亲本材料、中间材料，商业策略等，均可通过商业秘密进行保护。形成的文字资料、数据、论文、图片（如资源的描述照片）、计算机软件等都可通过著作权得以保护。

在种子生产经营阶段，涉及受保护品种繁殖材料的生产或繁殖、为繁殖而进行的种子处理、许诺销售、销售，或其他市场销售、出口、进口和用于上述目的的储存均需品种权人授权。种子生产、处理、包装、储存等新方法、新技术，如去雄技术、种子包衣技术、种子包装袋外观设计等均可申请专利保护。种子生产所用亲本材料和名称，生产时间、地点，生产规模，参与人员，价格，产量，合作协议，市场调研分析资料，市场策略，经销渠道和经营模式，客户名单和联系方式等，均可通过商业秘密进行保护。

二、植物新品种保护的发展

（一）植物新品种保护的重要意义

优良的植物新品种对于在人口增长和气候变化的大背景下实现农业增产、保障粮食安全，满足消费者对于食物健康、口味、品质、营养的多样需求，以及农民增收、经济增长、减少化肥农药使用、保护环境等方面都至关重要。然而，培育植物新品种并非易事，需要大量的智力、人力、技术、资源、物质和资金投入，并花费较长时间（一般需要几年到十几年）。但是，植物新品种容易在试验、示范或者生产过程中被他人通过各种手段获取，并加以繁殖。若育种人巨大的投入得不到有效保护，育成的新品种无法为其带来收益，势必严重打击育种人继续投入新品种选育的信心和意愿，最终将导致整个社会育种创新能力的下降，对每一个人均造成直接或间接的损失，甚至危及国家粮食安全。因此，对育成的品种加以保护十分重要。正如美国著名育种家卢瑟·伯班克（1949—1926年），在19世纪末美国就动植物品种及其产品是否给予专利保护展开争论时，向众议院提交的辩词所言："一个人可以对其老鼠夹拥有专利权或对其平庸作品拥有版权，然而，如果一个人为世界提供了一种新的水果，而该水果为人类的丰收每年增加数以百万计的价值，如果他在姓名和成果上得以回报，他将十分幸运。"

（二）植物新品种保护的起源和发展

知识产权制度萌芽于文艺复兴时期的意大利。为了保护技术发明人的权利和吸引更多的掌握先进技术的人才，威尼斯在1474年颁布了世界上第一部专利法。该法规定，权利人对其发明享有10年的垄断权，任何人未经同意不得仿造与受保护的发明相同的设施，否则将赔偿百枚金币，并销毁全部仿造设施。16世纪以后，英国早期资产阶级为了追求财富和保持国家经济的繁荣，鼓励发明创造，1624年颁布了垄断法案，是世界上第一部具有现代意义的专利法。18世纪末、19世纪初，欧洲大陆各国和美国相继实行了专利制度。1709年，英国颁布了《安娜女王法》，是著作权法的鼻祖，此后一百余年，美、法、日等国也相继颁布著作权法律。1803年法国在《关于工厂、制造场和作坊的法律》中将假冒商标按私造文书处罚，确立了对商标权的法律保护。1857年法国又颁布了《关于以使用原则和不审查原则为内容的制造标记和商标的法律》。随后欧美等国家相继制定了商标法，商标保护制度逐步发展起来。但这些制度均未涉及对植物新品种的保护。

1833年，罗马教皇发布了在技术和农业领域给予所有权的宣言，宣称"对涉及农业进步及其更可靠的技术和更加高效的方法成果授予专有权"，被认为是植物新品种保护制度的起源。19世纪，孟德尔遗传规律的发现和应用引发了植物育种的革命，对于新品种进行保护的呼声越来越大。一些国家开始以专利的形式保护植物新品种，例如美国1930年颁布的《植物专利法》，对块茎植物之外的通过无性繁殖开发的植物新品种给予专利权保护，由此开启了专利权保护植物新品种的立法先河，并于1953年在《实用专利法》中规定植物发明可授予实用专利（utility patent）。但由于植物品种本身具有生命特征，加之存在遗传变异，在利用保护无生命特征的工业产品的专利制度保护植物新品种时出现技术性障碍。为克服专利保护的局限性，部分国家探索更恰当的新品种保护方式，1929年德国创造性地拟定了一部专门针对植物新品种保护的法律草案（但直到1953年才正式发布）；1941年荷兰率先颁布法律保护育种者权利。

随着植物品种、种子国际贸易的发展，需要建立一套国际通行的植物新品种保护制度。国际保护知识产权协会（AIPPI）1952年维也纳会议和1954年布鲁塞尔会议均通过决议，要求成员平等对待农业、林业等领域的发明创造，给予植物新品种法律保护。1957年2月22日，法国外交部邀请12个国家和保护知识产权联合国际局（BIRPI，为世界知识产权组织前身）、联合国粮农组织（FAO）、欧洲经济合作组织（OEEC）3个政府间国际组织，参加1957年5月7日至11日在法国召开的第一次植物新品种保护外交大会。1957—1961年，拟定了《国际植物新品种保护公约》（UPOV）草案。1961年11月21日至12月2日，法国外交部邀请参加过第一次植物新品种保护外交大会的国家和政府间国际组织、欧洲经济共同体（EEC）以及国际植物育种者协会（ASSINSEL）、国际工业产权保护协会、国际果树和观赏植物无性繁殖育种者协会（CIOPOERA）、国际种子贸易联盟（FIS）等在巴黎召开第二次外交大会，讨论了专利与植物新品种保护的关系、UPOV 与巴黎公约的关系，通过了公约文本，并由比利时、法国、联邦德国、意大利和荷兰签署。此后，丹麦、瑞士、英国也于 1962 年 11 月签署了该公约。1968 年 8 月 10 日，UPOV 公约正式生效，标志着国际植物新品种保护联盟（UPOV）这个政府间国际组织正式成立。UPOV 框架下的植物新品种保护制度成为世界上最主要的植物新品种保护制度。截至 2020 年 8 月，UPOV有 76 个成员，覆盖 95 个国家，并有 20 个国家、1 个地区间政府组织启动了加入 UPOV 的进程。

（三）UPOV 框架下的植物新品种保护

UPOV 进行过 3 次修订：1972 年修订主要是针对财务、会费和理事会投票规则的程序性事项，1978 年和 1991 年则是两次具有实质性意义的修订，形成 UPOV 1961/1972 年文本、1978 年文本和 1991 年文本。随着比利时于 2019 年 7 月由执行 UPOV 1961/1972 年文本转为执行 UPOV 1991 年文本，UPOV 1961/1972 年文本已不再发挥实际作用。目前 76 个 UPOV 成员中，59 个（包括两个地区间政府组织成员，欧盟和非洲知识产权组织）执行 1991 年文本，17 个执行 1978 年文本。

总的来说，UPOV 1961/1972 年文本和 UPOV 1978 年文本都属于以选择和杂交为主的传统育种技术下的植物新品种保护阶段。UPOV 1978 年文本系统地完善了植物新品种保护制度的基本内容，增加了植物新品种保护的新颖性（novelty）和稳定性要求，明确了以植物表型特征作为申请品种是否具备特异性、一致性和稳定性的判断要素，确定了 DUS 测试在植物新品种保护中的基础性地位。根据 UPOV 1978 年文本，缔约方自公约在其领土生效日起，应至少对 5 个属（种）加以保护，并在 3 年、6 年、8 年内至少保护 10 个、18个、24 个属（种）。受保护的条件是品种具备新颖性、特异性、一致性、稳定性，并有适当命名。保护范围为受保护品种的繁殖材料，以商业销售为目的的繁殖材料生产、许诺销售、市场化，应征得品种权人同意；而对于非商业销售目的的行为，如农民自繁自用品种（农民权利），则不受限制。利用授权品种作为变异来源而产生的其他品种或这些品种的销售，均无须征得品种权人同意（科研豁免）。这也意味着，基于原始品种育成的派生品种不受原始品种权人的制约；但若为另一品种的商业生产重复使用该品种时（如用授权亲本生产杂交种），则必须征得育种者同意。保护期限方面，自授予保护权之日起，保护期限不少于 15 年；藤本植物、林木、果树和观赏树木，包括其根茎，保护期至少为 18 年。

生物技术在育种中的广泛采用以及农产品全球贸易的兴起给 UPOV 1978 年文本带来巨大挑战。最主要有两个方面：一是生物技术的应用，使得基于某一品种（原始品种）进行简单的改造育种越来越简单，若对这些产生的品种，即所谓实质性派生品种或依赖性派生品种（essentially derived variety，EDV）不加以限制，无疑会影响原始育种人的利益。二是仅对品种的繁殖材料进行保护，在贸易中难以有效保护品种权人利益。在这样的背景下诞生了 UPOV 1991 年文本。根据 UPOV 1991 年文本，受保护植物属种扩展到所有植物属（种），新成员自加入起，至少保护 15 个属（种），并最迟自加入 10 年扩大到所有植物属（种）；执行 UPOV 1961/1972 年文本和 1978 年文本的老成员，自加入 1991 年文本之日起 5 年内扩大到所有植物属（种）。受保护的条件与 UPOV 1978 年文本一样，品种需具备新颖性、特异性、一致性、稳定性，并有适当命名。保护范围大大扩展，对于繁殖材料（如树苗），无论是否以商业销售为目的、生产或繁殖、为繁殖而进行的处理、许诺销售、销售或其他市场化、进口、出口，以及为上述目的的储存均需获得品种权人许可；同时，在繁殖材料未行使权利时，保护客体由繁殖材料延伸至收获物（如果实），在繁殖材料、收获物均未行使权力时，保护客体延伸至收获物的直接制成品（如果酱）。建立起实质性派生品种制度，实质性派生品种可以获得授权，但其商业化需征得原始品种权人同意。保护期限延长，一般植物保护期限不少于 20 年，树木和藤本植物不少于 25 年。将农民自繁自用品种的权利由强制豁免改为由缔约方自行选择的非强制豁免。

UPOV 1978 年文本与 1991 年文本的关键区别与实质意义见表 1-2。

表 1-2　UPOV 1978 年文本和 1991 年文本的关键区别

关键区别	UPOV 1978 年文本	UPOV 1991 年文本	实质意义
受保护植物属（种）	先保护 5 个属或种，8 年内至少保护 24 个属或种	（1）新成员：至少 15 个植物属和种，10 年所有植物属和种；（2）老成员：5 年后所有属和种	受保护植物范围扩大
保护范围（客体）	商业性生产或销售受保护植物品种的繁殖材料，以及为另一品种的商业生产重复使用受保护品种的繁殖材料	（1）生产、繁殖、处理、销售、许诺销售、出口、进口和存储等行为；（2）在权利一次用尽的前提下，保护客体包括繁殖材料、收获材料、直接加工产品	品种权保护范围的拓展
实质性派生品种	所有授予的品种权是平等和独立的，无实质性派生品种的概念	实质性派生品种（EDV）可以申请品种权保护，但商业化开发必须经过原始品种权人的许可	促进育种原始创新
保护期限	一般植物保护期限不少于 15 年；藤本、果树及其根茎，林木和观赏树木最少为 18 年	一般植物保护期限不少于 20 年，树木和藤本植物不少于 25 年	品种权保护期限的延长
农民权利	农民自留种权利强制性例外	农民自留种权利非强制性例外	规范农民自留种权

三、我国的植物新品种保护

（一）我国植物新品种保护的发展历程及成效

1. 新品种保护的发展历程

我国的知识产权保护发展较晚，清末才开始出现现代意义的知识产权制度，在北洋政府时期和民国政府时期也制定过一些知识产权法律，但均未发挥作用。中华人民共和国成立后，废除了国民政府法律体系，着手建立社会主义法律体系，但对知识产权主要采取以政策代替法律、以奖励代替保护的做法。改革开放以后，知识产权保护才真正列入日程，并不断发展，但对新品种的保护相对滞后。

1985 年 4 月 1 日起实施的首部《中华人民共和国专利法》（以下简称《专利法》）中未将动植物划归为专利权的范围，1992 年颁布新修订的《专利法》，植物新品种仍然得不到专利保护，植物新品种保护在国内处于法律空白的状态，不利于激励育种创新。1986 年，中国申请加入世界贸易组织（WTO），必须签署《与贸易有关的知识产权协定》（TRIPS），TRIPS 要求缔约方应以专利方式或一种有效的特殊体系或两者结合的方式对植物新品种给予保护，实施新品种保护制度成为加入 WTO 的必要条件。为此，1990 年 5 月在江西召开的"第三次全国农业专利代理人会议"对农业植物新品种保护问题做了专题讨论；1990年9月UPOV邀请中国参加了在日本举行的"亚太地区植物新品种保护研讨会"筹备会议；1993年5月中国专利局、农业部、国务院法制局组成联合调研组就农作物品种知识产权保护问题进行专门调研；1993年6月，调研报告得到国家领导人批示，同意对植物新品种进行立法保护；1995年5月，着手起草《植物新品种保护条例》；1995年8月，《植物新品种保护条例》（征求意见稿）下发征求各界的意见，10月经农业部、中国专利局、林业部、国家科委会签上报国务院；1997年3月20日，国务院正式发布《植物新品种保护条例》，建立植物新品种保护制度。1999年4月23日，我国加入UPOV，成为其第39个成员，执行UPOV 1978年文本，同时开始受理国内外植物新品种权申请，我国的植物新品种保护制度正式实施。

2. 新品种保护的发展成效

我国自建立植物新品种保护制度以来，相关制度和工作体系不断完善，全社会新品种保护意识不断提升，新品种保护对保护、激励育种创新的作用越来越大。特别是2016年实施的《种子法》将植物新品种保护单列一章，提高了新品种保护的法律位阶，促进了新品种保护的发展。截至2019年底，我国农业部门共发布11批植物品种保护名录，包括191个植物属（种）；林业部门共发布6批植物品种保护名录，包括206个植物属（种），覆盖绝大部分常见作物。从年申请量看，1999年我国农业植物新品种保护申请量仅为115件，2005年首次突破1 000件，2015年突破2 000件，2017年起超过欧盟，位居UPOV成员首位。

2016年开始，农业部牵头开始进行《植物新品种保护条例》的修订工作，新修订的条例采纳了UPOV 1991年文本的关键性制度，如实施实质性派生品种制度，将受保护植物属（种）扩大到所有植物，扩大保护范围，延长保护期限，规范农民权利，将更好地促进育种创新。

（二）我国的植物新品种保护体系

1. 制度体系

自1997年植物新品种保护制度诞生以来，我国基本形成了由法律、行政法规、部门规章和司法保护相结合，实体、程序和技术规范有机配套的植物新品种保护制度规范体系。法律方面，2020年通过的《民法典》第一百二十三条明确规定了民事主体依法享有对植物新品种的知识产权。2016年新修订的《种子法》增设"植物新品种保护"一章，将《植物新品种保护条例》的内容上升为法律。行政法规方面，2013年和2014年，国务院两次对《植物新品种保护条例》进行修改完善。农业部和国家林业局分别制定了《植物新品种保护条例实施细则》农业部分和林业部分，以及《农业部植物新品种复审委员会审理规定》《农业植物新品种权侵权案件处理规定》《农业植物品种命名规定》等一系列配套规章、规范性文件。司法保护方面，2001年实施《最高人民法院关于审理植物新品种纠纷案件若干问题的解释》《最高人民法院关于印发全国法院知识产权审判工作会议关于审理技术合同纠纷案件若干问题的纪要的通知》，2007实施《最高人民法院关于审理侵犯植物新品种权纠纷案件具体应用法律问题的若干规定》。技术规范方面，制定了300余个植物属（种）的DUS测试指南。

2. 工作体系

我国建立了包括审批机关、复审机构、执法机构等在内的完善的新品种保护工作体系。以农业植物新品种保护为例，审批机关为农业农村部（农业农村部植物新品种保护办公室），负责品种权的受理、审查、测试（农业农村部植物新品种测试中心及其分中心、测试站）、授权和繁殖材料保藏（农业农村部植物新品种保藏中心）工作。复审机构为农业农村部植物新品种复审委员会，负责品种权复审工作。执法机构包括行政执法和司法，县级以上人民政府农业农村主管部门均设立农业植物新品种保护行政执法机构，开展侵权和假冒品种权的行政执法，并建立了农业农村部门、公安部门、工商管理部门的联合执法机制；各级人民法院、知识产权法院和最高人民法院知识产权庭管辖有关植物新品种权的民事和行政案件。此外，还有代理机构、行业协会等其他机构。我国农业植物新品种保护体系见图1-2。

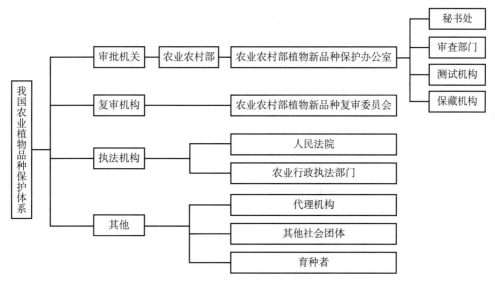

图 1-2　我国农业植物新品种保护体系

（三）我国植物新品种保护的主要流程

在我国，植物新品种保护由农业和林业两个审批机关按职权负责。农业农村部负责粮食、棉花、油料、麻类、糖料、蔬菜（含西甜瓜）、烟草、桑树、茶树、果树（干果除外）、观赏植物（木本除外）、草类、绿肥、草本药材、食用菌、藻类和橡胶树等植物的品种；国家林业和草原局负责林木、竹、木质藤本、木本观赏植物（包括木本花卉）、果树（干果部分）及木本油料、饮料、调料、木本药材等植物的品种。新品种保护主要流程包括申请、受理、初步审查、实质审查、授权和公告（图1-3）。其中农业部分自2019年1月1日起启用线上申请系统。

经申请人申请，对国家植物品种保护名录内经过人工选育或发现的野生植物加以改良，具备新颖性、特异性、一致性、稳定性和适当命名的植物品种，由国务院农业、林业主管部门授予植物新品种权。

根据《种子法》，新颖性是指申请植物新品种权的品种在申请日前，经申请权人自行或者同意销售、推广其种子，在中国境内未超过一年；在境外，木本或者藤本植物未超过六年，其他植物未超过四年。新列入国家植物品种保护名录的植物的属或种，从名录公布之日起一年内提出植物新品种权申请的，在境内销售、推广该品种种子未超过四年的，具

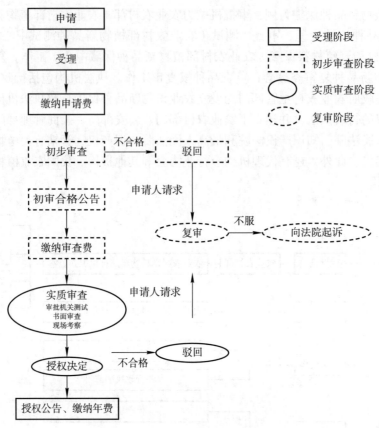

图 1-3　植物新品种保护主要流程

备新颖性。除销售、推广行为丧失新颖性外，下列情形视为已丧失新颖性：①品种经省、自治区、直辖市人民政府农业、林业主管部门依据播种面积确认已经形成事实扩散的；②农作物品种已审定或登记两年以上未申请植物新品种权的。

1. 申请及受理

申请人按审批机关指定方式提出申请，提交申请书、说明书、技术问卷等材料，审批机关进行形式审查，合格后受理。申请人缴纳申请费。

2. 初步审查

审批机关进行初步审查，主要审查申请人资格、是否在保护名录、新颖性、品种命名。初步审查合格，发布初审合格公告，申请人缴纳审查费，进入实质审查阶段。不合格的，视情况驳回或视为撤回。

品种命名需符合《植物新品种保护条例》及其实施细则要求，农业植物品种的命名还需符合《农业植物品种命名规定》的要求。

3. 实质审查

审批机关对品种特异性（可区别性）、一致性、稳定性进行审查。审查合格的，进入授权程序；不合格的予以驳回。

农业审批机关主要通过集中测试方式进行 DUS 审查，辅以现场考察。林业审批机关主要通过现场考察形式进行审查，申请品种已在国（境）外审批机关进行过测试的，可以购买其测试报告；有测试条件的开展集中测试。

4. 授权和公告

符合授权条件的品种，由审批机关做出授权决定，品种权人按年缴纳年费，授权并公告。

5. 异议及复审

任何个人和单位均可在授权前，向审批机关对申请品种提出异议。复审委员会负责审理对审批机关驳回决定的复审，品种权的无效宣告以及授权后品种更名。对复审委员会决定不服的，可向人民法院提起诉讼。

需要注意的是，品种权申请、审查、复审、诉讼均有严格的时间要求，具体依据《植物新品种保护条例》及其实施细则规定。

四、新品种保护与品种审定、登记的联系与区别

新品种保护、品种审定和品种登记都是种业管理的重要制度，三者管理的对象都是品种，即具备特异性（可区别性）、一致性、稳定性的植物群体，因此 DUS 测试均是技术支持，但三者也有明显的区别。

（1）本质和效用不同　新品种保护属于知识产权范畴，其本质是一种行政确权，品种权人对其授权品种具有排他的独占性。品种审定、登记都是市场准入，应当审定的农作物品种未经审定的，不得发布广告、推广、销售。应当审定的林木品种未经审定通过的，不得作为良种推广、销售。应当登记的农作物品种未经登记的，不得发布广告、推广，不得以登记品种的名义销售。但品种的审定、登记人不能限制他人推广、销售该品种。

（2）主要目的和侧重点不同　新品种保护的主要目的是通过保护育种人权利，激励育种创新，在授权过程中不考虑品种的优劣，只是通过收取相关费用，让申请人自行排除不具备价值的品种，审查的侧重点为该品种是否区别于其他品种（是否具备特异性）、是否为新品种（是否具备新颖性）。品种审定、登记的主要目的是规范品种准入，保证用种安全，因此除要求品种满足 DUS，更强调其 VCU 测试，只是主要农作物品种审定要求更为严格，更强调官方测试的作用，登记更强调登记人的主体责任。

（3）植物范围不同　新品种保护的范围为列入保护名录的植物，并将扩展到所有植物。主要林木品种审定的范围为主要林木目录的植物。主要农作物品种审定的范围为稻、小麦、玉米、棉花、大豆 5 种作物。品种登记的范围为列入登记目录的非主要农作物。

（4）审查机构不同　新品种保护的审批机关为国务院农业和林业主管部门，仅有国家一级。品种审定由国务院和省级农业、林业主管部门分别设立的品种审定委员会负责，有国家和省两级。品种登记由省级农业主管部门受理审查并报国务院农业主管部门登记。

（5）通过条件不同　新品种保护要求品种具备 DUS"三性"，有适当命名，并具备新颖性。品种审定、登记要求品种具备 DUS"三性"，有适当命名，对 VCU 均有不同要求，但对品种新颖性无要求。

（6）期限不同　新品种保护有法定的保护期限，超过保护期限后自动成为公用品种，不再受到保护。品种审定、登记无法定期限，只要符合要求可一直有效，但有撤销审定或登记的规定。

由于我国品种保护制度建立时间较晚，品种的"私权"，即新品种权的概念、作用还未被所有种业人所了解和认识，将新品种保护与品种审定、登记混淆的情况时有发生。最常见的就是重审定（登记）、轻保护，或把审定（登记）误解为一种确权，因此将品种审

定（登记）进行"转让"的现象也并不少见。实际上，由于没有新品种权，这种"转让"不受法律保护，存在很大风险，尤其需要充分重视。

思考题

1. 品种定义的基本内涵有哪些？

2. 栽培品种有哪些类型，各有何特点？

3. DUS 测试和 VCU 测试的目的和意义各是什么？

4. 新品种权的授权条件是什么？

5. 名词解释：特异性（可区别性）、一致性、稳定性、新颖性、区域试验、生产试验。

6. 简述品种审定、登记和新品种保护的联系与区别。

7. 若你培育了一个玉米品种，为了让其更好地实现商业价值，你会如何做？

8. 你认为未来我国是应坚持品种审定制度，还是应全面实施品种登记制度？说说你的理由。

9. 未来我国实施更严格的新品种保护制度，你认为利大于弊还是弊大于利？对种业各主体（管理机构、育种人、企业、农民等）会有什么影响？

第二章
种子生产基本原理

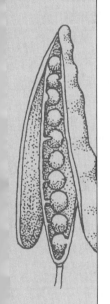

学习要求

掌握自花授粉植物、异化授粉植物、常异花授粉植物繁殖方式的遗传特点；理解纯系学说、遗传平衡定律、杂种优势理论的内涵及其与种子生产的关系；掌握品种混杂退化的原因及防杂保纯措施；了解种子生产过程中活力形成的一般过程及其适时收获、种子成熟度与种子活力的关系。了解影响种子质量和产量的遗传和环境因素，掌握高质量种子生产的关键技术流程。

引言

种子生产的理论基础与现代育种的理论基础是相一致的，即遗传与变异、人工选择与自然选择、自交与异交、纯合性与杂合性、个体遗传与群体遗传等。种子生产技术要保证各类优良品种在不同的气候、土壤、栽培等条件下，能够保持其遗传特性不变，或者变异最小，农艺特征基本一致。因此，正确的种子生产技术不仅需要种子生产学知识，还需要种子生物学、植物学、植物生理生化、遗传育种学、栽培学、植物病理学、昆虫学、气象学、土壤学、生物统计学以及计算机科学等学科知识。只有依据科学的理论与技术路线作为技术指导，才可以进行正确的种子生产。本章详细阐述了植物繁殖方式、种子发育与种子生产的关系以及种子生产基地建设的基本技术要点。内容涉及自花授粉植物、异花授粉植物、常异花授粉植物、营养体繁殖及无融合生殖的概念及其遗传特点；纯系学说、遗传平衡定律、杂种优势等遗传规律及其与种子生产的关系；品种混杂退化的表现和原因及其防杂保纯措施的关系；种子发育过程与种子质量和产量的关系；隔离、品种特性保持、种苗组织培养、机械化制种及杂交制种的原理与技术要点等。

第一节 植物繁殖方式及其遗传特点

植物的繁殖方式与其遗传特点是相互联系和相互影响的，不同繁殖方式制约着遗传性状改良的方法和途径，同时也影响着种子生产的特点和方式。植物的繁殖方式可分为有性繁殖（sexual reproduction）和无性繁殖（asexual reproduction）两类。凡由雌雄配子结合，经过受精过程，以种子的形式繁殖后代的方式，统称为有性繁殖，是植物的基本繁殖方式。在有性繁殖的植物中，根据雌雄配子来自同一亲本植株或不同亲本植株而导致的授粉方式不同，又可分为三类，即自花授粉植物（self-pollination plant）、异花授粉植物（cross-pollination plant）和常异花授粉植物（often cross-pollination plant）。凡不经过两性细胞受精过程而繁殖后代的方式，统称为无性繁殖，又分为植株营养体繁殖（vegetative propagation）和无融合生殖（apomixis）两种方式。

一、有性繁殖方式及其遗传特点

1. 自花授粉植物及其遗传特点

在自然条件下，雌蕊的柱头接受同一朵花或同一株的其他花的花粉而繁殖后代的植物，统称为自花授粉植物，又称自交植物。

自花授粉植物有水稻、小麦、大麦、大豆、燕麦、豌豆、绿豆、花生、芝麻、烟草、亚麻、马铃薯、番茄、茄子、辣椒等。自花授粉植物的花器结构一般是雌性和雄性器官生长在同一朵花内，称为两性花。花瓣一般无鲜艳的色彩和特殊的气味，雌蕊和雄蕊同期成熟，并且雌蕊和雄蕊等长或雄蕊紧密围绕雌蕊，花药开裂部位紧靠柱头，从而增加自花授粉的机会。有些植物，如大麦、豌豆和花生植株下部的花，在花冠未张开时就已完成授粉过程，称为闭花授粉，这是典型的自花授粉方式。此外，自花授粉植物的异交程度（自然异交率）普遍很低，一般低于1%，如大麦常为闭花授粉，自然异交率一般为0.04%～0.15%；水稻的自然异交率一般为0.2%～0.4%；大豆的自然异交率一般为0.5%～1%，但因品种的差异和开花时受环境条件的影响，自然异交率也可能提高到1%～4%。

自花授粉植物需经过同花或同株雌雄配子相结合的受精过程，其群体表现为以下遗传特点：

（1）基因型和表现型的一致性 基因型和表现型一致是自花授粉植物遗传行为上的显著特点。由于长期的自交和人为定向选择，自花授粉群体内大多数个体的基因型是纯合的，且个体间的基因型是同质的，其表现型也是整齐一致的。即使群体内偶然发生天然杂交或基因突变，也会因频率低且随繁殖世代的增加使其后代的遗传组成趋于纯合。

（2）世代间遗传行为的相对稳定性 通过单株选择或连续自交产生的后代，其基因型和表现型相对一致，一般称为纯系。纯系的自交后代仍然是纯系，性状与上一代保持一致，如果不通过人为自交都能较稳定地保持下去，即在一定时间内和一定条件下世代间遗传行为上表现出相对稳定性，这是自花授粉植物优良品种得以较长期在生产上推广使用的重要原因。

（3）自交后代不退化或退化缓慢 自花授粉方式是在长期自然选择下产生和保存下来

的，对于物种的生存繁衍是一种有利的特性。因此，自花授粉植物高度耐自交，且自交后代生长正常，在生活力、生长势、产量等方面不退化或退化缓慢。

2. 异花授粉植物及其遗传特点

在自然条件下，雌蕊的柱头接受异株的花粉而繁殖后代的植物，统称为异花授粉植物，又称异交植物。

异花授粉植物有玉米、白菜型油菜、向日葵、甘薯、甜菜、甘蔗、黑麦、荞麦、蓖麻、大麻、蛇麻、木薯、洋葱、紫花苜蓿、三叶草、草木樨等。一朵花内只生长雄性器官的花称为雄花，只生长雌性器官的花称为雌花，只有雄性器官或只有雌性器官的花称为单性花。在一般情况下，单性花的构造有利于异花授粉。异花授粉植物根据雌雄花的着生部位、花器结构、自交亲和性又可分为4种类型：①雌雄异株，即雌花和雄花分别生长在不同植株上，植株有雌雄之分，如大麻、菠菜、蛇麻、石刁柏、银杏、木瓜等。②雌雄同株异花，即雄花和雌花分别着生在同一植株上的不同部位，如玉米、蓖麻、苎麻、黄瓜、南瓜、西瓜、甜瓜等。③雌雄同花，但雌雄蕊异熟或花柱异型。即具有完全花，但雌雄蕊成熟期不同或花柱存在异型，有的是雌蕊先成熟，如油菜等；有的是雄蕊先成熟，如向日葵等。④雌雄同花，但自交不亲和。即具有完全花并可形成正常的雌、雄配子，但缺乏自花授粉结实的能力，如黑麦、甘薯、白菜型油菜、向日葵、甜菜、白菜、甘蓝等。具有自交不亲和性的植株通常表现出雌雄排斥，自花花粉在雌蕊柱头上不能萌发；或自花花粉管进入花柱后生长受阻，不能到达子房，或不能进入珠心；或进入胚囊的雄配子不能与卵细胞结合完成受精过程。此外，异花授粉植物的自然异交率因植物种类、品种、开花时环境条件而不同，它们主要依靠风力或昆虫等媒介传播异花花粉而结实，自然异交率一般在50%以上，有些植物的自然异交率可达到95%以上，甚至100%。

异花授粉植物需经过异株雌雄配子相结合的受精过程，其群体表现为以下遗传特点：

（1）遗传结构和表现型的多样性　异花授粉植物是异质结合体，包含各种不同基因型的个体，而且每一个体在遗传组成上也是异质的，没有基因型完全相同的个体。因此，它们的表现型多种多样，没有完全相同的个体。此外，由于异花授粉植物群体的复杂异质性，从群体中选择的优良个体后代会出现性状分离，优良性状不能稳定遗传，需连续多代自交和多次单株选择才能获得较稳定的纯合后代和保证选择的结果。

（2）自交后代性状退化，杂交生产杂种优势　由于异花授粉植物长期异交，自交纯合后，隐性的劣质性状显现，虽然使性状趋于稳定，但表现性状退化，在生活力、生长势、产量等方面显著下降。如果连续多代自交和选择，可以获得纯合的自交系，再进行优良自交系间的杂交，可获得具有杂种优势的杂交种。异花授粉植物杂种优势与自交衰退现象并存，是杂种优势利用和杂交制种的理论基础。

（3）基因突变不易识别且难于纯合　异花授粉植物性细胞发生突变时，如果是显性突变，容易淹没于群体后代多样性表现型中不易识别；若是隐性突变，隐性性状将较长时间地在群体内保持异质性，早期世代不能表现，不易被发现。只有将突变体进行两次或两次以上的人为自交，才能使突变性状得以表现，并获得纯合的突变体。

3. 常异花授粉植物及其遗传特点

由自花授粉和异花授粉两种方式繁殖后代的植物称为常异花授粉植物，又称常异交植物。常异花授粉植物是典型的自花授粉植物和典型的异花授粉植物的中间类型，以自花授粉为主要繁殖方式，也经常发生异花授粉，存在一定比例的自然异交。

常异花授粉植物有棉花、高粱、甘蓝型油菜、芥菜型油菜、蚕豆、粟等。常异花授粉植物花器的基本结构是雌雄同花，雌雄蕊异熟或异长，雌蕊外露，易接受外来花粉，多数植物花瓣色彩鲜艳且有香气，能分泌蜜汁，引诱昆虫传粉。常异花授粉植物的自然异交率因植物种类、品种、开花时环境条件而异，一般为 5%～50%。例如，棉花的自然异交率一般为 5%～20%；高粱的自然异交率一般为 5%～50%；蚕豆的自然异交率一般为 17%～49%；甘蓝型油菜的自然异交率一般为 10%，最高可达 30% 以上。

常异花授粉植物的群体表现为以下遗传特点：

（1）遗传基础的多样复杂性　从基因型分析，一个常异花授粉作物品种群体中至少包含 3 种基因型，即品种基本群体的纯合同质基因型、杂合基因型及非基本群体的纯合基因型。因此，群体的表现型既反映品种基本群体的一致性，又包含不同比例的性状变异分离的个体。

（2）自交后代退化不显著　常异花授粉植物以自花授粉为主，其主要性状多处于同质纯合状态，连续多代自交一般不会出现生活力、生长势、产量等性状显著退化的现象。

二、无性繁殖方式及其遗传特点

1. 营养体繁殖及其遗传特点

由植物营养体繁殖后代的方式，统称为营养体繁殖。许多植物的植株营养体部分具有繁殖的能力，如植株的根、茎、芽、叶等营养器官及其变态部分块茎、球茎、鳞茎、匍匐茎、地下茎等，都可利用其繁殖能力，采取分根、扦插、压条、嫁接等方法繁殖后代。利用营养体繁殖后代的植物主要有甘薯、马铃薯、木薯、蕉芋、甘蔗、苎麻、慈姑、洋葱、蒜等。大部分的果树和花卉也采用营养体繁殖后代。

由一个单株通过营养体无性繁殖产生的后代体系，称为无性繁殖系，简称无性系（clone）。它来自母株的营养体，即由母体的体细胞分裂繁衍而来，没有经过两性细胞受精过程，所以无性系的各个个体都能保持其母体的性状而不发生（或极少发生）性状分离现象。因此，一些不容易进行有性繁殖又需要保持品种优良性状的植物，可以利用营养体繁殖无性系来保持其种性。此外，无性系在繁殖过程中会有突变，主要是芽变，但突变率很低，且变异的遗传比较简单。在多数情况下，利用营养体繁殖后代的植物在适宜的自然条件或人工控制下也可进行有性繁殖，从而实现杂交育种。其杂交种 F_1 也会表现杂种优势，但同时会出现较大分离，这是因为亲本本身也是杂合体。因此，在杂交种 F_1 便可选择具有明显优势的优良个体，通过无性繁殖将其优良性状和杂种优势固定下来，成为新的无性系或原无性系的复壮种苗。

营养体繁殖的群体表现为以下遗传特点：

（1）后代特性与母本保持一致　由于品种群体来源于母本体细胞，遗传物质只来自母本一方，所以不论母本遗传基础是纯合还是杂合，其后代的基因型和表现型与母本完全相同，即同一无性系内的植株基因型相同，保持原始亲本（母本）具有的特性。

（2）有性繁殖后代性状分离　在利用营养体繁殖后代的植物中，如果无性系是来自杂交种的后代，没有经过自交纯合，那么个体的基因型是杂合体，若用其种子进行繁殖，则后代会出现性状分离，产量和质量也会下降。

2. 无融合生殖及其遗传特点

植物性细胞的雌雄配子，不经过正常受精和两性配子的融合过程而形成种子的繁殖后代方式，统称为无融合生殖。无融合生殖有多种类型：①因大孢子母细胞或幼胚囊败育，由胚珠体细胞进行有丝分裂直接形成二倍体胚囊，称为无孢子生殖（apospory）。②由大孢子母细胞不经过减数分裂而进行有丝分裂，直接产生二倍体的胚囊，最后形成种子，称为二倍体孢子生殖（diplospory）。③由胚珠或子房壁的二倍体细胞经过有丝分裂而形成胚，同时由正常胚囊中的极核发育成胚乳而形成种子，称为不定胚生殖（adventitious embryony）。④在胚囊中的卵细胞未和精核结合，直接形成单倍体胚，称为孤雌生殖（parthenogenesis）。⑤进入胚囊的精核未与卵细胞融合，直接形成单倍体胚，称为孤雄生殖（androgenesis）。在孤雌和孤雄生殖时，单倍体胚的种子经染色体加倍可获得基因型纯合的二倍体。

无融合生殖的群体表现为以下遗传特点：

（1）无受精过程　在各类无融合生殖所获得的后代过程中，无论是来自母体的体细胞或性细胞或来自父本的性细胞，均没有经过雌雄配子的融合过程，即未经过受精过程。

（2）后代性状表现来自亲本一方　由于无融合生殖不需要经过受精过程，所产生的后代只具有母本或父本一方的遗传物质，所以只表现母本或父本一方的性状。

第二节　种子生产的遗传学原理

一、种子生产的遗传学基础

种子生产是按照种子生产原理和技术操作规程繁殖常规种子和杂交种子的过程。植物的遗传规律是种子生产原理的核心内容，也是种子生产的理论基础。与种子生产关系密切的主要遗传规律有纯系学说（pure line theory）、遗传平衡定律（law of genetic equilibrium）、杂种优势理论（heterosis）等。在种子生产中，应用这些遗传规律，结合技术操作规程，才能够生产出符合农业生产需求的数量和质量均达到要求的种子。

（一）纯系学说

1. 纯系学说的概念

纯系学说是由丹麦植物学家约翰森（Johannsen）于1903年根据菜豆选种的试验研究结果提出的。所谓纯系，是指从一个基因型纯合个体自交产生的后代群体的基因型也是纯合的，即由纯合的个体自花授粉所产生的后代群体是一个纯系。关于纯系学说，约翰森通过大量试验结果认为，在自花授粉植株的自然混杂群体中，可分离出许多基因型纯合的纯系。因此，在一个混杂群体中进行选择是有效的，但是纯系内个体所表现的差异，只是环境的影响，并不是基因型的差异造成的，是不能遗传的。所以，在纯系内继续选择是无效的。同时，约翰森进一步总结并首次提出了基因型和表现型两个不同的概念，用于区分遗传的变异和不遗传的变异，指出了选择遗传变异的重要性，为选择育种和种子生产奠定了理论基础。

2. 纯系学说与种子生产的关系

（1）在种子生产中指导防杂保纯　种子生产的关键任务之一是防杂保纯。种子生产中，在品种真实性的基础上，品种纯度的高低是衡量种子质量优劣的首要指标。在扩大种子生产时，需要在相应的理论指导下，制定各种防杂保纯的措施，从而确保所生产种子的纯度。

从理论上讲，自花授粉作物品种的种子生产属于纯系种子的生产。但在实际生产中，绝对的完全的自花授粉几乎是不存在的。由于各种原因的影响，总会存在一定程度的自然杂交，从而引起基因的重组，同时也可能发生各种自发的突变，产生变异个体，这些都是自花授粉作物产生变异的主要原因，也是人们在制定种子质量标准时，纯度不能要求100%的原因。但是，这种实际情况不能成为放宽纯度要求的理由，只要严格执行种子生产技术和质量检验规程的要求，完全可以将种子纯度控制在国家种子质量分级标准以内。

在实际生产中，绝对的纯系是不存在的，这是因为大多数作物的经济性状是受微效多基因控制的数量性状。所谓"纯"只能是局部的、暂时的和相对的，随着繁殖代数的增加，纯度必然会降低。因此，在现代种子生产中，应尽可能减少种子的生产代数。对生产应用较长时间的品种，必须注意防杂保纯或提纯复壮。

（2）在原种生产中指导单株选择　纯系学说在选择育种和种子生产中的另一个重大影响，是从理论和实践上提出了自花授粉作物单株选择的重大意义。在自交作物三年三圃制原种生产体系中，可以按照原品种的典型特性，采取单株选择和单株脱粒，对株系进行比较，逐步进行提纯复壮。

（二）遗传平衡定律

1. 遗传平衡定律相关概念

（1）基因频率与基因型频率　基因频率（gene frequency）是指在某一群体中，某个等位基因占该位点等位基因总数的比例，也称等位基因频率（allele frequency）。基因频率是决定某个群体遗传的基本因素，当环境条件或遗传结构不变时，基因频率亦不会变化。基因型频率（genotype frequency）是指在某一群体中，某个特定基因型占该群体所有基因型总数的比例。基因型是每代在受精过程中由父母本所携带的基因组成的，它是描述群体遗传结构的重要参数。

自花授粉作物长期靠自交繁殖，以一对杂合基因型 Aa 的个体为例，经过连续自交，后代中纯合基因型 AA 和 aa 个体出现的频率将会有规律地逐代增加，而杂合基因型 Aa 个体出现的频率将会有规律地逐代递减。理论上自交各代纯合基因型频率按如下公式计算：

$$纯合基因型频率 =1-（1/2）^n$$

杂合基因型频率按如下公式计算：

$$杂合基因型频率 =（1/2）^n$$

其中 n 为自交代数。

（2）遗传平衡定律　在群体遗传学中，表现型、基因型和等位基因频率之间关系的一个重要原则就是基因型的比例在世代传递中不会改变。因此，群体中个体的等位基因频率的分布比例和基因型的分布比例（频率）世代维持恒定。这是群体遗传学的一个基本原则，是英国数学家 G.H. Hardy 和德国医生 W. Weinberg 于 1908 年应用数学方法探讨群体中基因频率变化所得出的结论，即遗传平衡定律（又称 Hardy–Weinberg 定律）。遗传平衡定律的完整定义是指在一个大的随机交配的群体内，如果没有突变、选择和迁移因素的干扰，则基因频率和基因型频率在世代间保持不变。或者说，一个群体在符合一定条件的情况下，群体中各个个体的比例可从一代到另一代维持不变。

以上述群体为例，设等位基因 A 和 a 的基因频率分别为 p 和 q，则 3 种基因型的频率分别是：

基因型　　　AA　　　　Aa　　　　aa

频　率　　$P = p^2$　　$H = 2pq$　　$Q = q^2$

如果个体间的交配是随机的，则配子之间的结合也是随机的，雌雄配子及其频率见表 2-1。

表 2-1　随机交配群体的基因型及其频率

雌配子及其频率	雄配子及其频率	
	A_1: p	a_1: q
A_1: p	A_1A_1: $p \times p = p^2$	A_1a_1: $p \times q = pq$
a_1: q	A_1a_1: $p \times q = pq$	a_1a_1: $q \times q = q^2$

产生的后代 3 种基因型的频率分别为：

基因型　　　A_1A_1　　　A_1a_1　　　a_1a_1

频　率　　$P_1 = p^2$　　$H_1 = 2pq$　　$Q_1 = q^2$

这与上一代 3 种基因型的频率完全一致，因此就对基因而言，群体已达到平衡。

要维持群体的遗传平衡需要满足一定的条件，或者说这种遗传平衡受一些因素的影响。这些条件和因素是：①群体足够大，不会由于任何基因型传递而产生频率的随意波动；②随机交配，配子之间的结合是随机的而不是带有选择性的；③没有自然选择，所有的基因型（在一个座位上）都同等存在，并有恒定的突变率，即由新突变来替代因死亡而丢失的突变等位基因；④不存在迁移因素的干扰，群体结构不会因迁移而发生变化。如果缺乏这些条件则不能保持群体的遗传平衡。遗传平衡所指的种群是理想的种群，在自然条件下，这样的种群是不存在的，这也从反面说明了在自然界中种群的基因频率迟早要发生变化，即种群的进化是必然的。

2. 遗传平衡定律与种子生产的关系

遗传平衡定律揭示了群体基因频率和基因型频率的遗传规律，据此可使群体的遗传性能保持相对稳定。自花授粉群体内绝大多数个体的基因型是纯合的，而且个体间的基因型是同质的，其表现型也是整齐一致的。由于其遗传性能的相对稳定性，品种保纯比较容易。但由于自花授粉作物也存在极少数的自然杂交，会发生基因型的分离，出现性状变异个体。此外，由于自然突变的存在，也会产生变异个体。这些都是自花授粉植物产生变异的主要原因，也是其要防杂保纯的基本遗传原理。

在长期自由授粉的条件下，异花授粉群体的基因型是高度杂合的，群体内各个个体的基因型是异质的，没有基因型完全相同的个体。同时，异花授粉群体内个体间随机交配繁殖后代，假如没有选择、突变、遗传漂移等影响，其群体内的基因频率和基因型频率在各世代间保持不变，即保持遗传平衡，它们的遗传结构符合遗传平衡定律。但实际上由于对群体施加人工选择，加上自然突变、异品种的杂交和小样本的引种等因素，这些都不可避免地对异花授粉群体的纯度产生影响。

（三）杂种优势

1. 杂种优势的概念

由两个遗传组成不同的亲本杂交产生的杂交种第一代（F_1），在生活力、生长势、繁殖力、抗逆性、适应性、产量和质量等方面超过其双亲的现象，称为杂种优势。杂种优势是生物界的普遍现象，在水稻、玉米、油菜、小麦、高粱、棉花、大白菜、西瓜、甜瓜、番茄、黄瓜、甘蓝、辣椒、茄子等，以及许多林木、果树和观赏园艺植物中均有报道。此外，由于杂种优势受双亲基因互作及其与环境互作的交互影响，导致杂种优势的表现具有复杂多样性。

杂交种 F_1 具有营养生长和生殖生长的优势。营养体生长优势表现为出苗迅速、根系发达、生长旺盛、茎秆粗壮、枝叶茂盛等。生殖生长优势主要表现为产量大幅度提高，水稻杂交种一般可增产 15%～20%，玉米可增产 10%～30%，油菜可增产 30%～80%。此外，杂交种在生理功能方面表现出对环境的适应性增强，以及对不良环境的耐性或抵抗能力增强。例如，杂交种 F_1 的耐高温、耐低温、耐涝、耐旱等特性增强。同时，由于生长健壮，对病虫害的抗性或耐性也有所增强。

杂交种的生长能力表现在生长速度、物质积累、品质表现和对环境的适应能力上，这些表现可以在其生长发育过程中被观测，并给予量化。但由于杂种优势的各种表现可能存在不同，为了便于研究与利用杂种优势，一般通过以下指标来度量和评价：

（1）中亲优势（mid-parent heterosis）　也称为平均优势，即杂交种 F_1 的产量或某一数量性状的平均值与双亲同一性状的平均值之差值的比值。计算公式如下：

$$中亲优势 = \frac{杂交种 - 双亲平均值}{双亲平均值} \times 100\%$$

（2）超亲优势（over-parent heterosis）　即杂交种 F_1 的产量或某一数量性状的平均值与高值亲本同一性状的平均值之差值的比值。计算公式如下：

$$超亲优势 = \frac{杂交种 - 高值亲本值}{高值亲本值} \times 100\%$$

杂交种 F_1 某些性状的数值低于双亲的低值亲本的现象，即称为负向超亲优势。计算公式如下：

$$负向超亲优势 = \frac{杂交种 - 低值亲本值}{低值亲本值} \times 100\%$$

（3）超标优势（over-standard heterosis）　也称对照优势或竞争优势，即杂交种 F_1 的产量或某一数量性状的平均值与当地推广品种同一性状的平均值之差值的比值。计算公式如下：

$$超标优势 = \frac{杂交种 - 对照品种值}{对照品种值} \times 100\%$$

（4）杂种优势指数（index of heterosis）　即杂交种 F_1 的产量或某一数量性状的平均值与双亲同一性状的平均值的比值，也用百分率表示。计算公式如下：

$$杂种优势指数 = \frac{杂交种平均值}{双亲平均值} \times 100\%$$

通过以上公式，可对杂交种 F_1 的杂种优势进行客观的测定量化。中亲优势、超亲优势、杂种优势指数均表示杂交种 F_1 的产量或某一性状的数值针对双亲值大小的表现，可以证明杂种优势现象的存在及其强度。从杂种优势的利用角度出发，要使杂种优势具有实际应用意义，杂交种 F_1 不仅要比其双亲优越，还必须优于当地生产上大面积推广应用的品种。

2. 杂种优势的理论假说

杂种优势理论包含显性假说、超显性假说、上位性效应显性、染色体组－胞质基因互作模式、异质结合假说、有机体生活力假说等，但经典假说主要是显性假说和超显性假说两种。

（1）显性假说　显性假说又称为有利显性基因假说，也称显性学说。于 1910 年由 Bruce 首先提出，并于 1917 年由 Jones 进行了补充（加入了连锁遗传的概念）。显性假说认为，杂种优势是由双亲的显性基因全部聚集在杂交种中而引起的互补作用导致了性状的增强。以玉米的两个自交系为例，假设它们有 5 对互为显隐性的基因，且位于同一染色体上。同时，假设各隐性纯合基因（如 aa）对性状贡献作用为 1，而各显性纯合和杂合基因（如 AA 和 Aa）的作用为 2，如双亲的基因型为 AAbbCCDDee 和 aaBBccddEE，则杂交种 F_1 的基因型为 AaBbCcDdEe。其双亲对性状贡献的作用分别为 8 和 7，而杂交种 F_1 的作用是 10。由此可见，由于显性基因的作用，F_1 比双亲表现了显著的优势。因此，显性假说强调显性基因对杂种优势的贡献，认为多数显性基因有利于个体的生长和发育。杂交种 F_1 综合了双亲的显隐性基因，来自一个亲本的隐性基因被来自另一个亲本的显性基因所掩盖，使 F_1 具有比双亲更多的显性基因组合，从而最终表现出杂种优势。

（2）超显性假说　超显性假说也称为等位基因异质结合假说。该假说认为杂种优势来源于双亲的异质结合所引起的基因间的互作。根据这一假说，等位基因没有显隐性的关系，并认为杂合等位基因间的互相作用大于纯合等位基因的作用。假设 a_1a_1 纯合等位基因能支配一种代谢功能，a_2a_2 纯合等位基因能支配另一种代谢功能，则杂交种为杂合等位基因 a_1a_2 时，能同时拥有 a_1 和 a_2 所支配的两种代谢功能，从而表现出更高的代谢能力。例如玉米的两个自交系各有 5 对基因与生长量有关，以 $a_1a_1b_1b_1c_1c_1d_1d_1e_1e_1$ 与 $a_2a_2b_2b_2c_2c_2d_2d_2e_2e_2$ 杂交，单交种的基因型为 $a_1a_2b_1b_2c_1c_2d_1d_2e_1e_2$，由上述假设可知，如果亲本生长量各是 5，则单交种的生长量应是 10，具有明显的超亲优势。因此，超显性假说认为杂合等位基因之间是复杂的互作关系，而不是显隐性关系。由于这种复杂的互作效应，才可能超过纯合基因型的效应。这种效应可能是由于等位基因各有本身的功能，分别控制不同的酶和不同的代谢过程，产生不同的产物，从而使 F_1 同时获得双亲的功能。

（3）其他假说　杂种优势遗传机制还包括上位性效应显性、染色体组－胞质基因互作模式、异质结合假说、有机体生活力假说等。上位性效应是指位点间基因相互作用的效应，认为杂种优势是非等位基因之间互作的结果。染色体组－胞质基因互作模式又称为基因组互作模式，认为杂种优势是由基因互作或互补所致，其中基因组间互补可能包括细胞核与叶绿体、线粒体基因组的互作与互补等。异质结合假说认为杂交导致遗传异质结合，同时由于异质性配子结合的生理刺激作用，产生了杂种优势。有机体生活力假说认为杂种优势是生活力的外在表现，生活力越强，杂种优势越明显；同时，生活力的强度决定于受精时相结合的性细胞的差异程度。因此，该假说认为杂种优势是由这些性细胞的差异程度造成的。

3. 杂交种种子生产的特点

（1）具有强优势的杂交组合　杂交种 F_1 杂种优势的表现因杂交组合而异，若杂交组合选配不当，杂种优势不明显，甚至出现杂种劣势。因此，大面积生产杂交种时，一定要选择有强优势的杂交组合。强优势的杂交组合，除产量优势外，还必须具有优良的综合农艺性状，较好的稳产性和适应性。在育种过程中要经过大量组合筛选，并经多年、多点的试验比较和生产示范，才能选出稳定的强优势组合。

（2）具有纯度高的优良亲本　为了发挥杂种优势，用于制种的亲本在遗传上必须高度纯合。一般双亲差异大且性状具有互补性时，其 F_1 杂种优势较强。在同一杂交组合中，双亲的纯度越高，F_1 的一致性就越好，杂种优势也越稳定，因此保持亲本纯度及其遗传稳定性，是持续利用杂种优势的关键。为了保证 F_1 具有整齐一致的杂种优势，需要通过自交和选择对亲本进行纯化。同时，在种子生产过程中，不能坚持"优中选优"的思想，因为出现的"优株"可能是混杂的杂交种植株，对所有不符合典型特征的异株都必须严格除去，以保证所生产种子的纯度。

（3）F_2 及以后世代的杂种优势衰退　与 F_1 相比，F_2 及以后世代在生活力、生长势、抗逆性和产量等方面会出现显著下降。同时，两个亲本的纯度越高，性状差异越大，F_1 表现的杂种优势越大，则 F_2 及以后世代表现衰退现象越明显。在杂种优势利用上，F_2 一般不再利用，必须重新配制 F_1，才能满足生产的需要。

（4）繁殖与制种技术简单易行　杂交种在生产上通常只利用 F_1，这就要求每年都繁殖亲本和配制杂交种。如果亲本繁殖和制种技术复杂，人力和物力耗费过多，杂交种子的生产成本就会显著增加，经济效益降低，则无法在生产上推广。因此，在生产上大面积种植杂交种时，必须建立包括亲本繁殖和杂交制种两个方面的种子生产体系，要求亲本繁殖与杂交制种技术简单易行，能为种植者所掌握，以保证每年有足够的亲本种子用来制种，有足够的 F_1 商品种子供生产使用。

二、品种纯度的保持和保纯

品种混杂退化是种子生产中的一种普遍现象，也是植物新品种权丧失的主要原因。品种混杂（cultivar complexity）与品种退化（cultivar degeneration）是两个既有区别又有联系的概念，品种群体发生了混杂，容易导致品种加速退化，同时品种的退化又必然表现出品种的混杂。导致品种混杂退化的原因是多方面的，其中机械混杂和生物学混杂起主要作用。防杂保纯是防止品种混杂退化的有效途径，坚持种子生产四级程序，坚持"防杂重于除杂，保纯重于提纯"的原则，采取综合技术措施，保持品种的优良种性。

（一）品种混杂退化的概念和原因

1. 品种混杂退化的概念

在变化多端的生态环境中，任何一个品种的种性和纯度都不是固定不变的。随着品种繁殖世代的增加，多种原因都会引起品种混杂退化。品种混杂退化是指品种在生产栽培过程中，发生了品种纯度降低、种性变劣、抗逆性和适应性减退、产量和质量下降的现象。品种混杂是指一个品种群体内混进了其他品种甚至是不同作物的植株或种子，或者其上一代发生了自然杂交或基因突变，导致后代群体中分离出变异类型，造成品种纯度降低的现象。品种退化是指品种的遗传基础发生了变化，使部分特征特性变劣的现象，其表现主要有品种的经济性状变劣、抗逆性和适应性减退、产量和品质下降等，从而导致该品种种植面积减少，最终丧失了在农业生产上的利用价值。

品种混杂退化是农业生产中的一种普遍现象。一个品种在生产上种植多年，必然会发生混杂退化的现象，其田间群体表现主要有株高参差不齐、成熟期早晚不一、生长势强弱不同、病虫害程度加重、抗逆性和适应性减退、经济性状或品质性状变劣、杂交种亲本的配合力下降等。品种的典型性下降是混杂退化的主要表现，产量和品质下降是混杂退化的最主要危害。因此，品种的混杂退化是农业生产中必须重视并及时加以解决的问题，否则会给农业生产造成严重损失。

2. 品种混杂退化的原因

引起品种混杂退化的原因是多方面的。有一种原因引起的混杂，也有多种原因综合作用造成的混杂。此外，不同地区、不同气候、不同作物、不同品种发生混杂退化的原因也不尽相同。归纳起来，主要有以下几个方面：

（1）机械混杂　机械混杂是指在种子生产、加工及流通等环节中，由于各种条件限制或人为疏忽，导致非本品种种子混入的现象。机械混杂是种子生产中普遍存在的现象，也是各种作物发生混杂退化的重要原因，主要来源于以下 3 个方面：①种子生产过程中人为造成的混杂。在播前晒种、浸种、拌种、包衣等种子处理及播种、补种、移栽、收获、脱粒、晾晒、加工、包装、贮藏、运输等环节中，没有严格地按种子生产的操作规程工作，使生产的目标品种种子内混入了异种的种子或异品种的种子，造成机械混杂。②种子田连作。在种子生产过程中，种子田选用连作田块，前作品种自然落粒的种子和后作的不同品种混杂生长，从而引起机械混杂。③施用未腐熟的有机肥料。未腐熟的有机肥料中混有其他具有生命力的作物或品种的种子，导致机械混杂。

机械混杂不仅会降低种子的纯度，还会增加自然杂交的机会，是造成自花授粉植物混杂退化的最主要的原因。

（2）生物学混杂　生物学混杂是指在种子生产过程中，由于隔离条件差或除杂去劣不及时、不严格，发生自然杂交使后代产生性状分离而造成的混杂。生物学混杂是异花授粉植物和常异花授粉植物发生混杂退化的主要原因之一。在种子生产过程中，发生自然杂交的原因一方面是没有按规定将不同品种进行严格的隔离；另一方面是品种本身已发生了机械混杂但又除杂不彻底，从而导致不同品种间发生自然杂交，引起群体遗传组成的改变，使品种的纯度、典型性、产量和质量降低。

有性繁殖植物均有一定的自然异交率，都有可能发生生物学混杂，但严重程度不同。异花授粉植物的自然异交率较高，比较容易发生生物学混杂，而且一旦混杂，扩散非常迅速。例如，一个玉米自交系的种子田中有几株杂株没除净，则该自交系就会在 2~3 年内变得面目全非。常异花授粉植物虽然以自花授粉为主，但其花器结构易于杂交。例如，在棉花种子生产过程中，若不注意隔离，会因昆虫传粉而造成生物学混杂。自花授粉植物的自然异交率低，但在机械混杂严重时，自然杂交的机会也会增多，从而造成生物学混杂。

（3）残存异质基因的分离重组和基因突变　在品种生产栽培中，由于其本身残存异质基因的分离重组和基因突变等原因而引起性状变异，导致混杂退化。

品种或自交系可以看成是一个纯系，但这种"纯"是相对的，个体间的基因组成总会存在差异，特别是通过杂交选育的亲本材料，遗传基础复杂，虽然主要性状表现一致，但微效多基因上仍存在杂合性（剩余杂合）。在自交繁殖过程中，杂合基因会逐渐分离造成个体与个体的差异，从而引起品种的纯度、典型性、一致性降低；在开放授粉过程中，会引起基因分离纯合变慢，部分个体性状变差，还有些育种单位急于求成，经常把一些表现优异但遗传性状尚未稳定的常规种和亲本自交系提前出圃，在繁育过程中如不进行严格选择，很快出现混杂退化现象。

在品种生产栽培中，由于各种自然条件和生产条件的影响，可能会发生各种不同的基因突变。基因突变的频率很低，一般为 $1 \times 10^{-8} \sim 1 \times 10^{-5}$，个别性状可达到 1×10^{-3}，但广泛存在，并且作物性状的自然突变大部分是不利的，这些不利的突变通过自然选择保存下来，在种子生产中又没有被及时发现和除去，就会通过自身繁殖和生物学混杂方式，使后代群体中变异类型和变异个体数量增加，导致品种混杂退化。

（4）选择不当　在种子生产过程中，特别是在亲本种子和原种生产时，如果对品种的特征特性不熟悉，不能按照品种性状的典型性进行正确选择和除杂去劣，就会使群体中杂株数量增加，导致品种混杂退化。例如，高粱、棉花等作物在间苗时，经常把那些表现好且具有杂种优势的杂种苗误认为是该品种的壮苗加以选留和繁殖，结果却造成混杂退化。在玉米自交系的繁殖过程中，也经常把较弱的自交系幼苗拔掉而留下肥壮的杂种苗，这样就容易加速品种的混杂退化。

此外，在原种生产时，如果不熟悉原品种的特征特性，就会造成选择的标准不正确，如本应选择具有原品种典型性状的单株，但选择了优良的变异单株，则所生产的种子种性会失真，从而导致混杂退化。如果选株的数量越少，那么所繁育的群体种性失真会越严重，保持原品种的典型性就越难，越容易加速品种的混杂退化。

（5）不良的生态条件和栽培技术　一个优良品种的优良性状是在一定的自然条件和栽培条件下形成的，如果种子生产的栽培技术或环境条件不适合品种的生长和发育，则品种的优良种性得不到充分发挥，会导致某些经济性状衰退和变劣。如果作物长期处于不良环境条件下，还可能引起不良的变异或病变，严重影响作物的产量和质量。例如，水稻在生育后期遇到低温，谷粒会变小；成熟期遇到低温，糯性会降低。马铃薯的块茎膨大适于较冷凉的条件，因此在我国低纬度地区春播留种的马铃薯，由于夏季高温条件的影响，导致块茎膨大受到抑制，病毒繁衍和传输速度加快，种植第二年即表现退化。棉花在不良的自然和栽培条件下，会产生铃小、子粒小、绒短、衣分低的退化现象。

（6）遗传漂移　遗传漂移一般发生在小群体采种中。留种株数过少，会导致遗传学上的基因漂移，而这种基因漂移可能导致一些优良基因的丢失。在良种繁殖中，若采种群体过小，由于随机抽样误差的影响，会使上下代群体间的基因频率发生随机波动，从而改变群体的遗传组成，导致品种退化。一般个体的差异越大，采种数量越少，遗传漂移就会越严重。

（7）除杂去劣不彻底　在种子生产中，除杂去劣的难易程度因不同作物而存在差异。例如，棉花对环境条件比较敏感，品种群体个体间可塑性较大，棉株中很多变异类型不易辨别。在田间除杂去劣时，容易将难以辨别的退化株保留下来，导致品种退化。此外，异花授粉植物和常异花授粉植物在开花散粉前除杂去劣不彻底，很容易在开花后造成生物学混杂。

（8）病毒侵染　病毒侵染是引起无性繁殖植物混杂退化的主要原因之一，如甘薯、马铃薯、苹果、柑橘、大蒜等。病毒一旦侵入健康植株，就会在其体内扩繁和传输，并且能够在世代间逐渐积累，影响正常生理活动，导致品种退化。对于不耐病毒的品种，病毒积累到第四代或第五代就会出现绝收现象。对于耐病毒的品种，其产量和质量也会严重下降。

总之，品种混杂退化的原因很多，且各种因素之间相互联系、相互影响及相互作用。其中，机械混杂和生物学混杂较为普遍，在品种混杂退化中起主要作用。因此，在找到品种混杂退化的原因并分清主次的同时，采取合理而有效的综合措施才能解决防杂保纯的难题。

（二）防杂保纯措施

1. 预防机械混杂的措施

机械混杂是各种作物品种混杂退化的主要原因，预防机械混杂是保持品种纯度和典型性的重要措施。在种子处理、生产、加工、包装、贮藏、运输等各个环节，必须严格执行国家标准《农作物种子生产技术操作规程》，杜绝机械混杂的发生，防杂措施主要包括：

（1）合理选择种子田　种子田一般不宜连作，防止上季残留种子在下季出苗而造成混杂。此外，种子生产一定要把握规模种植的原则，将种子田集中连片进行种子生产。同时，在同一区域内不生产相同作物的不同品种，以免发生机械混杂和生物学混杂。

（2）认真落实种子的接收与发放规定　在种子的接收和发放过程中，要检查袋内外的标签是否相符，认真鉴定品种真实性和种子等级，严格检查种子的纯度、净度、发芽率及水分等。如存在问题，必须彻底解决后才能播种。

（3）严格把控种子处理和播种工作　在播种前的晒种、选种、浸种、催芽拌种、包衣等环节中，必须做到不同品种、不同等级的种子分别处理。如果采用机械播种，应预先清理机械中残留的其他种子。在播种同一品种的各级种子时，应按照等级高低进行分次播种。

（4）施用充分腐熟的有机肥　禁用未充分腐熟的有机肥，以防未腐熟的有机肥料中混有其他具有生命力的种子，导致机械混杂。

（5）严格遵守按品种单独操作的原则　种子田必须单独收获、运输、脱粒、晾晒及贮藏。不同品种不允许在同一个晒场上同时脱粒、晾晒和加工。若场地数量有限，应逐个品种进行脱粒。同时，一个品种脱粒完后，要彻底清理场地和脱粒机后再进行下一个品种的脱粒。在晒种时，不同品种间应保持一定的隔离距离。不同作物或品种必须分别贮藏和挂上标签，防止品种出现错乱。

2. 预防生物学混杂的措施

防止种子田在开花期间的自然杂交，是减少生物学混杂的主要途径。对于容易发生自然杂交的异花授粉植物和常异花授粉植物，必须采取严格的隔离措施，避免因风力或昆虫传粉造成生物学混杂。对于自然异交率很低的自花授粉植物，在种子生产中也应该采取适当的隔离措施。常见的隔离方法有 4 种，可因地制宜选用：

（1）空间隔离　在种子繁殖田和制种田周围一定的距离内不种植同一作物的其他品种。具体隔离距离根据作物的花粉数量、传粉能力及传粉方式而定。例如，玉米制种田隔离距离一般为 300 m 以上，自交系繁殖田隔离距离一般为 500 m 以上；水稻制种田隔离距离一般为 100 m 以上。

（2）时间隔离　通过调节播种或种植时间，使种子田的开花期与周围田块同一作物的其他品种的开花期错开。例如，春玉米播期错开一般为 40 d 以上；夏玉米播期错开一般为 30 d 以上；水稻花期错开一般为 20 d 以上。

（3）自然屏障隔离　在种子生产中，可以根据当地的实际情况，利用山丘、树林、果园、村庄、堤坝、建筑等进行隔离，防止其他品种花粉的干扰。

（4）设施隔离　采用套袋、夹花、罩网等方式进行隔离。这种隔离方法比较可靠，一般在提纯自交系、生产原原种以及少量的蔬菜制种中使用。

3. 严格除杂去劣

种子生产中必须采取严格的除杂去劣措施，除杂主要指除掉非本品种的植株；去劣主要指去掉本品种感染病虫害或生长不良的植株。除杂去劣应在熟悉本品种各生育阶段典型性状的基础上，在作物不同生育时期分次进行，务求除杂去劣干净彻底。异花授粉植物和常异花授粉植物必须在开花散粉前严格落实除杂去劣措施。如果品种混杂程度比较严重，尤其是生物学混杂，应当舍弃该种子田。

4. 定期更新生产用种

种子生产企业应定期向育种单位引进原种或者生产原种，坚持定期用原种更新繁殖区用种，这是防止品种混杂退化和长期保持品种优良种性的有效措施。在无性繁殖植物中，可以采用组织培养的方法生产脱毒苗，防止因病毒感染引起的品种退化，以显著提高产量和品质。

5. 创建适宜的生育条件

通过改善作物的生育条件，采用科学的管理措施，可以提高种子质量，保持品种种性，延缓品种退化。例如，马铃薯在高温条件下会加速退化，所以平原区不宜进行春播留种，可在高纬度冷凉的北部或高海拔山区繁殖良种，调运到平原区种植，或采取就地秋播留种的方法克服退化问题。再如，我国南方地区对水稻常采用"翻秋种植"的方法留种，即把当年收获的早稻种子在夏秋季当作晚稻种子种植，再将收获的种子作为第二年的早稻种子进行使用，这样就改变了早稻种植的生态条件，使其种子的生活力、抗寒能力、抗病能力明显增强，产量也有所提高。

第三节　种子发育与种子生产

一、种子发育过程

（一）种子发育过程概述

被子植物在受精过程中，来自雄配子体的两个精子，一个与卵细胞融合成为合子，另一个与两个极核融合形成初生胚乳核，这个过程称为双受精。双受精之后，合子进一步发育成胚，初生胚乳核发育成胚乳，珠被发育成种皮，大多数植物的珠心被吸收而消失，少数植物珠心组织继续发育直到种子成熟，形成外胚乳。

1. 被子植物胚的发育

被子植物胚的发育是从双受精完成形成合子（zygote）开始，经过合子休眠期、原胚发育期、胚基本器官分化期和胚扩大生长期，最后达到成熟。合子形成后，通常并不立即分裂而是要经过一定时间的"休眠"，因而胚的开始发育一般较胚乳晚。从合子形成到合子分裂的时期称为合子休眠期，其时间的长短因植物而异，一般数小时至数天不等。

合子具较强的极性，合点端阔，珠孔端较窄，细胞质较多集中在合点端，核也位于合点端。合子的分裂是不对称的，大多形成横的隔壁而分为上下两个细胞，靠近合点端的一个称顶细胞，体积小，细胞质浓，以后发育成胚体；靠近珠孔端的一个称为基细胞，内具大液泡，后分裂或不分裂，主要形成胚柄，间或也参与形成胚体。

从合子分裂至器官分化前的胚胎发育阶段为原胚发育期，一般从 2 细胞原胚开始至球胚期结束。由顶细胞发育成的球胚胚体呈辐射对称的球形，细胞体积较小且形态相同。球胚胚体的下方是由基细胞发育成的胚柄，胚柄形状多种多样，少数植物没有胚柄。胚柄基部细胞的外周壁大多形成壁内突，有的甚至发育成胚柄吸器。胚柄一般是短命的，多在球胚期达到发育的最高程度，子叶原基形成以后停止发育，逐渐退化消失或仅留残迹，也有少数植物成熟胚中胚柄宿存，如豇豆。

在原胚发育阶段，双子叶植物和单子叶植物有着相似的发育形态，但随着胚器官分化期的开始，单、双子叶间就有了差异。双子叶植物比如荠菜，球形胚在将来形成子叶的位置上细胞分裂加快，出现两子叶原基，为心形胚期；随后胚在下胚轴区域开始向下伸长，子叶原基则向上生长，形成鱼雷形胚；以后胚由于不均匀生长而弯曲成拐杖形，再继续弯曲扩大生长成"U"形的成熟胚。而单子叶植物玉米，则经历大头棒形胚、凹形胚，最终形成成熟胚。一般来说，玉米授粉后 20～22 h 完成受精形成合子；授粉后 24～48 h 合子分裂形成 2 细胞原胚；授粉后 5 d 形成大头棒形胚；授粉后 7 d，盾片形成，胚芽鞘、第一幼叶及胚根原基分化；授粉后 15 d，胚分化已初步完成。单子叶植物小麦胚发育一般经历多细胞原胚、梨形原胚、胚分化期，直到成熟胚。小麦传粉后 1～2 d，合子处在有丝分裂中期；传粉后 3 d 为 2 细胞原胚时期；传粉后 4～5 d 为多细胞原胚时期；传粉后 6～7 d 为球形胚时期；传粉后 12～14 d 为胚器官分化时期；传粉后 17 d，胚所有器官已分化，珠孔端尚有胚柄。小麦成熟胚由子叶、胚芽、胚轴、胚根以及胚芽鞘和胚根鞘组成。

2. 被子植物胚乳的发育

被子植物的胚乳（endosperm）多是由极核（polar nucleus）受精后形成的初生胚乳核发育而来，是三倍体结构。初生胚乳核无"休眠期"，一般先于合子而分裂。胚乳的发育方式可分为 3 种类型，即核型（nuclear type）、细胞型（cellular type）和沼生目型（helobial type）。大多数植物的内胚乳为核型，烟草、芝麻、番茄、牵牛等合瓣花群的植物为细胞型，沼生目型仅见于沼生目植物。

以小麦为例，其胚乳的发育经过两个主要阶段：多核体胚乳阶段和胚乳细胞化阶段。在多核体胚乳阶段，受精后的极核形成初生胚乳核，以后经过多次分裂，核之间不形成成膜体，形成胚乳多核体。一般受精后 1～2 d，形成合胞体（多核体）。小麦胚乳游离核约为 100 个，随后进入细胞化阶段。受精后 4 d，完成细胞化。在胚乳细胞化阶段，围绕每个核形成径向辐射状微管系统，之后形成核膜，接着进行细胞化和细胞多次分裂的过程。花后 10 d，建立胚乳的基本结构，开始贮藏物质（淀粉和蛋白质）的合成与积累。花后 14 d，完成胚乳细胞的分化，随后进行细胞扩增、胚乳生长和物质积累。花后 14～28 d 为子粒灌浆期。花后 28～42 d 为子粒成熟和脱水阶段。一般成熟时胚乳占子粒质量的 80%～85%。

（二）种子发育与种子质量和产量的关系

种子质量的主要指标包括品种质量和播种质量。品种质量是指与品种遗传基础有关的性状，包括品种的真实性和纯度两个方面。播种质量是指影响播种效果的性状，包括净度、均匀度、发芽率、水分、活力和健康度六个方面。在实际种子生产过程中，如何保持品种纯度和提高种子活力是种子质量控制的重点。品种纯度主要受隔离方式、去雄方式以及播种、收获等环节可能发生的机械混杂等因素的影响，而种子活力则是由多方面因素决定。

种子产量是遗传因素与生态环境条件综合作用的结果，而遗传因子是决定种子产量的内因，是最大可获得的种子产量（产量潜力）的决定因素。在种子生产中，提高种子产量是获得制种经济效益的关键。

二、种子脱水耐性与种子质量和产量的关系

种子脱水耐性是种子对低含水量或脱水的忍耐程度，即植物种子在脱水后活力或发芽力的变化情况。不同发育阶段的种子的脱水耐性有所不同，不同品种的种子的脱水耐性也有很大差别，从而使得不同的脱水条件在不同的种子中可能会造成不同程度的伤害。

不同作物种子脱水耐性最大值出现的时间有所差异。许多种子的脱水耐性随成熟度的增加而升高，如白芥、蓖麻、花生等。有些植物种子在发育的早期阶段就能抵抗迅速的脱水，比如野燕麦在发育开始 5 ~ 10 d 便能在空气中干燥存活，并且在复水后萌发，正常的成熟干燥则发生在 15 ~ 20 d 后。大量研究认为，处在发育和成熟阶段中的种子不具有最大脱水耐性，而在灌浆完成后才具备最大脱水耐性，即多种植物种子最耐脱水的阶段在时间上与种子达最大干重的时期相一致，但有些正常型种子的脱水耐性在达到最大干重后的一段时间内才达到最大，如水稻种子在成熟后 2 ~ 3 周，母株上的种子含水量下降到 32% 左右时脱水耐性最强。

种子在发育过程中不断获得脱水耐性，这可能是发育过程中种子生理和形态结构逐渐变化的结果。与脱水耐性有关的保护性物质主要有非还原性糖、蛋白质（胚胎发生晚期丰富蛋白 LEA 等）、ABA（脱落酸）以及自由基清除系统等，它们保护亚细胞结构并赋予细胞最大脱水耐性。如小麦种子进入脱水阶段后（即花后 32 d 后），脱水胁迫使得非还原性糖 MDA（丙二醛）含量升高，自由基清除系统组分 SOD（超氧化物歧化酶）和 POD（过氧化物酶）活性升高，可溶性蛋白含量升高，特别是 LEA 蛋白、HSP 70 热激蛋白和 HSP 17.7 I 类热激蛋白等。

种子的脱水耐性与种子安全脱水干燥密切相关。杂交水稻制种过程中，如加快种子成熟后期的脱水速度，快速降低种子含水量，对机械收获时减少损伤、避免穗发芽等有重要作用。缓慢脱水能明显提高成熟度不高的水稻种子的萌发能力，烘干温度及烘干时间与水稻种子的含水量、发芽势以及发芽率呈极显著负相关；但随着种子成熟度的增加，烘干温度和烘干时间对种子活力的影响减弱。快速脱水有利于玉米种子的贮藏，但脱水速度过快也会对种胚及胚乳中脱落酸的合成造成影响，进而影响种子的发芽率。因此，在对种子进行人工脱水干燥时，应根据种子脱水耐性的不同选择适宜的干燥强度和干燥速度，确保种子活力不受影响。

三、种子成熟度与种子质量和产量的关系

种子活力是在种子发育过程中形成的，贮藏物质的积累是种子活力形成的基础，伴随着种子成熟，种子内蛋白质、淀粉等物质逐渐积累，植物组织含水量降低，代谢渐弱。种子活力与种子成熟度密切相关，种子的成熟度不仅影响其发芽率和整齐度，还进一步影响幼苗的健壮度、生育状况和品质。

种子植物从开花受精到种子完全成熟所需时间，因作物不同差异很大。一般禾谷类作

物需 30~60 d，豆类需 30~70 d，林木种子所需时间更长。同一作物的不同品种种子完全成熟所需时间也有明显差异，一般早熟品种所需时间较短，晚熟品种则长。成熟期的差异主要决定于植物的遗传特性，同时种子发育、成熟过程中环境条件对种子产量及品质也有较大影响。种子活力水平随着种子的发育而上升，至生理成熟达高峰。成熟度高的种子活力高，成熟度低的种子活力低。

不同作物品种种子发芽率的形成时间存在不同。杂交水稻种子在授粉后 15 d 不具有发芽能力，授粉 25 d 后的种子具有正常发芽能力。小麦种子在花后 5 d 无发芽能力，但花后 10 d 具有发芽能力，一般在完熟期前 4~6 d 种子活力最强。玉米种子在授粉后 25 d 才具有发芽能力，在黑层尚未出现、乳线至 3/4 时种子活力最强，之后种子活力会略有下降。油菜、蓖麻、茄子的发芽率也随子成熟度的提高呈现先升高后降低的变化趋势。因此，对于大多数作物种子，及时收获对于获得最大的种子活力和种子产量非常重要。

近年来种子生产上的研究表明，种子活力达到高峰的时间因不同作物、不同品种而存在较大差异，而且受环境影响较大，因此，应建立以活力为指标的高质量种子收获技术。研究表明各类玉米的种子活力在生理成熟前 5~10 d 达到高峰；而且在各种环境因子中，积温对种子活力的影响最大，由此建立了以积温为指示、以活力为指标的高质量种子"适时早收"技术，不仅能获得高活力的种子，还能延长收后加工时间、有效回避天气灾害对玉米种子质量的影响。对杂交水稻高活力种子生产技术的研究表明，当子粒的黄熟度在 75%~90% 时，种子发芽指数和活力指数均处于高值水平，通过适时早收，有利于避免杂交水稻种子穗萌问题，推动杂交水稻高活力种子生产技术水平的提高。

对于农作物而言，种子的产量与干重的积累相关，人们关注发育过程中干重达到最大积累量的时间点，即生理成熟。一般认为生理成熟时种子萌发力和活力达到峰值，此后种子的品质会下降。但对玉米和水稻的研究表明，种子在生理成熟前几天的活力最高，在其他物种中也发现种子活力和潜在的寿命在生理成熟之后还会继续提高，而且生理成熟后的发育阶段对提升种子品质有促进作用。由此可见，不同作物种子活力随种子成熟度的变化规律而不同，依据物种来确定适宜的收获时期，才能切实提高种子产量和质量。

四、影响种子质量和产量的因素

（一）影响种子质量的因素

1. 遗传因素

种子活力是种子在发芽和出苗期间的活性强度及特性的综合表现，主要由遗传因素、种子发育期间的环境条件、种子加工贮藏条件等共同决定。早在 1960 年就有研究证明种子活力具有较高的遗传性，即遗传因子是决定种子活力的主要因素。此外，水稻同父异母组合间的种子活力存在显著差异，同母异父组合间的种子活力差异不显著，说明母体遗传因子也影响种子活力。

在种子活力相关性状的遗传研究方面，对玉米、水稻和小麦种质资源进行低温发芽出苗、深播发芽出苗、耐贮藏特性等性状的鉴定，已筛选出一系列与作物种子活力相关的遗传标记和数量性状位点（QTL），克隆并阐明了多个关键基因的作用机制，如水稻 *qLTG3-1*、*Sdr-4* 基因，玉米棉子糖合成酶基因等。蛋白组分析发现玉米丰富的胚胎发生晚期丰富蛋白（late embryogenesis abundant protein，LEA）和热激蛋白（heat shock protein，HSP）是高活力种子的特征。脂质过氧化水平失调和 ABA 代谢紊乱会影响种子的寿命和活力。

2. 环境因素

种子活力是在种子发育过程中逐渐形成的，因此种子发育期间的环境条件会对种子活力产生影响，这些环境条件包括气候条件、土壤类型和肥力、风力和传粉昆虫的活动情况等；此外，地形和地势也是种子生产要考虑的因素。不同地点在纬度、海拔和地形的差异，会导致温度、湿度、日照、降水量等气候因子上的差异，从而对种子质量和产量产生影响。另外，种子贮藏条件包括贮藏时间的长短、种子类型、贮藏温度、相对湿度以及氧气水平等，也会显著影响种子活力。

（1）气候条件对种子质量的影响　影响种子生产质量的气候条件主要有无霜期、光照（光照时间、光照度、昼夜交替的光周期等）、温度（有效积温、生育期的高温值、昼夜温差等）、降水（年降水量和雨季分布）等。

无霜期和有效积温是植物能否正常完成生育期的基本条件，制种作物的生育期必须短于或等于制种地的无霜期，而其所要求的有效积温必须小于或等于制种地的有效积温，否则制种作物将不能完成正常生长和成熟。温度不适宜还可能造成作物产量、品质的降低，生育期的改变及病毒感染引起种性退化等。

生态亚区对种子活力的影响主要在于光照和温度不同，这两个因素主要通过影响植株的发育以及种子内源物质的积累，而对成熟后的种子活力有较大的影响。一般来讲，光照充足有利于作物生长，但是不同作物、不同品种对光照的反应是不同的。长日照植物如小麦、大麦、洋葱、甜菜和胡萝卜等，日照达不到一定长度就不能开花结实，而短日照植物如水稻、谷子、高粱、棉花、大豆和烟草等则要在日照短的时期才能进行花芽分化和开花结实。

适宜的温度有利于作物生长发育，尤其是灌浆期的适宜温度，会促进子粒灌浆和种子饱满，提高种子活力。研究发现，小麦花后日平均温度均值、日最高气温均值以及日最低气温均值均高，且花后日温差均值大的年份，种子发育时间短、百粒重及种子活力达到最大值的时间较早，造成完熟期种子积温低和活力低；反之，发育时间较长、百粒重及种子活力达到最大值的时间较晚，但完熟期种子积温高，种子活力较高。

降水主要影响无灌溉条件地区的植物生长及耐湿性不同的植物生长。干热的气候会使麦类作物迅速衰老甚至死亡，而阴雨连绵会影响玉米等植物的雌穗分化、传粉和受精，造成空秆和多穗。另外，无风会影响风媒花传粉，而风过大又会使制种隔离失败，种子纯度降低。

（2）土壤肥力对种子质量的影响　不同地点间的土壤及土壤肥力会对种子活力产生影响。施氮量过高生产的小麦种子活力较低，并且灌浆后期有倒伏的风险。土壤中微量矿质元素对种子活力也有明显的影响，钼的含量较高时，大豆的种子活力降低。施用适量镁，可以影响小麦种子中的淀粉分布、增大种子并改善种子发芽。施用适量硼肥可以有效地提高油菜种子活力，改善幼苗形态建成。

（二）影响种子产量的因素

1. 遗传因素

种子产量是遗传因素与生态环境条件综合作用的结果，但遗传是决定种子产量的内因，是决定产量潜力和制种经济效益的关键。作物产量潜力是许多性状的综合表现，不但直接涉及产量构成因素，而且涉及一系列形态和生理性状。产量"三要素"协调、综合农艺性状好的作物才能获得较高的种子产量。穗粒数为谷类作物产量"三要素"之一，对产量具有重要决定作用；粒重在产量形成中也起重要作用；叶面积和株型是谷类作物高效利用光源并形成产量的重要因素。这些性状都会影响种子发育和产量形成。

与种子产量有关的性状，绝大多数属于数量性状，而数量性状对环境条件非常敏感，受微效多基因控制。谷类作物的粒重、生育期和株高等性状的遗传力较高，受环境影响较小，而分蘖特性、整齐度、每株粒数等特性遗传力较低，受环境影响很大。因此，不仅作物品种的高产潜力值得关注，品种的稳产性也需要关注。除了病、虫、杂草等生物因素外，不利的气候和土壤等方面的环境因素（即逆境灾害）均影响作物产量的稳定性，需要从遗传上改良品种对不利环境因素的抗耐性，使产量潜力得到发挥，减少产量损失，增进产量的稳定性，这在将来的种子生产中有利于降低风险、节约成本、增加效益。

对利用杂种优势制种的玉米、杂交水稻、杂交小麦，影响制种产量的遗传因素更为复杂，不同的亲本组配，主要产量性状的杂种优势表现及各性状的一般配合力和特殊配合力效应均表现不同，需要筛选强优势组合才能获得较高的制种产量。

2. 环境因素

（1）气候条件对种子产量的影响　种子发育和成熟亦是影响种子产量的重要阶段，其气候条件对种子的营养成分积累和产量形成具有决定性的影响。从茎叶转运到种子中的营养物质主要是光合产物，其形成的数量、转运到种子中的多少及在种子中转化、累积的情况，在很大程度上受种子发育和成熟阶段光照、温度、湿度等因素的影响。

光照通过影响光合作用产物（碳水化合物）的合成而影响子粒蛋白质含量。如我国北方麦区小麦全生育期平均日照总时数高于南方麦区，前者小麦蛋白质含量比后者高2.05%，说明长日照对子粒蛋白质的形成和积累是有利的。

种子发育、成熟期间温度过高会明显降低种子产量，如高温胁迫（如遭遇干热风）会造成谷类作物灌浆期缩短、粒重降低、子粒变小，尤其在南方种植区，温度高、昼夜温差小，容易引起叶片早衰，灌浆期缩短，干物质积累少，因而导致粒重和种子产量降低。此外，开花期至成熟期的日平均最高气温和最低气温的差值，即温差也对粒重影响巨大，在极限温度范围内温差越大对于子粒灌浆结实越有利，能够增加有效穗数和产量。

一般说来，天气晴朗、空气湿度低、温度适宜、光照充足的气候条件有利于养分的合成，运输，有利于促进种子成熟和提高种子产量。若种子发育期间，尤其是灌浆期遭遇阴雨天气，空气湿度大且温度偏低，会导致植物蒸腾作用缓慢，水分向外扩散受阻，进而影响种子贮藏物质的合成，造成减产。此外，光照不足、光合强度小，干物质来源不足，会使种子延迟成熟并减产。相反，如果大气的湿度过低并且土壤缺水，会出现干旱胁迫，因为养分的合成和转运必须要在活细胞尤其是叶肉细胞充分膨胀的情况下才能进行，干旱条件使植株萎蔫，养分的合成和运输受阻，养分积累少，导致种子达不到正常的均匀度而减产。此外，干旱还会导致种子早熟、子粒瘦小和产量降低。

（2）土壤营养条件对种子产量的影响　土壤营养条件对种子产量亦有很大影响，尤其是氮、磷、钾三要素对种子的形成和产量至关重要。在一定范围内，施氮量与产量呈先上升后下降的抛物线关系，适量的氮肥施用量可以促进植物生长发育，提高产量。氮素缺乏，会使植株矮小且早衰，种子虽可提前成熟，但子粒小、产量低；相反，氮素过多会导致茎叶徒长，营养生长与生殖生长失调，种子会明显晚熟，亦不饱满。适量施用磷、钾肥可以增加粒重、促进成熟，钾素还可以延长种子寿命。因此，种子生产田氮、磷、钾应合理搭配使用，保证适宜的土壤养分，获得最佳的制种产量。

五、提升种子质量和产量的生产措施

（一）提升种子质量的生产措施

种子生产过程对种子质量的影响主要是繁殖材料纯度的高低和生产管理技术是否落实到位，如播种时期、播种方式、隔离情况、去雄去杂等。

1. 种子生产基地选择

（1）基地选择　基地选择是进行种子生产的基础。选择种子生产基地首先要考虑品种的生态类型和生产种子适宜的生态条件，即在适宜的生态区域建立种子生产基地。生态条件主要包括气候条件，如有效积温、生育期的高温值、昼夜温差、无霜期、日照时间、光照度、年降水量、雨季分布、土壤类型和肥力、风力等情况。一般来说，育成品种地的生态条件就是最适合的制种生态条件，因此，优先考虑在品种育成地建立种子繁育基地。

（2）地块选择　种子生产应选择土壤肥沃、地力均匀、前茬一致、地势平坦、排灌设施良好的地块，以及不存在检疫性病虫害，可进行集中连片种植的地块。

（3）种子田选择　种子田应满足一定的隔离条件，即种子生产田与周围的田块有足够的隔离距离，不会对生产的种子造成污染。隔离包括花粉的隔离和机械收获混杂的隔离。尤其是花粉隔离，要求种子田前茬作物没有对生产种子产生品种污染的花粉源，同时避免同种的其他品种污染、其他类似植物种的污染以及杂草种子的严重污染。

种子田面积应根据种子市场需求量即供种范围的种植面积确定。可按下式计算：

种子田面积（hm^2）=［大田面积（hm^2）× 播种量（kg/hm^2）］/ 预计种子产量（kg/hm^2）

2. 繁育品种选择

品种选择是进行种子生产的关键，应当根据生产需要因地制宜地选择品种。在种子生产之前，通过检验保证繁殖材料的质量，这是种子生产过程中重要的一环。如果生产种子的繁殖材料本身质量不高，则很难生产出合格的种子。在去雄彻底、隔离良好的前提下，杂交种纯度计算公式为：

杂交种纯度（%）= 母本纯度（%）× 父本纯度（%）

3. 种子生产过程严格去杂去劣

种子生产中及时进行去杂去劣，对于保证种子质量极其重要。在种子生产过程中，需要通过田间检验，检查隔离情况，防止生物学混杂；明确去杂去劣的措施与标准，提高繁殖材料的纯度；对病虫、杂草进行检查，防止检疫性病虫、杂草的传播蔓延。

对种子田进行彻底的去杂去劣是保持品种特性和确保种子纯度的关键。去杂人员必须熟悉本品种的主要特征特性，如幼苗生长习性、叶色、株高、株型、穗型、穗色、芒的长短、抗逆性、熟期等。去杂是拔除非本品种的植株，包括种子田间（地头、地边）的同属异品种作物，如小麦田边的大麦、燕麦、节节麦、恶性杂草等，以及不符合本品种性状的杂株、变异株均为去除对象。去杂要彻底、干净，必须整株拔除。去劣是去除使该品种变劣及显著退化或感染病害的植株。

去杂去劣一般在苗期和开花至成熟期进行，苗期结合中耕除草，根据幼苗生长习性和叶片等性状，区分并拔除杂株。抽穗至成熟期间根据株高、抽穗迟早、颖壳颜色、芒的有无及长短等性状多次严格去杂，剔除杂、劣、病虫株，整株拔除，带出田外。

4. 严防机械混杂

机械混杂是种子生产中最重要的问题之一，因此，从播种、收获、干燥、精选、贮藏的任何一个环节，都要采取措施严防机械混杂。要注意清理场地和机械，做到单收、单运、单晒，在收割、运输、晾晒过程中，发现来历不明的株、穗一律按杂株处理。

种子收获、加工、贮藏过程不仅对种子的发芽、净度、水分、纯度产生影响，也对种子活力产生影响。通过种子生产全过程的亲本纯度检测，确保种子纯度；通过活力检测防止发芽率降低；通过采纳适宜的活力无损加工程序和加工机械参数，防止机械损伤和机械混杂。通过综合措施以确保种子质量。

（二）提升种子产量的生产措施

制种产量的高低取决于亩穗数、穗粒数、粒重之间的相互协调。在保证个体与群体发育平衡发展的基础上，最大限度地发展群体潜在生产力，使总粒数与总粒重均达到最大值，是提高各种作物制种产量的关键技术措施。总体来说，提高制种产量的措施主要包括：①选用优良的制种亲本（或优良的品种）。②精细整地，深耕细耙。整地时要深耕细耙，采用大犁深耕，破除犁底层，耕匀耙透，使土壤细碎、上松下实，增强土壤蓄水保墒能力。③适时足墒播种，确保播种质量。播种前要求有充足的底墒，确保足墒播种，一播全苗。否则一定要在播种前浇水，增加底墒，再整地。播期的确定应以作物生育时间和地温两个指标为依据，播种密度要根据作物品种的特征特性以及地力、管理水平而定。④氮、磷、钾肥合理搭配施用。根据地力水平和作物需肥规律施足底肥，合理追肥。提倡大量施用有机肥。⑤及时防治病虫害。根据不同作物的病虫害发生规律，适时防治病虫害。

除了上述提高种子产量的通用措施外，对于不同类型的作物还有一些针对性的措施可以提高种子产量。例如，在玉米杂交制种中，调整父母本花期，提高果穗结实率，对于提高制种产量非常重要。父母本花期能否相遇是杂交制种成败的关键，花期相遇程度的好坏直接决定了制种产量的高低。因此，需要根据父母本的生育期，调整播期，当双亲生育阶段相同，花期能相遇时可同时播种，而双亲自交系的花期相差在 5 d 以上者，就需要调节播种期。调节播期的原则是母本雌穗开始吐丝，父本雄穗即将散粉，做到母本吐丝前期不缺粉，吐丝盛期花粉充足，吐丝后期也不断粉。为避免异常情况造成父母本抽雄吐丝不协调，应在生育过程中进行花期预测，及时采取相应措施进行调节。另外，玉米亲本自交系一般植株矮小，单株生产能力较低，增加母本行比和密度可以发挥群体增产潜力。

第四节　种子生产基本技术与基地建设

一、种子生产基本技术

（一）隔离技术

1. 授粉方式与隔离的关系

对于有性繁殖作物，不论是自花授粉植物、异花授粉植物，还是常异花授粉作物，在种子生产过程中都必须采取不同程度的隔离措施，以保证生产种子的遗传纯度和品种特征特性。

根据有性繁殖植物的授粉方式，在种子生产时采取不同的隔离条件。异花授粉植物要求的隔离条件最严，常异花授粉植物次之，自花授粉植物要求最低；不同植物种类要求也不相同，林木、花卉等种子的生产目前对于隔离要求还不太严格，而农作物和蔬菜种子的隔离要求相对较高；传粉方式不同隔离程度也不同，虫媒花要求隔离较远，风媒花隔离相对要求较近。

2. 种子生产隔离方法

种子生产隔离技术见本章第二节"防杂保纯措施"。

（二）品种特性保持技术

1. 定系循环技术

定系循环技术包括保种圃建立、株系内选株自交保种以及原种生产3个环节。每年每个株系选株自交生产保种圃下一代所需种子，其余植株开放授粉，生产的种子用于原种生产所需种子，原种生产田生产的种子用于大田用种的生产。定系循环技术的程序如图2-1所示。

第一年在育种家种子田选择300~500个典型单株自交；第二年种成株行，在不同生育期鉴定，淘汰非典型株行，保留250~300个典型株行，在每个典型株行内选株自交；第三年种成株系，淘汰非典型株系，保留150~200个典型株系，在每个典型株株系内选株自交，混收每个株系选择单株的种子用于下一年保种圃株系（保持150个以上株系）种植，其余单株开放授粉混收作为基础种，即一代原种；以后每年重复自交保种与生产原种的工作。

定系循环法既保持了群体的遗传稳定性，又保持了株系之间的部分遗传变异，对于保持品种的特征特性，防止自交系生产力的退化具有很好的作用。同时它克服了以提纯复壮为理论基础的三圃法和两圃法每次单株选择中因人为选择偏差造成的遗传变化，又省工省力，对于品种的特征特性保持具有重要价值。

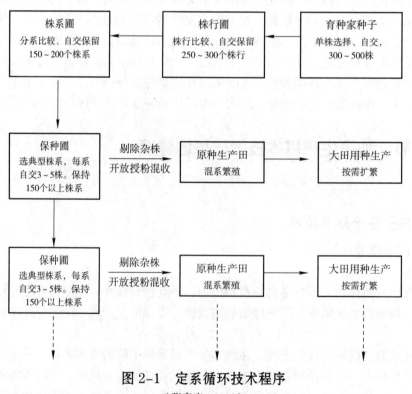

图2-1　定系循环技术程序

（张春庆，2015）

2. 低温贮藏种子供应法

育种家种子生产采用"一年足量繁殖、多年贮藏、分年使用"的方法，在育种家的监控下，一次性繁殖够用5～6年的育种家种子并将其贮存于低温条件下，之后每年从中取部分种子用以繁殖原原种。当低温贮藏的育种家种子的量仅够1年使用时，如有必要，则在育种者本人或其指定代表的直接监控下，再生产一定量育种家种子置于低温下贮藏备用。

该法由于繁殖世代少，自然选择微乎其微，不进行人工选择，因而可有效地保持优良品种纯度和品种特性，延长品种使用年限。目前欧美等发达国家的种子生产均采用该方法。

（三）提纯复壮技术

中国的植物新品种权保护制度施行时间短，长期的传统种子生产技术遇到品种混杂退化，常常采用提纯复壮技术。提纯复壮是指从混杂退化的群体中，选择那些符合或基本符合品种原有的典型性的株穗，用于种子繁育，以获得相对纯、活力强、无混杂退化的种子。

1. 提纯复壮的一般程序

（1）选择优良单株 在要复壮的品种、自交系、不育系、保持系以及恢复系中，选择性状典型、丰产性好的单株。优良单株应在选种圃中或生长优良、纯度较高的生产田里选择，选择的数量应根据下代株行圃的需要而定；选择工作应在品种性状最明显的时期进行，如穗花期、成熟期；选择分田间初选和室内复选两步进行。

（2）株行比较 将选择的单株种成株行，在生长期间评比，根据性状表现在收获前决选，淘汰杂劣株，分行收获。一般在各个关键生长发育阶段对主要性状进行观察记载，并比较鉴定每个株行的性状优劣和典型性与整齐度；收获前综合各株行的全部表现进行决选，严格淘汰生长差、典型性不符合要求的株行。

（3）株系比较 将上一年入选的株行种于株系圃，每系种一个小区，对其典型性、丰产性、适应性等进一步进行比较。观察评比与选留标准可仿照株行圃。入选的各系经过去杂去劣后，混合脱粒。

（4）混系繁殖 将上一年入选株系的混合种子种于原种圃，扩大繁殖。原种圃要隔离安全，土壤肥沃，稀播繁殖，严格去杂去劣，收获后单脱、单藏，严防机械混杂。

2. 提纯复壮的方法

（1）品种 对于自花授粉的品种如小麦、水稻、豆类，一般采用二级提纯法，即不经过株系圃，由株行圃选出的株行混合而成。对常异花授粉的品种如棉花，多采用三级提纯法，即选株、株行比较、株系比较，之后混收成原种。

（2）自交系 在选种圃内选择的优株要套袋自交，株行比较时，还应在株行选优株套袋自交，收获后注意穗选，混合脱粒生产原种。为了获得性状典型、优良、配合力高的玉米自交系，在选种圃内选择优株时，在自交的同时，分出部分花粉与测验种植株杂交（5～7穗）配成测交种，于下一年测定其配合力。选出部分性状优良、配合力高的穗行，混合脱粒。

（3）不育系和保持系 不育系和保持系的提纯复壮涉及选择优良单株、成对回交与测交、后代鉴定3个技术环节。

① 选择优良单株 在杂交水稻纯度较高的制种田中，根据三系各自的典型性状，选

择不育系、保持系和恢复系的优良单株，单收、单藏、单播和单育秧。移栽时，选择性状整齐健壮的秧苗各约 100 株，分别按顺序编号，单株栽于原种生产田。在分蘖期间，特别在始穗期间，严格去杂去劣。不育系应逐株镜检花粉，也可将一穗套袋自交检验其育性，凡完全不育者表明是绝对不育株。保留优良单株，淘汰不符合要求的单株。

② 成对回交与测交　将不育株与保持株成对回交，同时与恢复系成对测交。如不育系的第一个单株 1A 与保持系的第一个单株 1B 成对回交，得到第一个回交组合（1A×1B）F_1 的种子，不育系的第一个单株 1A 与恢复系第一个单株 1R 成对测交，得到第一个测交组合（1A×1R）F_1 的种子，依次类推。注意分收、分晒、分藏和编号。

③ 后代鉴定　将上一代回交、测交的种子及其亲本播种育秧，然后栽于后代鉴定田。凡具备下述条件的组合其相应亲本不育株及其保持株、恢复株可选留作为原种：①回交 F_1 表现该不育系的典型性状，不育株率和不育度均为 100%；②测交 F_1 整齐一致，结实率高，杂种优势强，保持了原有杂种的典型性；③回交、测交父本即保持系和恢复系均保持原有典型性。上述 3 个条件必须同时出现在不育株相同的组合上。混合脱粒为不育系、保持系、恢复系的原种。

（四）组织培养技术

组织培养也称离体培养，是指在无菌条件下，将离体的植物器官（如根、茎、叶、花、果实等）、组织（如形成层、表皮、皮层、髓部细胞、胚乳等）、细胞（如大小孢子及体细胞）以及原生质体，培养在人工环境里，使其再生形成完整植株。组织培养技术给种子、种苗生产带来了重要的技术革新，促进了种子、种苗的工厂化生产。

1. 组织培养技术的应用概况

（1）植物离体快速繁殖　离体快速繁殖是植物组织培养在生产上应用最广泛、产生较大经济效益的一项技术。其特点是繁殖系数大、周年生产、繁殖速度快、苗木整齐一致等。利用这项技术可以使一个单株一年繁殖几万到几百万个植株，同时可不受地区、气候的影响，比大田生产快很多。加上培养材料和试管苗的小型化，可使有限的空间培养出大量个体。对于短期内需要大量繁殖的植物，以及繁殖系数低、不能用种子繁殖的"名、优、特、新、奇"作物品种的繁殖尤为重要。

目前，园艺作物及经济林木等部分或大部分都用离体快速繁殖技术提供苗木，试管苗在国际市场上已形成产业化。中国进入工厂化生产的苗木主要有香蕉、甘蔗、葡萄、苹果、桉树、脱毒马铃薯、脱毒草莓、非洲菊、芦荟等。

（2）脱病毒苗木繁育　作物的病毒病害是当前农业生产上的严重问题之一。很多农作物都带有病毒，特别是营养繁殖的作物，如马铃薯、甘薯、草莓、大蒜等，病毒可以经繁殖用的营养器官传播至下一代，并逐代积累，造成严重危害。

利用组织培养方法，取一定大小的茎尖进行培养，再生的植株就可脱除病毒，从而获得脱病毒苗。通过种植脱毒苗木，可使作物避免或减少病毒危害，增加产量，提高品质。目前组织培养脱毒成功应用的植物有马铃薯、甘薯、葡萄、草莓、香蕉、苹果、梨、甘蔗、菠萝、花椰菜、兰花、石竹、大丽花、水仙等。取用的外植体已不局限于茎尖，其他如侧芽、鳞片、叶片、球茎、根等都可以应用。

（3）人工种子生产　人工种子的概念是 1978 年由美国生物学家 Murashige 在加拿大第四届国际园艺植物学术会议上首次提出的，是指通过组织培养技术，将植物的体细胞诱导成在形态上和生理上均与合子胚相似的体细胞胚，然后将体细胞胚包埋于有一定营养成分和保护功能的介质中，组成便于播种的类似种子的单位。人工种子又称人造种子或合成种子（synthetic seed）。人工种子的概念已从狭义的体细胞胚，发展到对任何合适的植物繁殖体的包被，如不定芽、块茎、腋芽、芽尖、原球体、愈伤组织、细根等。

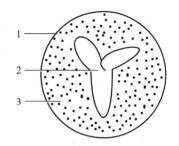

图 2-2　人工种子的结构

1. 人工种皮；2. 体细胞胚；3. 人工胚乳

人工种子首先应该具备一个发育良好的体细胞胚或称胚状体；其次，为了使体细胞胚能够存活并发芽，需要有人工胚乳，内含胚状体健康发芽时所需的营养成分、防病虫物质、植物激素；最后，还需要能起保护作用以保护水分不致丧失和防止外部物理冲击的人工种皮。通过人工的方法把以上 3 个部分组装起来，便创造出一种与天然种子相类似的结构——人工种子（图 2-2）。

经过 30 余年的工作，人工种子的研究在世界范围内取得了很大进展。人工种子技术在农作物、园艺植物、药用植物、牧草和林木等方面都获得了很大成功。有 200 多种植物培养出了胚状体，除胡萝卜、苜蓿、芹菜、水稻、玉米、甘薯、棉花、西洋参、小麦、烟草、大麦、油菜、百合、莴苣、马铃薯等农作物种子外，花卉和林木人工种子如长寿花、水塔花、白云杉、黄连、刺五加、橡胶树、柑橘、云杉、檀香、黑云杉、桑树、杨树等都有成功生产的报道。

2. 组织培养技术流程

（1）准备阶段　根据已成功进行组织培养的相近植物的相关资料，制定切实可行的实验方案，然后根据实验方案配制所需的化学消毒剂、培养基。外植体消毒一般采用 2% 次氯酸钠消毒 5~30 min，或 0.1%~1% 氯化汞消毒 2~10 min。目前应用最广泛的培养基是 MS 培养基，其他常用的培养基包括 White、B_5、N_6、WS、Nitsch 等。

（2）外植体选择与消毒　选择合适的部位作为外植体，经适当预处理后进行消毒处理。将消毒后的外植体在无菌条件下切割成一定大小的小块，接种到初代培养基上。

（3）初代培养　将接种后的材料置于培养室或光照培养箱中培养，促使外植体中已分化的细胞脱分化形成愈伤组织，或使顶芽、腋芽直接萌发形成芽，然后将愈伤组织转移到分化培养基分化成不同的器官原基或形成胚状体，最后发育形成再生植株。

（4）继代培养　分化形成的芽、原球茎数量有限，采用适当的继代培养基经多次切割转接，使芽苗繁殖到一定数量，再用于壮苗生根。

（5）生根培养　刚形成的芽苗往往无根，须通过减少或去除培养基中的细胞分裂素，适当提高生长素的浓度，促进芽苗生根，提高其健壮度。

（6）炼苗移栽　选择健壮的生根苗室外炼苗，待苗适应外部环境后，移栽到疏松透气的基质中，注意保温、保湿、遮阴。

（五）杂交制种技术

1. 亲本播期的确定

亲本的播期是杂交制种成败的关键，亲本播期的确定必须能保证父本和母本花期相遇。一般来说，父本的开花散粉持续时间较短，花粉的存活能力弱，因此需遵循"宁可母等父，不可父等母"的原则。一般来说，父母本花期相差 2~3 d 或相同，可同期播种；但在两者花期相差较大时，为了保证花期相遇，父本可两期播种，相隔 5~7 d，以延长父本散粉时间。

2. 父母本行比的确定

杂交种只收获母本行，因此在保证父本花粉足够的前提下，应尽量增加母本行数，以提高种子产量。行比因作物不同、组合不同或作物生产方式不同而不同。玉米制种田父母本行比为 1∶6~1∶4。

3. 去杂去劣

为提高制种质量，在亲本繁殖田严格去杂的基础上，对制种区的父母本也要认真去杂去劣，以获得高纯度的杂交种子。去杂去劣要做到及早、从严、彻底，在有经验的技术人员带领下按照统一标准，在有利于视觉识别性状差异的时期进行，如苗期、营养生长期、开花期和成熟期。

（1）苗期　根据胚芽鞘颜色（如禾谷类）、下胚轴颜色及茸毛颜色（大豆）和子叶的大小、性状、颜色（十字花科）等进行综合鉴定。前茬杂株可根据其大小和生长位置的差异在苗期鉴定并拔除。

（2）营养生长期　根据株型、颜色、叶和茎茸毛等性状进行鉴定，禾本科作物可根据拔节期植株的长势，去除优势株。此阶段的有效去杂将有助于减少花期工作量。

（3）开花期　开花期是植株性状表现最典型的时期，也是去杂去劣、保证种子纯度的关键时期。在这个阶段，比较容易识别重要的农艺性状和形态特征，主要根据株型、叶型、叶色、穗颈抽出度、花药形状与颜色等进行鉴定。

（4）成熟期　在收获前后，根据成熟度、颜色、穗型、果型、粒型等特征进行鉴定剔除。

4. 花期调控

在杂交制种中，父母本常因生育期不同导致花期不能良好相遇，严重影响制种产量。当发生花期不遇问题时，须进行花期调控，常用的方法有农艺措施调节法和化学调节法。

（1）农艺措施调节法　对于发育较快的亲本，通过中耕断掉部分根或割除部分叶片，结合施用一定量的氮肥，可延缓生长发育期 3 d 左右；对于发育慢的亲本，可用适当浓度的磷酸二氢钾溶液喷施叶面，连续喷施 2~3 d，促进生长发育，能使花期提早 2~3 d。

（2）化学调节法　在水稻制种过程中，在群体见穗期，用'九二〇'1~2 g/亩，加磷酸二氢钾 0.1~0.15 kg/亩（1 亩≈667 m^2），加水 30 kg，对发育迟的亲本进行叶面喷施。使用'九二〇'调节花期宜迟不宜早，用量宜少不宜多，应在幼穗分化进入第Ⅷ期使用。在父母本始穗期相差 5 d 以上时，可对发育快的亲本喷施多效唑。对母本使用多效唑，注意宜早不宜迟，应在幼穗分化第Ⅳ期以前使用。

在玉米制种过程中，根据花期预测，在大喇叭口前期，如检查父母本花期不调时，对生长发育慢的喷施植物生长调节剂（如壮丰灵、云大 –120、翠竹牌生长剂等），能够使开花提早 2~3 d。在孕穗期每亩施 40 mg/kg 的萘乙酸水溶液 100 kg，可使雌穗花丝提前吐出，而雄穗散粉不受影响。

5. 母本花粉控制技术

杂交种子生产的关键是确保只有父本的花粉能够落到母本的柱头上完成授粉，因此通过适当的技术消除母本花粉的影响，对于保证杂交种子生产质量至关重要。常用的母本花粉控制技术包括人工去雄与机械化去雄（物理法）、化学杀雄（化学法）以及利用不育系和自交不亲和系（遗传法）消除母本花粉对杂交制种的影响。

（1）人工去雄与机械化去雄　人工去雄与机械化去雄适用于雌雄同株异位作物（如玉米）的杂交种生产，对于一朵花人工去雄授粉后一个果实中种子很多的茄果类蔬菜，也可以采用人工去雄的方法进行杂交种生产。长期以来，我国玉米制种主要通过人工去雄，目前随着制种区劳动力缺乏、用工成本不断上升以及制种效率要求的不断提高，大规模机械化制种成为杂交种子生产的发展趋势。

（2）化学杀雄　一般是在开花前将化学杀雄剂喷施到母本植株叶面上，杀死或杀伤雄蕊，抑制花粉产生，但不损伤雌蕊，让雌蕊有机会接受其他品种的花粉，产生杂交种子。化学杀雄技术在小麦、棉花、油菜等作物杂交种子生产上有一定应用，具体可参见第三章第二节"小麦种子生产"。

（3）不育系的利用

① "三系"杂交制种技术　"三系"是指雄性不育系、雄性不育保持系和雄性不育恢复系。目前在水稻杂交种子生产中的应用最为成熟（具体参见第三章第一节"水稻种子生产"）。雄性不育系（简称不育系）的花粉败育，不能自交结实，但雌性器官发育正常，能接受外来花粉而受精结实。由于不育系不能通过自花授粉繁衍后代，必须要有一个正常可育的特定品种给不育系授粉才能结实，使不育系的后代仍保持其雄性不育特性，同时维持不育系的其他性状不变，这种能使雄性不育性能世代保持下去的特定品种称为雄性不育保持系，简称保持系。一些正常可育品种的花粉授给不育系后产生的杂种一代，育性恢复正常，能自交结实并具有较强的杂种优势，这种能够恢复不育系雄性可育的品种称雄性不育恢复系，简称恢复系。

② "两系"杂交制种技术　"两系"是指光温敏雄性核不育系和恢复系。目前在水稻杂交种子的生产中应用比较成熟，其不育系的育性受细胞核内隐性不育基因以及种植环境的光照时长和温度的共同调控，随着光、温条件的变化，育性可在不育与可育之间转换，即在长日照、高温条件下表现为雄性不育，在短日照、低温条件下表现为雄性可育。利用不同生态区域的自然条件，在育性敏感期将光温敏核不育系置于育性转换临界光照条件和临界温度以下，可诱导雄性可育，自交结实种子，繁殖材料；而将光温敏核不育系置于育性转换临界光照和临界温度以上，诱导转向雄性不育，抽穗开花期再利用恢复系花粉授粉，可获得两系杂交水稻大田生产用种。两系法杂种优势利用途径与三系法比较，减少了雄性不育保持系，即利用光、温条件代替了三系法保持系的作用。在实际制种应用时，必须同时考虑种子生产基地与季节的光照和温度条件。温度条件有些年份会出现明显的反常，会对杂交种生产带来风险。

③ 利用生物技术创制新型不育系　利用生物技术创制新型不育系的经典案例是2006年美国杜邦先锋公司发明的 SPT（Seed Production Technology）技术（具体参见第四章第一节"玉米种子生产"）。该技术首先将 3 个基因转化玉米雄性不育系（*ms45*/*ms45*）获得 SPT 保持系（SPT/−；*ms45*/*ms45*），这 3 个基因分别是 *Ms45*（由绒毡层偏好表达启动子 P5126 驱动）、*zm-AA1*（由花粉偏好表达启动子 Pg47 驱动）和 *DsRed2*（*Alt1*，由胚乳偏好表达启动子 Ltp2 驱动）。*Ms45* 编码蛋白质可以使植株产生可育花粉，即可使 *ms45*/*ms45* 雄性不育系恢复育性；*zm-AA1* 编码 α- 淀粉酶，它在花粉中大量表达导致淀粉被降解和花粉不育；*DsRed2*（*Alt1*）编码一种红色荧光蛋白质，在胚乳中表达后使种子透出粉红色，便于色选机分选种子。SPT 保持系花粉中 50% 为（−；*ms45*）基因型，具有活性，另 50% 为（SPT；*ms45*）基因型，因 SPT 的转入导致在花粉中大量表达 *zm-AA1* 基因而使

花粉败育。SPT 保持系卵细胞中 50% 为（–；*ms45*）基因型，具有活性，另 50% 为（SPT；*ms45*）基因型，同样具有活性。因此，SPT 保持系仅可产生一种花粉（–；*ms45*），但可以产生两种卵子（–；*ms45*）和（SPT；*ms45*）。将 SPT 保持系自交，获得的（–/–；*ms45/ms45*）为非转基因雄性不育系，（SPT/–；*ms45/ms45*）为转基因保持系，两者各占 50%。转基因和非转基因材料可以通过 *DsRed2* 基因的表达产生的颜色而被色选机分开，分别用于保存保持系和杂交种生产（Albertsen 等，2006）。SPT 技术巧妙地通过转基因技术将细胞核不育系统进行了改造，克服了细胞核雄性可育株和不育株难以区分的问题；同时，获得的用于大田生产的杂交种又不含转基因成分，因而对提高玉米杂交种的制种效率和质量具有重要意义。

在 SPT 技术基础上，2020 年，中国农业科学院研究人员利用基因编辑技术实现了一步法创制雄性核不育系并筛选得到配套的保持系。该研究利用 CRISPR/Cas-9 介导的基因编辑技术定点删除了玉米内源 *Ms26* 基因重要功能域，同时共转化了与 SPT 系统中类似或相同的 3 个基因 *Ms26*、*ZmAA1* 和 *DsRed*，获得雄性不育系和保持系（Qi 等，2020）。该技术与 SPT 技术相比更进一步，SPT 技术需要在自然形成的细胞核雄性不育系的基础上进行，而该技术可一步创制雄性核不育系及配套保持系，为新一代作物杂交育种技术提供了新思路。

（4）自交不亲和系的利用　自交不亲和系的雌雄蕊均发育正常，但自交或系内姊妹交不结实或结实很少。自交不亲和性广泛存在于十字花科、禾本科、豆科、茄科等植物中，尤其以十字花科植物中最为普遍。研究发现，油菜在开花前 1~4 d，柱头表面形成一层由特异蛋白质构成的隔离层，能阻止相同基因型花粉的花粉管进入柱头而表现为不亲和。当前，自交不亲和性在油菜杂交种子生产中已经被广泛应用，但需要指出的是，100% 的自交不亲和是难以实现的，因此用自交不亲和系配制的杂交种子中经常会有少部分自交种子，需要在间苗或移栽时拔除。

6. 辅助授粉

在花期不能良好相遇、父本严重缺苗或因环境原因造成花粉不足时，为达到较高的制种产量，必须进行辅助授粉，以提高结实率。辅助授粉的方式有蜜蜂传粉、拉绳赶粉、竹竿赶粉、机械赶粉、无人机赶粉等，对于玉米等异花授粉作物还可以人工采集花粉进行辅助授粉。

水稻雄性不育系抽穗时穗颈节不能正常伸长，使得抽穗包颈严重，开花时内外颖不能正常打开，可通过适期适量喷施'九二〇'来改良父母本的异交态势。此外，'九二〇'还能提高母本柱头外露率，增强柱头生活力，延长柱头寿命，增加授粉概率。

（六）机械化种子生产技术

种子生产过程步骤烦琐、工序多，尤其是两杂种子（杂交玉米和杂交水稻）。近年来，随着制种区劳动力缺乏、用工成本不断上升以及制种效率要求的不断提高，大规模机械化制种成为杂交种子生产的发展趋势。在一系列国家项目的资助下，我国在机械化种子生产技术研究及专用设备研制方面取得了重要进展。

1. 杂交水稻种子机械化生产

插秧是杂交稻种子生产中的关键环节。我国多数杂交稻父母本生育期相差较大，为使它们花期相遇，一般需分期插秧，但是分期插秧难以实现机械化，只能采取分期播种育秧、同期机械插秧的办法。为延长父本散粉期，还可以将父本分期播种，将不同苗龄的父本与母本交叉同期机械插秧。

杂交稻制种的另一个关键环节是"赶粉"，以确保父本的花粉可以落到母本的柱头上，提高结实率。传统的赶粉方式是单人竹竿赶粉或双人绳索赶粉，之后发展出背负式小型赶粉机械和自走式大型赶粉机械。近几年，随着无人机技术的突飞猛进，已开始用于赶粉作业。赶粉时，无人机在父本上空 1～2 m 高度匀速飞行，产生的风力可使父本的花粉高高扬起飘向母本，完成一亩制种田的赶粉作业仅需 2 min。

2. 杂交玉米种子机械化生产

杂交玉米种生产中最关键且用工最多的环节是母本去雄。长期以来我国一直采用人工"摸包去雄"的方法，效率低、成本高。目前市场上的去雄机械主要从欧美进口，采用高架自走结构，根据母本行数配备相应数目的去雄装置，去雄装置有盘刀切雄式和滚轮抽雄式，且以滚轮抽雄式为主；对去雄装置高度的控制由最初的多个去雄装置同时升降逐渐升级为对单个去雄装置的单独控制。机械化去雄效率可达 40 亩 / h 以上，一次去雄率可达 90% 以上。但需要指出的是，机械化去雄后，需人工检查去除漏过的雄穗。机械化去雄对玉米生长的整齐一致性要求很高，可通过使用精选分级后的高活力母本种子，以及制种专用精密播种机来实现，使母本出苗整齐一致。

二、种子生产基地建设

（一）我国种子生产基地建设概况

种子质量受到生产基地气候条件和水肥等栽培条件的影响，因此针对不同作物对环境条件的需求建立专业化种子生产基地，对于高质量商品种子生产至关重要。

2013 年以来，我国建立了 50 多个国家级杂交水稻和玉米种子生产基地，并建立了制种大县考核奖励政策，基地的田间设施、抗灾能力、技术水平显著提升，推动"两杂种子"制种迅速向国家级种子基地集中，种子单产和质量总体水平显著提升。2017 年，国家级玉米种子生产基地的制种面积占全国制种面积的 76.7%，产量占 87.3%；国家级杂交水稻种子基地制种面积占全国制种面积的 67.3%，产量占 73.73%。

1. 杂交玉米种子生产基地概况

甘肃和新疆在全国玉米杂交种子生产中居于绝对优势地位。2019 年全国杂交玉米制种面积 255.86 万亩，总产量 9.90 亿千克。其中，甘肃和新疆制种面积合计 201.88 万亩，占全国玉米制种面积的 78.90%；产量 8.35 亿千克，占全国总产的 84.34%（图 2-3）。位于

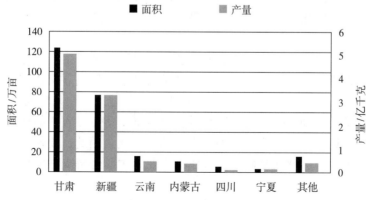

图 2-3　2019 年全国各区域玉米杂交种子制种面积及产量

河西走廊中部的甘肃省张掖市，因光热充足、水资源丰富且气候干燥，在我国杂交玉米种子生产中占据非常重要的地位，常年制种面积90万亩左右，"张掖玉米种子"于2011年获得中国地理标志商标。近年来，新疆地区因土地资源丰富，便于大规模机械化生产，玉米制种有逐渐向新疆转移的趋势。

2. 杂交水稻种子生产基地概况

杂交水稻种子生产也在向制种优势区域集中，但集中度远不如玉米种子生产（图2-4）。2019年，全国杂交水稻种子制种面积137.73万亩，总产量2.38亿千克。其中，福建、湖南、江苏、四川、海南和江西六省的制种面积共计114.57万亩，占全国的83.18%；产量2.00亿千克，占全国总产量的84.03%。位于福建闽西北的建宁县具有丰富多样的地形地貌、独特的地理气候条件，非常适合杂交水稻种子生产，尤其是两系制种安全性高，2016年，"建宁水稻种子"获得中国地理标志商标。

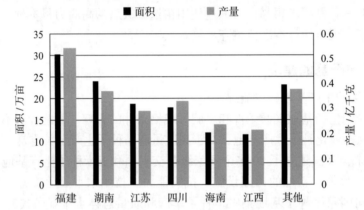

图2-4　2019年全国各区域杂交水稻种子制种面积及产量

（二）种子生产基地建设

1. 地域选择

对于种子生产而言，自然条件是基地建设的首要条件。良好的生态条件，如生育期温度适宜、光照充足，降水充沛或有灌溉条件，土质适宜等，是保证植物品种的优良种性得以表现，保证种子质量和产量，降低种子价格的前提。另外，地形、地势、土地规模也是基地建设要考虑的因素，尤其是杂交制种田，要设置在便于隔离、排水、防霜冻的较大规模地块上，以便于规模化生产。此外，还要注意基地不能建在重病区或病虫害常发生地区，尤其是有检疫性病虫害的地区。

除了有较好的自然条件外，生产水平和经济状况也是种子生产基地选择要考虑的重要因素。一般应选择农业生产条件成熟，尤其是科技水平较高、交通方便、信息来源和传递较快的地区。关于经济状况，一般工、商业发达的地区往往人均地少、工业污染重、劳动力价值高，不利于种子生产的优质高效；但经济太落后，人们的观念往往跟不上形势的发展，不利于组织领导，也有碍种子生产的产业化。因此，要选择自然条件好，工商业相对落后，但领导、群众基础好，以作物产业为主要经济支柱的地区建立种子生产基地。

2. 基地建设

选好地域，并与当地签订好基地建设协议后，要尽快进行基地基础设施的规划和建设，包括周边环境的清理、土地的整平培肥、灌溉设施的配套、隔离区的设置等。种子生产技术队伍的建立，即建立一支有组织、有能力、懂技术的骨干队伍，也是基地建设的一项重要工作。

3. 基地管理

基地一经建设，就要着手制定一系列的规章制度和生产技术规程，并使之深入每一个制种户，要层层负责，严把各个制种质量关，对于每一个制种环节，做到事先通知，事先培训，届时指导，技术可行，有章可循，从种到收井然有序。

思考题

1. 名词解释：有性繁殖、无性繁殖、自花授粉植物、异花授粉植物、常异花授粉植物、营养体繁殖、无融合生殖、纯系学说、遗传平衡定律、杂种优势、品种混杂、品种退化、机械混杂、生物学混杂。

2. 阐述自花授粉植物、异花授粉植物、常异花授粉植物、营养体繁殖及无融合生殖的遗传特点。

3. 简述纯系学说、遗传平衡定律与种子生产的关系。

4. 简述杂种优势理论的显性假说和超显性假说的基本要点。

5. 阐述杂交种种子生产的特点。

6. 简述品种混杂退化的原因及防杂保纯措施。

7. 简述高质量种子生产的关键技术环节。

8. 玉米和杂交水稻种子适期早收的依据和技术要点是什么？

9. 简述中国农科院2020年发表的杂交种子生产技术与美国先锋公司SPT技术的异同点。

10. 根据自花授粉植物、异花授粉植物、常异花授粉植物的花器结构和特点，阐述这三种类型植物在种子生产过程中如何防杂保纯。

11. 什么样的外界条件有利于种子的正常成熟？安排制种基地时应该考虑哪些因素？

第三章
自花授粉农作物种子生产

学习要求

　　根据自花授粉作物的繁殖方式特点，学习水稻、小麦和大豆种子亲本和杂交种种子生产的主要原理及其质量控制措施，初步掌握基于作物生长特性、繁殖方式和花器官特点来进行高质量种子生产的理念。掌握水稻三系配套和光温敏两用系杂交水稻种子生产的原理和技术，了解第三代杂交水稻种子生产的原理和技术。掌握小麦四级种子生产的原种生产方法。掌握两系法、三系法和化学杀雄法的小麦杂交种生产原理和技术。了解大豆的结荚习性、落蕾、落花和落荚的区别及其对大豆制种产量和质量的影响，掌握大豆原种生产的株选法与良种生产的片选法。

引言

　　自花授粉作物一般雌雄蕊同花，基本同时成熟，花瓣没有鲜艳的颜色和香味，有的在开花之前就已完成授粉（闭花授粉）。常见的自花授粉作物有小麦、水稻、大豆、花生、大麦等，其自然异交率不超过4%。长期以来，自花授粉作物常规种种子的生产采用以改良混合选择法为基础的传统"三圃制"和"二圃制"。近年来，随着植物新品种权制度的推广实施，自花授粉作物种子生产在原有基础上又衍生出一些新的良种繁育方法。

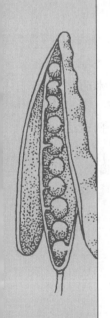

第一节　水稻种子生产

一、水稻种子生产的生物学基础

（一）水稻栽培稻种的分类与生物学基本特点

1. 栽培稻种的分类

水稻属于禾本科（*Gramineae*）稻属（*Oryza* L.），稻属含亚洲栽培稻种（或普通栽培稻，*Oryza sativa* L.）和非洲栽培稻种（或光稃栽培稻，*Oryza glaberrima* L.）2 个栽培种，以及 20 个左右的野生种。我国水稻属于普通栽培稻种，有 4 万余个品种，分布区域广阔，栽培历史悠久，在长期自然选择和人工培育下，具有适于不同纬度、不同海拔、不同季节以及不同耕作制度的各种生态类型和品种特性的稻种。丁颖（1961）根据水稻的起源、演变和栽培发展过程，把我国栽培稻种分为 5 级：亚种（籼亚种 / 粳亚种）、群（晚季稻，早中季稻）、型（水稻 / 陆稻）、变种（黏稻 / 糯稻）和品种（栽培品种），如图 3-1 所示。

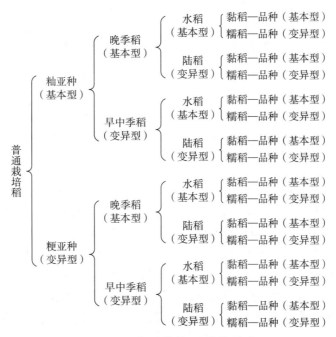

图 3-1　我国栽培稻种的分类

（丁颖，1961）

（1）籼稻和粳稻　籼稻和粳稻是普通栽培稻的两个相对独立的亚种，两者的亲缘关系较远，在形态和生理上也存在明显的差异。籼、粳杂交亲和力弱，杂交结实率低。它们在形态和生理上都有明显的差别（表 3-1）。籼稻的米粒淀粉黏性较弱（直链淀粉含量可达 20%～30%），胀性较大；粳稻的米粒淀粉黏性较强（直链淀粉含量一般在 20% 以下），胀性较小。

籼稻、粳稻存在上述差别是由于它们所分布的区域、生态环境，特别是气候条件不同所致。籼稻适于在高温、强光和多湿的热带及亚热带地区生长，在我国主要分布于南方各省的平原低地。粳稻则比较适于在气候温和、光照较弱、降水量较少的环境中生长，在我国主要分布于秦岭、淮河以北纬度较高的地区和南方海拔较高的山区。我国稻区中，籼稻、粳稻的地理分布是从南至北、从低地到高地；籼稻分布由多到少，粳稻分布则由少到多，中间地带为籼粳交错的过渡地带。云南省籼粳稻种具有明显的垂直分布规律，海拔1 450 m以下为籼稻区，1 800 m以上为粳稻区，1 450～1 800 m为籼粳交错地带。

表 3-1　籼稻与粳稻的主要形态特征及生理特性比较

特征特性		籼稻	粳稻
形态特征	株型	松散，顶叶开角小	紧凑，顶叶开角大
	叶型	叶片较宽而披、叶色淡、叶毛多	叶片较窄而直，叶色深，叶毛少或无
	穗型	松散，着粒密度小	紧凑，着粒密度大
	粒型	细长略扁，颖毛短而稀，散生颖面；无芒或短芒	短圆，颖毛长而密，集生颖尖与棱、无芒或长芒
生理特性	抗逆性	耐热性较强，抗寒性、抗旱性较弱	耐热性较差，抗寒性、抗旱性较强
	抗病性	抗稻瘟病、稻曲病较强	抗稻瘟病、稻曲病较弱
	分蘖力	分蘖力较强	分蘖力较弱
	耐肥性	耐肥抗倒一般	较耐肥抗倒
	落粒性	易落粒	难脱粒
	米质	直链淀粉含量高，出米率较低	直链淀粉含量低，出米率较高
	苯酚染色	易着色或着色深	不易着色

（2）早稻、中稻和晚稻　早、中、晚稻的主要区别在于栽培季节的不同及由此形成的对日照长短反应特性的不同。早稻对日照长度反应迟钝，播种早，生育期较短，一般在120 d以内；晚稻对日照长度反应很敏感，要求短日照。晚稻又分为单季晚稻和双季晚稻，前者生育期130～150 d，后者生育期100～120 d。中稻的生育季节处于早、晚稻之间，生育期较短的中稻品种对日照长度的反应接近于早稻，而生育期较长的中稻品种对日照长度的反应则接近晚稻。由于普通野生稻对日照长度反应敏感，晚稻的发育特性与普通野生稻相似，因此认为晚稻是基本型，早稻则是通过长期的自然和人工选择从晚稻中分化而来的变异型。

（3）水稻和陆稻　根据栽培地区土壤水分和生态条件的不同，可分为水稻（包括浅水稻、深水稻、浮水稻）和陆稻（又称旱稻或坡禾）两个类型，它们的主要区别在于耐旱性不同，以及与之相关的形态解剖和生理生态上的差别。由于栽培水稻与野生稻的特性相近，都属于沼泽性植物，并且我国古籍记载，水稻栽培在先，陆稻栽培在后，因此可认为水稻是基本型。陆稻虽然栽培在旱地上，但与一般旱地作物不同，体内仍残存着不是很发达的通气组织，在有水层栽培时也能生长良好，耐涝性远较一般旱地作物强。与水稻相比，陆稻发芽时要求温度低、需空气多、需水少，体内可保持较多的水分，根的渗透压较高，水分亏缺较少，对旱地栽培具有较强的适应性。

（4）黏稻和糯稻 黏稻和糯稻在形态特征和生理特性上并没有明显的差异，主要区别是米粒淀粉性质的不同。黏稻除含有 70% ~ 80% 的支链淀粉外，还含有 20% ~ 30% 的直链淀粉，胚乳（精米）透明或半透明，煮出的饭较干、胀性大；糯稻则只含支链淀粉，直链淀粉含量极少或无，胚乳（精米）乳白色，米饭较湿、糯性强。当与 I-KI 溶液反应时，黏米呈蓝紫色，糯米呈红棕色。介于黏稻和糯稻之间的是软米品种，直链淀粉含量 2% ~ 10%。

（5）栽培品种 按熟期水稻可分为早稻早、中、迟熟，中稻早、中、迟熟，晚稻早、中、迟熟品种共 9 个类型；按穗粒性状可分为大穗型、多穗型和穗粒兼顾型；按株高可分高秆、中秆、矮秆品种，籼稻 100 cm 以下的为矮秆品种，高于 120 cm 为高秆品种，100 ~ 120 cm 为中秆品种；按育种和种子生产途径可分为杂交稻品种、常规稻品种和群体品种；按利用价值可分为高产品种、优质食用品种、专用品种、功能稻品种等。

2. 水稻的生物学基本特点

（1）水稻的生长发育进程 水稻的全生育期是指从种子萌动开始到新种子成熟为止所经历的时期。包括营养生长期、营养和生殖生长并进期和生殖生长期 3 个主要阶段。营养生长期包含幼苗期（3 叶 1 心以前）和分蘖期两个阶段；营养和生殖生长并进期是指水稻从幼穗分化起始至抽穗的一段时期；抽穗后进入生殖生长期，历经开花、受精、灌浆成熟等阶段。

水稻品种的生育期，短的不足 100 d，长的超过 180 d，其中幼穗分化至成熟一般为 60 ~ 70 d，其余为营养生长期。所以，品种生育期长短的差异主要在于营养生长期。

（2）水稻的生长发育特性 水稻品种的生长发育进程和生育期受遗传因子和环境因素的双重调控。感光性、感温性和基本营养生长性，是决定水稻品种生长发育进程的 3 个主要内在特性，常简称为水稻品种的"三性"。

① 感光性 在适于水稻生长发育的温度范围内，短日照可使生育期缩短，长日照可使生育期延长，这种受日照长短的影响而改变生育期的特性称为水稻品种的感光性。对于感光性的品种来说，短日照可以促进抽穗，所谓短日照是指短于某一日照长度条件时，植物会提早抽穗，而长于某一日照长度时则抽穗延迟，即所谓的延迟抽穗的"临界日照长度"。

② 感温性 在适于水稻生长发育的温度范围内，高温可使生育期缩短，低温则使生育期延长，这种受温度高低的影响而改变生育期的特性称为水稻品种的感温性。

③ 基本营养生长性 在最适的短日照、高温条件下，水稻品种仍需要经过一个最短的营养生长期，才能转入生殖生长，这个最短的营养生长期，称为基本营养生长期。反映基本营养生长期长短差异的品种特性称为基本营养生长性。在营养生长期中受短日高温缩短的那部分生长期称为可变营养生长期。

水稻品种的"三性"，是水稻种子生产过程中制种基地和制种季节选择，以及配套栽培措施实施的基础。早稻品种感温性强、感光性弱，晚稻品种感温性弱、感光性强。晚稻品种制种按春制播种时，尽管是早春播种，但只有到秋天具备了短日照条件时，才能进行幼穗分化和开花成熟，生育期明显延长。因此，晚稻种子生产只能安排夏制或秋制。早稻品种则由于感光性弱，既可在夏季长日照条件下抽穗，也可在秋季短日照条件下抽穗，所以春、夏、秋制均可安排制种。此外，应用发育特性的理论，可解决熟期悬殊很大的品种间杂交花期不遇的问题。如将 7 叶期的晚稻苗进行 7 ~ 10 d 的短日照处理，诱使其开始穗分化，提早出穗与早稻品种花期相遇。

（二）水稻的花器结构与开花习性及授粉受精过程

1. 水稻的花器结构

水稻是雌雄同花的自花授粉作物，天然异交率约为1%。稻穗为圆锥花序，由主轴、分枝、小枝梗和小穗（颖花）组成。每个小穗含有3朵颖花，但只有1朵能够正常结实。每个小穗由1个小穗轴、2个副护颖、2个护颖、1个外颖、1个内颖、2个鳞片、1个雌蕊（柱头和子房）和6个雄蕊（花丝和花药）组成（图3-2A），其中2个护颖是两朵退化小花的外颖残留。一朵正常的颖花由内外稃各1个、2个鳞片、1枚雌蕊及6枚雄蕊组成。

通常每个穗节有1个枝梗，互生；但近基部的穗节则常有若干个枝梗，轮生。每一小穗一般只有1朵颖花结实，但也有少数一花多子房的复粒稻品种。护颖（退化小花的外颖）长度约为内外颖的1/3，但长护颖野生稻及部分栽培稻品种或种质资源的护颖比内外颖稍短、等长甚至更长（图3-2B）。颖果底部与蒂部间由离层的细胞组织相连接。若离层的细胞数较多，则成熟后易落粒。普通栽培稻的花药长度为2.5～2.6 mm，但长药野生稻

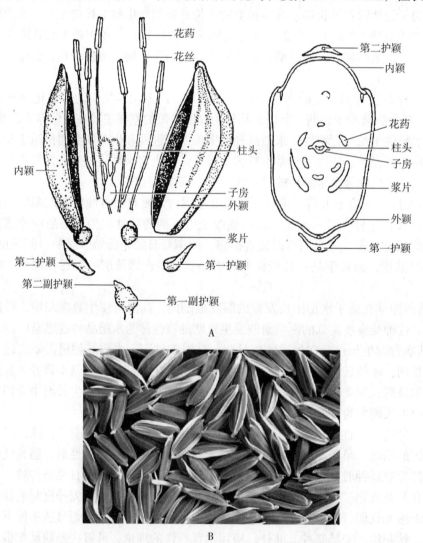

图3-2　水稻花器构造示意图（A）与长护颖水稻种子（B）

却可达 6 mm。雌蕊的羽状柱头通常不露出颖外，但也有一些品种的柱头外露，这一性状对于提高雄性不育系的异交结实率是极为有利的。

水稻在弱光下比强光下提前开花，所以在进行水稻人工杂交时，经常利用套袋黑暗处理，促进父本颖花提前开放，以利于授粉。

2. 水稻的开花习性

在适宜的温度和光照条件下，水稻抽穗当天即可开花，抽穗23 d后即进入盛花期。一个稻穗的开花期为5~7 d。开花前内、外颖紧密勾合，花药位于颖花中、下部。内、外颖张开称为开花，从颖壳初开到全开约13 min左右，从开颖到闭颖全过程需1~2.5 h。水稻开花的顺序：主穗和分蘖依次开花，在同一穗穗顶上部枝梗顶端的颖花先开，然后是上部枝梗基部的颖花和中部枝梗的颖花同时开花，中部枝梗基部和下部枝梗顶端的花陆续开放，下部枝梗基部的颖花最后开放。同一枝梗上第2朵花比其他颖花晚开1~2 d。通常把先开的花称为强势花，后开的花称为弱势花。弱势花常因灌浆不足而形成青米、秕粒米，或因未受精而成空粒。水稻的花时，早稻一般在8~14时，而9~11:30开花最多。晚稻从9时起开始开花，并集中在10~12时，高峰在11时左右。

水稻开花受环境条件的影响很大，天气晴朗微风、气温25~30 ℃、相对湿度70%~80%是水稻开花的最适宜条件。水稻开花的最低气温为15 ℃，最高气温为40 ℃。温度过低或过高均会影响开花和授粉，降低结实率。

3. 水稻的授粉受精过程

水稻花粉落在雌蕊羽状柱头上的过程称为授粉。水稻花粉萌发过程很快，在授粉后1~2 min开始，花粉萌发需要适宜的温度（30 ℃左右）和相对湿度（80%）。水稻花粉和柱头的机能维持时间在一般情况下很短，柱头的受精能力在开花当天最高，开花3 d后几乎失去受精能力；花粉粒的受精能力在花药裂开以后快速下降。花粉粒散落在雌蕊柱头上，在很短的时间内萌发，形成花粉管，并在花柱组织伸长，授粉后大约30 min即进入珠孔和胚囊。花粉管先端破裂后释放出2个精核。大约授粉2 h后，1个精核与2个极核融合，形成胚乳原核，发育成胚乳；另一个精核与卵核融合，形成受精卵，发育成胚。胚的发育在授粉后5~7 d内基本完成。

水稻内外稃张开至重新接合闭颖，历时60~90 min，在适宜条件下启闭时间较长。雄性不育系开花时间较长，有的可达180 min以上。水稻在一天内的开花时间因品种和地区而异，籼稻早于粳稻，早稻早于晚稻，平原、丘陵地区比高寒和高海拔地区开花要早。一天的开花时间为8~16时，盛花时间多集中在10~12时。

二、水稻常规种子生产

我国常规稻品种常年种植面积约占水稻常年播种面积的45%，生产高质量的常规水稻种子是提高水稻生产水平和持续发展的重要保证。

水稻是自花授粉作物，但其自然异交率为0~4%，会发生一定的生物学混杂。此外，机械混杂、自然突变及不正确的选留种方法，均可能造成良种混杂退化，降低品种纯度，影响产量和品质。因此，在种子生产过程中，必须做好防杂保纯工作，以保证品种纯度。

（一）水稻常规种子生产的技术方法

水稻常规品种种子生产的关键是原种的生产，原种获得后直接繁殖1~2代获得生产用种（良种）。根据原种获得的途径，我国水稻常规种子生产的方法通常有3种：一是育种家种子（或原原种）重复繁殖法；二是原种循环选择繁殖法；三是在两者基础上发展出来的株系循环繁殖法等。

1. 育种家种子重复繁殖法

该法亦称为四级或三级程序繁殖法，是指在育种家的监控下，一次性繁殖够用 5 ~ 6 年的育种家种子贮藏于低温条件下，以后每年从中取出一部分种子进行繁殖，繁殖 1 代得原原种，繁殖 2 代得原种，繁殖 3 代或 4 代得到生产用种（图 3-3）。当低温贮藏的育种家种子的数量只剩下够 1 年使用时，如果该品种还没有被淘汰，则在该品种的选育者（或其指定的代表）直接监控下再生产少量育种家种子用于补充贮藏。

采用该方法可以避免反复栽培所带来的自然异交等混杂；同时，由于繁殖世代少，突变难以在群体中存留，自然选择的影响微乎其微。此外，不进行人工选择，也不进行小样本留种，所以品种的优良特性可以长期保持，种子的纯度也有充分保证，但它要求良好的贮运能力。

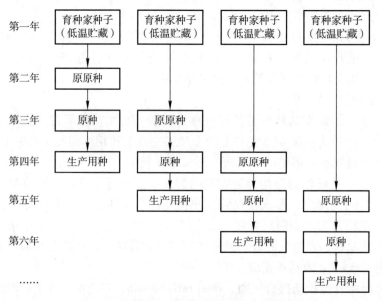

图 3-3　育种家种子重复繁殖法的程序

（胡晋，2009）

2. 原种循环选择繁殖法

原种循环选择繁殖法的原种只是第一年来自育种家种子或原原种种子，以后的原种均是从某一品种的原种群体中或其他繁殖田中选择单株，通过个体选择、分系比较、混系繁殖生产原种种子。该方法实际上是一种改良混合选择法。根据比较过程的长短，又有二年二圃制和三年三圃制的区别。三年三圃制生产原种的程序如图 3-4 所示，在三年三圃制程序中省掉一个株系圃即为二年二圃制。

该方法的指导思想是，遗传的稳定性是相对的，变异是绝对的。品种在繁殖过程中，由于各种因素的影响，总会发生变异，造成品种的混杂和退化，因此进行严格的选优汰劣才能保持和提高种性。为了使群体内的个体间具有一定的遗传差异，可在大田、原种圃、株系圃内进行个体选择。分系比较在于鉴别后代，淘汰发生变异的不良株系，选留具有品

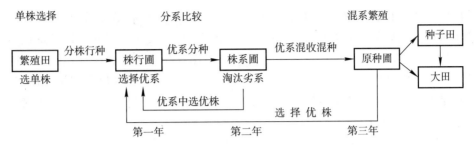

图 3-4　原种循环选择繁殖法三年三圃制的种子生产程序

种典型特征的优良株系。混系繁殖在于扩大群体，防止遗传基础贫乏。

采用该方法生产原种时，由于经过了单株、株行、株系的多次循环选择，汰劣留优，对防止和克服品种的混杂退化，保持生产用种的某些优良性状有一定的作用。但如果生产单位没有严格掌握原品种的典型性状、选株数量少、株系群体小，或者在选择过程中只注意单一性状而忽视了原品种的综合性状，可能会导致品种性状发生变化。此外，该方法比较费工，生产效率较低。因此，该方法现在更多的是作为老品种的传统提纯复壮方法，在品种权的保护方面建议需要重新做 DUS 测试。

3. 株系循环繁殖法

把引进或最初选择的符合品种典型性状的单株或株行种子分系种于株系循环圃，收获时分为两部分：先分系收获若干单株，系内单株混合留种，称为株系种（第一部分）；然后将各系剩余单株去杂后全部混收留种，称为核心种（第二部分）。株系种次季仍分系种于株系循环圃，收获方法同上一季，以后照此循环。核心种次季种于基础种子田，混收得到的种子称为基础种子。基础种子再种于原种田，收获的种子为原种（图 3-5）。

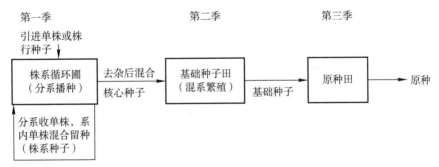

图 3-5　株系循环繁殖法生产原种的程序

株系循环繁殖法生产原种的指导思想是，自花授粉作物群体中，个体基因型是纯合的，群体内个体间基因型是同质的，表型上的些许差异主要是由环境引起的，因此反复选择和比较是无效的。从理论上讲，自花授粉作物也会发生极少数的天然杂交和频率极低的自然突变，但从核心种到原种，只繁殖两代，上述变异一般难以在群体中存留。因此，进入稳定循环之后，每季只需在株系循环圃中维持一定数量的株系，频率极低的天然杂交或自然突变，能够被稀释或被排除掉，因而能源源不断地提供遗传纯度高的原种供生产应用。

株系循环繁殖法实行"大群体、小循环"，产种量大，对于繁殖系数较大的水稻，只要每季同时种植株系循环圃、基础种子田和原种田，甚至能够做到季季以原种供应大田生产。常规水稻的用种量一般为 60 kg/hm²，产种量以 6 000 kg/hm² 计算，因此株系循环圃、基础种子田、原种田、大田的面积之比为 1∶100∶10 000∶1 000 000。在总的需种量一定时，株系循环圃中株系数目与每个株系种植株数成反比，可根据实际情况进行调整。当总的需种量增加时，可按上述比例增加株系循环圃中株系数目或每个株系的种植株数。

（二）水稻常规种子生产

1. 大田用种生产（良种繁育）

为了最大限度地避免机械混杂和天然杂交，不断保持原种种性，提高种子纯度和繁殖系数，水稻常规品种大田用种生产一般采用一级种子田制或二级种子田制。

一级种子田制：由育种单位提供的育种家种子进行繁殖。收获前在种子田选优良单株，混合脱粒，作为第二年种子田用种；余下的去杂去劣后进行片选，混合收获种子，供第二年大田生产用种。

二级种子田制：在一级种子田中株选，混合脱粒，供下年度一级种子田用种，其余的去杂去劣后进行片选，混收的种子供二级种子田用。二级种子田经去杂去劣后片选，混收种子供应大田生产用。在需种量较大，一级种子田无法满足需求时，才采用二级种子田制。

水稻的繁殖系数在单本栽插（每穴栽插 1 株）的条件下为 250 ~ 300。二级种子田面积占大田面积的 2% ~ 3%，一级种子田约占二级种子田的 0.4%。种子生产技术如下：

（1）选择繁育田块并做好隔离　同一品种的种子田应选阳光充足、土壤肥沃、土质均匀、排灌条件良好、耕作管理方便的田块。同一品种的种子田应成片集中，相邻田块种植同一品种。一级种子田设在二级种子田中间，以防止品种间天然杂交。不同品种相邻种植时，一般应间隔 2 m 以上，且间隔边沿 2 m 范围内的植株上的种子不能作留种用。风力较大的地区应适当加大间隔距离。

（2）采用优良栽培技术　种子田应采用适宜品种的生产条件和优良的栽培技术措施。播种前进行晒种、筛选、消毒等，提高播种质量。稀播（播种量 180 ~ 225 kg/hm²）、匀播，培育多蘖壮秧，单株稀植。种子田的管理措施要一致，特别是施肥的数量和质量要均匀，以提高比较鉴定的效果。加强田间管理，合理施用氮肥，增施磷、钾肥，及时防治病虫害等，使单株充分表现其原有的种性和典型性，提高种子质量和产量，扩大繁殖系数。

（3）除杂去劣确保质量

① 做好除杂保纯工作　抽穗前后是品种特性的易识别期，在此期间要及时进行田间去杂去劣，并逐田检查验收，发放田间验收合格证，注明品种、面积、田间含杂类型、数量、含杂率、产种量等，坚决淘汰不合格繁种田。

② 做好选留种　在品种表现最明显的抽穗期，根据原品种的主要特征特性，如生育期、株高、株型、穗粒性状，选出生长整齐、植株健壮、具有该品种典型性状、丰产性和抗病性优良的单株，挂上纸牌或其他标记。成熟期再根据其转色、空壳率、抗性等进行复选，淘汰不良单株。将入选单株拔出带回晒场或室内，最后评审决选，混合脱粒，用作下年度种子田或一级种子田用种。选择株数视所需种子量而定，一般供每公顷种子田或一级种子田需繁殖 900 株左右。为了保持原品种遗传基础，防止基因流失，提高品种对不良环境的缓冲作用，实际入选株数应成倍超出上述株数。

③ 严守操作规程 在种子生产的全过程（包括种子处理、浸种、催芽、播种、插秧、收获、脱粒、晒种、进仓、贮藏、运输、销售等）均要遵守严格的操作规程，严防机械混杂。播种做到"四清"，即品种清、繁种工具清、播种工具清和秧田清；收获时做到"五单"，即单收、单运、单打、单晒和单藏。种子调拨外运，要装入清洁的种子袋，袋内外附有种子检验标准说明书，注明收获季节、时间、生产单位、品种名称、数量等内容，防止错发、错运、错收、错用。

（4）适期收获干燥 种子成熟度达到90%左右时，抢晴朗天气收割，及时翻晒，风选干净，确保种子的发芽力和活力。做到分品种分系收获、单晒、放好标签单藏，严防混杂。种子质量应达到净度98%以上，发芽率≥85%，含水量≤13%，纯度≥96%（二级）或≥98%（一级），并保持较高的种子活力。

2. 三圃制原种提纯繁育

当品种使用年限较长、育种家种子或原原种存量不足时，通常采用三圃制循环选择繁殖法，即通过单株选择、分系比较、混系繁殖3个基本步骤进行提纯。

（1）单株选择 对于混杂退化较轻的品种，培育壮秧，单株稀植于选择圃，面积不少于$1/15\ hm^2$，采用优良的栽培条件和管理技术种植，使单株充分发育，尽量将优良性状表现出来，以提高选择效果。选择优良单株的方法和标准与种子田选留单株基本相同。一个品种初选不少于300株，复选淘汰50%～60%，最后根据室内考种，决选80～100株。

（2）分系比较 将上年入选单株统一编号，分别播种，分系插植。每株系种植6～10行，共60～120株，每隔5～6个株系种植纯度较高的原品种做对照。在整个生育过程中做好田间调查，收获前，根据田间表现淘汰不良株系。入选株系分别收获测产，经室内考种，选出具有原品种典型性状、丰产和抗病的优良株系。为了防止基因漂移，入选株系宜保留40个以上。

株系比较圃也应选用地力较好、土质均匀的田块，采用优良的栽培条件，以及一致的栽培管理措施，防止因栽培条件的差异而造成选择误差。

（3）混系繁殖 将上年入选株系混合种植于原种圃。单株稀植，加强栽培管理，扩大繁殖系数，以获得大量的优质原种种子，尽快地应用于大田生产。

提纯生产的原种，除供应种子田用种外，还可分出部分贮存于中长期种子库，每隔2～3年取出少量种子进行繁殖生产用种，以减少繁殖世代，防止混杂，保持种性。

三、水稻杂交种子生产

（一）水稻杂交种子生产概述

我国杂交水稻的研究始于1964年，1973年完成三系配套，1976年开始推广种植三系杂交水稻，20世纪80年代起开始开展两系杂交水稻的研究。水稻杂交种子的生产必须利用父本花粉为母本授粉，因此称为杂交制种，是杂交水稻大面积生产推广的基础。我国开创了自花授粉作物杂种优势利用的国际先例，杂交水稻种子生产技术长期处于国际领先地位。

1. 水稻杂交制种的发展历程

（1）三系法杂交稻制种技术的发展 我国1973年实现籼型杂交稻三系配套前，水稻杂交制种的产量很低，如湖南省1975年的制种产量平均仅有$261\ kg/hm^2$。经过不断的技术创新和完善，现在杂交水稻大面积制种的产量已经稳定在$3\ 000\ kg/hm^2$以上。概括起来，我国三系籼型杂交水稻制种经历了 4 个阶段。

第一阶段：制种技术摸索阶段（1973—1978 年）。此阶段重点解决了两大技术难题：一是父母本生育期相差大，花期相遇难；二是不育系卡颈严重，接受花粉难。突破的关键技术有：①父母本错期播种安排技术（叶龄差法、积温差法、时间差法）；②父母本花期的预测技术（幼穗剥检法、叶龄余数法、对应叶龄法）；③成功研发和试用'九二〇'制剂，其主要成分是赤霉素，具有提早开花的功效，是杂交水稻制种技术的重大突破。本阶段制种产量一般不到 500 kg/hm^2，但高产田可达到 1 500 kg/hm^2。

第二阶段：制种配套技术研究阶段（1979—1983 年）。此阶段解决的主要技术问题：一是父母本有效穗数和颖花数的适宜比例；二是父母本花期相遇指标及调控。突破的关键技术有：①父母本群体构建技术（行向、行比、密度、施肥）；②父母本花期相遇指标及其调控技术（父母本盛花期相遇；播种错期、异交特性、花期预测、肥水调节、化学调节）。本阶段制种产量达到 1 500 kg/hm^2 左右，高产田达到 3 750 kg/hm^2。

第三阶段：制种技术成熟与产业化应用阶段（1984—2009 年）。此阶段解决的主要技术问题是实现多种技术配套条件下的高产、安全、高效制种。突破的关键技术有：①制种基地选择与季节安排（良好的生态条件，确保制种全生育期安全）；②父母本定向培养技术；③"一期父本"制种技术。我国传统制种技术在 20 世纪 90 年代前期已经基本完善，制种产量大幅提高并趋于稳定，之后进入产业化应用阶段。产业化应用阶段大面积制种产量稳定在 3 000 kg/hm^2 左右，小面积高产制种曾达到 6 770 kg/hm^2。

第四阶段：机械化制种技术研究与示范阶段（2010 年至今）。此阶段着手解决的主要技术问题是劳力资源减少，传统方式下劳动强度大、经济效益低，父本机械化种植和收割难度大。突破的关键技术有：①培育适合机械化制种的父母本；②通过各种途径实现父母本的机插（播）、机收与分选；③利用无人机辅助授粉和喷施赤霉素等，制种全程机械化。

（2）两系法杂交稻制种技术的发展 我国 1973 年发现粳型光敏不育系，1986 年开始全国攻关，其制种技术发展也经历了 4 个阶段。

第一阶段：制种技术摸索阶段（1986—1995 年）。此阶段的主要成就是发现低温可导致两系不育系由不育转换为可育。突破的关键技术有：①提出了温敏核不育的概念；②探明了温敏核不育系的育性转换特性；③选育出育性转换起点温度较低的温敏核不育系。1995 年 8 月，用培矮 64S 所配组合在多个生态区大面积制种获得成功。

第二阶段：制种技术系统研究阶段（1996—2000 年）。此阶段针对的主要技术问题：一是不同生态条件下制种产量和质量差异很大；二是育性敏感期、抽穗开花期受气候条件影响大。突破的关键技术有：①提出了三个安全期（育性温度敏感期、开花授粉期、成熟收获期）协调安排的原理，确定了基地选择与季节安排的原则；②确定了光温敏核不育系技术鉴定标准；③开发了核心种子生产原理与技术。本阶段形成了两系杂交稻保纯制种技术体系，制种产量和质量稳步上升。

第三阶段：制种技术规范阶段（2001—2010 年）。此阶段针对的主要技术问题：一是随着两系杂交稻的推广，制种企业增多，出现了多起制种技术失误；二是不育系种子繁殖产量低影响制种效益。突破的关键技术是制定了《两系杂交稻安全高产制种技术体系规范》（颁布为湖南省地方标准）。本阶段制种面积稳步上升，2010 年达 3 万公顷，占杂交稻总面积的 30%。

第四阶段：机械化制种技术研究与示范阶段（2010 年至今）。与三系法杂交稻制种技术一样，进入机械化制种技术研究与示范阶段。

2. 水稻杂交制种的基本特点

杂交水稻制种是以雄性不育系为母本，雄性不育恢复系为父本，父母本相间种植，花期相遇。母本接受父本的花粉而受精结实生产杂交种子的过程，基本特点有 3 个：第一，母本（不育系）是一个人工创造的畸形体，株高矮小，包颈严重，花时分散，导致母本穗层结构恶化，对花粉传播十分不利；父母本花时不同步，开花率受天气影响变化大，对异交结实本就困难的自花授粉作物更为困难。第二，杂交水稻制种是一种特殊的异交高产栽培方式，杂交种子产量由高产性能构成和异交性能构成组成，但更多地取决于异交结实率。因此，一切技术措施首先必须围绕提高母本异交结实率，在满足异交基本需要的前提下，注重高产栽培。第三，杂交水稻制种是一种强化集约型生产，表现出极强的系统特征，技术性强，在整个生产过程中，必须环环紧扣，操作严格。

3. 水稻杂交制种的技术途径

目前杂交水稻制种的技术途径主要有三系法和两系法。

（1）三系法生产杂交水稻种子　三系杂交稻的亲本包括细胞质雄性不育系（male sterile line）、雄性不育保持系（maintenance line）和雄性不育恢复系（restorer line）。

① 雄性不育系　简称不育系，常用"A"表示。不育系的雄性器官发育异常，花粉败育或无花粉，不能自交结实。但雌性器官发育正常，可以接受外来花粉而受精结实。目前生产上应用的野败型、冈型和 D 型不育系都是花药细小、乳白色或浅绿色，不开裂，花粉细小不规则，或仅有少量圆粒花粉，无内含物，对 I-KI 溶液不着色，都属于典型败育型。

② 雄性不育保持系　能够保持不育系不育性的品种（系），简称保持系，常用"B"表示。保持系的雌雄器官发育均正常，能自交结实。以其花粉给不育系授粉，所结的种子能继续保持不育性。保持系与相应的不育系在遗传上是同型系，细胞核基本相同，但细胞质各不相同，因而在主要农艺性状上具有相似性。

③ 雄性不育恢复系　能使不育系恢复正常结实的品种（系），简称恢复系，常用"R"表示。恢复系雌雄器官发育均正常，能自交结实，用其花粉给不育系授粉，所结种子能长成植株，育性恢复正常。

三系法杂交水稻亲本繁殖和杂交种子生产原理如图 3-6 所示。亲本种子的繁殖：通过不育系与保持系杂交繁殖不育系种子；通过保持系自交繁殖保持系种子；通过恢复系自交繁殖恢复系种子。杂交种子生产：通过不育系和恢复系杂交生产杂交种种子。

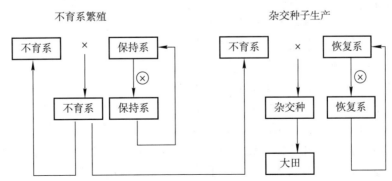

图 3-6　三系法杂交水稻亲本繁殖和杂交种子生产原理示意图

（2）两系法生产杂交水稻种子 两系杂交水稻的亲本包括两用核不育系（S）和恢复系（R）。其中两用核不育系起到一系两用的作用，即在一定的温光条件下表现为雄性不育，可用于杂交制种；在一定的温光条件下表现为雄性可育，可用于两用核不育系自身的繁殖。

根据两用核不育系对温度和光照的反应，可分为温敏核不育系和光温敏核不育系两种类型。温敏核不育系育性转换的主导因子是温度，高温不育、低温可育，光照长度对育性转换有一定的促进作用。光温敏核不育系育性转换的主导因子是光照与温度的相互作用，在一定温度范围内长日照下表现为不育，短日照下表现为可育；而超过这个温度范围，光照长短对育性转换不起作用。此外，育种家们还发现并选育出了育性转换与上述温度反应完全相反的温敏不育系，表现为高温可育、低温不育，称为反温敏不育系。目前生产上常用的两用核不育系大多属于温光互作类型，育性的温光反应为：高温长日照条件下表现为雄性不育，低温短日照条件下表现雄性可育。恢复系的雌雄器官发育均正常，能自交结实，所有正常的品种都可以做恢复系。

两系法杂交水稻亲本繁殖和杂交种子生产原理如图3-7所示。亲本种子的繁殖：在低温短日照条件下，光温敏核不育系表现为雄性可育，进行自身的繁殖；通过恢复系自交繁殖恢复系种子。杂交种子生产：在高温长日照条件下，光温敏核不育系表现雄性不育，通过光温敏核不育系和恢复系杂交生产杂交种子。

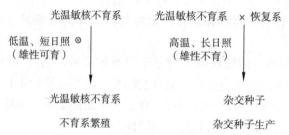

图3-7 两系法杂交水稻亲本繁殖和杂交种子生产原理示意图

4. 水稻杂交制种新技术

（1）轻简机械化制种技术 我国杂交水稻制种长期以来主要靠传统的人力方式进行，使杂交水稻种子成本越来越高，加上近年来水稻生产越来越重视轻简化、机械化的栽培模式，用种量大幅增加，导致用种成本居高不下，严重制约了杂交水稻的发展。近年来，我国对轻简及机械化制种技术进行了探索与实践，机耕技术、化学除草技术、母本机收技术和种子机械烘干技术已成熟应用于杂交水稻制种；母本直播技术、母本机插技术、母本抛秧技术、农用无人机喷施农药技术、赤霉素处理技术和辅助授粉技术也已逐渐成熟。目前国内杂交水稻轻简机械化制种技术主要分为两种模式。

一是常规制种模式的全程机械化技术，也称分植法，即把父、母本分开种植。根据父母本播插期，父母本按适当行比机械直播或栽插［一般采用大行比，即父本和母本行比为6：（40～60）］采用农用无人机喷施农药、赤霉素和辅助授粉，成熟后分别机械收获父本和杂交种子。研究表明，利用农用无人机喷施赤霉素不但解决了杂交水稻制种喷施赤霉素时间紧、劳力缺、用工成本高等问题，而且可节省赤霉素用量20%以上；父本和母本行比为6：（40～60）时，利用农用无人机授粉，母本异交结实率可达到40%以上，效果与人工辅助授粉相当。通过全程机械化制种技术研究，融合农机与农艺技术，实现了杂交水稻制种的土地翻耕平整、播种、移栽、施肥、喷施药剂与赤霉素、辅助授粉、父本和母本分别收割、种子烘干的全程机械化作业。

二是利用标志性状结合雄性不育系进行父母本混播制种的轻简化制种技术，也称混制法。这是一种将父母本按一定比例混合种植，授粉后去除父本植株或父母本混合收获后通过一定的机械及方法将父本自交种子和杂交种分开的机械化制种模式。如通过将除草剂敏感（致死）基因和除草剂抗性基因分别导入水稻恢复系与不育系，使父、母本对某种除草剂的敏感性或抗性存在差异，在授粉结束后喷施除草剂，以杀死父本、保留母本来生产杂交种子。也有通过筛选受精、结实存在障碍的特殊突变体，如将雌性不育基因导入父本，可以实现恢复系与不育系混播混收。生产上应用较多的是利用母本或父本之间子粒颜色或粒型的显著差异，将父母本按一定比例混合种植，授粉结实后混合收割，最后用特定的光学仪器或机械设备将父本和杂交种子区分开。如采用浅褐色稃壳标记的籼型水稻光温敏核不育系'新安S'与黄色稃壳的父本混播混收后，通过色选机将黄色父本和浅褐色杂交种子区分开，从而实现机械化制种。再如利用不育系与恢复系种子粒型（大小粒）的显著差异，实现父母本混播混收、收获后机械分离粒型不同的种子，从而获得杂交种种子（图3-8）。

图 3-8 父母本混播制种与种子机械分选

利用标志性状结合雄性不育系进行父母本混播制种的轻简化制种技术，操作简单易行、适合各种条件和规模制种。主要包含两个技术环节：一是根据所配系列组合父母本的生育期，可采用父母本混直播、父本抛秧母本直播、父母本条播3种混播制种方式解决父母本花期相遇问题；二是根据父母本性状差异，如稃壳通过色选机分选，粒型通过分级筛分选，可实现父母本种子的100%分选，且损耗小于1%（表3-2）。

表 3-2　父母本混播制种后种子机械分选结果

分选组合	父本粒厚/mm	母本粒厚/mm	第二级筛/mm	第一级筛/mm	入机杂交种/kg	入机父本/kg	出机杂交种/kg	出机父本/kg	分选率/%	带出率/%	效率/(t·h⁻¹)
卓两优 581	2.15	1.71	2.1	2.0	109.54	50.24	108.1	51.68	100	1.31	2.0
卓两优 2115	2.21	1.71	2.1	2.1	88.64	30.13	88.17	30.60	100	0.51	2.5
卓两优 141	2.17	1.71	2.1	2.0	101.02	36.7	98.71	39.01	98.4	2.31	2.0

（2）水稻高活力杂交种子生产　水稻生产在向机械精量轻简化高产种植方式如大苗机插秧、有序机抛秧、有序机穴直播等的转变中，越来越需要具有高出苗率、高成秧率、高秧苗素质、高均匀度等高活力种子。高活力杂交水稻种子生产技术体系一般包括以下三方面措施。

一是适地制种提高杂交种子活力。研究发现在日平均温度适宜的高活力优势制种区制种，可以有效延长授粉子粒特别是晚开花弱势粒的灌浆活跃期，从而提高杂交种子的整体活力水平。

二是增加早授粉强势粒的比例、促进晚授粉弱势粒的灌浆来提高杂交种子活力。生产上适当增加父母本颖花量比、提高母本整齐度、提早结束辅助授粉、通过化控促进晚开花弱势粒的灌浆等均可提高杂交种子活力。

三是适期早收提高杂交种子活力。随种子发育进程，种子活力呈现先升高后下降的开口向下的二次抛物线变化规律，过早过晚收获均降低杂交种子的活力。杂交稻以授粉后 17~23 d、种子含水量 19%~25% 为高活力种子的收获适期，生产上可以按授粉后天数（17~23 d）和黄熟度（75%~90%）为指标收获，结合化学脱水还可降低种子发生穗萌或穗芽的风险。

（3）第三代杂交稻种子生产　第三代杂交水稻是以普通隐性核雄性不育系为母本，以常规品种、品系为父本研配而成的新型杂交水稻。北京大学和国家杂交水稻工程技术研究中心等单位利用可以稳定遗传的水稻隐性雄性核不育材料，通过转入育性恢复基因恢复花粉育性，同时使用花粉失活（败育）基因使含转基因成分的花粉失活（败育），并利用荧光分选技术快速分离不育系与保持系两种类型的种子；利用不带转基因元件的不育系种子与父本杂交制种，从而实现第三代杂交稻亲本的繁殖和杂交种子生产。该技术最早在玉米中被应用，其具体技术原理在第四章第一节中做详细介绍。

（二）杂交稻亲本种子繁殖技术

1. 三系杂交亲本原种生产

三系杂交亲本原种生产技术有两种：一是经回交、测交鉴定，定选三系原种（三系配套法）；二是不经回交、测交，混合选择三系原种（三系七圃法）。第一种方法程序比较复杂，技术性也强，生产原种数量较少，但纯度较高，而且比较可靠。第二种方法程序简单，产生原种数量多，但纯度和可靠性稍低。一般在三系混杂退化不很严重的情况下，宜用第一种方法。如果三系混杂退化较严重，则采用第二种方法。

（1）三系配套法　为杂交稻三系原种生产的基本方法（图 3-9）。主要步骤为：单株选择、成对回交和测交、分系鉴定、混系繁殖。

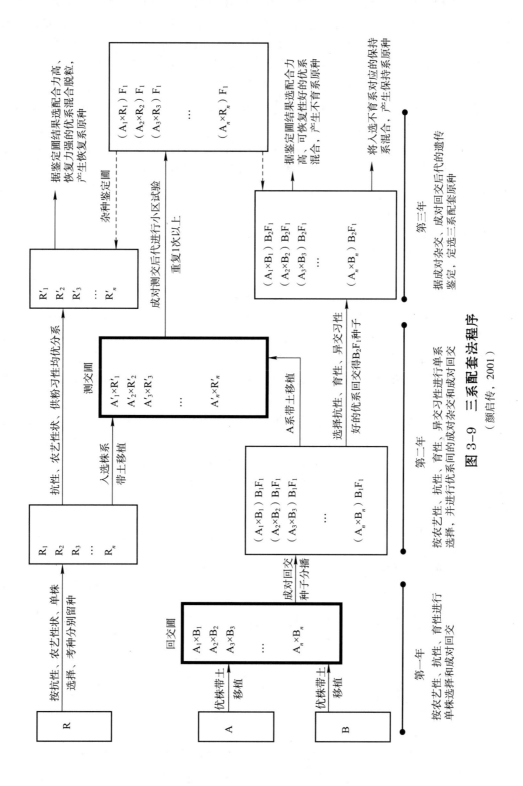

图 3-9　三系配套法程序

（颜启传，2001）

①　单株选择　在纯度高的繁殖田和制种田，依据各系的典型性状，选优良单株，单收获、单育秧。在秧田选择性状整齐、表现良好的秧苗分别编号，单株移栽于原种生产田。在分蘖抽穗期进行严格去杂去劣，对不育系要逐株镜检花粉，淘汰不育度低的单株。

②　成对回交和测交　选中的不育系单株（A）与保持系单株（B）成对回交，同时与恢复系单株（R）成对测交。回交和测交采用人工杂交方法，注意分别收获编号。

③　分系鉴定　将成对回交和测交的种子及亲本（保持系和恢复系）育秧，移栽于后代鉴定圃。注意将保持系亲本与回交后代相邻种植，恢复系亲本与测交后代相邻种植，便于比较。凡同时具备下述3个条件的组合的对应亲本，可作为原种：回交后代表现该不育系的典型性状，不育度和不育株率高（100%）；测交后代结实率高，优势明显，性状整齐，具备原杂交种的典型性；回交、测交组合相对应的保持系和恢复系均保持原有的典型性。

④　混系繁殖　将同时具备上述3个条件标准的不育系及对应的保持系、恢复系，分别混合选留、混系繁殖，即为"三系"的原种。

（2）三系七圃法　南京农业大学陆作楣（1982）提出了杂交稻"三系七圃法"原种生产程序（图3-10）。不育系设株行、株系、原种三圃；保持系、恢复系各设株行、株系两圃，共7个圃。进行选择单株、分系比较、混系繁殖。

第一季：单株选择。保持系、恢复系各选100~120株，不育系选150~200株。

第二季：株行圃。按常规稻提纯法建立保持系和恢复系株行圃各100~120个株行。每个株行保持系种植200株，恢复系种植500株。不育系的株行圃共150~200个株行，每个株行250株。选择优良的一个保持系株行作为父本杂交留种。通过育性、典型性鉴定，初选株行。

第三季：株系圃。初选的保持系、恢复系株行升入株系圃。根据鉴定结果，确定典型的株系为原原种。初选的不育株行进入株系圃，用保持系株系圃中的一个优良株系，或当选株系的混合种子的植株作为回交亲本。通过育性和典型性鉴定，确定株系。

第四季：不育系原种圃。当选的不育系株系混系繁殖，用保持系原原种植株作为回交亲本。

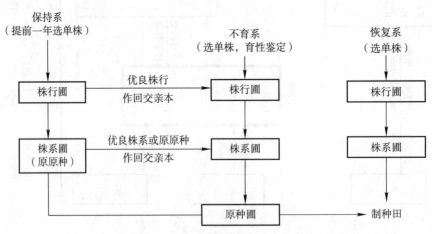

图3-10　三系七圃法原种生产程序

（陆作楣，1983）

（3）改良提纯法 改良提纯法是在"三系七圃法"基础上发展起来的，集提纯、繁殖、制种三位一体的简易提纯法（图3-11）。此法只有四圃，即不育系、恢复系的株系圃和原种圃。保持系靠单株混合选择进行提纯，并作为不育系的回交亲本同圃繁殖。省去了不育系和恢复系的株行圃，而都从单株选择直接进入株系圃。该方法的关键是单株选择和株系比较鉴定要十分严格，宁缺毋滥，因为节略了株行圃的鉴定等环节，单株和株系选择不严格可能造成获得的亲本种子质量下降。

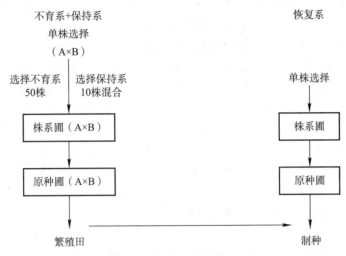

图3-11 改良提纯法程序
（盖钧益，1997）

3. 杂交水稻三系原种生产技术要点

参照中华人民共和国国家标准《籼型杂交水稻三系原种生产操作技术规程》（GB/T 17314—2011），将杂交稻三系原种生产主要技术要点归纳如下。

（1）选好种子基地，严格做好隔离工作 三系原种生产基地要选择隔离条件优越、无检疫性病虫害、土壤肥沃、旱涝保收、集中连片的田块。如采用时间隔离，花期应错开25 d以上。如采用空间隔离，距离应在700 m以上；恢复系、保持系的三圃，异品种距离不少于20 m。对于柱头外露率较高的保持系，从单株选择到原种圃，都要严格隔离。

（2）保持系原种生产中的单株选择标准、选择时期和数量

① 单株选择标准 当选单株下列性状必须符合原品种特征特性，这些性状为株、叶、穗、粒四型、生育期、叶片数、分蘖性、长势、长相、抗逆性、结实率、花药大小、花丝长短、花粉量多少、开花散粉习性。

② 选择时期和数量 分蘖期以株型、叶鞘颜色、分蘖多少为主要选择项，初选500株；抽穗期以主穗、分蘖穗抽穗快慢和一致性为主要选择项，选留300株；成熟期以穗长、结实率、粒型、成熟度、整齐一致性和抗病性为主要选择项，定选200株；室内考种，综合评选100株。将当选的单株单收、编号登记、装袋、保存。

（3）恢复系原种生产中应注意的问题

① 选择标准 单株选择标准与上述保持系基本一致。典型性主要看株、叶、穗、粒四型和茎叶色泽、主茎叶片数，选择具有典型性、一致性，经镜检无败育花粉的单株。

② 测优鉴定 每一株行选取两个单株，用该组合不育系原种单株测交，收种作测优

鉴定。综合评选典型性好、恢复度80%以上、恢复株率99.9%、抗逆性好、产量高于对照的恢复系，株行当选率30%~50%，株系当选率50%~70%。

③ 定原种 株系的混收种子结合优势鉴定，取配合力优势强的株系混合收贮，根据需要设置原种圃，生产原种。达到原种标准（纯度为99.9%）的种子定为原种。种子除用于制种外，多余的种子可干储冷藏，以备后用。

（4）不育系原种生产中应注意的问题

① 选择标准 当选不育系单株选择标准与相应保持系单株选择标准相同的前提下，以原不育系的不育性、开花习性和包颈为选择依据的重点。

② 育性检验 育性检验采取花粉镜检和套袋自交鉴定相结合，一般每个株行圃要抽样检20株，每个株系圃要抽样检30株，原种圃每1/15 hm^{2}要检30株以上。

③ 选择时期和数量 选择步骤同上述保持系，注意始穗期观察全区每株花药，拔除有粉型的单株，再根据镜检复选。田间选择数量不少于200株，决选不少于50株。

④ 株行圃观察记载及选择标准 每株行定点观察10株，记载标准同上。同时，每株行随机选取10株不育系栽种于另一自然隔离区或屏障隔离区，不套袋，记载结实率。当选的各株行，取样10株进行室内考种，重点考查异交结实率等经济性状。

⑤ 株行决选 在定点观察、育性鉴定和镜检等项目的基础上重点选择典型性、一致性、异交结实率高的株行。株行当选率30%。

（5）高度重视父本纯度 在实际生产中，大多数农业科研机构和种子生产单位对三系中不育系的原种纯度都非常重视，而对父本（保持系和恢复系）尤其是恢复系原种的纯度往往重视不够。父本纯度一旦降低，就会因为其花粉量大、传播快，而严重影响不育系繁殖和杂交制种的纯度，将会给杂交水稻生产带来重大损失。因此，在三系原种生产中，应高度重视保持系和恢复系的纯度。

2. 二系杂交亲本原种生产

（1）光温敏核不育系性状变异的表现 水稻光温敏核不育系的育性具有随温度变化而波动的特点。由于变异，同一不育系不同个体之间存在差异。因此，在不育系的繁殖过程中，若按一般的常规良种繁殖程序和方法选种、留种，不育系的不育起点温度不可避免地会逐代升高，最终将导致该不育系因起点温度过高而失去实用价值。这是因为在繁殖过程中，不育起点温度较高的个体其可育的温度范围较广，在温度经常变化且有时变化幅度较大的自然条件下，结实率一般较高，因而在群体中的比例将逐代增加，使群体的育性起点温度出现遗传漂移现象。

（2）光温敏核不育系原种生产 光温敏核不育系的原种生产，由于目前选育的光温敏核不育系较多，更换较快，因此一般采用一步到位的简易原种生产程序，即在夏季大田鉴定不育性，秋季再生繁殖。其程序如下：①大田鉴定，不育株再生。选合适的播种期，使光温敏核不育系在其稳定不育期抽穗。齐穗后在大田逐株检查，淘汰杂株、劣株和不育不彻底株，对败育彻底的单株割苑再生，使再生稻在育性转换期后抽穗，齐穗后再逐株复查一次，淘汰杂、劣株和不育株后，种子混收作光敏不育系的育种家种子。②原种繁殖。将收获的育种家种子再去海南春繁或第二年秋繁（春繁）一次，扩大种子数量，即为原种，可供制种利用。原种繁殖中最重要的就是做好隔离工作。

为防止光温敏核不育系在繁殖过程中产生高温敏个体的比例逐代增加的遗传漂移现象，袁隆平（1994）提出了水稻光温敏核不育系提纯方法和原种生产程序，即单株选择、低温或长日低温处理、再生留种（核心种子）、原原种、原种、制种。具体操作技术如下：

① 建立选种圃 用原种或高纯度种子建立选种圃。选种圃单株栽插，种植密度以行株距 15 cm×15 cm 为宜。选种圃采用一般的栽培管理，保证植株能正常生长发育，以利于根据植株的形态特征选择典型单株。

② 人工气候室处理与筛选 在植株进入幼穗分化 4 期时，将中选单株带泥移栽到盆中。移栽时要尽可能地减少植伤，以使植株能在正常生长条件下进行处理。敏感期内进行为期 4~6 d 的长日低温处理（14 h 光照，日均温 24℃，温度变幅为 19~27℃）。抽穗时逐日镜检花粉育性。凡花粉不育度在 99.5% 以下的单株一律淘汰。

③ 核心种子生产 人工气候室处理后当选的植株割茬再生。再生株在田间稀植条件下（30 cm×30 cm）生长，争取多发分蘖。为使再生分蘖能正常生长，应及时剪掉前茬的老茎和老叶。当再生株进入敏感期，移入人工气候室使再生株在短日低温条件下恢复育性（13 h，20~22℃），所结的种子即核心种子。核心种子在严格的条件下繁殖出原原种，然后再繁殖出原种供制种用。

该程序保持光温敏核不育系育性转换点温度的关键在于严格控制原种的使用代数，即坚持用原种制种。如果用原种超代繁殖，则可能产生遗传漂移。这种提纯方法和原种生产程序不仅能保证光温敏不育系的不育起点温度始终保持在同一水平上，而且简便易行，生产核心种子的工作量较小。这一程序已作为水稻光温敏核不育系提纯和繁殖的标准体系被推广应用。

3. 细胞质雄性不育系的繁殖技术

细胞质雄性不育系的繁殖原理和田间操作方式，虽然与杂交水稻制种基本相同，但仍有 3 点特殊性：一是不育系和保持系的生育期差异较小，父母本播差期短，双亲花期相遇易解决；二是不育系的分蘖能力和生长势比保持系强，在繁殖过程中，要特别重视对父本的培养，使父本有充足的花粉量，以满足不育系异交结实的需要；三是不育系的繁殖是为杂交制种提供种源，种子质量要求更高，防杂保纯更为重要，而不育系与保持系在形态性状上十分相似，除杂保纯技术难度大。

（1）隔离方法 不育系繁殖的花粉隔离比杂交制种更严格。在隔离方法上，应尽可能地选择自然隔离，特别是随着繁殖面积的扩大，成片规模化生产，更应采取自然隔离。如采用距离隔离，要求 500 m 以上；采用时间隔离，则繁殖田与其他水稻生产田的花期相差 25 d 以上；采用保持系隔离，在繁殖区周围 500 m 以内种植保持系；采用人工屏障隔离，其屏障高度要求 2.5 m 以上，但是如果其他水稻生产田在繁殖区的上风方向，则不能采用人工屏障隔离。

（2）繁殖季节与播种期的安排 不育系的繁殖按季节可以分为春繁、夏繁、秋繁与海南冬繁。在长江流域稻区，春繁的花期一般在 6 月下旬至 7 月上旬，夏繁的花期在 7 月中、下旬，秋繁的花期在 8 月下旬至 9 月上旬。海南冬繁的花期在 3 月中旬至 4 月上旬。不育系繁殖的播种期必须服从抽穗扬花安全期。目前不育系繁殖以春繁、夏繁为主，秋繁与海南冬繁为辅。大多早籼类型不育系的感温性强，营养生长期短，以春繁较多。春繁安排在早稻生产季节，对早籼不育系而言属于正季种植，春繁的温光条件最适宜其生长发育，生育期株叶、穗粒性状能充分获得表现，易构成繁殖的丰产苗穗结构。抽穗扬花期在 6 月下旬至 7 月上旬，温湿度适宜开花授粉，有利提高母本异交结实率和繁殖产量。春繁前作为冬作或冬闲地，无前作水稻品种的再生苗和落田谷苗，有利于防杂保纯。

保持系的播始历期（播种到始花，即播种到抽穗）较不育系短 3~4 d，且抽穗开花速度也较不育系快，开花历期短 2~3 d。要使保持系与不育系盛花期相遇，应让保持系的始穗期比不育系迟 2~3 d。为此，保持系与不育系的播差期必须倒挂 5~7 d，即保持系晚播 5~7 d。

繁殖不育系的保持系父本可采用一次播种（即一期父本）或两次播种（两期父本）。采用一期父本繁殖，父母本的播期安排为保持系晚播 5~6 d，叶差为 1.2~1.5 叶。采用两期父本繁殖，第一期父本与不育系晚播 4 d，叶差为 0.7 叶；第二期比第一期间隔晚播 4~5 d。采用一期父本繁殖，易使父本生长整齐、旺盛，群体苗穗较多、颖花数多、花粉量足、繁殖产量较高。采用两期父本繁殖，第二期父本生长量不足，穗少穗小，导致繁殖田间整体花粉量减少，而且花粉密度小于第一期父本繁殖田，因而繁殖产量不如第一期父本繁殖。但是，两期父本繁殖时，父本的开花授粉历期延长，能与不育系全花期相遇，对抽穗速度慢、开花历期长的不育系，采用两期父本繁殖的产量更高。

（3）不育系繁殖的栽培技术

① 培育分蘖壮秧和保证基本苗数 父母本在繁殖田的营养生长期短，尤其是父本的营养生长期更短，要建立繁殖的高产群体结构，必须抓好育秧环节。不育系和保持系的用种量要足，每公顷繁殖田分别用种 45 kg 和 30 kg。秧田与繁殖田的面积比为 1:4。秧田要平整，施足基肥，稀匀播种，泥浆覆盖，芽期湿润管理。3 叶期追施"断奶肥"，并间密补稀；4 叶期开始分蘖，平衡生长；5.0~5.5 叶期移栽。父本可采用旱地育秧或塑料软盘育秧，小苗移栽。不育系繁殖田的父母本行比较杂交制种田小，采用 1:6 或 2:（8~10）。父母本同期移栽或先移栽父本，后移栽母本。为了防止母强父弱和母欺父，保持系宜采用窄双行栽插，并适当稀植，株距 13.3~16.7 cm，父母本行的间距 23.3~26.7 cm，双行母本或父本间距 13.3~16.7 cm。每公顷移栽 6 万~7.5 万穴，每穴 3~4 粒谷秧。不育系移栽密度为（10~13.3）cm×13.3 cm，每公顷移栽 37.5 万~42 万穴，每穴 2~3 粒谷秧。父本每公顷栽足基本苗 22.5 万穴以上，母本 150 万穴以上。

② 定向培育父母本 不育系繁殖的肥水管理原则上与杂交制种一致。肥料以底肥为主，母本移栽后一般不再施肥，至幼穗分化第 5~6 期或晒田结束后，根据禾苗长相适当补施肥料。在水分管理上，前期浅水促分蘖，中期晒田，孕穗期与抽穗期保持水层，授粉结束后，田间保持湿润状态。始终要重视对父本的培养，在强调培育壮秧的基础上，移栽后必须偏施肥料。为了使肥料尽快有效地对父本发挥作用，可采用两种施肥方法：一是将肥料做成球肥，在父本移栽后 3~4 d 深施于父本行中；二是父本起垄栽培，在起垄时将肥料施入土中。通过对父本的定向栽培，使母本每公顷最高苗数达 450 万株左右，有效穗 300 万以上，父本每公顷最高苗数达 120 万~150 万株，有效穗 90 万以上。

③ 花期预测与调节 父母本生育期差异不大，幼穗分化历期相近。为了让父母本的盛花期相遇，父本的始穗期应比母本迟 2~3 d。花期预测时掌握的标准是：幼穗分化前期，父本要比母本慢一期以上（2~4 d），直至幼穗分化中、后期，保持母快父慢的发育进度。预测时发现父母本幼穗分化发育进度与花期相遇标准不相符，应及时采用花期调节措施，其调节措施与杂交制种相同。

④ 喷施'九二〇' 不同不育系对'九二〇'（赤霉素）的反应有差异，因而用量和喷施方法不相同。对保持系喷施技术，需要掌握保持系的始喷时期的抽穗指标，不能与不育系同时同法喷施。繁殖田的父母本生长发育进度存在差异，若对父母本同时喷施

'九二〇'，必然有一个亲本的喷施时期不适时，如以母本的始喷期为准，可能对父本不适而造成父本植株过高、易倒伏；如以父本的始喷期为准，母本的始喷期已过，不能使母本有良好异父态势。因此，繁殖田的'九二〇'喷施，应根据父母各自的适宜始喷期分别喷施。喷施的剂量和次数依不育系对'九二〇'的反应而定，可参照"第二章杂交制种'九二〇'喷施技术"相关内容。

⑤ 防杂保纯，防止机械混杂　在繁殖过程中，分蘖期和抽穗期要及时除杂。杂株识别的方法和对杂株的处理，可参照杂交制种技术。除杂的重点时期是喷施'九二〇'前后的1~2 d内。通过田间的多次除杂，在始穗期进行田间鉴定，含杂率应在0.5‰以下。授粉结束后3~4 d，要求田间的杂株完全除尽。收割前3~5 d，再次验收，合格达标的发证收割。为防止繁殖田保持系对不育系种子的机械混杂，在授粉结束后应立即将保持系割除，并运出繁殖田，也有利于田间除杂与鉴定。

4. 光温敏核不育系的繁殖技术

由于水稻光温敏核不育系具有育性转换的特性，在其育性转换的温度敏感期给予低于育性转换临界温度的低温时，不育系的育性就会表现可育而能自交结实，实现自身繁殖，所以技术关键在于对不育系的温度敏感部位提供转换为正常可育所需的低温。目前主要利用两种来源来实现：一是低水温，主要是地下冷水与水库深层冷水；二是低气温。繁殖的方法主要有冷水串灌繁殖、海南冬季繁殖、高海拔稻区繁殖、光温敏核不育系秋繁及再生繁殖。

（1）繁殖方法与技术

① 冷水串灌繁殖　利用地下冷水或大型水库深层冷水，在水稻光温敏核不育系植株进入育性转换温度敏感期时，流灌淹没植株幼穗部位，以诱导不育系育性转换为正常可育。冷水串灌繁殖应将低水温与低气温结合起来利用，这样繁殖的成功率高、产量高，如在湖南适宜将繁殖季节安排在早稻生产季的春繁。冷水串灌繁殖基地的首要条件是冷水源充足，要求在冬、春季能蓄足水量，具有放深层低温水的出水口，出口水温在16~18℃。其次，在繁殖区要建立适宜冷水串灌的灌排水系统，每块繁殖田设多对对开的进水口和出水口，田埂硬化，高于一般光温敏核不育系植株幼穗10~20 cm。

光温敏核不育系的育性转换敏感期是从雌雄蕊形成期至花粉母细胞减数分裂期，即幼穗分化的第4~6期，因此冷水串灌从第4期初开始至第6期末结束，时间约15 d。正确抽样是确定冷水串灌始期的基础，考虑到主穗与分蘖发育的差异，田间抽样要整蔸调查，并要求在同一行连续调查5~10蔸，每丘田调查5个点。

光温敏核不育系育性转换对温度最敏感的是发育中的幼穗。气温高于不育系的育性转换起点温度时，必须将冷水灌至幼穗高度才能提高不育系的可育花粉率，进而提高繁殖产量。因此，冷灌的深度是繁殖成败的关键，具体的灌溉深度根据不同的不育系和不同的栽培情况确定，以淹没发育中的幼穗为宜。冷水均匀地流过全田，使各点的水温保持一致是提高群体平均结实率的关键措施。在整个冷灌基地从进水口到最后的出水口要设多个水温监测点。冷灌的水温通过调节流量来控制，最后出水口的水温监测是调节流量的依据，如水温过高，则应加快流量。

冷灌繁殖田栽培的主要目标是获得发育整齐多穗的群体，因为发育整齐的群体便于掌握和控制冷灌的起止时期，而发育不整齐群体需要拉长冷灌的时间才能提高结实率，但同时会加重冷灌对稻株生长的不利影响。获得整齐群体的基础是培育分蘖壮秧，单本密植多蘖秧，插足基本苗。移栽后通过加强肥水管理控制无效分蘖的发生。生长前期要适当控制氮肥，防止植株生长过嫩。冷灌前追施一次磷钾肥以提高植株的耐寒能力，减少冷害的影响。冷灌后及时追施一次氮肥，尽快恢复稻株的正常生长。抽穗期适时适量喷施赤霉素解除包颈、疏松穗层，减轻病害。冷灌繁殖田在做好一般大田植物保护的前提下，重点防治纹枯病和稻粒黑粉病。

② 海南冬季繁殖 指利用海南南部冬季短日低温的自然条件繁殖水稻光温敏核不育系的方法。海南南部的三亚、乐东、陵水每年的低温季节在12月至次年2月，日平均温度在20~22℃，日照长度12 h左右，具有光温敏核不育系繁殖所需的低温短日条件。考虑抽穗扬花期的天气条件，海南冬季繁殖的育性转换温度敏感期应安排在2月中、下旬，抽穗期在3月上中旬。由于海南南部2月份的低温天气出现的具体时间是不稳定的，有些年份还会出现短期的15℃以下的异常低温，导致冷害不结实。因此，为提高海南冬繁的成功率，应安排2~3个播种期来分散风险，每个播期间隔7~10 d。海南冬季繁殖在按照标准操作繁殖保纯措施的基础上，还有一个特殊的保纯技术环节，即防止繁殖田前作落田谷的混杂。

③ 高海拔稻区繁殖 某些高海拔地区，如云南高海拔地区，气候凉爽、昼夜温差大，适宜种植水稻的季节长，容易找到光温敏核不育系繁殖的适宜条件。水稻生长前中期发育正常，但气温低于某些光温敏核不育系育性转换的临界温度，育性敏感期易与自然低温条件吻合，育性向可育转换程度高，而在抽穗开花期气温有所升高，有利于抽穗开花和灌浆结实，繁殖易获得高产稳产，是目前光温敏核不育系繁殖普遍采用的方法。

不同育性转换临界温度的光温敏核不育系繁殖的适宜海拔高度不同，应根据其育性转换的临界温度和当地历史气象数据选择适宜的繁殖海拔高度。一般来说，随着海拔的升高，不育系的繁殖产量呈现先逐步增加，又逐步下降的变化趋势，因此选择适宜的海拔高度是制种高产的关键。

高海拔地区一般春季气温偏低，播种不能过早；而秋季气温下降较快，抽穗也不能太迟。受生长季节的限制，生育期偏长的不育系须采取温室育秧或地膜覆盖保护育秧等措施来增加前期积温，缩短生育期，以保证不育系能在适宜的条件下正常生长发育和灌浆成熟。

④ 光温敏核不育系的秋季繁殖 虽然光敏核不育系的育性表达受光照长度的调控，但温度仍对其起主要作用，在敏感期仍需一定的低温条件，因此，光敏核不育系一般选秋季繁殖，可同时利用光照长度缩短、气温下降的自然条件，安排恰当的育性转换敏感期，诱导不育系育性转向可育，较易获得繁殖高产。光温敏核不育系秋繁时为避免秋季可能出现的高温而导致不育，在保证秋繁安全抽穗扬花的前提下，可适当推迟播种期、缩短秧龄期，能减少遇上高温的概率，保障繁殖高产、稳产。

⑤ 光温敏核不育系的再生繁殖 光温敏核不育系在长日照高温的夏季进行鉴定选择后，可收割后利用秋季短日低温条件再生繁殖；或光温敏核不育系在长日照高温条件下制种，收割后利用秋季短日低温条件再生繁殖。采取制种后的再生繁殖必须注意：a. 为了确保再生繁殖的纯度，制种所用的不育系种子应是原种；制种田授粉后或收割后严格清除父本稻蔸，防止父本有再生苗发生。b. 在栽培技术上要着重为再生繁殖的群体打好基础，夏季制种有效穗多，再生群体的穗数也相应较多；在制种田收割前15 d左右要根据植株的营养状况适量追施一次氮肥，为再生苗的生长提供养分准备；制种田后期保持湿润状

态，防止脱水过早或长期深水灌溉，做到养茎保秆，秆活才能保障腋芽处于萌芽状态；要特别注意防控纹枯病和飞虱的发生，避免死秆或倒伏；收获时留茬高度至倒三节以上。

（2）繁殖的防杂保纯　防杂保纯始终是不育系繁殖过程中的重要环节。第一，繁殖所用的种子必须是经过核心种子生产程序而生产出的原原种或高纯度的原种。第二，对繁殖田进行严格的隔离，最好选择自然隔离。第三，及时抓住不育系性状的典型性进行除杂去劣。除杂去劣分3次进行：第一次是分蘖期除杂，根据株型、叶型、叶片、叶鞘颜色等特征特性清除杂株，要求在冷水处理前进行一次田间检验；第二次是始穗期除杂，根据株型、粒型释尖颜色、芒的有无和长短、抽穗期的迟早等性状清除杂株；第三次是收割前除杂，根据株型、粒型、结实率等表现，逐丘逐行进行。第四，进行田间验收，验收合格后才能收割。在收割、干燥、风选、精选、包装等操作过程中严格防止机械混杂。

5. 保持系和恢复系的繁殖

保持系和恢复系自交结实正常，繁殖系数高，繁殖技术较简单。

（1）保持系和恢复系繁殖的种源　尽管不育系繁殖田的保持系和杂交水稻制种田的恢复系均可以留种，但为了提高不育系和杂交种种子的纯度，不育系繁殖田的保持系和杂交制种田的恢复系一般在授粉后被割除，无法收获种子。因此，应单独设立保持系和恢复系繁殖田，其种源均来自原种。

（2）繁殖季节和基地的安排与选择　繁殖季节应根据保持系、恢复系的生育期而定。早、中、晚稻类型的保持系、恢复系应分别安排在早、中、晚稻生产季节繁殖，有利于充分表现各类型品种的典型性和提高繁殖产量。还可以根据来年繁殖，以及制种对保持系、恢复系种子的需要量，安排本地异季繁殖或异地异季繁殖。本地异季繁殖指早稻类型亲本安排晚稻生产季节繁殖。无论何种生育期类型亲本均可安排异地异季繁殖，如湖南的三系亲本安排在广西、广东、海南等地秋繁或冬繁。

（3）繁殖田的栽培管理

① 育秧与移栽　繁殖田用种量，保持系 30 kg/hm^2，恢复系 22.5 kg/hm^2，平整秧田，施足基肥。秧田播种量 150~225 kg/hm^2，在稀匀播种的基础上，3叶期间密补稀，追施"断奶肥"，力求秧苗生长平衡，缩小单株之间秧苗素质的差异。适龄移栽，防止超龄移栽导致大田生长发育不正常。大田移栽密度 13.3 cm×20 cm，每穴单株或双株移栽，大田应分厢移栽，每15~20行留一人行道，以便田间操作与除杂。

② 大田管理　繁殖田应以基肥为主，追肥为辅。施肥、管水、病虫防治等措施强调及时、适度，既保证培养高产苗穗结构，扩大种子繁殖系数，又必须防止肥水管理不当，病虫防治不力，造成贪青、倒伏，影响种子质量。

③ 防杂保纯　防杂保纯始终是种子繁殖的重点。繁殖种子应选择前茬未种水稻的田块，防止前茬水稻异品种的掉粒苗及再生苗混杂。繁殖技术人员必须掌握本品种典型性，在繁殖过程中严格除杂去劣。抽穗期是品种特征特性表现最充分最明显的时期，应逐丘逐穴检查，将杂株除净。只要发现杂穗应将全穴拔除，并及时移出繁殖田。除杂后，组织检查验收合格才能收割。收割、脱粒、干燥加工、运输、贮藏等操作都必须严防机械混杂。保持系、恢复系繁殖田的含杂率应保证在万分之一以内；所繁殖的种子其纯度要达到国家标准。

（三）杂交水稻制种技术

杂交制种进入商品化时代以后，种子产量与种子生产效益密切相关。水稻杂交制种的产量由母本穗数、穗粒数、千粒重、异交结实率 4 个因素构成，其中异交结实率对杂交种子产量的影响最大，而异交结实率与母本穗粒外露率、开花率、异交率、种子发育、病虫危害有关，在杂交水稻种子生产过程中需要重点关注这些环节，以提高种子产量。此外，我国现行杂交水稻商品种子质量标准，要求种子净度 98%、发芽率 ≥ 80%、水分 ≤ 13%，并按纯度进行分级，其中一级种子的纯度达到 98%，二级种子达到 96%。由于种子收获后可能需要临时贮藏，有些甚至需要过季才能销售，因此杂交制种收获的种子质量应高于国家种子质量标准。总之，在杂交水稻种子生产过程中需要控制各生产环节，尽量降低生产成本、增加种子产量、提升种子质量，使制种效益最大化。

杂交水稻制种的实质是以最佳结实条件下的花期相遇、强父增母、精心促控、授粉结实、隔离去杂等为支柱的水稻异交栽培综合技术，其商业化制种的基本前提是：杂交组合易制种，技术难度不太大；对亲本特征特性有较深入研究，制种技术成熟有具体方案并能落实到位；亲本种子质量高，纯度 99.5% 以上，发芽率 80% 以上，净度 98% 以上。具体制种技术与程序如下。

1. 制种基地选择

制种产量需要满足授粉要求，种子活力需要满足结实要求，种子纯度需要满足隔离要求。因此，制种基地选择需要充分考虑其具有良好的稻作自然条件、保证种子纯度的隔离条件和优越的生态条件。我国当前杂交水稻制种的地域分布主要集中在南方稻区四川、湖南、江苏、广西、云南、江西、湖北、广东、浙江等地的山区和丘陵区，机械化制种应选择山区或丘陵区的平坝区域。

（1）稻作田地方面应具备的条件　土壤肥沃，耕作性能好，排灌方便，旱涝保收，光照充足；田块集中成片，能大面积成片制种，且地势较平坦；避免用雨养田、冷浸田、锈水田、山荫田、烂泥田、新开田和病虫害重的田作制种田。

（2）隔离方面应具备的条件　地势避高温，一般山区、丘陵区及沿河两岸由于有森林、水面的调节，昼夜温差大，易夺高产；地形避大风，四面环山的小盆地风速较小，相对湿度大，有利提高制种结实率；无国内检疫性水稻病虫害，如细菌性条斑病等。

（3）生态方面（特别是田间温度与湿度）应具备的条件　杂交水稻制种存在具有生态优势的区域与季节。具体来说，一是要求在扬花授粉期田间具有适宜的高温高湿条件，开花期日平均温度 26～28℃，日最高温度不超过 35℃，日最低温度不低于 21℃，昼夜温差大（10℃以上），田间湿度在 70%～90%，无干热风天气，授粉时最大风速在 4 m/s 以下，光照充足，出现 3 天连续阴雨天气的年份少；二是具有良好的稻作生产条件和适宜制种组合生长发育的稻作生态条件。

2. 制种季节安排

长江流域稻作区有 3 种类型：春制的抽穗扬花期在 6 月中旬至 7 月中旬，又分为早春制和迟春制；夏制的抽穗扬花期在 7 月下旬至 8 月中旬，又分为早夏制和迟夏制；秋制的抽穗扬花期在 8 月下旬至 9 月上旬，又分为早秋制和迟秋制。另外，海南冬制已成为国内十分重要的杂交制种类型，抽穗扬花期在 3 月下旬至 4 月中旬。根据相应的制种季别选择不同的稻作区，早中熟组合的春制宜选在双季稻区，迟熟组合的夏制宜选择在一季稻区。

制种季节的选择需要考虑抽穗扬花、育性安全、收获安全，特别是安全抽穗扬花期。安全抽穗扬花期的选择，应通过对当地历年各制种季别内气象资料的分析和气候变化特点来确定。当然，要选择一个完全符合上述天气的时段比较困难，依据多年的制种经验，在高温与阴雨两个不利因素中，阴雨对制种产量、质量的负面影响更大，所以应采用"不避高温避阴雨，避过阴雨抢适温"的原则进行选择。

3. 隔离

水稻的花粉粒很小很轻，随风传播的距离较远，在风力较大的情况下，可传播几十米甚至上百米，因此隔离条件要求十分严格，一般认为制种区周围籼稻 200 m、粳稻 500 m 的范围内为制种隔离区。隔离方法有：

（1）空间隔离　在制种区四周一定距离范围内不种植非父本的水稻品种（组合），使其他水稻的花粉不能传播到制种田。一般隔离距离要在 200 m 以上。若为籼粳稻混种区则应更远。

（2）时间隔离　在上述空间范围内，虽种植有与父本不同的品种（组合），但其抽穗扬花期应与制种田的花期错开 20 d 以上，以免串粉混杂。

（3）屏障隔离　利用地形、地物等作屏障，阻挡其他水稻花粉传入制种田。采用此法时，要注意制种田与其他水稻间保持一定的安全距离。用塑料薄膜或布作屏障，隔离效果很差。

（4）父本隔离　在制种区四周隔离范围内的田块种植父本，既能起到隔离防杂作用，又扩大了父本花粉的来源。但父本的纯度要高，以防杂种传粉。

上述几种隔离方法在生产上应用时，可因地、因时制宜，将几种方法结合起来应用。

4. 播种

父母本花期是否相遇和开花时的天气状况是杂交稻制种成败的关键。安排父母本播种期必须选择适宜花期，即制种田抽穗开花应尽量避开低温阴雨天气，不能有 3 d 以上的连续阴雨天气。一般适宜开花的日平均温度为 28 ℃左右，最高不超过 35 ℃，日平均温度最低不低于 23 ℃。一天中开花当时的穗部气温高于 38 ℃或低于 26 ℃就不利于授粉受精。田间相对湿度以 70% ~ 80% 为宜，相对湿度为 90% 以上或 50% 以下会对开花产生不利影响。

（1）安排播期的原则　第一，保证父母本花期相遇，两峰期（抽穗高峰期、开花高峰期）基本吻合。第二，花期气候适宜，选择晴朗（无连续 3 天以上雨日）、高适温的天气开花授粉，掌握"不避高温避阴雨，避过阴雨抢适温"的原则。第三，苗期温度不宜太低。

（2）安排播差期的方法　要做到父母本花期相遇，必须要确定好适宜的父母本播种差期。杂交水稻制种由于父母本各自生育期长短的差异，特别是播始历期（播种至始穗期经历的时段）的差异，为了保证同时抽穗开花，一般父母本不能同时播种，父母本播种期的时间差异就是播差期。播差期应根据父母本的生育期及生育特性（感光性、感温性、基本营养生长性）和理想花期相遇的始穗期标准来确定。首先以生育期长的亲本为优先考虑抽穗开花时期，然后按父本和母本各自播始历期的时差（父母本播始历期的天数之差）、叶差（父母本播始历期的叶龄之差）或积温差（父母本播始历期的积温之差）确定播差期。其中春制受温度影响较大，宜以叶差法为主。在时差和叶差的关系上一般原则是"时到稍等叶，叶到不等时"。

① 时差法　即生育期推算法。在同一地区或稻作生态条件大体相近的地区，同一季节大致相同的栽培管理条件下，父母本的播始历期是相对稳定的。根据这一原理，即可推出父母本的播始历期差期。播始历期差期的推算，是将父本从播种到始穗的天数减去母本

从播种到始穗的天数。时差法只适宜年际之间温变化小的地区和季节制种，适宜在同地、同季、相同组合不同年份的制种时应用（夏播秋制常用此法）；不适用于气温变化大的季节与地域制种。

② 叶差法 即叶龄差期推算法，是以双亲主茎总叶片数及其不同生育时期的出叶速度为依据推算播差期的方法。叶差包含两个方面的叶龄差值，一是父母本的主茎叶片数差值，二是父母本共生段，两个亲本因出叶速度不同而引起长出的叶片数差值的累加值，两者之和为父母本能同时达到剑叶全展时的叶龄差值。例如，"新香优 80"春制，父、母本主茎总叶片数分别为 16 叶和 12 叶，但播种叶龄差不是 4 叶，而是 6 叶，因为父、母本共生阶段分别生长 10 叶和 12 叶。另外，达到花期理想相遇的叶差值，还要根据父母本剑叶叶枕平至破口见穗经历时期长短及始穗期标准进行调整。例如，"新香优 80"制种，母本较父本早始穗 2 d 为理想的花期相遇，而叶差为 5.7 叶。叶差法对同一组合在同一地域、同一季节基本相同的栽培条件下，不同年份制种较为准确。同一组合在不同地域、不同季节制种叶差值有差异，特别是感温性、感光性强的亲本更是如此。如"威优 46"制种，在湖南隆回地区春制、夏制和秋制的叶差分别为 8.4 叶、6.6 叶和 6.2 叶。因此，叶差法的应用要因时因地而异。

③ 积温差法 即有效积温差推算法。用父母本播种到始穗的有效积温差来确定父母本播差期的方法，称为有效积温差推算法。一般感温性的水稻品种在同一地区即使播种期不同，播种至抽穗有效积温也是相对稳定的。一般水稻的生物学下限温度为 12℃，上限温度为 27℃。有效积温的计算方法，指从播种至始穗期，高于 12℃和低于 27℃的逐日平均温度累加起来，即该亲本从播种至始穗期的有效积温。有了父母本从播种到始穗期累计的有效积温，就可以算出它们之间的有效积温差。应用此方法，虽然可以避免年度间温度变化所引起的误差，但还是难以避免秧田期间因栽培管理不同造成秧苗生长快慢的误差。

各地在制种过程中，要将以上 3 种方法综合考虑，以确定播差期。生产上多以时差为基础，积温差做参考，叶龄差为依据，结合父母本特性来确定播差期。

（3）父本播种期数 为了保证父母本花期相遇，生产上常采用的父本播种期数有一期、二期、三期。二期父本的播种时间间隔为 6～8 d，或叶差 1.2 叶，每期播种量为父本总用种量的 1/2，移栽时两期播种的秧苗各占 50%，相间交错栽插成父本行。三期父本相邻两次播种的时间间隔为 5～7 d，或叶差 1.0～1.2 叶，一次移栽，三次的播种量和移栽量各占 1/3，或者第一次和第三次各占 1/4，第二次占 1/2，三期父本相间栽插。

在杂交制种实际操作时，一般采用一期或二期父本比较恰当。具体选择时，需要综合考虑两个方面的情况：一是父本本身的分蘖成穗能力和抽穗开花期的长短。对那些生育期长、分蘖成穗能力强，穗多、花多、花粉量大且抽穗开花历期较长（比母本长 3 d 以上）的父本宜采用一期父本；反之，对那些生育期较短（甚至比母本短）、分蘖成穗能力一般，抽穗开花期与母本相当或略短的父本，应采用二期甚至三期父本。二是对制种父母本花期相遇安排的把握程度。对花期相遇安排有十分把握的（特别是多年在同一基地相同季节制种同一组合的情况），应采用一期父本制种；而对制种花期相遇没有十分把握的新组合、新基地或改变制种季节的制种，应采用二期甚至三期父本制种。

（4）父母本栽插方式 为了保证父本充足的花粉供应量，以及保证较高的制种产量和质量，杂交水稻制种父本与母本在同一田块中是按照一定的比例关系确定的。协调田间父母本的基本关系，一是要以母本为主导，母本占地应在 70% 以上；二是以父本需要为优先，优先强化父本栽培，在生长上不能形成母本强于父本的态势。

经典制种，父母本采用成行相间种植，形成行比。行比的大小基本决定了单位面积母本与父本群体构成的数量关系，母本种植行数越多，行比越大。确定父母本的行比主要考虑3个方面的因素：一是父本的栽插方式，二是父本的花粉量，三是母本的异交能力。同时田间工作走道在父母本行之间或双行父本中间。

常用的父本栽插方式有6种：单行、假双行、窄双行、小行、大双行、多行（图3-12）。

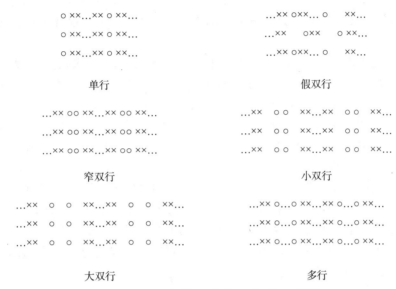

图 3-12 父本的六种栽插方式示意图
○表示父本，× 表示母本

一般可选择的行比范围，单行父本为 1 :（8 ~ 12），小双行、假双行与窄双行为 2 :（10 ~ 14），大双行为 2 :（14 ~ 18）。机械化制种时一般采用多行比，行比范围是（6 ~ 8）:（30 ~ 50），两行父本的间距为 16.7 ~ 20.0 cm，父母本行间距为 16.7 ~ 20.0 cm，父本占地宽为 1.0 m 左右。

对于现在发展的父母本混播制种，父母本的比例关系由两者的用种量确定，父本在制种田间呈满天星式的分布。高活力杂交制种要求将父本颖花数比例增加10%以上，以提高授粉花粉数量和授粉整齐度。

考虑到风对父本花粉传播的影响，应充分利用风力来提高花粉利用效率，行向的确定具有重要意义。为保证父本花粉能向母本方向传播，父本行栽插的方向应与制种基地开花授粉期的季风风向垂直，或至少保持 45° 以上的斜角。在一些山区制种，则应考虑让行向与山谷风的方向垂直。

5. 父母本定向栽培

（1）父母本群体的建立 在父母本群体结构的组成关系上，既要保证母本群体占主导地位，又要保证父本有一定的数量，做到花粉足量。当前生产上父母本种植一般采用父母本分别育秧移（抛）栽、父本育秧移栽母本直播、父母本混合直播三种方式。

制种产量取决于母本单位面积的穗数、每穗颖花数、结实率和千粒重，其中单位面积的穗数和结实率是主导因素。只有父本粉足、母本穗多、花期相遇良好才有可能获得较高的制种产量。制种田母本主要靠较大播量、较大行比、较高密度、较多早期分蘖形成较大穗多且整齐一致和开花期集中的群体，因此育秧移栽时，母本靠插不靠发（分蘖），以提高移栽密度为主，要重点培育分蘖壮秧，母本常按 13.3 cm ×（13.3 ~ 16.7）cm 的高密度移栽。制种田父本要花粉量充足且适当延长花期，因此靠发（分蘖）不靠插或插发并举，栽插密度小，株行距大。但父本比母本早抽穗的早中熟组合还是要靠插不靠发（分蘖）。

（2）父母本肥水管理　施肥目标是要求父本发足苗数，花粉量充足；母本生长整齐，有效穗多。因此施肥原则有 3 点：一是要 N、P、K 配合，施足底肥和前期分蘖肥，一般基蘖肥用量占到 90% 以上；二是施好父本偏肥，强攻父本；三是看苗补肥，施好保花肥，提高柱头外露率。

制种田父本苗数应以促为主，使早生快发，多分蘖、多成穗。一般要求栽培后 25 ~ 30 d 单分蘖达 40 个以上，每亩苗数达 8 万 ~ 10 万株，为 6 万 ~ 8 万穗打下基础。施肥方面，除施足基肥外，采用球肥深施，对促进早发稳长非常有益。一般中等肥力田按每亩尿素 10 kg、氯化钾 5 kg、过磷酸钙 5 ~ 10 kg、腐熟饼肥 10 kg 的比例，加细土或土杂肥 50 kg 拌匀后做成肥球，于栽后 3 ~ 5 d 内塞入株间深层。若制种田的土壤肥力较差，中后期有脱肥现象，可酌情补施。

母本生育期短，基本苗较多，一般在施足基肥的基础上，于母本栽前 4 ~ 5 d 施一定数量的禽畜粪，结合耕耘松土翻入泥中。移栽时每亩用尿素 15 kg、过磷酸钙 20 ~ 30 kg、氯化钾 7 ~ 8 kg 打秒口。促其栽后 15 d 前后每亩最高能达到 28 万株苗。

制种田在母本栽插前保持浅水层，有利于父本早发，也便于母本栽后浅水护苗；够苗（28 万株）晒田，控制无效分蘖。

6. 父母本花期预测与调节

（1）父母本花期预测　由于父母本的生育特性、气候条件、秧苗品质、秧龄、栽插深浅、密度、肥水管理、病虫害等因素均会影响父母本的生育进程，可能造成花期不遇。因此，应对父母本的生育动态做详细观察记载，及早进行花期预测，一旦发现花期可能不遇，就要及时采取调节措施。花期预测的方法主要有：

① 幼穗剥检法　根据水稻幼穗发育的 8 个时期，通过剥查幼穗来判断父母本的花期是否相遇。具体做法是从幼穗分化期（大约始穗前 30 d）开始，拔取父母本主茎剥查，观察其生长点，鉴别幼穗发育时期。每隔 3 ~ 5 d 剥查一次，每次剥查 20 个左右主茎穗，以 40% ~ 50% 的幼穗达到某个发育阶段为标准。一般要求在幼穗分化 3 期前，母本比父本早 1 ~ 2 期；幼穗分化的 4、5、6 期，母本比父本早 0.5 ~ 1 期；幼穗分化的 7、8 期，母本比父本早 0.5 期或相近，使母本比父本早始穗 2 d 左右。

② 叶龄余数法　此法是在标记叶龄的基础上，将历年的主茎总叶片数减去当年已出叶片数，计算余龄叶数。然后按余叶出叶速度和打苞（一般在幼穗分化的 5 期末）所需的天数，算出父母本当天离始穗所需的天数。例如，"汕优 63"在合肥地区制种，历年父本"明恢 63"主茎叶片数约 18 叶，母本"珍汕 97A"约 14 叶，如果预测的当天父本已达 12 叶，母本已达 7 叶，那么父本的叶龄余数即为 6 叶，母本即为 7 叶。"明恢 63"余叶的出叶速度，倒 3 叶前每片叶约 4 d，倒 3 ~ 1 叶每片叶约 8 d，打苞约需 11 d，由此算出其离始穗还有 47 d 左右。"珍汕 97A"的出叶速度，倒 3 叶前每片叶约 3.5 d，倒 3 ~ 1 叶每片叶约 7 d，打苞约需 10 d，由此算出其离始穗的天数为 45 d 左右。两者相差 2 d，即可预

测母本比父本早始穗 2 d。

（2）父母本花期调节 花期可能不遇的田块，需要进行花期调节。调节的原则：一是以前期（3 期前）调节为主，后期调节为辅；二是以推迟和延长花期为主，提早和缩短花期为辅；三是以调节父本为主，调节母本为辅。花期调节的方法主要有：

① 密度调节 如在苗期已发现花期可能不遇，可在移栽时通过密度调整。一般栽插密度大，抽穗早而齐，花期集中；反之则迟，且抽穗期长。

② 氮控钾促 在穗分化期施氮肥，可推迟抽穗。在幼穗分化的 3 期前发现花期不遇，可排干田水，对偏早亲本偏施氮肥；与此同时，对偏迟亲本偏施磷、钾肥，一般亩用磷酸二氢钾 150 g 兑水 30～50 kg 叶面喷施，连续 2～3 次。

③ 水促旱控 利用恢复系比不育系水分反应敏感的特性，采用灌深水促进或晒田控制生育进度的方法，可使其提早或推迟抽穗。但晒田控父要防止影响母本正常的幼穗分化。

④ 激素调节 一般用于偏迟亲本，在迟穗亲本幼穗分化 7～8 期喷施赤霉素，可使其抽穗提前 1～2 d。对偏早亲本在幼穗分化的 4～5 期，用 15% 多效唑配成 200～300 mg/kg 的浓度适量叶面喷施，可推迟抽穗 2～3 d。

此外，采取早割叶、拔苞（穗）、踩根、提蔸等植伤方法可延迟抽穗，但这些措施伤苗，不到万不得已不宜使用。生产上通过促进外露柱头与赤霉素养花，可以延长母本接受花粉的时间。

7. 异交态势的改良与异交结实率的提高

（1）异交态势的要求 水稻细胞质雄性不育系的特征特性不利于异化授粉，因此在制种过程中必须塑造良好的异交态势（图 3-13）。第一要解除不育系抽穗卡颈，使穗粒外露；第二使不育系叶片披垂，穗层外露，变成叶上禾；第三使母本花时提早，提高父母本花期相遇率；第四使母本柱头外露率提高，增强生活力；第五要求父本穗层高于母本。

图 3-13 水稻细胞质雄性不育系的株型（左）与调控后良好的异交姿态（右）

（2）改良异交态势与提高异交结实率的方法 在花期相遇良好和取得一定穗数基础上，通过改良异交态势提高母本的异交结实率，是进一步提高制种产量的关键。在防止倒伏的基础上，其主要措施有：

① 调节田间温度 花期若久旱不雨或遇高温低湿天气，可灌深水调温调湿，有利于母本提早开花和提高柱头外露率。若早晨露水很大，可用竹竿赶去母本叶面露珠，使母本穗子疏散，有利于增加受光面、提高穗层温度，使开花提早。

② 适时适度割叶　割叶不仅能减少授粉障碍，利于花粉传播，而且可增温（0.5~1℃）降湿（10% 左右）、改善田间小气候，有利于喷施赤霉素后的穗层外露，使开花提早。对生长过旺、上部叶片过长的母本，在喷施赤霉素前割去上部叶片 1/3~1/2 长度。割叶一般在抽穗 15% 左右时进行，过早会引起颖花退化，包颈加重，过迟容易伤穗，费工较多。

③ 喷施'九二〇'（主要活性成分为赤霉素）　喷施'九二〇'有三方面的作用：一是促进高位穗颈节伸长，减轻或解除母本包颈，提高穗粒外露率；二是改善穗层结构，调节株高，改善授粉态势；三是调节花时，使母本开花提前与集中；四是提高柱头生活力和柱头外露率。

赤霉素的主要作用是促进新生部位细胞的伸长，且具有作用快、时间短，作用有叠加效应的特点，因此喷施'九二〇'时要适时、适量、适法。喷施的适宜时期在群体见穗前 1~2 d 至抽穗 50%，最佳喷施时期是抽穗 5%~10%。不同的不育系对赤霉素反应的敏感性存在差异，因此剂量应因不同组合而异。以前赤霉素一般分 2~3 次喷施，在 2~3 d 内连续喷施，每次喷施的剂量按"前轻、中重、后少"原则安排，如三次喷施的用量比为 2:6:2 或 2:5:3。但目前生产上为了节省喷药人工成本，主要采用一次喷施或二次喷施。

8. 授粉结实与种子发育调控

（1）辅助授粉　人工辅助授粉可改变父本花粉排放速度、飞散方向和距离，促使更多的花粉均匀地散落在母本穗层上，以增加授粉机会。赶粉时间应根据天气和开花情况而定，一般在父本每天始花后、盛花时和终花前进行三次赶粉。如果花期遇雨，也要在雨停后，抓紧先清掉稻株上的水珠，待开花后接着赶粉。为提高杂交种子活力，辅助授粉的天数宜缩短到 5 d 左右。

经典制种技术主要使用三种人工辅助授粉方法：一是绳索拉粉法，此种方法的优点是速度快、效率高，能在父本散粉高峰时及时赶粉；但对父本振动小，不能使花粉充分散出，花粉方向单一，散出的花粉分而不均，花粉利用率低，且对母本花器有伤害。二是单竿赶粉法，此种方法对父本振动大，使花粉充分散出，传播远；但仍存在花粉单向传播不均匀的缺点，此法适宜于单行或假双行父本。三是双竿推粉法，即一人持双竿于父本行间行走，两竿分别向两边振动父本，要点是"轻推、重摇、慢回手"。该法的优点是父本花粉充分散出，传播较远，散布均匀；但赶粉速度较慢，适宜于双行父本栽插方式的制种田。

当前机械制种技术一般采用无人机或赶粉机进行赶粉，辅助授粉效率大幅提高。

（2）喷施活力调节剂　为了促进晚授粉弱势粒的灌浆结实，在授粉期间或授粉结束后喷施 1~2 次含抗逆激素和营养元素的活力调节剂，以调控种子发育进程，提高杂交种子的整体活力水平。

9. 防杂保纯

杂交种子的质量，尤其是纯度，直接影响到杂交水稻的产量，一般纯度每下降 1%，产量每亩减少 5 kg 左右。杂交水稻制种环节多，又靠异交结实，水稻的花粉粒很小很轻，随风传播的距离较远，极大增加了混杂的机会。为保证生产上的用种纯度，除加强亲本的提纯外，还必须对制种田进行严格隔离，并把防杂保纯工作贯穿于整个制种过程中。在严格隔离的基础上，要在制种每个环节严防机械混杂，同时严格去杂。

去杂是把制种田中与父母本颜色、株叶型、株高、熟期不同的杂株、劣株、变异株彻底连根拔除。母本中混杂的同型保持系虽与其在株叶型、颜色等性状上基本一样，较难区别，但保持系早抽穗 2 d 左右，不包颈，开花后花药金黄饱满且有花粉，结实率高，柱头外露低等都是重要的鉴别性状，可以据此区分。去杂要贯穿于制种工作的全过程，特别是在见穗期要进行仔细检查，逐丘、逐行、逐株认真鉴别，严格去杂。

在制种过程中，秧田和大田要及时、反复除杂，配备专人负责除杂工作，及时将制种田中不同颜色、株型、熟期的杂株和变异株彻底除净。除杂的重点时期是喷施'九二○'前后的 1~2 d 内。通过田间的多次除杂，在始穗期进行田间鉴定，含杂率应在 0.5‰ 以下。授粉结束后 3~4 d，要求田间的杂株完全除尽，组织田间纯度验收。收割前 3~5 d，再次组织田间验收，合格达标的发证收割。收前逐丘逐行清查，割除父本后再收母本种子。

10. 病虫害防控

杂交水稻制种过程中所发生的病虫害与一般同季节水稻栽培所发生的病虫害基本一致，主要虫害有二化螟（三化螟）、稻纵卷叶螟、稻飞虱、稻苞虫、稻蓟马、稻秆潜叶蝇、叶蝉、蚜虫等，主要病害有稻瘟病、纹枯病、稻曲病、白叶枯病等，特别是检疫性病害细菌性条斑病（简称"细条病"）在杂交水稻制种上是不允许发生的。病虫害防治技术与一般水稻大田栽培是相同的。然而由于杂交制种是在高肥、高密度下和制种亲本异季播种的条件下栽培，易造成病虫的选择性危害，加上一些制种亲本（多为母本）对某些病虫害的抗性差甚至易感病虫（特别是稻瘟病和稻飞虱），因此制种田一般较易发生病虫害且较严重，杂交稻制种对这些普遍性水稻病虫害防治的要求更高，更要及时。

除了上述病虫害以外，稻粒黑粉病是杂交水稻制种发生的一种特殊病害，它使颖花在受精后灌浆不能正常充实，而使米粒全部变成黑色粉末，外观上颖壳呈青黄色，病粒饱满，剥开颖壳里面是黑色粉末状的病菌孢子，已成为杂交水稻繁殖制种生产的主要病害，病粒率在 5%~10%，严重的达 30%~50%，不仅造成制种产量损失，而且因收割后病粒与种子混在一起难以剔除而影响种子的质量。因此，对稻粒黑粉病的防治已成为杂交稻种子生产中必不可少的一个技术环节。稻粒黑粉病发病程度受环境气候条件影响很大，改善环境气候条件特别是母本不育系穗层的小气候条件，可以大大降低病害的发生程度。所以，对稻粒黑粉病的防治，应采取农业措施与药剂防治兼顾的综合防治技术。

（1）栽培技术措施防治 在大面积制种中，稻粒黑粉病的发病程度不仅年际间、地点间变化很大，而且同一地点的不同田块差异也很大，常常表现出轻病年有较重发病的田块，重病年也有不少高产轻病田块，说明栽培条件与发病程度有很大关系。防治栽培措施有：①恰当安排好播期，选好开花授粉天气。花期天气晴朗少雨或无雨，发病较轻，不一定需要进行药剂防治。若花期天气多雨少晴，发病一定较重，而且药剂防治效果也差。②使用'九二○'，促使穗层高出叶层，穗层疏松，通风透光好，湿度小，不利于发病。另外，对那些在喷施'九二○'后剑叶不平展（挺直状）和叶片太长的不育系作母本制种和制种母本冠层叶片较长的田块，应采取适当割叶的方法来促使穗层高于叶层，既有利于花粉传播，提高母本异交结实，又可以减轻发病。③实施保健栽培，控制冠层叶片长度。在母本生长的中后期，控制好肥水，及时晒田，控制母本冠层叶片的生长，增强田间通风透光性，恶化病菌滋生条件，减轻病害发生。

（2）药剂防治 首先种子消毒，制种所用的母本种子经水选后还需用杀菌剂灭菌消毒。其次大田用药防治，一般在抽穗开花期喷施防治稻粒黑粉病药剂 1~2 次，遇阴雨天气时应增加 1 次用药。防治药剂有三唑酮（粉锈宁）、灭黑灵、克黑净、灭病威（多菌灵 - 硫脱悬剂）、"爱苗"等。

11. 种子收获、干燥与处理

（1）种子适期早收　为提高杂交种子活力并保持较高产量，杂交制种以授粉后 17 ~ 23 d、种子含水量 19% ~ 25%，或黄熟度达到 70% ~ 90% 时为收获适期。种子收割前密切关注天气的变化，做好及时抢收、干燥的准备工作，在收获适期内抢晴好天气及时收割母本。杂交水稻制种收割时应先收父本后再收母本，或将父本在授粉后提早割除。父母本混播混收制种应根据母本来确定收获适期。收割前应清理好收割机、打稻机、箩筐、袋等收种用具，使收种用具不含任何稻谷及杂质。

（2）种子干燥　种子收获后，应及时进行干燥，将水分降低到安全标准以内，并及时风选干净。采用晒坪晒种时以竹晒垫最好，应除净毛草及杂质，早晒厚晒勤翻。如遇阴雨天气，应采用薄摊勤翻、鼓风去湿、加温干燥等方法尽快降低种子含水量。

采用机械烘干的应以种子含水量为判断标准，确定采用烘干机还是烤烟房进行种子干燥。当种子含水量低于 30% 时，可采用 35℃烘 24 ~ 30 h，再调整到 40℃烘 40 ~ 50 h；当种子收获前 1 ~ 2 d 降雨（降水量大于 5 mm），或种子含水量高于 30% 时，则应采用不加热的自然风循环 12 ~ 24 h，再用 35℃烘 24 ~ 30 h，再调整到 40℃烘 40 ~ 50 h。

严禁将收割脱粒后的种子长时间的堆沤，引起种子发热高温损坏种子，降低发芽率。未干燥好的种子严禁堆放，避免引起种子堆内发热而降低发芽率。

（3）严防混杂　杂交水稻种子应单独晾晒，不与其他异品种种子接近；出晒前清理晒场晒垫，扫除垃圾和异品种种子，以防混杂和错乱。种子入仓（袋）前，要将仓（袋）内的异品种种子、杂质、垃圾、虫窝等全部清除，在一周前用药剂处理杀虫，填写标签分别贮藏。灌袋入仓前用纸标签填写品种名称，做到每袋有内外标签，品种较多时应按品种分别堆放，以便于检查、翻晒及其他操作处理。

第二节　小麦种子生产

一、小麦种子生产的生物学特性

（一）生物学基本特点与栽培品种分类

小麦（*Triticum aestivum* L.）属于禾本科（*Gramineae*）小麦属（*Triticum* L.），染色体数为 $2n = 42$，六倍体（AABBDD），自花授粉作物，其自然自交率在 96% 以上。

小麦在世界范围内分布极广，自南纬 45° 到北纬 67° 都有栽培，可适应不同的生态条件。在多变的环境条件下，小麦产量组成因素间有较大的调节能力，抗逆性较强。但小麦喜冷凉湿润气候，主要分布在北纬 20° ~ 60° 及南纬 20° ~ 40°。小麦属于低温长日照作物，需经过一定条件的低温春化阶段和长日照条件的光照阶段才能开花结实。由于长期栽培，小麦对温光反应的类型较多，按照小麦品种通过春化作用所要求的温度和时间的不同，可分为冬性品种、半冬性品种和春性品种三类。根据小麦品种对日照长短的反应可分为反应迟钝、反应敏感、反应中等 3 种类型。

（二）花器结构与开花习性及授粉受精过程

小麦为复穗状花序，由许多相互对生的小穗组成。穗长一般为 7～10 cm。穗轴有明显的节段（节片），每一节段上着生 1 个小穗。小穗由 2 个护颖和 3～9 朵小花组成，无柄，一般基部 2～4 朵小花发育良好，正常结实。每朵小花有 1 枚内颖和 1 枚外颖，外颖的顶端有芒或无芒，中间有雄蕊 3 枚，雌蕊 1 枚。雌蕊基部有 2 个鳞片，雌蕊由柱头、花柱和子房 3 部分构成，柱头成熟时呈羽毛状分叉。雄蕊由花丝和花药两部分组成（图 3-14）。

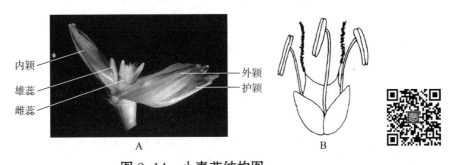

内颖
雄蕊
雌蕊
外颖
护颖

A
B

图 3-14　小麦花结构图
A. 小麦花显微照片；B. 小麦花模式图

当麦穗从旗叶叶鞘抽出后，2～5 d 开始开花。同一单株，主茎穗上的花先开，分蘖穗按分蘖发生先后的次序开花。同一个穗上，中部偏上的小穗最先开花，然后向上向下依次开放。同一小穗中，基部的小花先开，然后从基部向上相继开放。小麦开花的最适温度为 22～25℃，最适空气相对湿度为 70%～80%，全株开花期 4～6 d，在第 2～3 d 开花最多。同一天内，上午 9～11 时和下午 3～5 时为两个开花高峰。

小麦开花时，鳞片迅速膨大，使内外颖张开，张开角一般为 10°～40°。在开颖的同时，花丝迅速伸长，把花药推出花瓣之外，此时花药开裂，部分花粉落在自己的花内进行授粉。开花后，浆片因失水而皱缩，内外稃闭合而至原来的位置，花药留在内外稃之外而柱头保持在花内。

授粉后 1～2 h 花粉粒开始萌发，通过花粉管把精子输送到胚囊中，主要经过 4 个过程：①花粉在柱头上萌发；②花粉管在雌蕊组织中生长；③花粉管进入胚囊并释放含有物；④配子融合。再经 40 h 左右完成受精。在正常情况下，柱头保持授粉能力可达 8 d，但以开花后第 2～3 d 受精能力最强。花粉寿命较短，一般在散粉后 3～4 h 就失去萌发能力。

二、小麦常规种子生产

小麦是典型的自花授粉作物，其产生的后代群体遗传结构简单，基因型和表现型基本一致，繁育技术难度较小。种子生产中最主要的问题是保持品种纯度，防止品种混杂退化、种性降低。小麦品种混杂退化的原因主要有五个方面：机械混杂、生物学混杂、品种群体内残存异质基因型的分离、基因突变和选择不当。品种发生混杂退化后，其典型性降低、生长发育不一致、整齐度差，进而导致产量降低、品质下降。

不同等级的种子对品种纯度、净度、发芽率、水分等质量有不同的要求，这也是贯彻种子按质论价、优质优价政策的依据。

根据《粮食作物种子　第1部分：禾谷类》（GB 4404.1—2008），小麦种子质量标准以纯度、净度、发芽率和水分四项指标进行分级定级。其中以品种纯度指标作为划分种子质量级别的依据（表3-3）。

表3-3　小麦种子质量标准（GB 4404.1—2008）

种子类别	级别	纯度 不低于 / %	净度 不低于 / %	发芽率 不低于 / %	水分 不高于 / %
常规种	原种	99.9	99.0	85	13.0
	大田用种	99.0	99.0	85	13.0

（一）小麦原种生产

我国2011年颁布的《小麦原种生产技术操作规程》（GB/T 17317—2011），规定了小麦原种生产技术要求。该规程规定了4种小麦原种生产方法：采用育种家种子生产原种；采用三圃制生产原种；采用二圃制生产原种；采用株系循环法生产原种。

1. 采用育种家种子生产小麦原种

将育种家种子直接稀播于原种圃生产原种，在分蘖、起身、拔节、抽穗和成熟等关键阶段分别进行纯度鉴定，严格拔除杂株，并携出田外。育种家可一次扩繁5年用的种子，贮存于低温库中，每年提供相应的种子量，或是由育种家按照育种者种子标准每年进行扩繁，提供种子。此种方法适用于刚开始推广的品种，由育成单位在保存育种家种子的同时，直接生产原种。此种方法简单可靠，可以有效地保证种子纯度，使育成单位获得一定的专利效益；其缺点在于生产的种子数量较少，在生产面积增加时，育种家很难提供足够多的种子。

2. 采用三圃制和二圃制生产小麦原种

中华人民共和国成立以来，一直采用三圃制或二圃制生产小麦原种。二圃制原种生产方法为：首先在原种圃、株（穗）行圃、株（穗）系谱或种子繁殖田中选择典型优良单株（单株选择）；次年种成株（穗）行圃进行株（穗）行比较，将入选的株（穗）行混合收获（株行选择）；第三年进入原种圃生产原种（图3-15）。如果一个品种在生产上利用时间较长，品种发生性状变异、退化或机械混杂，可在株（穗）行圃和原种圃之间增加一年的株（穗）系圃（株系选择），即为三圃制原种生产方法。

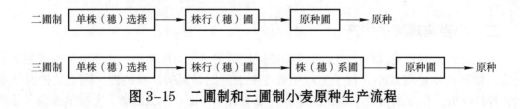

图3-15　二圃制和三圃制小麦原种生产流程

具体的原种生产方法为：

（1）单株（穗）选择　单株（穗）选择是原种生产的基础，可以在同品种的原种圃、株（穗）行圃、株（穗）系圃、种子繁殖田或专门设置的稀条播种植的选择圃里进行单株

（穗）选择。单株（穗）选择标准为植株性状、穗部性状、生育期、抗病性、抗逆性等主要农艺性状符合原品种特征特性。

株选分两步进行：抽穗至灌浆阶段根据株型、株高、叶型、叶相、叶色、抗病性和抽穗期等进行初选，做好标记；成熟阶段对初选的单株再根据穗部性状、抗病性、抗逆性和成熟期等进行复选。穗选在成熟阶段根据上述综合性状只进行一次选择。

选株（穗）的数量根据所建株（穗）行圃的面积而定。冬麦区每公顷株（穗）行圃约需4 500株或15 000穗，春麦区的选择数量可适当增多。田间初选时应考虑到复选、决选和其他损失，适当留有余地，一般多选30%~50%。对入选单株（穗）逐株（穗）脱粒、考种，考察穗型、芒、护颖、粒型、粒色、粒质、子粒均匀度7个项目，有一项不合格即淘汰，决选单株（穗）编号入袋。

（2）株（穗）行圃 将入选单株（穗）的种子在同一条件下按单株（穗）分行种植，建立株（穗）行圃。采用单粒点播或稀条播，单株一般播4行，单穗播1行，行长2 m，行距20~30 cm，株距4~6 cm，按行长划排，排间留50~60 cm的田间走道。每隔一定数量株（穗）行如9或19个穗行设一对照。株（穗）行圃四周设保护行和25 m以上隔离区。对照和保护区均采用同一品种的原种。播前绘制好田间种植图，按图种植，编号插牌。分别在幼苗期、抽穗期、成熟期对主要性状进行观察记载，同时对每个株（穗）行的典型性、整齐度和性状优劣进行比较鉴定，及时淘汰典型性不符合标准、有分离或发生明显变异的株（穗）行。

幼苗期鉴定幼苗生长习性、叶色、抗病性和耐寒性等；抽穗期鉴定株型、叶型、抗病性和抽穗期等；成熟期鉴定株高、穗部性状、整齐度、抗病性、抗倒伏性、落黄性和成熟期等。对不同时期发生的病虫害、倒伏等要记明程度和原因。入选株（穗）行分别收获、脱粒，室内考察粒型、粒色、子粒均匀度和粒质4个项目，符合原品种典型性的，分别称重，作为决定取舍的参考。在进行室内考种时，为统一标准和减少人为误差，应固定专人，使用的仪器要经常检查校正。考种样品应具有代表性，各样品的含水量必须达到《粮食作物种子 第1部分：禾谷类》（GB 4404.1—2008）规定的标准。

（3）株（穗）系圃 入选的株（穗）行种子，按株（穗）行分区种植，建立株（穗）系圃。每个株（穗）行的种子播一个小区，小区面积相同，顺序排列。播种方法采用等播量、等行距稀条播。其他要求与株（穗）行圃相同。从严掌握典型性状符合要求的株（穗）系，杂株率不超过0.1%时，拔除杂株后可以入选。入选株（穗）系分区收获核产，产量不应低于邻近对照。室内考种与株（穗）行圃相同。

（4）原种圃 将上年入选株（穗）系的种子混合稀播于原种圃，进行扩大繁殖。在抽穗和成熟阶段分别进行纯度鉴定，严格拔除杂株并携出田外。及时收获，妥善保管。

采用二圃制生产原种，只经过单株（穗）选择、株（穗）行圃和原种圃，省略株（穗）系圃，即将株（穗）行圃中当选的株（穗）行种子混合稀播于原种圃，进行扩大繁殖。二圃制由于少繁殖一代，因此要生产同样数量的原种，二圃制就必须要增加单株选择的数量和株行圃的面积。三圃制和二圃制所产种子应达到《粮食作物种子 第1部分：禾谷类》（GB 4404.1—2008）规定的原种标准。

长期以来，三圃制和二圃制对促进小麦增产起到了很好的作用。但是这两种方法一是不能很好地保护育种者的知识产权，生产者只要在繁殖田进行选择即可；二是种子生产周期长，如果要建立选种圃，三圃制和二圃制分别需要4年和3年时间才能生产出原种，满足不了品种更新换代的需要；三是品种易走样变形，由于选择不是由育种者操作，而是由繁育部门多人进行，因对品种的典型性状不够熟悉，在田间进行选择的时候，容易把性状选偏，丢失品种本身的典型性状。为了克服这些缺点，在三圃制或二圃制的良繁方法上又衍生出多种新的小麦良种繁育方法，如株系循环法和四级种子生产程序等。

3. 采用株系循环法生产小麦原种

株系循环法包括建立保种圃、每年在株系内选择典型单株、原种生产3个环节。从育种家种子、原种圃或入选的株系圃中选择典型单株，建立不少于500个株行的保种圃。每年分别在苗期、抽穗期、成熟期进行田间观察记载，淘汰不典型株行，从每个入选株行中选5~10株典型单株，下年继续种成不少于500个株行的保种圃。所有入选株行的剩余植株混收，用于下一年原种生产，依此循环。

株系循环法可以与品种区域试验同步进行，以株系（行）的连续鉴定为核心，品种的典型性和整齐度为主要选择标准，在保持优良品种特征特性的同时，稳定和提高品种的丰产性、抗病性和适应性。具体程序如图3-16所示。

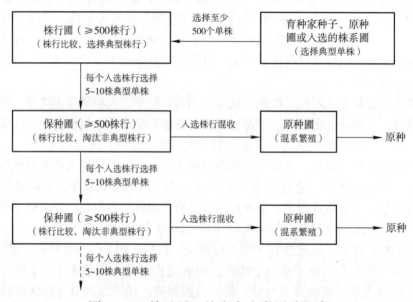

图 3-16　株系循环法生产小麦原种程序

在良种繁殖管理上，应选择田间基础好、生产水平高、地力均匀平整的田块建立保种圃，并适当稀植以充分展示品种特性，便于观察和选择。同时，必须做好防杂保纯工作，严格按"一场一种、一村一种"的隔离要求，严防各类机械混杂和生物学混杂，并及时进行田间去杂去劣，使株系循环始终建立在高质量的品种群体上。

4. 四级种子生产程序

除了上述4种方法之外，国内多家单位在借鉴其他国家种子生产的"重复繁殖法"基础上，结合我国的种子生产实践，提出了"育种家种子→原原种→原种→良种"的四级种子生产程序（图3-17）。其技术操作规程如下：

（1）育种家种子　品种通过审定时，由育种家直接生产和掌握的原始种子，世代最低，具有该品种的典型性，遗传性稳定，纯度100%，产量及其他主要性状符合确定推广

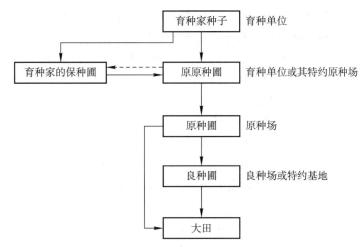

图 3-17 四级种子生产程序

（张万松，1997）

时的原有水平。其种子生产由育种者负责，通过育种家种子圃，采用单粒点播、分株鉴定、整株去杂、混合收获操作规程。种子生产利用方式分为一次足量繁殖、多年贮存、分年利用，或将育种家种子的上一代种子贮存，再分次繁殖利用等。

育种家种子圃周围应设 2～3 m 隔离区。点播，株距 6～10 cm，行距 20～30 cm。每隔 2～3 m 设人行道，以便鉴定、去杂。

此外，要设保种圃，对剩余育种家种子进行高倍扩繁，或对原原种再进行单粒点播、分株鉴定、整株去杂、混合收获的高倍扩繁，其他环节与育种家种子圃相同。

（2）原原种　由育种家种子繁殖而来，或由育种者的保种圃繁殖而来，纯度 100%，比育种家种子低一个世代，质量和纯度与育种家种子相同。其生产由育种家负责，在育种单位或特约原种场进行。通过原原种圃，采用单粒点播或精量稀播种植、分株鉴定、整株去杂、混合收获。

点播时，株距 6 cm，行距 20～25 cm。若精量稀播，播种量每公顷 22.5～45 kg，每隔 2～3 m 留出 50 cm 人行道，周围设 2～3 m 隔离区。

（3）原种　由原原种繁殖的第一代种子，遗传性状与原原种相同，质量和纯度仅次于原原种。通过原种圃，采用精量稀播方式进行繁殖。

原种的种植由原种场负责，在原种圃精量稀播，每公顷播种量为 37.5～52.5 kg，行距 20 cm 左右，四周设保护区和人行道。在开花前的各阶段进行田间鉴定去杂。

（4）良种　由原种繁殖的第一代种子，遗传性状与原种相同，种子质量和纯度仅次于原种。由基层种子单位负责，在良种场或特约基地进行生产。采取精量稀播，每公顷播种量为 45～75 kg，要求"一场一种"或"一村一种"，严防混杂。

四级种子生产程序的优点：一是能确保品种种性和纯度。由育种者亲自提供小麦种子，在隔离条件下进行生产，能从根本上防止种子混杂退化，有效地保持优良品种的种性和纯度，并且可以有效地保护育种者的知识产权。二是能缩短原种生产年限。原种场利用育种者提供的原原种，一年可生产出原种，使原种生产时间缩短两年。三是操作简便，经济省工，不需要年年选单株、种株行，繁育者只需按照原品种的典型性严格去杂保纯，省去了选择、考种等烦琐环节。四是能减少繁殖代数，延长品种使用年限。四级程序是通过育种家种子低温低湿贮藏与短周期的低世代繁殖相结合进行的，能保证连续用低世代种子进行大田生产，有效地保持优良品种推广初期的高产稳产性能，相应地延长了品种使用年限。五是有利于种子品种标准一致化。以育种家种子为起点，种源统一，减轻因选择标准不统一而可能出现的差异。

5. 小麦原种生产调查记载标准

（1）生育时期　包括出苗期、抽穗期和成熟期。出苗期为全区50%以上幼苗胚芽鞘露出地面1 cm时的日期（以"月/日"表示，以下均同）；抽穗期为全区50%以上麦穗顶端的小穗（不含芒）露出叶鞘或叶鞘中上部裂开见小穗的日期；成熟期为麦穗变黄，全区有75%以上植株中部子粒变硬，麦粒大小和颜色接近本品种正常状态，手捏不变形，用指甲不易划破时的日期。

（2）植物学特性　包括幼苗生长习性、株型、叶色、株高、芒、芒色、护颖颜色、穗型、穗长、粒型、粒色、子粒均匀度。①出苗后45 d左右（春麦区35 d）调查幼苗生长习性，将其分为3类，"1"表示匍匐、"2"表示半匍匐、"3"表示直立。②抽穗后根据主茎与分蘖垂直夹角将株型分为3类：主茎与分蘖垂直夹角小于15°为"1"紧凑，大于30°为"3"松散，介于两者之间为"2"中等。③拔节后调查记载叶色，将其分为深绿、绿和浅绿3种，蜡粉多的品种可记为"蓝绿"。④株高是指地面至穗顶（不含芒）的高度，以"cm"表示。⑤芒一般划分5类，芒长40 mm以上为长芒，穗的上下均有芒且芒长40 mm以下为短芒，芒的基部膨大弯曲为曲芒，麦穗顶部小穗有少数短芒（5 mm以下）且下部无芒为顶芒，完全无芒或极短（3 mm以下）为无芒。⑥芒色分白（黄）、红、黑3种。⑦护颖颜色分白（黄）、红、紫、黑4种。⑧穗型划分为6类，穗子两端尖、中部稍大为纺锤形，穗子上、中、下正面和侧面基本一致为长方形，穗部下大、上小为圆锥形，穗子上大、下小、上部小穗着生紧密呈大头状为棍棒形，穗短、中部宽、两端稍小为椭圆形，小穗分枝为分枝形。⑨穗长指主穗基部小穗节至顶端（不含芒）的长度，以"cm"表示。⑩粒型分长圆、椭圆、卵圆和圆形4种。⑪粒色分红、白、蓝、紫4种，淡黄色归入白粒。⑫子粒均匀度分为5级种：饱满、较饱、中等、欠饱和瘪。

（3）生物学特性　包括生长势、植株整齐度、耐寒性、倒伏性、病虫害和落黄性。①生长势根据植株生长的健壮程度，在主要生长阶段幼苗至拔节、拔节至齐穗、齐穗至成熟记载，分强、中、弱3级；②根据主茎与分蘖株高相差程度将植株整齐度分为3级：整齐（株高相差不足10%），中等（株高相差10%~20%），不整齐（株高相差20%以上）。③耐寒性调查地上部分的冻害程度，冬麦区分越冬、春季两阶段记载，春麦区分前期、后期两阶段记载，分为5级。"1"表示无冻害，"2"表示叶尖受冻发黄干枯，"3"表示叶片冻死一半但基部仍有绿色，"4"表示地上部分枯萎或部分分蘖冻死，"5"表示地上全部枯萎，植株或大部分分蘖冻死。抽穗后注意对穗部冻害的观察记载。④倒伏性分5级："1"为未倒；"2"为倒伏轻微，与地面角度大于75°；"3"为中度倒伏，与地面角度为55°~70°；"4"为倒伏较重，与地面角度为40°~55°；"5"为倒伏严重，与地面角度在40°以下。⑤依据受害程度，用目测法将病虫害分1、2、3、4、5共5级。⑥落黄性根据穗、茎、叶落黄情况分为3级，以好、中、差表示。

（4）经济性状　包括穗粒数、千粒重、粒质和产量。①穗粒数指单穗实际粒数或单株每穗平均结实粒数。②千粒重以晒干（含水量≤13%）扬净的子粒为标准，随机取两份1 000粒种子，分别称重，取其平均值，以"g"表示，如两次误差超过1 g时，则需重新数1 000粒称量。③粒质分角质、半角质、粉质3级，用小刀横切断子粒，观察断面，角质率超过70%为角质，小于30%为粉质，介于两者之间为半角质。④产量是各种性状表现的结果，是评定原种质量的重要指标，以"kg/hm²"表示，实际产量按实收面积和产量折算成每公顷产量；理论产量根据产量构成因素公顷穗数、穗粒数和千粒重推算。

（二）小麦良种生产

新育成的小麦品种、提纯的原种或引进品种，需各地种子公司建立种子繁育基地和设立种子田进行进一步繁殖，提供大量的优良种子供大田生产使用。

小麦良种种子生产的原理和技术与原种生产相近，但其种子生产过程相对简单，可直接繁殖后提供给大田生产使用。一般可根据需要建立一级种子田和二级种子田，扩大繁殖。种子田的大小依据所需种子的数量来确定。

1. 一级种子田

以原种场提供的原种种子，或从外地引入经试验确定为推广品种的种子为材料，繁殖一级良种。在建立原种圃的地区，可繁殖原种一代即良种，用于大田生产。在没有原种圃的地区，一级种子田也可种植从大田或丰产田中选出的优良单株（穗）混合脱粒的种子，但需经严格去杂去劣。收获的种子为一级良种，用于二级种子田或大田生产用种。

2. 二级种子田

当一级种子田生产的种子数量不能满足大田用种时，可建立二级种子田。二级种子田种子来源于一级种子田，其生产面积较大，利于快速推广优良品种。生产过程中要注意去杂去劣，保证种子质量。

小麦良种的繁殖和生产任务不亚于大田生产，为了尽快地繁殖大量的优良种子供大田生产使用，良种繁殖的栽培管理条件应优于一般大田，尽量增大繁殖系数，并保证种子的质量。适当早播、稀播，以提高种子田繁殖系数，因此一般实行稀条播，每公顷播量60～75 kg。在小麦的整个生育期中严格去杂去劣，以保证种子纯度。

（三）小麦种子生产中应注意的问题

1. 基地选择

新品种是在一定的生态条件下选育出来的，只有在适宜的生态条件下，才能使品种的优良特性得到充分体现。保证品种的真实性及纯度、保证种子正常成熟，并最大限度地提高繁殖系数，是小麦种子生产的核心任务。因此，在小麦种子生产中一定要考虑品种的生态类型和适宜的生态条件，在适宜的生态区域建立种子生产基地。种子生产的生态条件主要是指自然条件，包括气候条件，如有效积温、生育期的高温值、昼夜温差、无霜期、日照时间、光照度、年降水量和雨季分布等，以及土壤类型和土壤肥力、风力和传粉昆虫的活动情况等。一般来说，育成品种地的生态条件是最适合的生态条件，因此可考虑在品种育成地建立繁育基地，或选择技术力量较强的原良种场或特约种子村作为繁育基地。

为了生产出纯度高、质量好的原种，应选择地势平坦、土质良好、排灌方便、前茬一致、地力均匀、无检疫性病虫草的地块。并注意两年（水旱轮作两季）以上的轮作倒茬，忌施麦秸肥，避免造成混杂。

2. 精细管理

优良品种的优良种性需要在一定的栽培条件下才能得到充分表现，因此原种和良种的生产必须采用良种良法。播种前对种子进行精选，必要时经过晾晒和药剂处理。播前对田块进行深耕细耙，精细整地。适时播种。生长期间要加强田间管理，及时中耕，合理施肥、浇水，促进苗齐、苗壮，促蘖增穗，提高成穗率，促大穗长壮秆。密切注意繁育田病虫害发生情况，及早做好防治工作。

3. 严格去杂去劣

在小麦抽穗至成熟期间应反复进行去杂，严格剔除杂、劣、病虫株，其中杂劣株应整株拔除，带出田外。在苗期还应拔除表现杂种优势的杂种苗；在抽穗期根据株高、抽穗迟早、颖壳颜色、芒的有无及长短，再次去杂去劣。去杂时一定要整株拔除。良种繁育田最好每隔数行留一人行道，以便于去杂去劣和防治病虫害等。

小麦种子生产中一般有 3 个去杂时期：拔节期、抽穗期和灌浆期。在黄淮海麦区，拔节期一般在 4 月 10 日左右，去除田间的不同种性植株。此期小麦冬、春性容易识别，便于整株拔除。抽穗期去杂在 4 月 20～30 日，此期品种性状表现突出。去杂越早越有利，对产量的影响越小，且可以减少天然异交比率。灌浆期是对前两个时期去杂的有效补充，做到彻底完全。在 5 月 25 日以前，对去杂不彻底的田间杂株、劣株进行清查。

4. 做好种子收获、保管工作，严防机械混杂

小麦种子生产中需要特别注意的问题是机械混杂，因此从播种至收获、脱粒、运输、贮藏，任何一个环节都要采取措施，严防机械混杂。收获时注意及时清理场地和机械，入选的株（穗）行、系和原种圃要做到单收、单运、单打、单晒，发现来历不明的株、穗均按杂株处理。

在入库前整理好风干（挂藏）室或仓库，备好种子架、布袋等用具。脱粒后将入选的种子分别装入种子袋。袋内外附标签，并根据田间排列号码，按顺序挂藏。贮藏期间保持室内干燥，种子含水量不能超过 13%。入储前需进行药剂熏蒸处理，防止虫蛀和霉变，以及鼠、雀等危害。

5. 做好种子检验

原种生产单位根据《农作物种子检验规程　扦样》（GB/T 3543.2—1995）和《粮食作物种子　第 1 部分：禾谷类》（GB 4404.1—2008）对原种进行检验。并建立原种生产档案，包括种子来源、生产时间、地点和数量、种子检验等资料。

三、小麦杂交种种子生产

1919 年，Freeman 首次报道了小麦杂种优势现象。1951 年，Kihara 获得了世界上第一个小麦雄性不育材料（具尾山羊草细胞质）。1962 年，美国科学家 Wilson 和 Rose 等人育成了第一个 T 型不育系，实现了三系（不育系、保持系、恢复系）配套。此后小麦杂种优势的利用一直是国内外许多小麦育种工作者研究的重要课题。1953 年，Hoagland 用马来酰肼处理小麦获得了雄性不育株，开始了"化杀法"利用小麦杂种优势的研究。此后，各国的研究者筛选出了 Hybrex、WL84811、LY195259、GENESIS、EK、ES、SC2053、MON21200、BAU9403、SQ-1 等多种化杀剂。20 世纪 90 年代，何觉民等首先报道培育成功小麦光温敏两用核不育系，开始了两系法利用小麦杂种优势的研究。我国近年来在不育系、优势组合的筛选、制种等技术方面均获得了重大进展。国内外专家普遍认为：两系法杂交小麦将是杂交小麦应用的主要途径。

小麦是比较严格的自花授粉作物，且花器较小，一花一实，人工杂交困难，播种量大，繁殖系数相对较低，如何提高杂交种的产量是杂交小麦应用于生产的关键。总的来说，目前杂交小麦种子生产的途径主要有 3 种，即"三系法"（利用核不育或核质互作不

育）、"化杀法"（利用化学杀雄技术）和"两系法"（利用光温敏不育）。三系法由于一系列难以克服的科学瓶颈问题，至今未能实现杂交小麦的大面积推广。在此重点介绍两系法和化学杀雄法杂交小麦的种子生产技术。

（一）"两系法"杂交小麦种子生产

何觉民等（1992）从贵农 14 中选育出光温敏雄性不育材料（ES3、ES4、ES5 等），它的育性受核内隐性主基因控制，可以稳定遗传。同时不育基因的表达又受光照及温度的影响，在短日照（10 h）低温（≤10℃）条件下表现雄性不育，可用作母本进行杂交制种；在长日照（14 h）适温（>10℃）条件下雄性可育，可自交结实实现不育系的繁殖。属于短日照低温敏感型雄性不育小麦，育性转换的敏感时期为雌雄蕊原基分化期至四分体形成期。

1992 年，谭昌华等报道从常规育种材料中选育出 $C_{49}S$、$C_{86}S$ 为代表的光温敏雄性不育材料。不育性的敏感期在花粉母细胞减数分裂期至小孢子形成期。而中国科学院成都生物研究所则认为 15~18℃ 为育性转换期，3 d 以上平均温度低于 15℃ 即可造成全不育。

从 20 世纪 90 年代至今，我国陆续选育出了 BS 系列（北京，光敏型）、C49S 系列（重庆、四川、云南，温敏型）、ES 系列（湖南，光温互作型）、BNS 系列（河南，温敏型）、337S 系列（湖北，两极温敏型）等光温敏不育系类型，并明确了光温敏雄性不育系的光温转换阈值及光温效应。陆续审定了"云杂 3 号""京麦 6 号""京麦 10 号""京麦 20 号""绵阳 32 号""绵杂 168"等多个杂交小麦品种。这些材料因为只有不育系（兼保持系，即不育系和保持系为同一材料）和恢复系，所以称为"两系法"。目前两系杂交小麦种子生产技术体系基本完善，在安徽、四川、云南、陕西等地建立了不同区域杂交小麦制种技术。在北京、天津、河北、山西、安徽、青海、新疆、云南和四川等省（区、市）均进行了大面积生产示范。杂交小麦在适应性、抗逆性、稳产性等方面均表现出巨大的增产潜力。与"三系法"相比有其显著优点：一是恢复源广泛，易筛选出强优势组合；二是育种效率更高，杂交小麦从配组合到品种审定只需 3~4 年时间即可完成；三是制种程序简单，可采用异地播种等方法自交繁殖不育系；另外不需要通过异交繁殖不育系，克服了核质互作雄性不育利用中的诸多困难，制种成本低。

1. 不育系的繁殖

不育系自交繁殖无须隔离。在其繁殖过程中，应注意以下几点：

（1）选择适宜的制种基地　由于不育系的育性受温度和光照的影响，所以应根据不育系育性转换条件选择适宜的地区进行繁种。可根据当地的历年气象资料，保证育性敏感期的温度和光照能够促进不育系育性恢复，自交结实。恢复程度越高，越容易保证产量及纯度。

（2）确定适宜的播种期　有研究表明，不育系的播期越晚，育性敏感期的温度越高，其育性恢复度越高，越有利于自交结实。但是如果播种太晚，灌浆期间的高温对种子的产量和质量有一定的负面影响，使种子皱缩。因此不育系的播期要兼顾其育性及产量和质量，既要保证不育系育性恢复正常，又要稳产高产。

（3）严格去杂防杂　不育系种子的纯度对制种田杂种的纯度起着关键的作用。在小麦的整个生育期，要随时注意拔除不育系以外的其他任何小麦株穗。如果由于播期或气候的原因，造成不育系育性恢复度不高，小麦拔节期和抽穗期则是去杂的关键时期，要根据植株外部形态、抽穗期、穗型、芒性等特征尽早去除杂株，以防造成生物学混杂。另外，还要注意防止在收获、贮藏及运输过程中造成机械混杂。

不育系育性的不稳定性是限制两系法应用的关键性问题。另外小麦温光敏不育系存在育性漂移的问题，即不育系经过一定的繁殖年限后，其温度临界值会发生变化，影响制种纯度。这都是生产中应注意的问题。

2. 杂交种种子生产

（1）选择适宜的制种基地 "两系法"所采用的不育系的育性受光和温度的影响，在长日照高温条件下可育，用于繁育不育系种子。在短日照低温条件下不育，与恢复系杂交产生两系杂交种。所以选择的制种基地必须符合短日照低温的要求，以保证母本（不育系）高度不育。若条件不合适，则不育系部分育性恢复，产生一定数量的自交种，会降低杂交种的纯度。杂交种的纯度高低是衡量两系法杂交小麦制种技术成熟与否的关键技术指标之一。

（2）父母本花期相遇技术 花期相遇是指父母本盛花期相遇或基本相遇，一般要求父本始花期比母本迟 2 ~ 4 d，即宁肯母等父，不能父等母。调节播种期是一种主要的方法，花期较晚的亲本较早播种，或是父本分两次播种，以延长花期。另外，还要根据父母本的叶龄和幼穗发育进程对花期能否相遇进行预测，一旦父母本花期不能很好相遇，就必须进行花期调节。

花期调节方法：一是肥水管理，氮肥能促进营养生长，延缓生殖生长，磷、钾肥则是促进生殖生长，延缓营养生长。如果母本偏早，可以磷、钾肥促父本。如果父本偏早，可对母本增施磷、钾肥，同时对父本增施氮肥。二是镇压父本，拔节前如果预测到父本花期偏早，可以对父本进行镇压，增加分蘖数，延缓其发育进度。但要注意如果母本花期偏早，不能对母本进行镇压，否则分蘖增多会影响母本的不育度。三是采用植物生长调节剂进行调节，有研究表明采用 15 ~ 90 g/hm^2 的'九二〇'喷施母本，母本可提早开花 1 ~ 2 d，并增加结实率；喷施父本，可使植株高度增加，授粉能力增强，从而提高制种产量。另外，对花期较晚的亲本在播种时或越冬时进行地膜覆盖，也可将花期提前 2 ~ 3 d。由于两系杂交小麦要求母本整齐一致，所以花期调节的措施主要针对父本。

（3）父母本行比 目前已有研究认为，小麦杂交种制种田的父母本行比应控制在 1 : 1 ~ 1 : 5。刘宏伟等（2001）、张爱民等（1993）的研究表明，1 : 2 的比例有利于提高单位面积的制种产量。各地可根据当地的气候条件采用合适的父母本行比。如果父本分蘖穗多、花粉量大，可以适当增加行比，以提高制种单位面积的产量。父母本的种植行向要根据制种田的地理位置、形状特点及扬花期风向等具体确定。一般行向采用东西向，既能充分利用日光能，又能借助风力传粉。

（4）安全隔离 安全隔离是杂交制种的必备条件，否则无法保证杂交种的纯度。杂交小麦制种时可采用空间隔离和自然屏障隔离。小麦是严格的自花授粉作物，花粉量较少，制种田应选择无建筑、无树木的空旷地块，以利于异交结实。一般认为，0 ~ 70 m 为小麦的传粉区，80 m 为传粉的危险区，90 m 为小麦花粉传粉的禁区，亦即为隔离的安全区。因此，距制种区 90 m 以内不能种植父本以外的其他小麦品种。现有研究结果表明，小麦制种时隔离区以 100 m 以上为宜。

在实际生产上多采用空间隔离，即在制种区周围 30 ~ 100 m 内种植父本品种，既作隔离区，又扩大了父本花粉来源。

（5）去杂 制种田的杂麦包括父母本以外的其他小麦株穗及母本群体中的可育小分蘖

穗。在小麦的整个生育期，都要注意随时去杂。原则是及时、干净、彻底。及时是指见杂就除；干净是指整株去杂，不能留下分蘖穗；彻底是指在开花前将所有杂株拔除掉。拔节期和抽穗期是去杂的关键时期，拔节期根据拔节迟早及植株外部形态特点识别杂株。抽穗期根据抽穗迟早和株高、穗型、芒的有无及长短等形态特征识别杂株，并重点拔除母本中的可育小分蘖穗。另外，在收获、贮藏及运输过程中，均要严格防止机械混杂。

（6）人工辅助授粉 人工辅助授粉是提高母本异交结实率的重要措施之一，这是因为小麦是自花授粉，借用风力自然传粉的能力较低，必须进行人工辅助授粉，也称赶花粉，常用的工具有竹竿和绳索两类。在小麦盛花期，上午9~11时，下午3~5时，即在父本开花高峰期，用绳索或长竹竿将父本推向母本方向，使花粉均匀地散落到母本柱头或茸毛上，达到异交结实的目的。每天赶花粉3~4次，上午赶粉2~3次，下午赶粉1~2次。赶粉时用力要适当，要求既要传粉距离远且均匀，又要尽量避免对父母本的机械损伤。露水重的天气、早晨和雨后要用绳索赶雨水，以保证父本正常散粉。

（7）田间管理 两系杂交小麦制种，田间管理措施基本上与常规小麦相同。但是由于要求母本群体高度整齐，不育度高，因此母本氮肥要早施、少施，磷、钾肥适量。母本多采用点播，行距20 cm，穴距10 cm，每穴播5~6粒；父本正常条播。有条件的单位可采用精量点播机播种。

图 3-18 光温敏两系杂交小麦制种田
（北京杂交小麦工程技术研究中心提供）

（二）化学杀雄法制种技术

化学杀雄是用化学药剂喷洒母本穗部，造成杀雄而不伤害雌蕊的功能性雄性不育。化杀法不需要培育不育系和恢复系，生产杂交种只要将父母本材料相间种植，在生长发育的一定时期用化学杂交剂 CHA（chemical hybridization agents）进行处理，再进行授粉，即可得到杂交种。我国利用化杀法，已选育出"津化1号"和"西杂1号"等一批强优势杂交小麦组合。通过化学杀雄技术利用小麦杂种优势的优点在于：①亲本选配自由，出强优组合快。常规育种中出现的强优组合可直接用来配制 CHA 杂交种，迅速用于生产。②能确保稳产、高产。因为 CHA 强优组合亲本多是良种，即使花期不遇，将父母本对调使用或干脆不喷药，也可得到原良种的收成，通过杂交后可达到高产。③种子生产程序简单。即使杂种纯度不是很高，对产量影响也不太大，可以利用 F_2 等。由于小麦是分蘖力较强的作物，其用药时期的把握有一定难度，不同品种和用药时的环境条件对杀雄效果也有一定的影响。

化学杀雄法制种的关键在于化学杀雄剂的筛选和使用。一种理想的 CHA 应具备以下特点：一是能够诱导完全或近于完全的雄性不育，而不影响其雌蕊的发育；二是具有较为灵活的用药剂量和时期；三是在不同环境条件对不同品种都有很好的诱导雄性不育的作用，基因型和环境的互作效应小；四是无药害，无残毒，使用安全，价格低廉等。

采用化学杀雄剂配制杂种时，其花期相遇技术、父母本行比的确定、人工辅助授粉等措施基本上与两系法相同，去杂保纯技术也可参照两系法，但还要注意拔除杀雄不彻底的植株和分蘖穗。采用化学杀雄剂配制杂交种，其关键技术是化学杀雄剂的使用，不仅要选择最佳喷药时期，同时要考虑药剂对不同品种的敏感性，以提高杂种纯度。

美国 Sogetal 公司和我国天津市农作物研究所合作筛选的 SC2053（津噢啉），1994 年 1 月在中国农业部农药检定所获准登记，为我国第一个小麦化学杀雄剂，以'津麦 2 号'为母本，'北京 837'为父本配制出杂交小麦'津化 1 号'，1997 年通过天津市品种审定委员会审定，成为我国第一个通过审定的杂交小麦新品种。SC5023 的喷药时期为小麦雌雄蕊形成至药隔期（此时期形态指标为主茎幼穗长 1 cm 左右），用量 $0.5 \sim 0.7 \text{ kg/hm}^2$，杀雄率可达到 100%，并且杀雄后母本异交特性改善，异交结实率可高达 80% 以上。缺点是喷药操作要求很严格，否则会引起药害。

GENESIS GENESIS 是美国孟山都公司的产品，该杀雄剂的优点是喷药浓度弹性较大，不易造成药害且杀雄彻底。其缺点是喷药时期较晚（孕穗期），不便于机械化作业。

（三）"三系法"杂种小麦简介

1965 年，北京农业大学（现为中国农业大学）的蔡旭从匈牙利引入了小麦 T 型三系材料，开始了我国小麦杂种优势的研究。到目前为止，国内外先后育成了 K 型、V 型、S 型、Q 型等多种细胞质雄性不育系，其中研究较深入的是 T 型、K 型和 V 型。1979 年，日本学者 Mukai 最早将黏果山羊草与普通小麦杂交获得了 K 型雄性不育系。K 型雄性不育系的研究在我国始于 20 世纪 70 年代初，西北农业大学杨天章 1987 年成功地实现了配套，几乎同时，西北农业大学（现为西北农林科技大学）完成了 V 型不育系的选育及三系配套。

T 型不育系的研究利用最为广泛深入，其不育细胞质均来自小麦的亲缘物种，恢复源少，可供筛选的组合有限，强优势组合筛选难度较大，由于细胞质负效应的存在，造成 F_1 种子皱瘪、发芽率低。经过多年研究，上述缺点已得到不同程度的解决。K 型、V 型不育系较 T 型不育系具有育性稳定、恢复源广、不育细胞质效应弱、易保持、易恢复、种子饱满、发芽率高等优点。但是 K 型、V 型不育系及其杂交种常常产生单倍体植株。虽然其恢复源较多，但一般恢复度较低，高恢复度的恢复系较少。由于三系的制备太费时间，在转育后影响配合力，制种成本高，而且杂交小麦新组合选择往往落后于常规育种，许多国家已经放弃了进行多年的"三系法"杂交小麦的研究。

第三节 大豆种子生产

一、大豆种子生产的生物学特性

（一）大豆生物学基本特点与栽培品种分类

大豆（*Glycine max* L. Merrill）属于豆科（Leguminosae）蝶形花亚科（Papilionoideae）大豆属（*Glycine* L.）。该属又分为 *Glycine* 亚属和 *Soja* 亚属。目前应用于农业生产的主要是 *Soja* 亚属，染色体数为 $2n = 40$，属自花授粉作物，其自然杂交率一般只有 0.31%。

大豆是喜温作物，发芽最低温度 6～8℃，10～12℃发芽正常；生育期间以 15～25℃最适宜；大豆进入花芽分化以后温度低于 15℃发育受阻，影响受精结实；后期温度降低到 10～12℃时灌浆受影响。全生育期要求 1 700～2 900℃的有效积温。大豆是喜光的短日照作物，要求较长的黑暗和较短的光照时间，具备这种条件就能提早开花，否则生育期变长。大豆这种对长黑暗、短日照条件的要求只在生长发育的一定时期有此反应，即当大豆的第一个复叶片出现时就开始光周期特性反应，花萼原基发育开始后即使放在长光照条件下也能开花结实，说明此时对光周期的反应已经结束。大豆光周期反应的这一特性，在大豆引种时应特别注意。品种所处的纬度不同，对日照反应也不同。高纬度地区品种，适应日照较长的环境，对日照反应不很敏感，属中晚熟品种，因此由北向南引种会加速成熟，半蔓型的植株会变直立，植株变矮，结实减少；相反由南向北引种，会延长生育期，植株变得高大，所以南北不宜大幅度调种。

大豆的生长发育从种子萌发到花芽分化之前为营养生长阶段；从花芽分化到终花为营养生长与生殖生长并进阶段；从终花到成熟为生殖生长阶段。根据大豆不同时期的生育特点，一般将大豆生长发育过程分为 6 个时期，即萌发出苗期、幼苗期、花芽分化期、开花结荚期、鼓粒期、成熟期。其中，大豆种子成熟阶段又可分为 5 个时期，即绿熟期、黄熟前期、黄熟后期、完熟期和枯熟期。

我国的大豆种植范围很广，主要分布在东北、黄淮流域中下游和长江中下游地区。根据栽培区域和播种期主要划分为：①北方春大豆区，包括黑龙江、吉林、辽宁、内蒙古、宁夏、新疆等省（区）及河北、山西、陕西、甘肃等省北部地区；②黄淮海流域夏大豆区，包括河北南部，陕西、山东和河南大部、江苏和安徽北部、山西西南部、甘肃天水地区；③长江流域春夏大豆区，包括黄淮海夏大豆区的南沿长江各省份及西南云贵高原；④东南春夏秋大豆区，包括浙江南部，福建和江西两省，台湾地区，湖南、广东、广西的大部；⑤华南四季大豆区，包括广东、广西、云南的南部边缘和福建的南端。由于我国大豆种植地理纬度相差很大，各地均有适合当地生态条件的品种类型。

（二）花器结构与开花习性及授粉受精过程

1. 花器结构

大豆的花序为总状花序，着生于叶腋间或茎顶端。花序上花朵通常簇生形成花簇。花簇大小因品种而异，通常可分为长轴型、中长轴型和短轴型 3 种类型。

大豆的花较小，长约 38 mm，颜色有紫色和白色两种。花为典型的蝶状花，由苞片、花萼、花冠、雄蕊和雌蕊 5 个部分组成，每朵花有 2 个很小的苞片。花萼位于苞片的上部，由 5 个萼片组成，下部联合成管状。位于花萼内的花冠为蝴蝶形，由 5 枚花瓣组成，外面最大的一枚称为旗瓣，开花前包裹其他 4 瓣。旗瓣两侧有 2 枚大小和形状相同的翼瓣。另 2 枚为龙骨瓣，其下侧方连在一起，位于花冠的最里面。

花冠内有 10 个雄蕊，1 个雌蕊。其中 9 个雄蕊的花丝连成管状，将雌蕊包围，另一个雄蕊单独分开。花丝顶端着生花药，花药 4 室，其中有 5 000 个左右的花粉粒。雌蕊由柱头、花柱和子房 3 部分组成，柱头为球形。子房一室，内含胚珠 14 个（图 3-19）。

2. 开花结荚习性及授粉受精过程

大豆开花的适宜温度为 20~26℃，相对湿度 80% 左右。大豆花粉的生活力，正常条件下可保持 24 h，雌蕊的生活力可保持 23 d。大豆的雌蕊在开花前 24 h 就具有接受花粉的能力，故自然条件下常闭花授粉，在开花前几分钟即完成授粉过程。所以，大豆天然异交率很低，通常小于 1%，为典型的自花授粉作物。因此，在杂种优势的利用上十分困难。

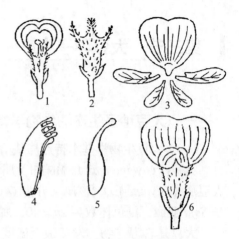

图 3-19　大豆的花器构造

1. 大豆花；2. 花萼圈；3. 花瓣圈各部；
4. 雄蕊圈；5. 雌蕊；6. 开放的花

［引自南京农学院和江苏农学院主编的作物栽培学（南方本），1979］

大豆的结荚习性与生态环境条件关系密切，根据大豆主茎和分枝的生长习性，大豆品种可划分为无限结荚习性、有限结荚习性和亚有限结荚习性 3 种类型（图 3-20）。

（1）无限结荚习性　该类型的花簇轴很短，主茎和分枝的顶端无明显的花簇，顶端生长点无限性生长。如果条件适宜，茎可生长很高，结荚分散，多数在植株中、下部，顶端

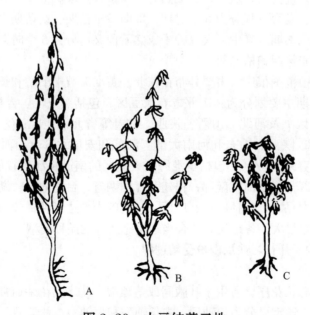

图 3-20　大豆结荚习性

A. 无限结荚习性；B. 亚有限结荚习性；C. 有限结荚习性

（位东斌和东先旺，2001）

仅有一两个小荚，甚至没有荚。开花顺序由下向上，由内向外，始花期早，花期较长，花期 30~40 d，不同年份间产量比较稳定。主茎上部较下部纤细，分枝细长而坚韧，植株高，节间长，易倒伏。适合在气候冷凉、生育季节短的地区种植。

（2）有限结荚习性 有限结荚习性品种花簇轴长，开花后不久，主茎和分枝的顶端形成一个大花簇后即停止生长。豆荚多分布于植株中上部，开花顺序是由中上部开始，逐渐向上、下端，始花期较晚，花期较短。花多集中于 15~20 d 内开放。不同年份间产量变化较大，稳产性较差。主茎粗，节间短，叶柄长，叶片肥大。对肥水敏感，一般在肥水充足条件下，此类品种生长旺盛，不易倒伏，适于在生育季节较长的地区栽培。

（3）亚有限结荚习性 此类结荚习性介于上述两者之间而偏向无限结荚习性。植株较高大，分枝性较差。开花顺序由下而上，主茎结荚较多。这类品种与无限结荚习性品种相比要求水肥条件比较高。

3. 大豆的花荚脱落与炸荚特点

（1）花荚脱落 大豆现蕾、开花和结荚是一个连续的生长发育过程。一般区别落蕾、落花和落荚的标准是，自花蕾形成至开花以前的脱落，称为落蕾；自花朵开放至花冠萎缩但子房尚未膨大，这一时期的脱落称为落花；自子房膨大至豆荚成熟以前的脱落称为落荚。一般所说的花荚脱落或落花落荚皆是落蕾、落花和落荚的总称。

大豆生育过程中，蕾的脱落较少，花、荚脱落较多。据调查，落蕾、落花和落荚占开花数的比例分别为 0~5.8%、20.9%~25.9% 和 12.6%~30.0%，分别占花荚总脱落的 14.1%、45.9% 和 40%。大豆花荚脱落的顺序和开花习性是一致的。开花早的花朵，脱落早；开花早的部位，脱落也早。落花落荚的多少，除与品种特性有关外，主要决定于栽培条件和开花结荚期气候状况。不合理的施肥和灌水等外界条件，能打乱花荚脱落的顺序。

落花、落荚在开花结荚期都能发生，高峰多出现在末花至结荚期。有限结荚习性品种出现较早，一般在开花后 15~20 d。无限结荚习性品种稍晚，在开花后 20~25 d。落蕾多发生在大豆开花末期。前期花荚脱落率占同期开花数的 1.7%~14.2%，后期占开花数的 85.7%~98.8%。有限结荚习性品种总的脱落率，前期低于无限结荚习性品种，后期则相反；有限结荚习性品种花荚脱落时间显得更为集中。

关于花荚脱落的部位，一般认为，有限结荚习性品种下部花、荚脱落较多，中部次之，上部较少。无限结荚习性品种则相反。分枝较主茎脱落得多，分枝外围花荚脱落多。一般花序轴较长的花荚脱落率高，花序轴较短的花荚脱落率低。

（2）炸荚 大多数的大豆品种在成熟时豆荚是不开裂的，但是也有个别品种在成熟期如遇干旱即"炸荚"。炸荚是由于在干旱条件下，荚果失水，荚的内生厚壁组织细胞的张力不同，荚线上的薄壁组织出现裂缝造成的。生产中使用的大豆品种以不炸荚为优。

二、大豆原种种子生产

一般大豆种子的繁殖系数约 40 倍。大豆原种生产可采用育种家种子直接繁殖的方法，也可采用二圃或三圃的方法。大豆原种包括原种一代和原种二代。原种二代由原种一代直接生产。

1. 利用育种家种子直接生产原种

方法同自花授粉作物小麦和水稻，由育种家提供种子，进行扩大繁殖，扩繁种子贮存于低温库中，每年提供相应的种子量，或是由育种家按照育种家种子标准每年进行扩繁，提供种子。

2. 三圃法原种生产

（1）单株选择 选择在花期和成熟期两期进行，采用密度较低的种植方法。选择标准和方法根据本品种特征特性，选择典型性强、生长健壮、丰产性好的单株。花期根据花色、叶型、病虫害情况选单株，并给予标记；成熟期根据株高、成熟度、茸毛色、结荚习性、株型、荚型、荚熟色从花期入选的单株中复选选拔。选拔时要避开地头、地边和缺苗断垄处。入选植株首先要根据植株的全株荚数、粒数，选择典型性强的丰产单株，单株脱粒，然后根据子粒大小、整齐度、光泽度、粒型、粒色、脐色、百粒重、感病情况等进行复选。决选的单株在剔除个别病虫粒后，分别装袋并编号保存，最后再根据子粒性状进行决选。决选单株种子分别编号保存。选择数量应根据原种需要量来定，一般每一品种每公顷株行圃需决选单株 6 000 ~ 7 500 株。

（2）株行圃 将上年入选的每株种子播种一行，密度应较大田稍稀，单粒点播，或二粒、三粒穴播留一苗。各株行的长度应一致，行长 5 ~ 10 m，每隔 19 行或 49 行设一对照行，对照应用同品种原种。田间鉴评分三期进行。苗期根据幼苗长相、幼茎颜色；花期根据叶型、花色、叶色、茸毛色、感病性等；成熟期根据株高、成熟度、株型、结荚习性、茸毛色、荚型、荚熟色来鉴定品种的典型性和株行的整齐度。通过鉴评淘汰不具备原品种典型性、有杂株、丰产性低、病虫害重的株行，并做明显标记和记载。对入选株行中个别病劣株要及时拔除。收获前要清除淘汰株行，对入选株行要按行单收、单晾晒、单脱粒、单装袋，袋内外放、拴好标签。在室内要根据各株行子粒颜色、脐色、粒型、子粒大小、整齐度、病粒轻重和光泽度进行决选，淘汰子粒性状不典型、不整齐、病虫粒重的株行，决选出符合原品种典型性状的株行。决选株行种子单独装袋，放、拴好标签，妥善保管。

（3）株系圃 将上年保存的每一株行种子种一小区，每小区 2 ~ 3 行，行长 5 ~ 10 m。单粒点播或二粒、三粒穴播留一苗，密度应较大田稍稀。株系圃面积应根据上年株行圃入选行种子量而定。各株系行数和行长应一致，每隔 9 区或 19 区设一对照区，对照应用同品种的原种。田间鉴评应注意观察、比较、鉴定各个小区的典型性、丰产性、抗病性等。若小区出现杂株时，全区应淘汰，同时要特别注意各株系间的一致性。成熟时进行田间决选，入选株系分别收获脱粒测定，最后根据生育期和产量表现及种子形状等进行综合评定决选，将产量显著低于对照的株系淘汰。入选株系种子混合装袋，袋内外放、拴好标签，妥善保存。

（4）原种圃 用上年混系种子种植原种圃，进行高倍繁殖。常采用早播、稀播的方法，以提高繁殖系数，行距 50 cm，株距 10 ~ 15 cm，单粒等距点播，播种时要将播种工具清理干净，严防机械混杂。加强栽培管理，提高原种产量，成熟时及时收获。要单收、单运、单脱粒、专场晾晒，严防混杂。

3. 二圃法原种生产

采用三圃法生产原种的周期较长，有时生产原种的速度还赶不上品种更换的速度，因而可采用二圃法，其程序是单株选择、株行比较、混系繁殖，即在三年三圃中省掉株系圃。只要掌握好单株选择这一关键，也可以生产出高质量的原种。因为自花授粉混杂退化的主要因素是机械混杂，经单株选择和株行比较两次选择就可提纯。二圃法因减少了一次繁殖，因而与三圃法在生产同样数量原种的情况下，需增加单株选择的数量和株行圃的面积。

三、大豆大田用种种子生产

在种子生产单位，由于原种数量有限，一般需经过扩大繁殖后才能满足大田用种（良种）需要。大田用种的生产必须建立相应的种子田，并根据实际情况采用不同的选优提纯方法和程序。

1. 种子田选优提纯的方法

（1）株选法 亦称混合选择法。即在大豆成熟时，选择生长健壮、结荚多、无病虫、具有本品种典型性状的单株，混合脱粒，供下年种子田用。选择单株的数量应根据下年种子田面积而定。

（2）片选法 亦称去杂去劣法。即于大豆成熟前在田间进行去杂去劣，然后混合收获，其种子留作下年种子田用。

2. 种子田的繁殖程序

种子田的繁殖程序有两种，即一级种子田制和二级种子田制。

（1）一级种子田制 用原种直接生产一代大田用种，下代用株选法从种子田中选择典型单株，混合脱粒作为第二年一代大田用种子田用，余下的采用片选法去杂去劣，供第二年大田生产用种。

（2）二级种子田制 在一级种子田中采用株选法所收获的种子，供给下一年一级种子田用种，余下的采用片选法，所得种子作为下一年二级种子田用种，二级种子田去杂去劣后的种子应用于大田生产。

必须注意，二级种子田制的一级种子田种子均不能无限期繁殖，在使用一定年限后，必须用上级提供的原种进行更换，以保证生产种子的纯度和种性。

四、大豆种子生产的主要管理措施

1. 种子田的选择

大豆种子田应选择肥力均匀、耕作细致的地块，从而易判别杂株。大豆种子田不宜选择重茬地块。

2. 适时足墒播种

适当早播、稀播。整地保墒良好，精量点播，保证一次出苗。播前可采用大豆种衣剂进行种子包衣，以防控苗期病虫害。

3. 采用隔离并严格去杂去劣

品种间应有一定的防混杂带。原种田隔离距离 100~300 m，大田生产用种田隔离距离 5~10 m。另外，在播种期进行种子鉴定，将病粒、虫蚀粒、破碎粒以及杂粒剔除。在苗期根据下胚轴色泽及第一对真叶形状去杂，花期再按花色、毛色、叶型、叶色、叶大小等去杂，拔除不正常弱小植株。成熟初期，按熟期、毛色、荚色、荚大小、株型及生长习性严格去杂。

4. 加强肥水管理

除播前施足底肥外，于始花期追施氮肥，花荚期可进行叶面喷施微肥，或采用化学调控手段，提高种子产量和质量。大豆生育期，尤其是花期、鼓粒期遇干旱时，应适当灌水。

5. 及时防治病虫草害

应通过中耕除草或施用药剂将杂草消灭在幼小阶段。于结荚期彻底清除杂草，降低种子含草籽率。大豆病害主要有紫斑病、灰斑病、霜霉病、荚枯病、黑点病、炭疽病和花叶病毒病等；虫害主要有大豆食心虫、豆荚螟、豆天蛾、豆蚜等，均应及时防治。

6. 适时收获和入库

大豆种子田须于豆叶大部分脱落，进入完熟期，种子含水量降至 14% ~ 15% 时收获。在收获、脱粒、晾晒、贮藏等过程中，应防止机械损伤和混杂。入库前对种子质量层层把关，基地收购对照田间检验，运输到库进一步严把水分、纯度关。种子含水量不合格不能收购入库；纯度通过目测和室内快速检测。

思考题

1. 简述杂交水稻三系的概念及其相互关系。
2. 简述杂交水稻两系的相互关系。
3. 根据水稻不育系花粉败育的形态特征，可将其划分为哪几类？
4. 简述小麦三圃制原种生产技术。
5. 简述小麦四级种子生产程序。
6. 简述两系法杂交小麦制种技术。
7. 简述一种化杀剂的制种技术。
8. 大豆原种生产与良种生产各有哪些方法？
9. 你认为两系法杂交小麦制种存在的限制性问题有哪些？

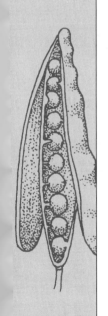

第四章
异花授粉农作物种子生产

学习要求

　　了解异花授粉作物玉米、油菜和向日葵的花器结构、开花习性和授粉特点等与种子生产相关的生物学特性；掌握玉米自交系生产的育种家种子生产技术和定系循环技术；了解影响玉米杂交种种子生产质量和产量的因素，并掌握质量和产量提升的技术措施；掌握白菜型油菜、甘蓝型油菜和芥菜型油菜的亲缘关系及其各自的生物学特点；掌握油菜三系混杂退化的原因和防杂措施。

引言

　　异花授粉作物是指不同植株的花朵间进行传粉而繁殖后代的作物，如玉米、黑麦、大麻、荞麦、向日葵、甜菜、白菜等。这些作物由于雌雄异花、雌雄蕊异熟、花柱异长、自交不亲和等原因，造成异花授粉。异花授粉作物可分为风媒花（如玉米、黑麦等）和虫媒花（如向日葵、白菜等）两大类。风媒花以风传粉，不同品种制种时空间隔离为 300～500 m。虫媒花以昆虫传粉，不同品种制种时空间隔离为 1 000～1 500 m。本章主要介绍玉米、油菜、向日葵 3 种作物的种子生产技术。

第一节　玉米种子生产

一、玉米种子生产的生物学特性

（一）生物学基本特点、生长周期与栽培品种分类

1. 生物学基本特点

玉米（*Zea mays* L.）起源于美洲的墨西哥、秘鲁一带，现已遍及全世界，常年种植面积约 1.3 亿 hm²。我国目前种植面积约 3 300 万 hm²，常年用量约 10 亿 kg。玉米属于典型的喜温、短日照作物。因此，从北向南引种，生育期缩短；反之则生育期延长。品种的生育期主要决定于基因型，同时因光照、温度、栽培条件不同而变化。一般来说，品种叶片数越多，生育期越长，反之则越短。一般中晚熟品种、中熟品种、早熟品种总叶片数分别为 23~24 片、19~22 片、17~18 片。日照较长、温度低、肥水充足时，生育期较长，反之则变短。在正常日照条件下，玉米的生育期受有效积温（生育期中，日平均大于 10℃的气温的总和）影响较大，可按玉米品种全生育期所需的有效积温将其划分成极早熟（1 800~2 000℃）、早熟（2 000~2 200℃）、中熟（2 200~2 400℃）、晚熟（2 400~2 600℃）和极晚熟（2 600~2 800℃）5 种类型。

2. 玉米的生长周期

从播种到新的种子成熟是植物的一生，按生长发育的形态特征、生育特点和生理特性，玉米的一生可分为 3 个不同的生育阶段，涉及 12 个关键生育时期。

（1）苗期阶段　玉米苗期是指从播种到拔节的一段时间，是以生根、分化茎叶为主的营养生长阶段，又包括 3 个关键时期。

① 出苗期　幼苗出土约 2 cm，此时可认定种子已经萌发出苗。

② 三叶期　植株第三片叶露出叶心 2~3 cm，此时种子贮藏的营养耗尽，植株开始从自养生活转向异养生活，是玉米生长的第一个转折期，也称为"离乳期"。

③ 拔节期　植株雄穗伸长，茎节总长度达 2~3 cm，叶龄指数 30 左右（叶龄指数指已出叶片数占主茎总叶数的百分数）。拔节是玉米一生的第二个转折点，植株开始从营养生长转入营养生长和生殖生长同时进行的阶段。

（2）穗期阶段　玉米穗期是指从拔节至抽雄的一段时间，是营养生长和生殖生长同时进行的阶段，又包括 5 个关键时期。

① 小喇叭口期　雌穗进入伸长期，雄穗进入小花分化期，叶龄指数 46 左右。

② 大喇叭口期　雌穗进入小花分化期、雄穗进入四分体期，穗三叶甩开呈喇叭口状，叶龄指数 60 左右。

③ 抽雄期　植株雄穗尖端露出顶叶 3~5 cm。

④ 开花期　植株雄穗开始散粉。

⑤ 抽丝期　植株雌穗的花丝从苞叶中伸出 2 cm 左右。抽丝期是玉米一生的第三个转折点，此后玉米的营养生长基本停止，进入以生殖生长为中心的阶段。

（3）花粒期阶段　玉米花粒期是指从抽雄至成熟的一段时间，此阶段以生殖生长为中心，又包括 4 个关键时期。

① 子粒形成期　植株果穗中部子粒体积基本建成，胚乳呈清浆状，亦称灌浆期。

② 乳熟期　植株果穗中部子粒干重迅速增加，粒重基本建成，胚乳先呈乳状后至糊状。

③ 蜡熟期　植株果穗中部子粒干重接近最大值，胚乳呈蜡状。

④ 完熟期　植株子粒干硬，子粒基部出现黑层，乳线消失，并呈现出品种特定的颜色和光泽。

3. 栽培品种分类

玉米栽培品种（cultivar）可分为常规品种（open-pollinated variety）和杂交种（hybrid）两类。我国目前生产上除部分山区和个别特用玉米外，已很少使用常规品种，杂交种的播种比例达到99%以上。

（1）品种与自交系的种类　按子粒性状可将品种和自交系（inbred line）分为9类：①硬粒型（*Zea mays* L. indurate Sturt），也称燧石型（flint corn），子粒一般呈圆形，质地坚硬，顶部和四周由致密、半透明的角质淀粉所包围，中间充满疏松的粉质淀粉；②马齿型（*Zea mays* L. indentata Sturt），子粒近长方形，顶部凹陷成坑状，棱角较分明，似马齿；③中间型，即半硬型和半马齿型；④粉质型（*Zea mays* L. amylacea Sturt），也称软质型（soft corn），子粒表面暗淡无光泽，胚乳全部由粉质淀粉组成；⑤爆裂型（*Zea mays* L. everta Sturt），果穗小，子粒小而坚硬光滑，胚乳全部由角质淀粉组成，遇热爆裂膨胀，有圆形和尖型两种，分别称为珍珠型和米粒型；⑥甜质型（*Zea mays* L. saccharata Sturt），子粒可溶性糖含量较多，淀粉较少，成熟后皱缩或凹陷；⑦糯质型（*Zea mays* L. sinensis Kulesh），也称蜡质型，子粒不透明，无光泽，外观蜡状，胚乳全部由支链淀粉组成；⑧甜粉型（*Zea mays* L. amyleo-saccharata Kulesh），子粒上部为富含糖分的皱缩状角质，下部为粉质；⑨有稃型（*Zea mays* L. tunicata Sturt），果穗上的每个子粒都分别包在几片长稃壳中，整个果穗仍像其他玉米一样包在大苞叶中。

（2）杂交种的种类　玉米杂交种有多种类型，由自交系组配的杂交种可以分为单交种（single cross hybrid）、三交种（three-way cross hybrid）和双交种（double-cross hybrid）三类。单交种是两个自交系杂交生产的杂交种，单交种因为产量高和一致性高，已被广泛应用于生产；但单交种制种产量低，特别是当母本为产量较低的自交系时，产量更低。单交种有正交和反交两种类型，品种育成后，定名的父母本组合为正交；反之，用定名时的父本为母本，定名时的母本为父本配成组合为反交。如杂交种‘农大108’，由‘黄C’×‘178’产生的种子为正交，‘178’×‘黄C’产生的种子为反交。改良单交种是指姊妹交种同自交系杂交产生的种子。一个单交种和一个自交系杂交产生的杂交种称为三交种，即（A×B）×C。目前生产上一般不再使用三交种。两个单交种杂交产生的杂交种称为双交种。因此双交种生产需要4个自交系，先生产两个亲本杂交种，然后再杂交生产双交种，即（A×B）×（C×D）。三交种和双交种虽然克服了单交种的制种产量低这一缺点，但需要多个隔离区，如双交种需要7个隔离区。

有的玉米杂交种至少一个亲本不是自交系，包括品种间杂交种（varietal hybrid）、家系间杂交种（family hybrid）、顶交种（topcross hybrid）、双顶交种（double topcross hybrid）4个主要类型。品种间杂交种是指基于两个品种、合成系或群体之间的杂交种。家系间杂交种是基于来自两个全同胞或半同胞家系之间的杂交种。顶交种是指一个自交系与品种、合成系或群体之间杂交获得的杂交种。双顶交种是指基于一个单交种与品种、合成系或群体之间杂交获得的杂交种。非传统玉米杂交种的特点是一致性低，比传统杂交种产量低。

（二）花器结构与开花习性及授粉受精过程

1. 花器结构

玉米雄穗（male flower）属圆锥花序，着生于茎秆顶部，中下部生有分枝，一般10～25个。分枝的多少、分枝长度及其与主轴的比例、分枝与主轴的角度，因不同品种而不同。主轴和分枝上着生着小穗，一般小穗成对，一小穗有柄，位于上方；另一小穗无柄，位于下方。每个小穗基部各生一对颖片，两颖片间生有2朵雄花，每朵雄花由内外稃和3个雄蕊组成。雄蕊花丝顶端着生黄绿色花药，雄蕊成熟后花丝伸长，内外稃张开，花药露出颖片，散出花药，即为开花（图4-1）。

玉米雌穗（female ear）属肉穗花序（spadix），由变态的腋芽发育而成，着生在穗柄的顶端；穗柄为缩短的分枝，叶片退化，叶鞘变态为苞叶；穗轴节极密，每节着生2个无柄小穗，成对成行排列；每小穗有2朵小花，上位花结实，下位花退化；雌小穗基部各有2片护颖，结实小花由内外稃、雌蕊组成，雌蕊的花柱及柱头合称为花丝（图4-2）。一个雌穗不同部位的花丝抽出时间不同，一般基部往上1/3处的花丝最先抽出，然后向上、向下陆续抽出。一个雌穗的吐丝时间一般为5～7 d。

2. 开花习性

玉米雄穗主轴中部的小花最先开放，然后向上、向下顺序开放。分枝上的小花的开花顺序和主轴相似。每一穗轴上小穗中的每对小花开花顺序不同，上部小穗的下位花先开，下部小穗的上位花先开。小花自开颖到散粉需1～2 h，其中颖片开至最大需要45～60 min，从颖片开到最大到散粉需要45～50 min，不同品种存在着一定的差异。雄穗开花受环境温、湿度影响较大，适宜的开花温度为20～28℃，相对湿度为70%～90%。当温度低于18℃或高于38℃时，雄花不开放。

单株雄穗的开花期一般为2～10 d，第2～5 d时花粉量最大。群体的散粉时间由于单株之间生长发育存在差异，一般持续15～25 d，其时间长短受自交系的遗传构成、温湿度、光照、栽培条件、栽培密度等因素的影响。在一天当中，花粉在8～10时生活力最强，然后下降，大约在下午4时生活力基本丧失。

A   B   C   D

图4-1　玉米雄花

A. 雄穗花序；B. 一段雄穗分枝；C. 一对小穗；D. 雄花

A B

图 4-2 玉米雌穗

A. 未授粉的雌穗；B. 完成授粉的雌穗

花粉活力的维持时间与环境条件有关，在温度 20～26℃、相对湿度 66%～86% 的自然条件下，花粉活力可维持 28 h，其中 6 h 内活力较高。在冰箱冷藏（5～8℃）条件下，花粉活力可维持 2～3 d。有报道认为，在液氮中，含水量 15%～20% 的玉米花粉寿命可得到较好的保持。环境中的湿度对花粉活力影响较大，在水中花粉的生活力几分钟就会丧失，土壤水分胁迫也会降低植株上花粉的活力。

3. 授粉受精过程

玉米雄花的花粉传到雌穗小花的花丝上的过程称为授粉（pollination）。花粉落到花丝上，约 5 min 后就生出花粉管；花粉管沿花丝向子房生长，花粉粒中的营养核和 2 个精核进入花粉管，在花粉发芽后 12～24 h 到达胚囊，然后花粉管破裂释放出 2 个精核，经过 2～4 h 完成双受精过程。其中 1 个精核和卵细胞融合形成二倍体的合子，而后发育成胚，另 1 个精核与 2 个极核融合形成三倍体的细胞，而后发育成胚乳。

（三）玉米花粉传播和隔离

玉米是异花授粉作物，花粉量大、花粉较轻，能随风飘散，容易造成制种田的外来花粉污染。适当的隔离，限制外来花粉的污染，可以保证生产种子的纯度。玉米在授粉过程中，外来花粉与父本花粉存在竞争授粉关系，当父母本花期相遇不好时，外来花粉授粉的概率极大增加。

1. 花粉产生和运动

单株玉米雄穗散粉时间可达到 5～12 d，累计可产生 1 500 万～3 000 万个花粉粒（官春云，2011）。在群体的散粉高峰期，花粉密度可超过 500 粒 /（cm² · d）。但相对于其他作物花粉，玉米花粉较大较重，因此大部分玉米花粉落在植株周边 50～70 m 内，在强风条件下，散播距离会显著扩大。此外，玉米花粉具有较强的耐胁迫能力，如实验证明，干旱胁迫对玉米花粉生活力的影响不大，但干旱会造成玉米雌雄穗的花期不遇，降低结实率。另有实验证明，花粉对高温敏感，当温度超过 38℃ 时，玉米花粉的传播将局限在很小的范围（Westgate 和 Boyer，1986）。

花粉的传播主要受风力和风向影响。研究表明，风速小于 0.33 m/s 时，花粉在筛面附近振动；风速为 0.35 ~ 0.40 m/s 时，花粉在筛面之上漂浮；风速大于 0.40 m/s 时，部分花粉漂浮上升。因此，1 级风（风速为 0.3 ~ 1.5 m/s）足以使花粉漂浮传播距离急剧扩大。除风速外，花粉传播距离还受每阵风持续时间及阵风与阵风之间的间歇时间影响。

我国北方夏季的风向总体比较稳定，以西北风为主，风力较强。总体上，北方花粉污染源向南、向东南、向东方向传播污染较重，向西、向西北传播污染较轻。比如，研究发现在以西北风为主的甘肃省张掖市（国家级杂交玉米制种基地所在地），花粉累计污染率以东南方向最高，其次是东、东北，而其他方向较少。从传播距离看，在小于 0.5% 的花粉污染的标准下，东南、正东方向为 150 m，其他方向均小于 100 m（图 4-3）。因此，空间隔离的距离在不同方向可以不同，在父母本相遇良好的情况下，总体可以控制 150 m 的隔离距离，污染源在下风处时隔离距离可以小于 100 m。

2. 隔离

合理的隔离一般需要考虑 3 个方面因素，即距离、时间和父母本花期相遇是否良好。最好的隔离是一个完美的花期相遇，即父本开始散粉时母本花丝刚好出现。在花期相遇良好情况下，适当的空间或时间隔离也是需要的。另外，在空间隔离或时间隔离难以满足时，可以在生产区周边 50 m 范围内，种植同一父本的基础种子或认证种子作为保护屏障。

（1）空间隔离　玉米空间隔离的严格与否主要考虑以下因素：①种子生产的种类，是自交系、杂交种或开放授粉品种；②生产的纯度要求，是育种者种子、基础种子或认证种子；③生产中保护边行数，保护边行数越多，隔离距离越短；④制种田的规模，规模越大，隔离距离越短。我国玉米杂交种子生产技术标准要求空间隔离 200 m，自交系生产要求隔离 300 m，但在实际生产中，最小隔离距离设置范围从 100 到 400 m 不等，主要考虑的环境因素是风速和风向。此外，父本边行数量越大，花粉污染的机会越少。

影响空间隔离效果的因素主要包括几个方面（Wych，1988）：①最大的污染发生在距污染源 50 ~ 75 m；②边行的花粉可以起到稀释污染的作用；③天然屏障（尤其是树木）可减少污染；④在合适的时间内，父本花粉供应充裕可以减少污染；⑤生产田面积越大，受污染的风险越少；⑥风向和风力，尤其是花粉污染源在盛行风的上风口，将加剧污染；

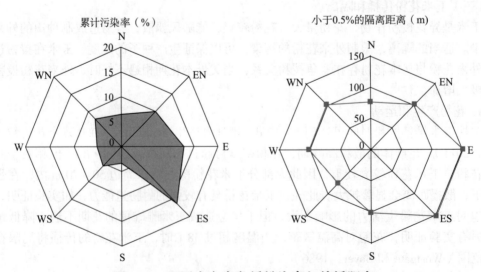

图 4-3　不同方向竞争授粉比率与传播距离

⑦授粉期间的环境条件，如开花期干旱则污染的机会将会增加，因为玉米污染源的花粉可能比自交系花粉更具授粉竞争力；⑧开花时空气的相对湿度对花粉授粉的竞争能力也具有重要影响。

（2）时间隔离

当使用时间隔离时，最好与潜在的污染源有 3～4 周种植时间的差异，这样才有可能保证当母本 95% 吐丝时，污染源的散粉不足 5%。春播玉米由于早期生长较慢，种植时间间隔需要适当延长。

二、影响玉米种子生产的因素和提高质量、产量的措施

（一）影响玉米种子生产的因素

影响玉米种子生产的外部生态条件主要有气候条件和肥水条件。在不同生态条件下玉米的生育期是不同的，积温和日照是影响玉米生育期的主要因素。玉米为短日照作物，同一自交系在不同生态区生育期不同，因此不能用一个生态区的生育特性来指导另一生态区的种子生产。

在制种区选择时，首先考虑气候条件，其次是隔离条件和肥水条件。气候条件主要是指积温、无霜期和日温差，还有开花散粉期的温度与湿度，收获期的空气相对湿度等。无霜期长、昼夜温差大、收获期湿度低，有利于优质玉米种子的生产。我国玉米种子主要生产区是甘肃和新疆，两省份合计约占全国玉米制种面积的 70%。

1. 气候条件对玉米种子质量和产量的影响

在玉米种子生产中，选择有利于自交系生长发育的农业气候条件是非常重要的。玉米各生育期的适宜气候指标主要包括：

（1）播种－出苗期

适宜气象条件：①玉米种子发芽。温度最低 8℃，一般要求 12℃以上，最适温度 25～35℃。②播种。耕层土壤湿度要求达到田间最大持水量的 70%，5～10 cm 地温稳定在 10～12℃以上时才可以播种。一般 5～10 cm 地温 10～12℃时播种 18～20 d 出苗；15～18℃时播种 8～10 d 出苗；20℃以上时播种 5～6 d 出苗。③苗期。最适温度 18～20℃，根系适宜生长的 5 cm 地温为 20～24℃；最适宜土壤含水量为土壤田间最大持水量的 60%～65%。

不利气象条件：气温低于 8℃会造成烂种；土壤含水量低于田间最大持水量的 50% 或高于 90% 时对出苗不利；幼苗时遇到 2～3℃低温影响正常生长，短时气温低于 -1℃时幼苗受伤，低于 -2℃时幼苗死亡。

（2）拔节－孕穗期

适宜气象条件：当日平均气温达到 18℃以上时，植株开始拔节，拔节最适宜温度为 24～26℃，最适土壤水分为田间持水量 70% 左右。平均气温 26℃是茎叶生长的适宜温度。需水量占全生育期总需水量的 23.4%～29.6%。

不利气象条件：气温低于 24℃，生长速度减慢。土壤含水量低于田间持水量 60% 易造成雌穗部分不孕或空秆。

（3）抽穗－开花期

适宜气象条件：月平均气温 26.5℃、空气相对湿度 65%～90%、田间持水量 80% 左右。抽雄前 10 d 至抽雄后 20 d，需水量大约 270 mm，占总需水量的 13.8%～27.8%，适宜

温度 22~24℃。

不利气象条件：气温高于 35℃、空气相对湿度低于 50%、土壤含水量低于田间持水量 60%，易造成吐丝困难或花丝枯萎。气温低于 24℃不利于抽雄，阴雨或气温低于 18℃将会造成授粉不良。

（4）灌浆 – 成熟期

适宜气象条件：最适宜的温度是 22~24℃，子粒快速增重期的适宜温度是 20~28℃。适宜灌浆的日照时数是 4~12 h，最适宜时数 7~10 h。土壤含水量不低于田间持水量的 70%。需水量占总需水量的 19.2%~31.5%。

不利气象条件：16℃是停止灌浆的界限温度；气温高于 25℃，则呼吸消耗增强，功能叶片老化加快，子粒灌浆不足；遇到 3℃的低温，即完全停止生长，影响种子成熟和产量；持续数小时的 –2℃的霜冻，造成植株死亡。

（5）全生育期

适宜气象条件：平均日温超过 15℃的无霜期内，均可种植玉米。全生育期耗水量 500~800 mm。春播全生育期日照时数为 900 h 以上，夏播为 610 h 以上。早熟品种，春播 70~100 d，积温 2 000~2 200℃；夏播 70~85 d，积温 1 800~2 100℃；中熟品种，春播 100~120 d，积温 2 300~2 500℃；夏播 85~95 d，积温 2 100~2 200℃；晚熟品种，春播 120~150 d，积温 2 500~2 800℃；夏播 96 d 以上，积温 2 300℃以上。

不利气象条件：一般生育期积温每减少 100℃，产量降低 7.6%。

2. 农艺措施对玉米种子质量和产量的影响

（1）田间准备和种植日期　播种前进行一次耕作，对已萌发的杂草种子和前茬玉米种子灭茬灭杂。播种期选择以避免不利的环境条件为前提，如温度和隔离条件等。提早播种有利于提高产量，错期播种可用于实现父母本之间的花期相遇。

（2）种植密度　种子田的种植密度应选择能生产最高产量的可销售高品质种子的密度，同时依据土壤含水量、肥力和使用的亲本材料特性而定。对于玉米自交系，适宜的密度差别很大，从 40 000~80 000 株 /hm²（Wych，1988）。在一定范围内，随着母本密度的增加，制种产量提高，但倒伏和空秆的风险也相应增加。在一般情况下，母本群体密度略低，将有助于确保良好的结实和发育，同时避免引起植株吐丝延迟和疾病蔓延以及倒伏问题。然而，过低的母本群体密度，可能会导致种子产量减少、质量降低（如大圆子粒增多）。父本行通常高密度种植，因为雄配子生产对密度和环境压力较不敏感，高密度可以产生更多的花粉，但应避免过高的群体密度，不利于典型株鉴定和异形株清除。此外，高密度有推迟抽雄开花的趋势，可能造成父母本花期不遇。山东农业大学的研究认为，增加密度是提高自交系和杂交种制种产量的重要途径。

（3）机械播种　为实现适当的播种均匀度和种植密度，机器播种时应校准播种器以适应种子大小和形状。种植深度应遵循该地区的一般要求，由于自交系对发芽条件敏感，同时加大播深能推迟花期，因此播深可根据需要适当微调以调节父母本花期。研究表明，播深从 3 cm 到 9 cm，对生育期无显著影响，但对产量有着明显的影响，因此山东地区以播深 5 cm 最好，新疆地区以播深 7 cm 最好。此外，播种机械要彻底清理，防止其他玉米的混入。

（4）施肥　肥料量和施肥时期取决于土壤和环境条件，不同自交系也有所不同。一般情况下，自交系比杂交种生根能力差，更容易造成营养失衡和缺失，适当增加氮、磷、钾肥水平对制种玉米的植株生长是必需的。除氮、磷、钾外，一些微量营养元素对种子发育过程具有特殊重要性，包括镁（促进种子萌发）、硼（促进花的发育和花粉萌发）、锌（促进种子形成）和钼（促进胚乳发育）等。

玉米生育期较短，生长发育快，对养分吸收的高峰相对其他作物偏早且集中。根据玉米的生长和需肥规律，氮肥应施足底肥，重视苗肥和拔节肥，猛攻穗肥；磷钾肥宜作基肥早施。追肥的分配大致为苗期 10%，拔节肥 20%，穗肥 60%，粒肥 10%。不同地块的地力不同，施肥量应有所差异，氮、磷、钾施用比例应为 1：0.5：0.6。在单产达 7 500 kg/hm^2 以上的高产田，每公顷施氮 135～180 kg，施磷 25 kg 左右，施钾 120 kg 左右；在单产 4 500～7 500 kg/hm^2 的中产田，每公顷施氮 105～150 kg，施磷 90 kg 左右，施钾 105 kg 左右。同时注意补充微肥。锌肥可在玉米浸种、包衣等处理时配施，也可在播种或苗期追施，一般施用 15～30 kg/hm^2 的硫酸锌即可，还可加在玉米专用肥中或苗期叶面喷施。除传统的施肥管理技术外，应注意推广种肥同播技术、水肥一体化技术等施肥新技术。"种肥同播"是在播种时，设置好种子与肥料之间的有效距离，一次性将种子和缓控释肥一起施用，该技术解决了农民习惯撒施、浅施及对用肥量把握不准的问题，有效提高了肥效。"水肥一体化"是将可溶性固体或液体肥料，按土壤养分含量和作物种类的需肥规律和特点，配兑成的肥液与灌溉水一起，通过可控管道系统供水、供肥，均匀、定时、定量浸润作物根系发育生长区域，该技术肥效快，养分利用率高。

（5）灌溉　灌溉要根据土壤质地和深度、气候条件、玉米的需求等而定，当壤土含水量低于 16%、黏土含水量低于 20%、沙土含水量低于 12% 时，即需要灌水。播种时，良好的土壤墒情是实现苗全、苗齐、苗壮、苗匀的保证，早期灌溉有利于建立一个均匀的群体。玉米开花水特别关键，有利于良好的结实，应在开花前安排好灌溉时间，既满足作物的需要，同时也避免对机械和人工去雄操作造成影响。一般情况下，自交系需水较杂交种多。从玉米生长发育的需要和对产量影响较大的时期来看，一般应浇好 4 次关键水。

① 拔节水　玉米苗期植株较小、耐旱、怕涝。土壤含水量为田间持水量的 60%～65% 时，可以不浇水。但玉米拔节后，植株生长旺盛，雄穗和雌穗开始分化，需水量增加，应适当浇水。播种至拔节耗水约占总耗水量的 18%，日平均耗水量约为 30 m^3/hm^2。虽然该阶段耗水少，但春播区早春干旱多风，不保墒，夏播区气温高、蒸发量大、易跑墒，都应该适当浇水。

② 大喇叭口水　拔节至吐丝期植株生长快，生物量急剧增加。而且此阶段气温高，叶面蒸腾强烈，植株生理代谢活动旺盛，耗水量加大，该阶段需水量约占总耗水量的 38%，日平均耗水达 45～60 m^3/hm^2。大喇叭口期至开花期是决定有效穗数、受精花数的关键时期，也是玉米需水的临界期，水分不足会引起小花大量退化和花粉粒发育不健全，从而降低穗粒数。抽雄开花时遭遇干旱易造成授粉不良，影响结实率，有时造成雄穗抽出困难，俗称"卡脖旱"，严重影响产量。因此，满足玉米大喇叭口至抽穗开花期对土壤水分的要求，对增产尤为重要。

③ 抽穗开花水　玉米抽雄开花期，叶面积大、温度高、蒸发旺盛，是玉米一生中需水量最多、对水分最敏感的时期，应保证充足水分，如地表土手握不成团，应立即浇水。浇水一定要及时、灌足，不能等天靠雨，若发现叶片萎蔫再灌水就会减产。

④ 灌浆水　吐丝至灌浆期水分条件对子粒库容大小、子粒败育数量及子粒饱满程度都有所影响，该期仍需要较多的水分，日耗水量可达 45～60 m^3/hm^2，该期耗水量占总耗

水量的 32% 左右。在应保证土壤水分相对充足，为植株制造有机物质并顺利向子粒运输，实现高产创造条件。适宜的土壤含水量为田间持水量的 70%～75%，低于 70% 需灌水；但遇涝则需注意排水。因此，此期应保持表土疏松，下部湿润为最佳生长环境。

灌浆至成熟期耗水较少，但玉米叶面积系数仍较高，光合作用也比较旺盛，日耗水量可达到 36 m³/hm²，该期耗水量占总耗水量的 10%～30%。生育后期适当保持土壤湿润状态，有益于防止植株早衰、延长灌浆持续期，同时也可提高灌浆强度、增加粒重。

3. 种子收获、加工过程对玉米种子质量的影响

种子收获和加工过程会对种子的活力、发芽、净度、水分和纯度等产生影响。确定适宜的收获期、干燥参数、加工程序和加工机械参数等对于防止和减缓种子质量下降至关重要。此外，在收获、干燥、加工、贮藏过程中，防止机械损伤和机械混杂，对保持玉米种子质量也具有重要意义。

（1）玉米收获期和收获方式对种子活力的影响　玉米种子受精后的早期种胚不具备萌发能力，随着发育程度推进种胚活力不断提升，种子活力亦不断提高，至最高峰后，如果不及时收获，种子活力会因为低温或病虫害等影响而下降，因此确定合适的收获时期对获得高活力玉米种子至关重要。传统玉米制种借鉴玉米粮食收获的方式，在生理成熟时（百粒重达到最大）收获，以乳线消失或黑层出现为判断依据，此时收获可以获得最高产量和较低含水量。但顾日良等（2017）分析了多环境下"郑单 958""先玉 335""京科 968"等杂交种在授粉后不同时期收获的种子的活力，发现种子活力最高的收获期出现在生理成熟前几天，此时黑层尚未出现，种子含水量为 30%～38%，乳线处于种子的 1/2～3/4 位置，因此生产高活力玉米种子时，应适当早收。

玉米种子收获方式有人工收获和机械收获两种。①人工收获：在蜡熟前期，收获前 15～20 d，将果穗苞叶剥开，使子粒均匀通风受光，可迅速将含水量下降到 25% 以下，然后采用"站秆扒皮"的方式进行收获。如果制种面积大，也可以不剥包叶，在含水量 30% 以上的时候，直接扒除苞叶，将果穗收获，然后由公司统一收回用于下一步的加工。但要注意，高含水量的种子必须及时晾晒或烘干，否则易发生霉变或发热捂种。②机械收获：机械收获可大面积、快速地进行玉米种子的收获，但机械收获的损伤率远大于人工收获，且收获时含水量越高，损伤率越高，所以采用机械收获时，收获时间应晚于人工收获，待含水量下降到 25% 以下时进行。

在最佳收获期收获的玉米种子含水量较高，不适用于机械收获，因此高活力种子通常采用人工方式收获。此外，种子收获过程中的机械或人为混杂是造成纯度降低的主要原因。

（2）干燥条件对种子活力的影响　干燥温度对玉米种子活力影响较大，干燥温度设置与种子含水量关系密切。在正常成熟条件下，种子含水量低于 30% 时，一般采用 41℃ 果穗干燥，是保持种子活力的较为理想的条件，高于 41℃ 干燥有可能会导致种子活力显著降低；但在种子含水量高于 35% 时，一般需要先通 35℃ 左右的热风干燥几个小时，待种子含水量下降后，再升高温度（不超过 41℃）进行正常干燥。在没有干燥设备的条件下，也可采用自然干燥。

（3）精选加工对种子活力的影响　果穗中部的种子活力指数高于果穗底部和顶部种子，尤其是顶部种子活力最低（李岩等，2018）。因此，通过机械加工方式把果穗中部及底部种子与顶部种子分开，有助于高活力玉米种子的生产。

4. 亲本纯度及人工去雄对玉米种子质量的影响

亲本种子的纯度对制种纯度影响较大。如果生产种子的繁殖材料质量不高，就很难生产出合格的杂交种。如玉米要保证杂交种纯度达到98%，其父母本的纯度都不能低于99%。在去雄彻底、隔离良好的前提下，杂交种纯度计算公式为：

$$杂交种纯度\% = 母本纯度\% \times 父本纯度\%$$

在父母本纯度100%、隔离良好的前提下，玉米制种田父母比例为1:n，母本去雄不及时或不彻底为x%，则自交粒的百分率（y）为：

$$y = n \times x / [(1 + n \times x\%) \times 100]$$

如在玉米制种过程中父母本比例为1:4，如果母本去雄不及时或不彻底为2%，则自交粒的百分率（y）为：

$$y = 4 \times 2 / [(1+4 \times 2\%) \times 100] = 7.4\%$$

（二）提高玉米种子质量和产量的措施

1. 严格隔离

玉米是异花授粉作物，在授粉过程中，存在竞争授粉和非竞争授粉两种情况。当父母本花期相遇良好的情况下，外来花粉与父本花粉是竞争授粉关系；当父母本花期相遇不好的情况下，非竞争授粉比例增加，外来花粉授粉和种子污染的机会大大增加。隔离的原理和原则参考本节"玉米种子生产时的生物学特性"部分。

2. 准确预测花期

父母本花期相遇良好是保证杂交制种成功的关键。杂交制种过程中坚持"母等父、父包母"的原则。"母等父"即母本吐丝可先于父本散粉2~3 d。"父包母"即父本散粉期较长，涵盖母本的整个吐丝期。做到"头花不空，主期击中，尾花有用"，即母本吐丝盛期（60%植株吐丝）与父本的主散粉期（60%的植株散粉）出现在同一天，确保父母本盛花期相遇。

（1）花期预测方法

① 查叶片法　在制种田里，根据双亲的总叶片数，选择有代表性的父母本各3~5点，每点各选典型株10株以上，定期标叶，调查父母本的叶片数。具体方法是每隔5片叶做一次叶标，整个生育期内做3次叶标即可。第1次做叶标必须及时准确，因为早期叶片容易因衰老而脱落，标记不及时会因遗漏造成少记叶片数。此外，第1片胚叶的叶尖呈椭圆形，注意叶标时不能把叶鞘的第一部分误认为是第1片叶而造成多记叶片数，或者把第2片胚叶误认为第1片叶而少记叶片数。根据双亲叶片出现的多少，预测其发育快慢，观察双亲是否协调。一般情况下，在双亲拔节后，母本未出叶片数比父本未出数少1.5~2片，表明花期相遇良好；如超过2片或少于1.5片，则有可能相遇不好。用该法在大喇叭口期检查准确度尤其高。

② 查叶脉法　在喇叭口期观察10株的展开叶单侧的叶脉数，求出平均值，如平均值为12条，再减去常数2，则表示该叶为第10片展开叶（也称完全叶）。据此推测双亲父本与母本叶差在1.5~2.0片时，预示能够花期相遇。

③ 镜检　玉米制种田进入大喇叭口期后，拔起植株，剥去苞叶，在显微镜下观察生长锥，根据生长锥的形态变化来确认穗分化时期，这是最准确可靠的方法。如果母本的幼穗分化早于父本一个时期，即预示花期相遇良好；否则就可能花期不遇。

④ 叶龄指数法　叶龄指数是指已展开叶数占主茎总叶数的百分率，即：

$$叶龄指数（\%）= 展开叶数 / 品种主茎总叶数 \times \%$$

有研究结果表明，玉米不同品种在不同自然条件下的穗分化时期和叶龄指数之间的对应关系是基本一致的。安伟等（2005）研究了春播玉米雌雄穗发育与叶龄指数的关系，发现在拔节前，雄穗处于生长锥未伸长期，叶龄指数小于28.3%；雄穗小穗分化期，雌穗生长锥未伸长，叶龄指数为38.4%，外部形态为拔节期；雄穗小花分化期，雌穗为生长锥伸长期，叶龄指数为43.4%，外部形态为小喇叭口期；雄穗性器官形成期，雌穗为小花分化期，叶龄指数为64.8%，外部形态为大喇叭口期；雄穗抽雄期，雌穗为性器官形成期，叶龄指数为91.7%；雄穗开花散粉期，雌穗为吐丝期，叶龄指数为100%（表4-1）。

表 4-1　春播玉米雌雄穗发育与叶龄指数的关系

外观形态	雄穗生长期	雌穗生长期	叶龄指数 /%
拔节前	生长锥未伸长期	—	<28.3
拔节期	小穗分化期	生长锥未伸长	38.4
小喇叭口期	小花分化期	生长锥伸长期	43.4
大喇叭口期	性器官形成期	小花分化期	64.8
抽雄期	抽雄期	性器官形成期	91.7
散粉吐丝期	散粉期	吐丝期	100

（2）花期调控技术

① 中耕断根　对生长偏快的亲本可采取深中耕或"断根法"，断根应在 11～14 片叶时进行，方法是用铁锹在靠近植株 6～7 cm 的一边上下直切 15 cm 深，断掉部分永久根（气生根），控制生长发育，可使玉米抽雄期推迟 2～3 d。

② 割除叶片法　对玉米生长过快的父母本，将心叶以上叶片剪成整齐状，可以调节花期 2～3 d；在 5～7 片叶期割除地上部分，可使玉米花期推迟 3～5 d；10 片叶时割除半截叶片，可使花期推迟 5 d；13～15 片叶时，从上部展开叶开始，每剪 1 片叶可使花期推迟 0.5 d。在父本偏弱偏晚时，即在父本孕穗后期、抽雄前期将顶部 2 片叶子去掉，有利于提早散粉。

③ 激素调节法　在玉米制种过程中，根据花期预测，在大喇叭口前期，如检查父母本花期不调时，对生长发育慢的亲本喷植物生长调节剂（如壮丰灵、云大 -120、翠竹牌生长剂等）可提早开花 2～3 d。在孕穗期每亩施 40 mg/kg 的萘乙酸水溶液 100 kg，可使雌穗花丝提前吐出，而雄穗散粉不受影响。

3. 重视制种技术的落实

（1）母本去雄　正常发育的一个玉米雄穗有 2 000～4 000 朵小花，能产生 1 500 万～3 000 万个花粉粒（官春云，2011），因此仅仅少数几个母本未及时去雄都会产生大量花粉，对制种纯度造成严重影响，因而全面及时彻底去雄对于玉米杂交种子生产至关重要。带叶去雄（也称"摸苞去雄"或"超前去雄"），即带一片顶叶去雄，是各地在制种工作中总结出来的一项简易而有效的技术。玉米不同自交系散粉特点不同，有些自交系雄穗抽出后再散粉，而有些自交系边抽雄边散粉，必须在雄穗抽出前"带叶摸包去雄"才能确保制种安全，决定玉米产量的主要是"棒三叶"（果穗所在部位及其上两节的叶片），去掉顶叶不但不会减产，而且由于改善了"棒三叶"的受光状况，能促进果穗发育，有一定增产效果。但去雄时所带叶片不要过多，过多的叶片损失会降低种子产量。然而，有的玉米自交系穗上节间较短，"带叶摸包去雄"时经常导致去掉较多叶片，可在喇叭口期通过喷施赤霉素（GA$_3$）拉长果穗以上各节间的长度（特别是倒1节和倒2节的长度），以减少人工去雄和机械化去雄对叶片的损伤。例如自交系"掖478"，雄穗还没有完全抽出就开始散粉，如采用常规去雄法（见雄去雄），很难保证及时、彻底去雄，所以必须进行带叶去雄，使制种田达到"去雄不见雄"。对弱小苗、晚发棵，在抽雄后期要逐垅清查，一次性拔掉。授粉结束后，要及时清除父本，既可提高母本产量，也可防止父母本果穗混杂。

（2）重视父本作用　要合理密植。过密会使父本生长细弱并造成倒折，散粉时间相对缩短。应确保父本科学合理的行距，避免不同期父本行或者满天星制种时父本植株被周边高大的母本遮阴受欺成为小苗。某些紧凑型自交系作父本时，常因顶二叶紧抱雄穗，影响雄穗散粉，应及时去掉雄穗下两叶，使雄穗暴露、花粉及时散出，此法可使母本结实率提高10%左右。

（3）辅助授粉　人工辅助授粉是提高结实率、增加制种产量的有效手段。特别是在花期未能良好相遇的情况下，更应做好辅助授粉工作。母本去雄5~7 d后，雌穗开始吐丝，花丝全部抽完需5~7 d，但花丝吐出的第2~5 d内花丝活力最高，授粉效果最好。父本雄穗从开始到全穗开花结束一般需7~9 d，但以第2~5 d散粉量最大。因此，辅助授粉应掌握在父本散粉量最大和母本吐丝集中时进行，一般应在花丝盛期连续进行2~3次，辅助授粉时间宜在上午8~11时。注意勤采勤授，现采现授，每采30~50株花粉即开始授粉，授完再采。

三、玉米亲本自交系的生产

（一）玉米自交系和亲本种子的概念

1. 玉米自交系

玉米自交系是指从一个单株连续自交多代，并结合选择而产生的性状整齐一致、遗传相对稳定的后代群体。由于连续的自交，虽然造成自交系的生长势和生活力减弱，但因在自交过程中淘汰了不良基因，提高了同质纯合，使自交系群体内每一个个体都具有相对一致的优良基因型，因而在性状上是整齐和优良的。

来源不同的自交系之间，特别是遗传基础和性状表现存在差异的两个自交系之间进行杂交，可产生强大的杂交优势，获得性状优良的杂种一代。一般将杂交组合的父本和母本统称为该杂交种的亲本。玉米亲本一定是自交系，但自交系不一定是亲本，只有成功组配为一个杂交品种的两个自交系才称为亲本。

2. 亲本种子

亲本种子是指用于生产杂交种的父母本种子，包括育种家种子、自交系原种、良种（一代良种和二代良种）、亲本姊妹种、亲本单交种等。育种家种子是指育种家育成的遗传性状稳定的最初一批高纯度的自交系种子。自交系原种是指由育种家种子直接繁殖出来的或按照原种生产程序生产，并且经过检验达到原种标准的自交系种子。自交系良种是指由自交系原种按照自交系良种生产技术规程生产的符合良种标准的自交系种子，用于生产杂交种；如果良种数量不够，可以用良种再扩繁一次，获得的良种成为二代良种，然后用于生产杂交种。亲本姊妹种，是指两个亲缘关系相近的姊妹系间的杂交种，是配制改良单交种的亲本种子。亲本单交种指配制三交种、双交种时使用的单交种。

亲本自交系生产的主要目标是保持自交系的特征特性和遗传完整性，同时提高杂交种纯度、杂交种子质量和降低制种成本（如去杂费用）。关键环节是要保证种子生产技术规程的落实，包括严格隔离、淘汰异性株，并准确地记录系谱。但由于遗传位点杂合、基因突变、转座子跳跃、异交等因素仍然会引起自交系的特性变化，为此，需从保存的育种家种子或自交系原种开始重新繁殖。

（二）亲本原种生产

1. 亲本原种生产方法

自交系原种是指按照原种生产技术规程生产出来的质量达到规定标准的种子。自交系原种应符合：①性状典型一致，纯度不低于99.9%；②保持原自交系的配合力；③种子质量好。自交系原种的生产可采用以下方法。

（1）育种家种子生产原种　育种家种子是由育种者提供用来繁殖原种的种子。其性状代表该自交系的标准性状，其品种纯度也应该是最高的。由育种家不断提供高纯度的自交系用于原种的生产是自交系生产的良好途径。但是，育种家提供的种子量往往较少，生产的原种数量也有限，因难以满足生产杂交种的需求而不直接作为良种使用。因此，育种家种子生产原种的核心要求是保持品种纯度和特性，生产上推荐采用"一年足量繁殖、多年贮存、分年使用"的方法。该方法减少了自交系的繁殖代数，有助于减少异交和遗传漂变的风险，可有效地保持优良品种的纯度和特性，延长品种使用年限，但要求具备低温干燥（温度≤0℃，干燥RH%≤60%）贮藏条件。目前在欧美等发达国家的育种家种子生产均采用该方法，具体方法又分为两种。

① 保持早代自交系　最低种植75~100株，种植3~4行，每行5 m。选择典型株，相互姊妹交。收获时，选择与品种描述一致的植株的果穗。选出的果穗种子进行贮藏，需要繁殖时分别取出部分种子，在隔离条件下繁殖，剔除异形株，开放授粉。收获时，选择符合品种特性的果穗收获脱粒。

② 保持高代自交系　方案一：第一个世代，选典型株自交，单独收获，果穗分别脱粒。第二个世代，每个果穗种成穗行，剔除异形穗行，选定行中的典型株自交，果穗分别收获和剔除异形穗，分别脱粒。每个果穗的部分种子用于后代测试，其余种子混合作为育种家种子。方案二：同胞交配。开花之前剔除异形株，选典型株，株对株进行姊妹交，或植株在隔离条件下开放授粉。典型的植株混收，一部分用于自交系的保持，一部分用于育种家种子。

（2）提纯复壮法生产原种　"提纯复壮"技术是我国20世纪50年代初期从苏联引进的良种繁育技术。该技术一般用于原种提纯，在自花授粉作物异交率低、个体纯合度高时，"提纯"较有把握。但异花授粉作物和常异花授粉作物一旦发生混杂，很难提纯到原来的遗传基础，也不符合植物新品种权的保护要求。但是一些地方还在使用提纯复壮的方法，其基本方法是三圃法或二圃法。

三圃法是指株（穗）行圃、株系圃、原种圃。二圃法是指三圃法中去掉株系圃后的株（穗）行圃、原种圃。二圃法或三圃法进行玉米自交系原种的生产时，首先要进行单株选择，单株选择的基础种子应当特征特性典型，纯度较高，否则不能采用二圃法或三圃法。

玉米作为异花授粉作物，非常容易引起生物学混杂，一旦发生了生物学混杂，就很难通过二圃法或三圃法提纯复壮。因此，在利用二圃法或三圃法时应特别注意单株选择田块的种子纯度。此外，要求在单株选择时，入选单株要套袋自交。株行比较时，还应在株行内选优株套袋自交，收获后注意穗选，混合脱粒生产原种。

（3）穗行测交提纯法生产原种　二圃法和三圃法适合新育成的及种子纯度较高的自交系的提纯。对于使用多年的自交系，由于混杂退化，仅从形态上提纯常常难以满足要求，会引起在形态上无法选择的一些特征特性的变异，丧失自交系原有的优良特性，如自交系的配合力等。目前生产上使用多年的"黄早 4""掖 107""丹 340"等自交系就有多种类型。虽然形态性状基本相同，但它们的配合力差异较大，造成不同制种单位生产的同一组合杂交种的产量水平有较大差异。因此，对于使用多年的自交系宜采用穗行测交提纯法。

穗行测交提纯法同二圃法基本相似，不同的是在单株选择自交的同时，分别用每株的花粉与原组合的另一亲本自交系进行交配成测交种，一般当选单株要测交 5~6 穗。自交穗与相应的测交穗成对编号。

第二年在株（穗）行比较的同时，将测交种子在另一地块进行配合力鉴定，为穗行决选提供依据。根据田间特征特性入选的株行自交，并结合配合力鉴定结果决选。决选株行中的自交果穗混收组成混合种子，用作下一年原种繁殖圃的种子。穗行测交提纯法克服了二圃法或三圃法仅依据特征特性提纯的缺陷，是适用于高纯度玉米自交系生产的方法，但工作量较大。

（4）穗行半分提纯法生产原种　该法适合于纯度较高的自交系，简易省工。缺点是只做一次典型性鉴定，供应繁殖区的种子量少，原种生产量少。

选株自交，收获后室内决选、单穗脱粒、保存。田间鉴定，将中选的自交果穗的种子，取一半田间种植观察和室内鉴定，评选优良的典型穗；剩余的一半种子妥善保存。根据田间评选和室内鉴定，将保存下来的一半种子，除去淘汰穗行，余下的全部混合，在隔离条件下扩大繁殖，生产原种。

（5）自交混繁法生产原种　该方法由陆作楣等（1990）提出，是用于棉花原种生产的一项技术。该法适于常异花及异花授粉作物，因此也适于玉米自交系原种的生产（其基本程序可参考第五章第一节）。

自交混繁法的关键是保种圃的建立和保持，其他环节不需要太多的工作量。因此，对于生产高纯度的自交系是一种行之有效的技术。与穗行测交法以及三圃法和二圃法相比，该法简单有效。在空间布局上，保种圃放在基础种子田的中间，有利于隔离和保纯。

（6）定系循环法生产原种　参照陆作楣教授提出的棉花"自交混繁法"，张春庆等（2015）提出了"定系循环法"，其一般程序详见第二章第四节。

在玉米原种生产中，第一年在严格隔离条件下，在育种家种子或原种田选择 200~250 个典型单株自交；第二年种成株行，在不同生育期鉴定株行，淘汰不典型株行，在典型株行内选 3~5 株自交，穗选后混系作为下一年株系的种子，其余单株开放授粉混收作为基础种子（一代原种）；此后重复上一年度的工作，循环生产原种。

在种子基地的田间布局上，采用同心分层隔离法（图 4-4），在保种圃四周设立基础种子生产田，最外

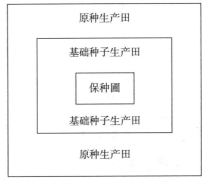

图 4-4　同心分层隔离法

层为原种生产田，原种生产田四周为隔离区或良种生产田。

对于从原种或育种家种子中初次选择单株时应单株授粉自交两代以上。当单株选择来源于前 20 对 SSR 引物检测（NY/T 1432—2014）纯度大于 95% 的自交系群体时，应自交三代以上。

定系循环法既保持了群体的遗传稳定性，又保持了株系之间的部分遗传变异，对于保持自交系的特征特性，防止自交系生产力的退化具有很好的作用。同时，它克服了三圃法、二圃法每次单株选择中造成遗传变化的问题，省工省力，对于自交系的特征特性保持具有重要价值。

2. 亲本原种生产技术

原种生产方法有多种，在实际生产中，根据亲本良种种子需求量、原原种纯度等，可选用不同的方法。但不管那种方法，都应达到《玉米种子生产技术操作规程》（GB/T 17315—2011）标准，该标准规定了亲本原种生产的一般技术要求：

（1）制定方案　原种生产前制定生产方案，严格按照程序进行，建立生产档案。

（2）选地　生产田宜设在大田用种生产田的中心，把大田生产田作为隔离区，也可单独生产。生产地块必须地势平坦，地力均匀，土层深厚，土壤肥沃，排灌方便，稳产保收。生产田面积可以根据自交系产量的高低，按照自交系大田用种生产田面积计算。

（3）隔离　原种生产田采用空间隔离时，与其他玉米花粉来源地至少相距 500 m。原种田采用空间隔离时，与主风向与玉米花粉污染源隔离不小于 300 m，其他风向隔离不小于 200 m。采用时间隔离时春播苗期间隔应大于 25 d，夏播苗期间隔应大于 20 d。

（4）播种　原种生产田采用统一规格播种，播前要进行精选、晒种，将决选穗行的种子混合种植。播深 4～5 cm，播深尽量一致。

（5）田间管理　参照山东省《冬小麦 – 夏玉米高产高效技术规程》（DB 37/T 3496—2019）进行水肥管理。

（6）去杂　凡不符合原自交系典型性状的植株（穗）均为杂株（穗），杂株率不得超过 0.01%。应在苗期、散粉前和脱粒前至少进行 3 次去杂。原种生产田中性状不良或混杂的植株最迟在雄穗散粉前全部淘汰。从植株抽出花丝起，不允许有杂株散粉（植株上的花药外露的小花在 10 个以上为散粉株）。具体标准见表 4–2。

表 4–2　玉米种子质量标准（GB 4404.1—2008）

种子类别		纯度不低于 /%	净度不低于 /%	发芽率不低于 /%	水分不高于 /%
常规种	原种	99.9	98.0	85	13.0
	大田用种	97.0			
自交系	原种	99.9	98.0	85	13.0
	大田用种	99.0			
单交种	大田用种	96.0	98.0	85	13.0
	大田用种（单粒播）	97.0		93	
双交种	大田用种	95.0	98.0	85	13.0
三交种	大田用种	95.0	98.0	85	13.0

（7）收贮 实行当选优行混收脱粒。原种圃所产原种质量要达到《粮食作物种子 第1部分：禾谷类》（GB 4404.1—2008）标准，单独贮存，并填写质量档案。收获后应对果穗进行严格检查，杂穗率不得超过0.01%。包装物内外各加标签，写明种子名称、种子纯度、净度、发芽率、水分、等级、生产单位、生产时间和生产地点等。

（8）干燥 采用果穗干燥时，初始干燥温度不要超过40℃，随着种子水分的降低，可以适当提高干燥温度。如种子水分20%左右时，干燥温度不要高于45℃。种子水分应干燥至12%以下。

（9）加工分级 烘干脱粒后的种子，进行清选、比重选，然后按照种子的长宽厚分级，可分为大圆、大扁、小扁、小圆4个级别，大扁、大圆种子属于高活力种子，其次是小扁种子，小圆种子活力最低。在高质量亲本种子生产中，小圆级别的种子可以去掉。自交系作父本时不需要分级。

（10）包装贮藏 分级后的种子按照《主要农作物种子包装》（GB 7414—1987）、《农作物种子贮藏》（GB/T 7415—2008）标准包装、贮藏。所产种子应达到《粮食作物种子 第1部分：禾谷类》（GB 4404.1—2008）规定的原种标准。

（三）亲本大田用种生产

亲本大田用种的生产技术，基本同原种生产。按照大田用种量和自交系产量计算大田用种生产所需面积。与原种生产要求不同的是，大田用种生产时的散粉杂株率累计不能超过0.1%；收获后的杂穗率不能超过0.1%，且所产种子应达到《粮食作物种子 第1部分：禾谷类》（GB 4404.1—2008）规定的大田用种标准。

（四）亲本单交种（含亲本姊妹交种）生产

亲本单交种的配制标准基本同杂交种的生产（参考本节杂交种生产技术）。亲本单交种选地、隔离同亲本大田用种生产。父本的杂株必须在散粉之前拔除。若母本已有5%的植株抽出花丝，而父本散粉杂株数占父本总数的0.1%以上，种子报废。母本的杂株要在去雄前完全拔除。母本的果穗要在收获后至脱粒前进行穗选，其杂穗率在0.1%以下时才能脱粒。详见表4-3。

表4-3 玉米自交系、杂交种田间纯度要求

类别	母本散粉株率/%	父本杂株散粉株率/%	散粉杂株率/%	杂穗率/%
原种	—	—	≤0.01	≤0.01
亲本种子	—	—	≤0.10	≤0.10
杂交种种子	≤1.0	≤0.5	—	≤0.5

注：① 杂交种的杂株是指当代田间已散粉的杂株，散粉前已拔除的不计算在内。

② 自交系的杂穗率指剔除杂穗前的杂穗占总穗数的百分比；杂交种的杂穗率指剔除杂穗后的杂穗占总穗数的百分比。

③ 植株上的花药外露的花在10个以上时即为散粉株。

在任何一次检查中发现散粉的母本植株数超过0.2%，或在整个检查过程中3次检查母本散粉株率累计超过0.3%时，所产种子报废。收获时要严防混杂，单独脱粒，单独收贮，包装物内外各加标签，种子质量达到《粮食作物种子 第1部分：禾谷类》（GB 4404.1—2008）标准。

四、玉米杂交种生产技术

（一）玉米杂交种生产技术步骤

玉米杂交种生产目前采用《玉米种子生产技术操作规程》（GB/T 17315—2011）标准。玉米杂交种生产中的概念与亲本种子生产中涉及有关亲本的概念相同，但杂株和杂穗率的内涵存在不同。自交系的杂株是指当代田间已散粉的杂株，散粉前已拔除的不计算在内；自交系的杂穗率指剔除杂穗前的杂穗占总穗数的百分比，杂交种的杂穗率指剔除杂穗后的杂穗占总穗数的百分比。

1. 定点与选地

应选择条件适宜的区域，建立制种基地，并保持相对稳定。以昼夜温差相对较大，无霜期较长，≥10℃有效积温，且满足杂交制种母本自交系生育期的生态要求为好。制种地块应当土地肥沃、旱涝保收，尽可能做到集中连片。

2. 隔离

制种田采用空间隔离时，与其他玉米花粉来源地距离不应少于 200 m。采用屏障隔，在空间隔离达到 100 m 的基础上，制种基地周围设置 5 m 以上的隔离带，高度不小于 3 m，同时种植不少于 5 m 的父本行。采用时间隔离时，春制种播期相差不少于 40 d，夏制种播期相差不少于 30 d。

3. 播种

播种前要检查亲本的真实性，按照育种者的说明并结合当地实践经验实施播种，进行精选、晒种。特别要注意错期、行比、密度的设置。错期要使父母本花期相遇良好；行比要根据有利于提高制种产量，保证父本有足够的花粉供应母本和方便田间作业而定。种子田的两边和开花期季风的上风头要在父本播种 3~5 d 后，最好再顺行播两行以上的父本作采粉用，对父本行要做好标记。

4. 去杂、去雄

凡异常的父母本植株均应在散粉前拔除干净。若父本的散粉杂株数超过父本植株总数的 0.5%，制种田应报废。收获后脱粒前，要对母本果穗进行穗选，剔除杂劣果穗。经检查核准，杂穗率在 0.5% 以下时，才能脱粒（表 4-3）。去雄方法同本章第二节亲本单交种的配制部分。在整个去雄过程中检查累计散粉株率超过 1% 时，制种田报废（表 4-3）。

5. 人工辅助授粉

同本节亲本单交种的配制部分中的人工辅助授粉。

6. 收贮

配制成功的杂交种，要严防混杂，剔除杂穗，单独收贮，包装物内外各加标签。种子质量要达到《粮食作物种子 第 1 部分：禾谷类》（GB 4404.1—2008）标准。

（二）田间纯度检查

1. 检查项目和依据

抽雄前至少要进行两次检查，着重检查隔离条件、种植规格和去杂情况是否符合要求。苗期主要以幼苗叶鞘颜色、叶型、叶色和长势的典型性为检查依据。

开花期至少要检查 3 次去杂情况，监督制种单位及时、干净、彻底去雄。抽雄开花前主要以株型、叶型、叶色、雄穗形状和分枝多少、护颖色、花药色、花丝色等典型性为检查依据。

收获时、脱粒前和交种前，还要分别检查收获情况、场地清理情况等。脱粒前主要以穗型、粒型、子粒大小、颜色、穗轴色等典型性为检查依据。另外，还要根据抗逆性、生育期等特性进行检查。

2. 检查结果的处理

每次检查，都应将检查情况记入玉米种子生产田间检查记录表（表4-4）。发现问题，应会同受检单位负责人（或承包人）进行复查，并责成其在每次检查记录卡片上签字。全部检查结束后，要将检查结果报送主管单位，对报废的种子要将报废的理由及时以书面形式分别通知主管单位和种子生产单位。所生产的各类种子，由各级种子检验机构根据《农作物种子检验规程》（GB/T 3543.1～3543.7—1995）和《粮食作物种子　第1部分：禾谷类》（GB 4404.1—2008）标准进行检验定级。

表4-4　玉米种子生产田间检查记录表

No: ＿＿＿＿＿＿＿＿

生产单位：＿＿＿＿＿＿＿＿＿＿＿　　管理人：＿＿＿＿＿＿　户主姓名：＿＿＿＿

品种名称：＿＿＿＿＿　地块编号：＿＿＿＿　前作：＿＿＿　面积：＿＿＿　隔离情况：＿＿＿

种植密度：父＿＿＿母＿＿＿株/hm² 行比：＿＿＿＿＿　播种日期：＿＿＿＿　收获期：＿＿＿＿

项目		次数						备注
		1	2	3	4	5	6	
检查时间（日/月）								
杂交种	母本散粉株率/%							
	父本杂株散粉率/%							
	母本杂穗率/%							
自交系	散粉杂株率/%							
	杂穗率/%							
检查意见	1. 符合要求　2. 整改　3. 报废							

（三）提高玉米杂交种生产质量的措施

以山东省《玉米高质量杂交种生产技术规程》（DB 37/T 3107—2018）为参照，生产高质量杂交种种子时，应注意以下4点。

（1）亲本种子处理　父母本种子的纯度应大于99.0%。播种前母本宜进行分级后播种，以大扁、大圆为好，其次为小扁，父本种子不需要分级。种子可采用种衣剂包衣或药剂拌种以防止苗期病虫害。

（2）播种　适时播种，无霜期短的春播制种区地温应稳定通过5℃时抢墒播种。行距55～60 cm，穴播或条播。穴播时，紧凑型亲本每公顷保苗8万～9万穴，平展型亲本每公顷保苗6.5万～7万穴，机械化去雄的地块适当增加密度。播深4～5 cm，播深要一致。条播时，参考以上密度定苗。

注意错期、行比、密度、播深。错期要保证父母本花期相遇良好，行比要保证父本有足够的花粉供应母本［一般父母本行比 1 : (3 ~ 5)］，有利于提高制种产量。父本播种 3 ~ 5 d 后，宜在种子田的两边，播几行父本作采粉用或起保护作用。

（3）田间管理　前期管理主要是定苗。单粒播种亲本如果双株率较高，一般也应在植株 3 ~ 4 片叶时定苗为单株。中期管理主要是虫害防治和追肥。虫害主要针对黏虫、玉米螟。对未使用缓释肥的玉米地块，在拔节前追肥，追施氮素 70 ~ 105 kg/hm²，追肥部位离植株 8 ~ 12 cm，深度 10 ~ 15 cm。后期管理可以采取站秆扒皮晾晒，在玉米蜡熟后期扒开玉米果穗苞叶，促进子粒降水。田间杂草可采用化学、人工和机械除草。

（4）去雄　母本行的全部雄穗在散粉前及时、干净、彻底拔除，人工去雄时，坚持每天至少去雄一遍，对紧凑型自交系采取摸苞去雄（带 1 ~ 2 片叶去雄），拔除的雄穗埋入地下或带出制种田妥善处理。

机械化去雄时，应与人工辅助去雄相结合，在母本吐丝前应彻底去除母本雄穗。母本花丝抽出后至萎缩前，植株上超过 50 mm 的主轴或分枝花药伸出颖壳并正在散粉的植株即算为散粉株。对于父母本行比小于或等于 1 : 4 的制种田，在整个去雄过程中检查累计母本散粉株率超过 1% 时，制种田报废。在任何一次检查中，发现散粉的母株数超过 0.2%，制种田报废。在不超过以上母本散粉比例的前提下，如果发现母本散粉株，散粉母本株周围半径 3 m 内的杂交种子报废。

收获、干燥、脱粒、分级参考《保持玉米亲本特征特性种子生产技术规程》（DB 37/T 3103—2018）的相应部分。

五、玉米雄性不育系及 SPT 技术

（一）不育系及其利用

1. 不育系种类

玉米雄性不育是指在玉米有性繁殖过程中不能产生正常花药、花粉或雄配子的遗传现象。玉米雄性不育分为核雄性不育和细胞质雄性不育。

（1）核雄性不育　核雄性不育又称基因雄性不育（genic-male sterility，GMS），是指单纯由细胞核基因控制的雄性不育类型。1930 年，Singleton 和 Jones 发现首例核不育基因，定名为 *ms1*。到目前为止，已正式定位命名的玉米核不育基因有 26 个，它们分别是 *ms1*、*ms2*、*ms3*、*ms5*、*ms7*、*ms8*、*ms9*、*ms10*、*ms11*、*ms12*、*ms13*、*ms14*、*ms17*、*ms18*、*ms19*、*ms20*、*ms21*、*ms22*、*ms23*、*ms24*、*ms28*、*Ms41*、*Ms42*、*ms43*、*Ms44* 和 *ms45*。其中 *Ms41*、*Ms42*、*Ms44* 属显性基因，其余为隐性基因。核不育基因在生物技术育种和制种方面具有广阔的应用前景，如美国先锋公司的 SPT 技术。

玉米温敏型核雄性不育系也属于核雄性不育。汤继华、赫忠友等（2000）对温敏型核不育系"琼 6Qms"的研究中指出，日最高温度是育性转换的主要影响因子，表现出低温可育、高温不育。育性转换的温度区间为 27 ~ 31℃；同时，日照长度对育性转换也有一定的影响，表现为长日照不育、短日照可育，"琼 6Qms"的温光敏感期为雄穗的小花分化期；也有长日照可育、短日照不育的光敏型不育；还有光敏核不育与细胞质不育相结合的类型，如江苏沿江地区农业科学研究所发现的糯系 TN5A 材料属于短日不育与细胞质不育的结合型。

（2）细胞质雄性不育　玉米质核互作型雄性不育（也称胞质雄性不育，cytoplasmic male sterility，CMS）是玉米育种中研究较多的不育类型。CMS 最早发现于 1930 年，其后

在世界各地被陆续发现，至今已发现细胞质雄性不育材料 100 多种，并且不断有新的 CMS 材料被发现和报道。根据育性恢复专效性原理，可对 CMS 进行较为科学的分类。所谓育性恢复专效性，是指特定细胞质不育基因与其对应的特定核恢复基因之间存在严格的一一对应关系。基于此，Beckett（1971）将 CMS 分成 T、C、S 三种细胞质不育类型。此后，Pring 等（1980）运用限制性核酸内切酶技术的线粒体 DNA 酶切图谱分析，将 C 群划分为 3 个亚群，即 C I、C II、C III。Sisco 等（1985）采用线粒体核酸内切酶分析，结合 F_1 花粉形态学观察、大田恢复反应等方法，综合分析了 25 种不同来源的 S 组细胞质之间的异质性，将它们分成 5 个亚组：CA、B/D、LBN、ME 和 S，他们还建议把 CA 亚组作为标准 S 组。四川农业大学玉米研究所荣廷昭等（2002）对 C、T、S 三种雄性不育组进行了线粒体 DNA 的 RELP 分析，结果发现 3 种不同细胞质不育类型在线粒体 DNA 的 RELP 图谱不同。

S、C、T 三组群雄性败育的发生时期与表现不同。T 组群和 C 组群属于孢子体雄性不育，败育发生在四分体时期至单核花粉期，败育早且彻底，败育花药干瘪。S 组群属于配子体不育，败育多发生在二核花粉期，败育较晚，败育花粉为空泡状，且其育性稳定性较差，易受核背景基因型的影响，即有的核背景下育性较高，而有的则几乎不育。此外，也受不同生态的影响，结实性常因生态条件不同而有高有低。实际上，S 组群与光、温敏感性不育可能有一定联系。S 组群为 3 类 CMS 中数量最大的类群，包括了 100 多种类型，中国地方品种中该组群的出现频率较高。S、T、C 组群在病理小种专化侵染方面有差异。目前，S 组群尚未发现玉米小斑病生理小种专化侵染；T 组群为玉米小斑病 T 小种专化侵染，原因是 T 小种有能对 T 型细胞质产生专化效应的 T 毒素；C 组群虽能抵御玉米小斑病 T 小种的专化侵染，但已发现有对不育 C 组群专化侵染的玉米小斑种 C 小种。研究表明，玉米小斑病 C 小种只能侵染 C 组群中的 C I 亚组，侵染反应从高度感病到不感病，且专化侵染程度较 T 小种差。

2. 不育系和恢复系的回交转育

利用玉米细胞质不育系生产杂交种，需要不育系、保持系、恢复系三系配套。不育系的回交转育和恢复系的回交转育，都需要选择相应的不育系（通常用 S 型细胞质或 C 型细胞质）和相应的恢复系为供体亲本，以现有的优良杂交种的母本和父本作为轮回亲本（受体）进行回交转育。

不育系的回交过程，从回交一代开始，每代都从杂种后代中选择具有不育性状的个体（最好是完全不育的个体）与轮回亲本杂交。如此继续进行 5~6 次回交，直到最后得到的植株所有性状与受体相似，但具备了不育系的性状为止。在理论上每回交一次，杂种后代所含轮回亲本的遗传成分将递增一半。一般经 5~6 次回交，其后代的主要性状已接近轮回亲本（受体）。一般轮回亲本也作为保持系。

如果原杂交种父本对转育的不育系不具有恢复特性，就需要进行恢复系的转育。恢复系的转育较不育系的转育复杂。回交过程中，必须与不育系成对进行恢复性测定。

在回交转育中，回交后代可以采用分子标记辅助选择，以提高选择准确度和回交进度。

3. 利用细胞质雄性不育系生产杂交种

在 20 世纪 50 年代，细胞质雄性不育（CMS）遗传系统在美国开始取代人工去雄，在杂交玉米种子生产中应用。这是由稳定可靠的 CMS 育性恢复基因的发现，育性调节机制的技术的完善，劳动力稀缺与去雄相关成本上升所引起的。最可靠的 CMS 育性恢复基因来自玉米品种 Mexican June，它含有 T 型细胞质的两个主要育性恢复基因 Rf_1 和 Rf_2。大多数美国自交系中发现有 Rf_2 基因，因此只需将 Rf_1 基因转到这些自交系中，就形成了恢复系。Rf_1 和 Rf_2 基因可以使 CMS-T 育性完全恢复，除了非常恶劣的天气条件如极端高温和干旱。然而，在 1970 年发现基于 CMS-T 不育系的杂交种对小斑病高度敏感。当时在美国包含 CMS-T 不育系统的杂交种，损害接近 90%。1970 年后，CMS-T 不育系停止使用，玉米种子生产又回到原来人工去雄。然而，研究人员继续开发其他类型的 CMS。由于 CMS 的低成本效益，新型 CMS（主要是 C 组和 S 组）在 20 世纪 70 年代末开始使用。C 组和 S 组在美国的玉米种子种植面积为 20%～30%。

以 S 组不育系为例，生产杂交种的一般程序如图 4-5 所示。

4. SPT 技术

（1）SPT 技术的发展　利用生物技术进行的玉米不育化制作技术，被称作 SPT 技术（seed production technology，SPT）。第一个商业化的基于生物技术辅助的玉米雄性不育系利用方法是比利时开发的 SeedLink™ 系统，研究人员利用转基因技术，将 *barnase* 核糖核酸酶基因和称为 *bar* 的草铵膦耐受基因（Newhouse 等，1996 年），转到了含 MS3 育性基因自交系中。在此转化事件中核糖核酸酶仅在花药细胞表达，破坏花药绒毡层细胞从而阻止花粉的形成发育。*bar* 基因赋予耐受除草剂草铵膦特性。早期利用除草剂处理，可以除掉雄性可育和除草剂敏感个体（约占群体的 50%），存留的个体是一个一致的雄性不育群体，当用父本授粉就会产生杂交种子。当用可育株授粉，产生的下一代有 50% 不育且耐受草铵膦植株，50% 可育且对草铵膦敏感的植株。该系统需要母本行多播种子，除草剂应用后约 50% 的植株将被除掉。这项技术的关键是除草剂的应用浓度和时间，以消除可育母本，同时避免母本混杂到父本行。由于对除草剂耐受的母本分布不均，经常会导致存留母本一片大或一片小，造成制种母本密度不均匀。另一个处于发展阶段的生物技术系统命名为先锋结构不育（PCS），涉及雄性不育基因克隆和化学诱导启动子。研究人员首先用

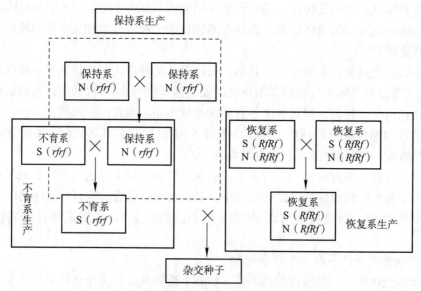

图 4-5　利用不育系生产杂交种的一般程序

化学诱导启动子替换天然雄性不育基因 *ms45* 的启动子，杂交制种时，雄性可育基因 *ms45* 不表达，植株表现为不育系，作为母本进行制种；在母本繁殖时，通过化学药剂的刺激，启动该基因表达，植株可育，从而实现自交繁殖。有两种不同的化学诱导的遗传系统，一种是来源于玉米的内源性的麦草畏（dicamba）的化学诱导系统，另一种是源于欧洲玉米螟（*Ostrinia nubilalis*）蜕皮的外源化学诱导系统（Albertson 等，2000）。以上两种系统都存在一些问题而难以被广泛使用。

（2）美国先锋公司的 SPT 技术　美国先锋公司采用转基因方法，创造了 32138 SPT 保持系（*ms45/ms45*：SPT/−），对于隐性不育基因 *ms45* 是同源纯合体，对于 SPT 插入子是半同源纯合体。它成功解决了玉米雄性核不育系的自然保持难题，开发出玉米雄性核不育制种技术，既可免除人工或机械化去雄程序，又克服了细胞质雄性不育受叶斑病害、育性恢复等缺陷困扰，制种成本和风险大幅降低，制种质量显著提高。该技术于 2011 年 6 月被美国 USDA 解除转基因管制审批。先锋公司 SPT 杂交种生产示意图见图 4-6，该项突破性技术将会改变现有玉米杂交制种模式。

其主要原理是：通过转基因在 *ms45* 隐性核不育系中插入了一个插件，该插件含有 3 个组分。一是花药特异启动子 5216 驱动 *ms45* 可育基因表达，由于 *ms45* 是显性基因，在杂合条件下（*ms45/ms45*）可以使不育的植株变得可育；二是花粉特异启动子 *Pg47* 驱

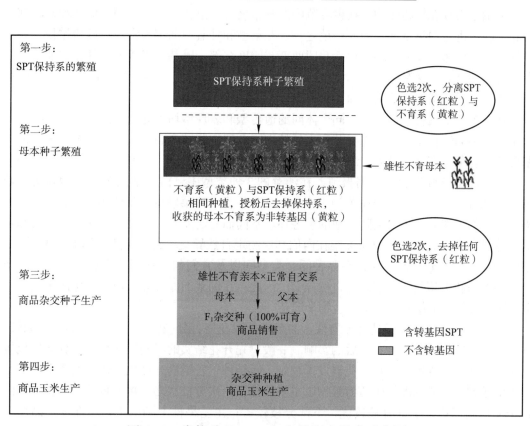

图 4-6　先锋公司 SPT 杂交种生产程序示意图

动的花粉致死基因 *α-Amylase*，由于二倍体的杂合植株产生的单倍体的花粉中 50% 含有插件，表现为花粉不育，另外 50% 的花粉不含插件，表现为可育；三是胚乳特异启动子 *Ltp2* 驱动的来自红珊瑚的 *DsRed2* 基因，使得带有插件的子粒胚乳呈现荧光红色，不含插件的为非转基因的黄色种子。种子生产时，杂合植株产生 50% 的含有插件的配子和 50% 不含插件的配子，但仅产生可育的不含插件的花粉（含插件的花粉死亡），自交后，产生 50% 的不含插件的不育种子（黄色种子）和 50% 含插件的转基因杂合种子（红色种子），再通过色选机分选，可以获得含有插件的杂合种子为保持系种子，不含插件的为不育系种子。

第二节　油菜种子生产技术

一、油菜种子生产的生物学特性

（一）生物学基本特点与栽培品种分类

1. 油菜的生物学基本特点

油菜是十字花科（*Cruci ferae*）芸薹属（*Brassica*）中一些油用植物的总称。因此油菜不是一个单一的物种，而是包括芸薹属植物的许多物种。迄今为止，在世界各地广泛栽培的主要油菜品种，按分类学特点和农艺性状可以概括为白菜型（*Brassica campestris* L.）、芥菜型（*B. juncea* Coss）、甘蓝型（*B. napus* L.）3 种类型，各类型又包括若干个种。其中，白菜型油菜为异花授粉作物，在世界范围内分布极为广泛，欧洲、亚洲、美洲和非洲都有分布，我国也是白菜型油菜的原产地之一。芥菜型和甘蓝型油菜为常异花授粉作物，芥菜型油菜主要分布在欧亚大陆，包括我国西部、印度北部、巴基斯坦等地。甘蓝型油菜主要分布在地中海沿岸欧洲部分。由于甘蓝型油菜经济性状好，含油量高、抗逆性强、产量高，现已成为我国推广的主要油菜品种类型（王建林，2006）。

在一个油菜品种群体内，不同个体间的遗传型和表现型均不完全一致，其中一些个体是由具有不同遗传基础的异株异花产生的精细胞和卵细胞结合而形成的异质结合体，遗传基础比较复杂，变异性较大。油菜的主要生物学特点如下：

（1）异交亲和性较强　据报道，在油菜的 3 种类型中，白菜型油菜的自然异交率最高，为 80%～90%；甘蓝型油菜为 10%～25%；芥菜型油菜较低，低于 10%。但是，3 种类型油菜的天然异交率常会随产地的生态环境不同而有所差异，如甘蓝型油菜在瑞典测定的自然异交率达 33%，芥菜型油菜在西伯利亚测定自然异交率最高可达 45.6%。总之，油菜的异交亲和性较广泛，无论在品种间、类型间以及它们与一些芸薹属近缘种间都能杂交；品种间和类型间还可能发生自然异交。因此，在油菜的原种和大田用种生产中，要采取安全隔离等相应措施，以防止生物学混杂。

（2）不同部位的种子具有异质性　油菜是无限花序，分枝性较强，单株的开花期长。种子质量受结籽部位和开花先后的影响。一般，先开花结实的时间较充分，养分运送也较直接，所获得的养料较充足，花器发育较好，所结种子较饱满，品质较优。油菜全株所结种子的千粒重、均匀度、生活力等均以主茎较优，一次分枝次之，再分枝较劣；各分枝的种子品质则以中、上部分枝较优，下部分枝较劣；主茎果穗上则以中、下部种子品质较优，上部较劣。

（3）繁殖系数大 油菜种子小，繁殖系数大，这是油菜良种繁殖的一个显著优点。在一般的生产条件下，每公顷的用种量为1.5（移栽）~3.0 kg（直播），可以收获种子1 500 kg左右，繁殖系数可达500~1 000倍。若采取单粒点播或育苗移栽稀植，并充分满足其生长发育要求，单株生产力更高，繁殖系数更大。

（4）种子细小圆滑，易发生机械混杂 在3种类型油菜中，芥菜型的种子最小，千粒重仅1~2 g；甘蓝型的种子千粒重为2.5~3.5 g；白菜型的种子千粒重为3 g左右，但品种间差异较大。由于种子小而圆，表面光滑，滚动性大，难于控制位移方向，因此在同一区域内有多品种并存时，容易造成品种间的机械混杂，并可能由此导致下一生长季节的生物学混杂，从而使种性退化，农艺性状变劣，抗性减弱，生产力降低。因此，在进行油菜良种繁育，特别是收获、加工、贮藏和运输过程中，要严防机械混杂。

2. 油菜栽培品种分类

在20世纪30年代开始了油菜各个种的亲缘关系研究，其中最为著名的是日本学者Morinaga和Nagahara等人提出的"禹氏三角"（志贺等，1982）。该三角理论指出，白菜型油菜为基本种（染色体数$2n = 20$，染色体组为AA），其余两种类型均为复合体，由两种不同类型油菜经杂交、自交和自然选择后进化而来。芥菜型油菜系由白菜型原始种和黑芥（*B. nigra L.* $2n = 16$）自然杂交后异源多倍化而来（染色体数$2n = 36$，染色体组为AABB）；甘蓝型油菜系由白菜型原始种与原产于地中海沿岸的野生甘蓝（*B. oleracea* ssp. *sylucstrisl*，$2n = 18$）自然杂交后异源多倍化而来（染色体数$2n = 38$，染色体组为AACC）。归纳起来，可用一个三角形图来表示3种类型油菜与芸薹属植物几个种的亲缘关系（图4-7）。

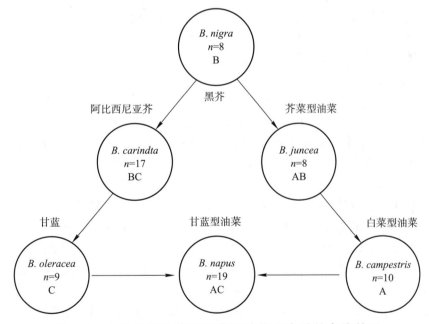

图4-7 3种类型油菜与芸薹属植物几个种的亲缘关系

（颜启传，2001）

1956年全国油菜试验研究座谈会上，根据我国油菜栽培的悠久历史和油菜生产发展的要求，按农艺性状、植物分类学特征以及遗传亲缘关系，将广泛分布于我国和从国外引进的各种类型油菜栽培品种也划分为上述 3 种类型，即白菜型、芥菜型和甘蓝型。

（1）白菜型油菜　俗称小油菜，包括北方小油菜和南方油白菜两个种。植株一般较矮小，叶色深绿至淡绿，上部薹茎叶无柄，叶基部全抱茎。花色淡黄至深黄，花瓣圆形较大，开花时花瓣两侧相互重叠。自然异交率高，自交率很低，属典型的异花授粉作物。角果较肥大，果喙显著，种子大小不一，种皮颜色有褐、黄或黄褐色，种子含油量 35% ~ 45%。生育期较短，为 150 ~ 200 d。易感染病毒病和霜霉病，产量较低，适宜在生长季节短、肥力水平低的条件下栽培。兼用蔬菜和榨油。

（2）芥菜型油菜　俗称大油菜、高油菜、苦油菜、辣油菜等。是芥菜的油用变种，主要有小叶油菜和大叶油菜两个种。植株高大，株型松散。叶色深绿或紫绿，叶面一般皱缩，有蜡粉和刺毛，叶缘有锯齿，薹茎叶有柄不抱茎，基部叶有小裂片和花叶。花色淡黄或白黄，花瓣小，开花时四瓣分离。具有自交亲和性，自交结实率一般高达 80% 以上，属常异交作物。角果细而短，种子小，辛辣味较重，种子含油量 30% ~ 50%，种皮有黄、红、褐等色。生育期中等，为 160 ~ 210 d。产量不高，但耐瘠、抗旱、抗寒，适于山区、寒冷地带及土壤瘠薄地区种植，主要分布在我国西北和西南地区。

（3）甘蓝型油菜　俗称洋油菜、番油菜、日本油菜、欧洲油菜等。植株中等或高大，枝叶繁茂。叶色蓝绿似甘蓝，有蜡粉，薹茎叶无柄半抱茎。基部叶有琴状裂片或花叶。花瓣大、黄色，开花时花瓣两侧重叠，自交结实率一般为 60% 以上，属常异交作物。角果较长，种子较大，种皮黑褐色，种子含油量 35% ~ 45%。生育期较长，为 170 ~ 230 d。增产潜力大，抗霜霉病、病毒病能力强，耐寒、耐肥、适应性广，我国油菜产区均有栽培，是当前我国油菜的主栽品种。

除以上 3 种类型外，我国还有其他一些十字花科的油用作物，如芜菁、黑芥、埃塞俄比亚芥、油用萝卜、白芥、芝麻菜等，其中前 3 种属于芸薹属。

（二）花器结构与开花习性及授粉受精过程

1. 油菜的花器结构

油菜的花序为复杂的总状无限花序，着生在主茎顶端的是主花序（简称主轴）。着生在主茎上面的分枝为第一次分枝（大分枝），着生在第一次分枝上面的分枝称为第二次分枝（小分枝），着生于第二次分枝上的分枝称为第三次分枝，依次类推。分枝上形成花序，花序的序轴上着生许多单花。

油菜的花由花柄（花谢后成为果柄）、花萼、花冠、雄蕊、雌蕊和蜜腺等部分组成。花萼 4 片，着生在花的最外围，呈绿色或淡绿色；花冠由 4 片花瓣组成，一般为黄色，开放时呈"十"字形，故称十字花科。雄蕊 6 枚，4 长 2 短，称四强雄蕊。每枚雄蕊由花药与花丝两部分组成，成熟的花药为黄色，内含大量花粉。雌蕊 1 枚位于中央，由子房、花柱和柱头三部分组成，形似小瓶状，柱头上有许多乳状小突起（称为乳突细胞），花粉粒即在此发芽，雌蕊在开花前 3 ~ 5 d 已先成熟，可以接受花粉。受精之后，胚珠发育成种子，子房膨大为角果，花柱发育成果端的喙突，蜜腺位于花瓣基部雌蕊与子房之间，共 4 枚，呈绿色。位于两个短雄蕊下面的蜜腺，蜜汁丰富；而位于两对长雄蕊下面的蜜腺，不分泌蜜汁。油菜花和花器构造如图 4-8 所示。

2. 油菜的开花习性及授粉受精过程

（1）开花习性　油菜现蕾抽薹以后，就进入开花期，我国长江流域各省份在 2 月中下旬到 3 月上中旬开始开花。由始花到终花的花期多数在 30 d 左右。一般而言，早熟品种

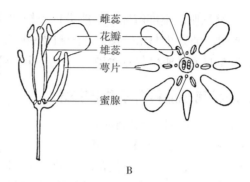

图 4-8 油菜花和花器构造

A. 油菜花；B. 花器构造

开花早，由于温度较低，开花不集中，花期较长；而迟熟品种则因开花时温度较高，花期短而较集中。甘蓝型品种花期 25～40 d。白菜型品种开花时间早，但开花缓慢，花期可达 40～50 d。

油菜的开花顺序是：主花序基部先开，然后第一分枝、第二分枝依次开放。一个植株的开花顺序是：上部花序先开，下部花序后开，从上而下依次开放。而就一个花序而言，则是花序基部的花朵先开，花序上部的花朵后开，从下而上依次进行。一朵花从萼片开裂至花瓣平展呈"十"字形，需要的时间因气候不同而异，一般需 24～30 h。

一般在开花前一天下午 4 时左右，花瓣和雄蕊的花丝开始伸长，花萼逐渐裂开，从裂缝能看到淡黄色的花瓣，到傍晚 4 个萼片顶部合拢处裂开，花瓣开始显露，但仍未张开。直至开花当天的早晨，花朵开成喇叭形，上午 8～10 时花瓣平展成"十字"形，此时花药开裂，散出花粉。花朵开放后，大约经过 24 h，又逐渐闭合成半开放状态。一朵花从开放到花瓣、雄蕊凋落，一般需 3～5 d。气温高、风大，凋落加快，气温低、湿度大（特别是阴雨天），花朵开放和凋落的时间延长，可延至 10 d 左右才凋落。

油菜开花需要一定的温、湿度条件。温度以 14～18℃最为适宜。开花的适宜温度范围因类型和品种而有一定变化，白菜型品种偏低，甘蓝型品种偏高；早熟品种偏低，迟熟品种偏高。

湿度对开花也有较大的影响。据在四川成都、泸县，湖北武汉等地研究，油菜开花大多数以相对湿度 70%～80% 为宜，如相对湿度在 60% 以下或 94% 以上，均对油菜开花不利，特别是在阴雨低温天气，开花数会大大减少。天气晴朗时，每天上午 9～11 时开花最多，且以此时最有利于散粉；每日下午 2～4 时，随着气温降低和湿度加大，开花数逐渐减少，且停止散粉。在正常气候条件下，一天中以 7～11 时开花最多，其他时间开花较少。

（2）授粉与受精 油菜开花后，花粉由昆虫或风传播到柱头，30～60 min 花粉开始萌发，花粉管伸入花柱，向子房延伸，18～24 h 即能完成受精过程，形成合子。

油菜的花粉和雌蕊，在开花后一周左右仍具有一定的受精能力。据中国农科院油料所（1979）测定，对开花后套袋 8 d 的雌蕊授粉，其结果率为 13.3%，但以开花后 1～3 d 内雌雄蕊的生活力最旺盛时结果率最高。据测定，油菜开花当天至第 2 d，雌蕊具有最强的受精能力，至第 4 d 受精能力开始下降，至第 8 d 完全丧失受精能力。油菜开花后第 3 d，受精能力逐渐下降，其原因主要是由于柱头上的乳突细胞萎缩，逐渐破坏，至开花后 7~8 d 乳突细胞已全部解体，不能进行授粉和受精。

综上所述，油菜花期比较长，花龄和花粉生活力也都比较长（7 d 左右）。了解这些特性，对于开展油菜育种和杂种优势利用，进行测配组合和制种，都是十分有利的。

二、油菜常规品种种子生产技术

（一）油菜常规品种的混杂退化

1. 油菜常规品种混杂退化的原因

在生产实践中，一个优良的油菜品种，在不断繁殖和大面积生产过程中，常常会混入杂株或产生异型植株，导致其农艺性状变劣，种性退化，影响产量和品质。产生混杂退化的原因主要有以下几个方面：

（1）机械混杂　由于油菜种子细小，圆球形，很容易产生机械混杂，即油菜品种中混入了异品种、异类型，甚至异作物的种子。首先，在油菜良种繁育中，在收获、脱粒、贮藏、加工、运输、播种、移栽、补苗等作业时，如果控制不够严格，即会使异型种子和杂株混入良种群体；其次，由于油菜种子在自然的土壤环境中能保持较长生命力，在不合理的耕作制度下，经过 1 次或几次换茬后，再种植油菜时，异品种或异类型的自然落粒种子仍可能长出自生植株。最后，若施用混有异品种、异类型或异作物种子，而又未经过充分腐熟的农家肥，也会造成机械混杂。由于油菜是天然异交率较高的作物，对已发生的机械混杂若不及时除净，其中一些具有异交亲和性的杂株又会给良种植株授粉，导致生物学混杂。

（2）生物学混杂　在无隔离的自然环境下，或在隔离条件较差的亲本繁殖田和制种田中，昆虫和风力是油菜品种发生生物学混杂的主要媒介。在这些媒介的作用下，异类型、异品种、品种群体内的异型个体以及一些能够与油菜杂交的芸薹属近缘植物间都会不断进行杂交，产生异型杂合体，导致生物学混杂。如果控制不严，这些异型株会与良种的正常植株间进行反复杂交，产生新的杂合体，加重生物学混杂，使原品种的农艺性状变劣、抗性减弱，产量降低，品质变劣。

（3）品种的遗传组成变化　一般来说，油菜品种是一群基因型相对稳定的杂合体。同一品种群体内的不同植株间或同一植株的不同子粒间的基因型是不可能完全相同的。尤其是受多基因控制的性状，其表现型基本一致，但遗传上还会产生一定的变异。在油菜种植过程中，由于群体内的杂合体分离、天然杂交、基因突变、染色体变异等的影响，往往会引起品种的遗传组成变化，从而导致品种退化。

同时，由于油菜是异花或常异花授粉作物，具有较丰富的遗传基础，保持群体在遗传上具有一定的异质性是必要的，不宜过度求纯。在过度求纯的情况下，由于选择压力引起品种群体的异质性减少，可能会改变原有的遗传基础和生理差异，使后代种性退化，生产力降低。

（4）选择的影响　自然选择和不正确的人工选择都会引起品种群体的遗传型和表现型发生不利变异，甚至造成品种的退化。由于油菜的异交率较高，杂种株常常能显示出生长发育上的优势，特别是种间杂种具有非常明显的营养生长优势，因而往往在匀苗、间苗时把表现杂种优势的杂种苗保留下来，而将生长正常的纯种苗淘汰，从而导致品种群体中的杂合型个体比例增加，使群体逐渐失去原品种的遗传基础和典型性状。

2. 油菜常规品种混杂退化的表现

任何一个优良的油菜品种，随着种植世代的延续和栽培面积的扩大，在内因变化和外界条件的影响下，群体的遗传组成会愈来愈复杂，农艺性状与原品种特征特性不相符的个体会逐渐增多，不符合要求的性状也会不断出现。油菜品种混杂退化主要表现为个体间生长发育不一致、生育期不一致，群体整齐度变差、综合抗性减弱，产量降低、品质变劣等。

3. 防止油菜常规品种混杂退化的方法

为了防止油菜品种的混杂退化，需不断地对品种进行提纯复壮，以保持品种的种性。生产原种并保持其优良性状是防止油菜品种混杂退化的主要方法。

（二）油菜常规品种原种生产技术

1. 株系鉴定法

株系鉴定法生产原种结合了选择和鉴定两个方面的作用。该方法是在根据当代表现型选取典型优株的基础上，再鉴定其后代的遗传型。这种方法适用于混杂退化较严重，而在生产上又具有利用价值的品种，但工作量较大。

甘蓝型和芥菜型油菜均属于常异花授粉作物，自交亲和性较强，较易保纯和采收种子，可以采取精选优株、株区观察、分系鉴定、混系比较的原种生产程序，并在各圃进行试验的同时，建立相应的隔离繁殖圃，承担种子保纯和供种任务（图4-9）。

（1）精选优株　在原种圃或纯度较好的种子田中，选取具有本品种典型性状的优良单株。选取单株的数量，一般初选为400~500株，通过室内考种，最后决选200株左右。

选择优株的方法是在苗期、蕾薹期、开花期选择具有原品种典型性状的优良单株，并在主花序上挂牌标记；收获时，凡符合原品种特征特性，单株产量超过各单株平均产量者即可入选。当选优株分别收获，分株脱粒，编号装袋，干燥密封贮藏或低温贮藏。

（2）株区圃　即入选的每个单株种子种植一个小区，目的在于对上年入选单株进行遗传鉴定，并初步进行小区测产。从上年当选单株的种子中各抽取1~2 g（其余的干燥后，原样保存），按编号顺序排列。每株播种一个小区，小区面积6.7~13.4 m²，不设重复，每间隔10区设一现用原种（纯度符合国家标准）对照区。在各生育时期按标准进行观察鉴定，对不符合原品种特征特性或产量表现较差的株区予以淘汰。产量达到或超过对照的株区即可入选。

（3）株系圃　将上年株区圃入选的单株，按株区混合种植株系圃。在株系圃进一步鉴定当选株系的典型性、一致性和稳定性。将上年株区圃入选的株系种子分成两份，一份供株系圃作试验用，另一份用作隔离繁殖。

株系圃的田间排列采用对比法，不设重复，小区面积13.4~26.8 m²。以同一品种的现用原种作对

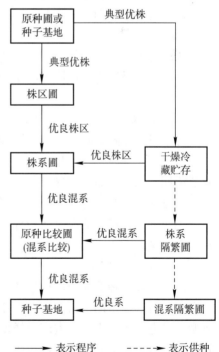

图4-9　甘蓝型和芥菜型油菜的原种生产程序

照。根据鉴定结果，凡符合原品种典型性状，表现整齐一致，产量达到或超过对照者均可入选。

（4）原种圃　将上年入选的株系圃种子种植于原种圃。在原种圃进一步鉴定当选混合系的典型性、一致性及其丰产、稳产性。或将株系圃的种子分成两份，一份用于种植原种比较圃，另一份用于种植原种繁殖田。采用随机区组设计，重复 2～3 次，小区面积 20～33.4 m²，以相同品种的现用原种做对照。主要考查产量性状、生育期和抗逆性。原种繁殖田按油菜原种生产操作技术规程进行。

2. 简易法

油菜简易原种生产的具体做法是在油菜种子基地内选择油菜植株生长发育正常，具有品种典型性状，整齐一致的田块，根据原品种的特征特性，分期选择具有典型性状的优良单株。苗期、蕾薹期进行初选，入选单株挂牌标记，初花期、成熟期进行田间复选，除去异株、劣株，入选单株数量一般为 300 株，并可视下一季和下下季的繁殖面积而定。收获时对入选植株逐一鉴定，将符合要求的优良植株分别脱粒，下一季按上述株区圃的方法进行种植和鉴定，入选株区合并脱粒，安全贮藏，用作下一季度原种田的种子，此方法适合一些混杂退化较轻的品种。

此方法简便，耗费少，易推广。但必须在掌握原品种特征特性的基础上选择典型优株，并适当放大选择群体，提高入选株的代表性，防止破坏原品种群体的遗传组成。

（三）油菜常规品种大田用种生产技术要点

目前，生产上大面积使用的常规油菜品种主要是甘蓝型。大田用种生产中，在种子基地选择和安全隔离等方面与其原种生产有相似之处，但要求的严格程度有所不同，也不再选单株。常规油菜品种大田用种生产的技术要点如下。

1. 建立大田用种生产基地

选择隔离条件好，土层深厚、土壤肥沃、集中连片的田块作为生产基地。要求地势平坦、背风向阳、排灌方便。生产基地周围无异品种、异类型油菜，无与油菜发生自然杂交的十字花科近缘植物，以防飞花串粉，造成生物学混杂。同时，一个生产基地内，只能繁殖一个品种。

2. 安全隔离

可采用自然隔离和人工隔离两种方法。自然隔离包括空间隔离和时间隔离两类。繁殖甘蓝型油菜品种时，与异品种、异类型的空间隔离距离应在 600 m 以上；时间隔离主要是调节播期，将繁殖品种与异品种、异类型的播种期和开花期错开。人工隔离包括套纸袋隔离、罩帐隔离和网室隔离等，目的在于防止异品种、异类型飞花串粉。但人工隔离耗费多，工作量大，难以适应大面积种子生产。所以，大田用种生产最好是采用自然隔离，尤其是空间隔离。

3. 严格去杂去劣

油菜常规品种的大田用种生产，要培育壮苗，适时移栽，单株稀植，加强肥水管理和病虫害防治。在苗期、蕾薹期、开花期和黄熟期，分别根据本品种在不同生长发育时期的典型性状进行去杂去劣，淘汰异类型株、异品种株以及不符合本品种特征特性的杂株和变异株，以防生物学混杂。在种子收获、脱粒、加工、贮藏、运输和销售等各环节中，要严防机械混杂，确保种子质量。

三、油菜杂交种种子生产技术

（一）杂交油菜三系及其相互关系

杂交油菜的"三系"指油菜雄性不育系、雄性不育保持系和雄性不育恢复系，油菜"三系"的关系及亲本繁殖和杂交制种途径与水稻"三系"杂交制种相似，具体原理见第三章。

1. 油菜雄性不育系

在开花前雄性不育植株与普通油菜无明显区别；开花后，不育系的雌蕊发育正常，能接受其他品种的花粉而受精结实；但其雄蕊发育不正常，表现为雄花败育短小，花药退化，花丝不伸长，雄蕊干瘪无花粉，套袋自交不结实。

2. 油菜雄性不育保持系

能使不育系的不育性保持代代相传的父本品种称为保持系。用其花粉给不育系授粉，所结种子长出的植株仍然是不育系。保持系和不育系是同型的，它们之间有许多性状相似，所不同的是保持系的雄蕊发育正常，能自交结实。要求保持系花药发达，花粉量多，散粉较好，以利于给不育系授粉，提高繁殖不育系的种子产量。

3. 油菜雄性不育恢复系

恢复系是一个雌雄蕊发育均正常的品种，其花粉授在不育系的柱头上，可使不育系受精结实，产生杂种第一代（F_1）。F_1的育性恢复正常，自交可以正常结实。一个优良的恢复系，要具有稳定的遗传基础，较强的恢复力和配合力，花药发达，花粉量多，吐粉畅，生育期尤其是花期要与不育系相近，以利于提高杂交种的产量。

4. 杂交油菜三系的关系

杂交油菜"三系"相辅相成，缺一不可。不育系是"三系"的基础，没有雄性不育系，就没有培育保持系和恢复系的必要。没有保持系，不育系就难以传种接代。不育系的雄性不育特性，能够代代相传，就是通过保持系与不育系杂交或多次回交来实现的，其中细胞质是不育系本身提供的，而细胞核则是不育系和保持系共同提供的，两者的细胞核基本一致，因而不育系和保持系的核质关系没有改变，不育性仍然存在。杂种优势的强弱与不育系的性状优劣有直接关系，而不育系的性状优劣又与保持系的优劣密切相关。所以，要选育好的不育系，关键是要选择优良的保持系，才能使不育系的不育性稳定，农艺性状整齐一致，丰产性好，抗性强。同样，没有恢复系，也达不到杂种优势利用的目的。只有通过利用性状优良、配合力强的恢复系与不育系杂交，才能使不育系恢复可育，产生杂种优势，生产出杂交种子。保持系和恢复系的自交种子仍可作下一季节的保持系和恢复系。

（二）油菜三系混杂退化的原因和防止措施

1. 油菜三系混杂退化的原因

目前，生产上大面积使用的杂交油菜主要是甘蓝型。生产上造成杂交油菜亲本"三系"以及其配制的杂交种混杂退化的原因，主要有以下几个方面：

（1）机械混杂 雄性不育"三系"中，质核互作不育系的繁殖和杂交制种，都是两个品种（系）的共生栽培，在播种、移栽、收割、脱粒、翻晒、贮藏和运输等各个环节上，稍有不慎或操作不当都有可能造成机械混杂；尤其是不育系和保持系的核遗传组成相同，较难从植株形态和熟期等性状上加以区别，因而人工去杂往往不彻底。机械混杂是"三系"混杂和杂交种混杂的最主要原因之一。

（2）生物学混杂　甘蓝型杂交油菜亲本属常异交作物，是典型的虫媒花，其繁殖、制种隔离难，容易引起外来其他油菜品种花粉和十字花科作物花粉的飞花串粉，造成生物学混杂。同时，机械混杂的植株在亲本繁殖和杂交制种中可散布大量花粉，必然造成繁殖制种田的生物学混杂。

（3）自然变异及亲本自身的分离　在自然界中，任何作物品种都不同程度地存在着变异，尤其是环境条件对品种的变异有较大影响。"三系"是一个互相联系、互相依存的整体，其中的任何一系发生变异，必然引起下一代发生相应的变异，从而影响杂交种的产量和质量。

2. 油菜三系混杂退化对制种产量和质量的影响

杂交油菜种子的纯度受其亲本种子纯度的直接影响。由于"三系"种子混杂退化，导致杂种性状变异，花器变态，出现不育或半不育株，结实率下降，使不育系繁殖和杂交制种的产量和质量严重下降，农艺性状变劣，抗性减退，影响了杂交油菜的推广。实践表明，杂交油菜制种的增产幅度随着杂株率的上升而明显下降。

对于已经发生混杂退化的三系亲本，应严格按照甘蓝型或芥菜型油菜的原种培育程序提纯复壮。对于杂交制种，应严格按照杂交油菜制种技术操作规程进行制种。对于杂交种应用于大田生产，应采取相应措施，降低其不育株率和提高恢复率。

3. 降低大田不育株率和提高恢复率的措施

甘蓝型杂交油菜属常异花授粉作物，虫媒花。繁殖亲本"三系"和配制杂交种时，隔离措施多以空间隔离为主，但空间隔离也不可能绝对安全。同时，"三系"亲本的遗传基因也不可能达到绝对纯合，昆虫媒介亦可能将一些隔离区以外的其他油菜品种花粉、其他十字花科作物花粉带来，所以杂交一代种子总会有一定的不育株和混杂变异株产生。用此种纯度的种子进行大田生产，即使不会显著地降低产量，但也会有一定的影响。因此，在杂交种用于大田生产时，降低不育株率和提高恢复率十分必要，其主要措施包括：

（1）苗床去杂去劣　杂交油菜种子的酶活性比一般油菜品种（系）强，其发芽势强，出土早，而且出苗后生长旺盛，在苗床期一般要比不育株或其他混杂苗多长一片的叶子。在苗床期，当油菜苗长到 1~3 片真叶时，结合间苗，严格去除小苗、弱苗、病苗以及畸形苗等，是降低不育株率乃至混杂株率的一项简便有效的措施。

（2）苗期去杂去劣　一般在越冬前结合田间管理，根据杂交组合的典型特征，从株型、匍匐程度、叶片、叶缘、茎秆颜色、叶片蜡粉多少、叶片是否起皱、缺刻深浅等方面综合检查，发现不符合本品种典型性状的苗，立即拔除，力求将混杂其中的不育株、变异株等杂株彻底清除。

（3）初花期摘除主花序　就某些组合而言，不育株的分枝比主轴较易授粉，结实率通常要高 5%。因此，在初花期摘掉不育株的主花序（俗称摘顶），以集中养分供应分枝，促进分枝生长。同时，摘掉主花序还可降低不育株的高度，便于授粉，可有效提高不育株的结实率和单株产量。具体做法：当主花序和上部 1~2 个分枝花蕾明显抽出并便于摘除时进行，一般在初花前 1~2 d 摘除为宜。

（4）利用蜜蜂传粉　蜜蜂是理想的天然传粉昆虫，在杂交油菜生产田中，利用蜜蜂传粉，能有效提高恢复率，从而提高产量。蜂群数量可按每公顷配置 3~4 箱，于盛花期安排到位。为了引导蜜蜂采粉，可于初花期在杂交油菜田中采摘 100~200 个油菜花朵，捣碎后，在糖浆（即白糖 1 kg 溶于 1 kg 水中充分溶解或煮沸）中浸泡，并充分混合，密闭 1 ~ 2 h，于早晨工蜂出巢采蜜之前，给每群蜂饲喂 100 ~ 150 g，这种浸制的花香糖浆连续喂 2 ~ 3 次，就能达到引导蜜蜂定向采粉的目的，从而提高授粉效果。

（三）杂交油菜三系的繁殖技术

杂交油菜"三系"繁殖是指不育系、保持系和恢复系的繁殖。杂交油菜制种是指以不育系为母本、恢复系为父本，按照一定的比例相间种植，使不育系接受恢复系的花粉，受精结实，生产出杂交种子。杂交油菜是利用杂种 F_1 优势，需要每年配制杂交种，制种产量高低和质量优劣，直接关系到杂交油菜的生产水平和品种推广的效果。

1. 隔离区的选择

隔离区的选择对杂交油菜亲本繁殖和制种十分重要。一般采取自然屏障隔离、空间隔离和时间隔离 3 种方式，比较理想的制种区主要为四周环山的丘陵盆地、水域孤岛、芦苇环绕的洲地等。当地自然隔离条件不好的地区，可采用异地、高山夏繁，或到适合油菜生产而尚未发展油菜的地区制种。安全隔离的空间距离一般为 1 000 m 以上。制种区要排灌方便、旱涝保收，无其他油菜品种，无自生油菜，无其他十字花科植物。

2. 杂交油菜三系的亲本繁殖

（1）细胞质雄性不育"三系"的繁殖　细胞质雄性不育"三系"的繁殖要严格隔离，一般设立两个繁殖区。

① 不育系和保持系繁殖区　一般在自然隔离区或隔离网室中进行。一个隔离区只能繁殖一个不育系及其保持系，不育系与保持系行比为 1：1 或 1：2，在母本行两头播种标记作物（如大豆），以防错收。在不育系行内收获的种子下年仍然是不育系；保持系行内收获的种子，下年仍然是保持系，但最好单独隔离繁殖保持系种子。

② 恢复系繁殖区　一般在隔离区内进行，一个隔离区只繁殖一个保持系。

（2）甘蓝型细胞核雄性不育两用系的繁殖　由于细胞核雄性不育系经姊妹交后，每代分离出的不育株和可育株的比例为 1：1，因此繁殖此种不育系时，不必另设保持系。繁殖区用上代不育株上收获的种子即为"两用系"种子，种在隔离区或隔离网室内，由同一群体中的可育株与不育株自由授粉。开花后用布条等在不育株上做标记，开花前后不育株和可育株有明显区别。收获不育株上的种子留种，其中大部分作为下年配制杂交种的母本用种，小部分作继续繁殖"两用系"用种。去杂去劣应及时，开花前，拔除早薹、早花、畸形矮小和死蕾较多的单株。开花期做好辅助授粉工作，在晴天上午 10 ~ 12 时利用拉绳或竹竿赶动，增加传粉机会，提高结实率。利用网室繁殖时，可放养蜜蜂辅助授粉。

（3）甘蓝型自交不亲和系的繁殖

① 自交不亲和系繁殖　一般在玻璃室、网室或隔离区中进行。自交不亲和系母本繁殖方法主要有两种：一是剥蕾自交法，即在初花期至终花期，把各分枝上未开放的花蕾用镊子挑开，使柱头外露，不去雄，即为剥蕾。做法是从花序下部选择 1 ~ 2 d 内即将开放的花蕾，1 个花序一次可剥 10 ~ 20 个花蕾，每隔 2 ~ 3 d 剥蕾 1 次。花蕾剥开后，摘取本株自交袋子中当天开放的花朵，对剥开的花蕾逐个授粉，要做到边剥蕾边授粉，花粉必须授在柱头上。成熟后收获的种子，即为自交不亲和系种子。这些种子大部分作为下年制种田的母本，小部分作为下年繁殖母本用的种子。此法比较可靠，但工作量大。二是喷施食盐水法。即用 5% ~ 10% 的食盐水，在开花期每隔 5 d 左右喷施 1 次，并进行人工辅助授

粉。此法繁殖效果较好，方法简便易行，省工省时，繁种量大，但其可靠性不如剥蕾自交法。

② 父本隔离繁殖 在隔离区中，种植高纯度的父本，于苗期、花期和成熟期分别严格去杂去劣，防治病虫害。并在隔离繁殖区中，继续选择具有本品种典型性状的优良单株，套袋自交或姊妹交，收单株种子混合，作为下年父本隔离区用种，剩余部分经去杂去劣后混收，作为下年制种区的父本种子。

（四）油菜杂交制种技术

1. 利用细胞质雄性不育系的杂交制种技术

油菜的杂交制种受组合特性、气候因素、栽培条件等的影响，不同组合、不同地区的制种技术也不尽相同。以"华杂4号"为例介绍一般的杂交油菜高产制种技术。"华杂4号"系华中农业大学育成，母本为"1141A"，父本为"恢5900"，1998年和2001年分别通过湖北省和国家农作物品种审定委员会审定。在湖北省利川市，"华杂4号"的主要制种技术如下（陈洪波，王朝友，2000）：

（1）去杂除劣，确保种子纯度

① 选地隔离 选择符合隔离条件，土壤肥沃疏松，地势平坦，肥力均匀，水源条件较好的田块作为制种田。

② 去杂去劣 制种生产中去杂去劣，环环紧扣，反复多次，贯穿油菜制种的全生育过程，有利于确保种子纯度。油菜生长的全生育期共去杂5次，主要去除徒长株、优势株、劣势株、异品种株、变异株。一是苗床去杂。二是苗期去杂2次，移栽后20 d左右（10月下旬）去杂1次，去杂后应及时补苗，以保全苗，次年2月下旬再去杂1次。三是花期去杂，在田间逐行逐株观察去杂，力求完全彻底。四是成熟期去杂，5月上中旬剔除母本行内萝卜角、白菜、紫荚角，拔掉翻花植株。

③ 隔离区去杂 主要是在开花前将隔离区周围1 000 m左右的萝卜、白菜、青菜、苞菜、自生油菜等十字花科作物全部清除干净，避免异花授粉导致生物学混杂。

（2）壮株稀植，提高制种产量 及时开沟排水，防除渍害，减轻病虫害是提高油菜制种产量的外在条件；早播培育矮壮苗，稀植培育壮株是实现制种高产的关键。壮株稀植栽培的核心是在苗期创造一个有利于个体发育的环境条件，增加前期积累，为后期稀植壮株打好基础。

① 苗床耕整与施肥 播种前一周选择通风向阳的肥沃壤土耕整2~3次，要求土壤细碎疏松，表土平整，无残茬、石块、草皮，干湿适度，并结合整地施好苗床肥，每公顷施磷肥120 kg、钾肥30 kg、稀水粪适量。

② 早播、稀播、培育矮壮苗 制种点于9月上旬播种育苗，苗床面积按苗床与大田1:5设置，一般父、母本同期播种。播种量以公顷大田定植9万株计。在三叶期，每公顷大田苗床用多效唑150 g兑水150 kg喷洒，培育矮壮苗。

③ 早栽、稀植，促进个体健壮生长 早栽、稀植有利于培育冬前壮苗，加大油菜的营养体，越冬苗绿叶数13~15片，促进低位分枝，提高有效分枝数和角果数，增加千粒重；促进花芽分化，实现个体生长健壮、高产的目的。要求移栽时，先栽完一个亲本，再栽另一个亲本，同时去除杂株，父母本按先栽大苗后栽小苗的原则分批对应，分级移栽，移栽30 d龄苗，在10月上旬移栽完毕。一般每公顷母本植苗6.75万株，单株移栽；父本每公顷植苗2.25万株，双株移栽。父母本比例以1:3为宜，早栽壮苗，容易返青成活，

可确保一次全苗。同时，可在父本行头种植标志作物。

④ 施足底肥，早施苗肥，必施硼肥　在施足底肥（农家肥、氮肥、磷肥和硼肥）基础上，要增施、早施苗肥，于 10 月中旬每公顷用 2.25 万 kg 水粪加碳铵 225 kg 追施，以充分利用 10 月下旬的较高气温。快长快发；年前施腊肥（碳铵 150 kg/hm^2），同时要注意父本的生长状况，若偏弱，则应偏施氮肥，促进父本生长。甘蓝型双低油菜对硼特别敏感，缺硼往往会造成"花而不实"而减产，因此在底施硼肥基础上，在抽薹期薹高 30 cm 左右时，每公顷喷施 0.2% 的硼砂溶液 750 kg。

⑤ 调节花期　确保制种田父母本花期相遇，是提高油菜制种产量和保证种子质量的关键。杂交油菜"华杂 4 号"组合，父母本花期相近，可不分期播种，但生产上往往父本开花较早（比母本早 3~6 d），谢花也较早，为保证后期能满足母本对花粉的要求，可隔株或隔行摘除父本上部花蕾，以拉开父本开花时间，保证母本的花粉供应。

⑥ 辅助授粉，增加结实　当完成去杂工作后，盛花期可采取人工辅助授粉的方法，以提高授粉效果，增加制种产量。人工辅助授粉，可在晴天上午 10 时至下午 2 时进行，用竹竿平行行向在田间来回缓慢拨动，达到赶粉、授粉的目的。

⑦ 病虫害防治　油菜的产量与品质、品质与抗逆性均存在着相互制约的矛盾。一般双低油菜抗病性较差，因此应加强病虫害综合防治，制种地苗期应注意防治蚜虫、跳甲、菜青虫，蕾薹期应注意防治霜霉病，开花期应注意防治蚜虫、菌核病等。

（3）分级细打，提高种子质量

① 清除父本　当父本完成授粉而进入终花期后，要及时清除父本。清除父本后，可改善母本的通风透光和水肥供应条件，既可增加母本千粒重和产量，又可防止收获时的机械混杂，从而保证种子质量。

② 分级细打，及时收获　黄熟期及时收获，以防止倒伏后枝上发芽，分级细打后及时晒干，与壳混装，可有效躲避梅雨季节，防止霉变，从而提高发芽率，保证种子质量。

2. 两用系的杂交制种技术

将"两用系"和"恢复系"按行比 2∶1 或 3∶1 种植在隔离繁殖区中，并在"两用系"行头种植标记作物，防止误收。在蕾薹期至开花期及时彻底拔除"两用系"行内的可育株。可育株花蕾大，饱满硬实，用手捏无软感，花药有大量花粉，可据此进行识别。在彻底拔除可育株后，可安放蜂群，并进行人工辅助授粉。

在制种区母本行收获杂交种，作为下年大田生产用种；在恢复系行收获种子，作为下年制种区恢复系用种。最好是单独设立隔离区，专门繁育恢复系种子。

3. 利用自交不亲和系配制杂交种

以自交不亲和系作母本，恢复系作父本。父母本按行比 1∶1 或 1∶2 种植，并在母本行头种上标记作物。栽培管理与大田管理基本相同，但要求精耕细作。如果父母本的花期不能相遇，要进行花期调节，可采取调整父母本播期或摘薹等措施，对于父母本花期相同的组合，可同时播种。成熟时，在母本行收获的种子，即为杂交种子。

4. 化学杀雄杂交制种技术

化学杀雄杂交制种是通过在母本行蕾期喷洒某些化学药剂，杀死或杀伤雄蕊，使雄蕊不能散粉，但不损伤雌蕊，让雌蕊有机会接受其他品种的花粉，受精结实，配制第一代杂种。生产上应用的化学杀雄剂有杀雄剂 1 号等。目前，化学杀雄杂交制种尚未在生产上大面积应用，仅做简要介绍。

（1）杀雄时期　在油菜花芽分化开始至始花期喷药都有杀雄效果。但花粉粒发育单核期喷药效果最好。从植株群体来看，当群体达到现蕾期的喷药效果最好。从一个单株看，当花蕾大小达到 2～3 mm 时，喷药效果最好。杀雄剂的使用浓度应严格按照使用说明书配制。

（2）父母本行比　母本宜适当密植，促使开花集中，并抑制后期再发的可育分枝。一般父母本行比以 2：3 为宜。父母本行株距不同组合稍有差异，一般父本行株距 33 cm×33 cm，母本行株距 33 cm×16 cm，父母本间行距 40 cm。

5. 提高杂交油菜制种产量和质量的措施

（1）隔离区检查　为了防止制种隔离区内的空隙地出现自生油菜和十字花科蔬菜，导致天然串粉，在制种亲本开花以前，要对隔离区进行一次全面细致的检查和清除。

（2）去杂去劣　在苗期、蕾薹期、初花期要认真做好去杂去劣工作，清除父、母本中的杂株、劣株和变异株。母本如作为不育系，尤其要彻底清除可育株。

（3）提高母本的结实率

① 父母本行向　通常应与风向垂直，如当地油菜花期多为南风，宜采用东西行向种植。制种田块最好是长方形，以利于适应各种风向。

② 调节父、母本花期　为了保证父母本花期相遇，有时需要对某一亲本进行花期调控。如某一亲本发育过早，应在抽薹期适当摘薹加以抑制。父本往往开花较早，谢花也较早。为保证后期能满足母本对花粉的要求，除调节密度、水肥管理及摘薹外，还可将父本的角果剪去一小部分，同时偏管父本，使后期花蕾有足够的养分，能正常开放，增加花粉。

③ 加强辅助授粉　当完成去杂去劣工作后，盛花期可采取人工辅助授粉和蜜蜂传粉等方法，以提高授粉效果，增加制种产量。

第三节　向日葵种子生产技术

一、向日葵种子生产的生物学特性

（一）生物学基本特点与栽培品种分类

向日葵（*Helianthus annus* L.）为菊科（Compositae）向日葵属（*Helianthus*）。属内有很多种，从染色体数目上可将它们分为二倍体种（$2n=34$）、四倍体种（$2n=68$）和六倍体种（$2n=102$）。从生长期上可分为一年生和多年生种，一般栽培向日葵都属于一年生二倍体种。在栽培向日葵中，按种子用途可分为食用型、油用型和中间型 3 种。按生育期可分为极早熟种（100 d 以下）、早熟种（100～110 d）、中熟种（110～130 d）和晚熟种（130 d 以上）四种。

向日葵属于短日照作物。但一般品种对日照反应不敏感，特别是早熟品种更不敏感。只有在高纬度地区才有较明显的光周期反应。

（二）花器结构与开花习性及授粉受精过程

向日葵的花密集着生于花轴极度缩短成扁盘状的头状花序上。花盘的形状因品种不同分为凸起、凹下和平展 3 种类型。花盘直径可达 15～30 cm。在花盘（花托）周边密生 3～5 层总苞叶，总苞叶内侧着生 1～3 圈舌状花瓣（花冠），称为舌状花或边花。花冠向外反卷，长约 6 cm，宽约 2 cm，尖顶全缘或三齿裂，多为黄色或橙黄色。无雄蕊，雌蕊柱头退化，只有子房，属无性花，不结实。但其鲜艳的花冠具有吸引昆虫传粉的作用。在花盘正面布满许多蜂窝状的"小巢"，每个小巢由一个三齿裂苞片形成，其内着生一朵管状花。管状花为两性花，由子房、退化了的萼片、花冠和 5 枚雄蕊、1 枚雌蕊组成。子房位于花的底部，子房上端花基处有两片退化的萼片，夹着筒形的花冠，花冠先端五齿裂，内侧藏有蜜腺。雄蕊的 5 个离生花丝贴生于花冠管内基部，上部聚合为聚药雄蕊。一般一个花药内有 6 000 ~ 12 000 个花粉粒。雌蕊由 2 个心皮组成，雌蕊花柱由花药管中伸出，柱头羽状二裂，其上密生茸毛（图 4-10）。每个花盘上管状花的数量因品种和栽培水平不同而异，为 1 000 ~ 1 800 朵。

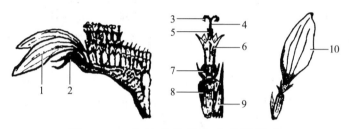

图 4-10　向日葵花器官和花器构造
1. 舌状花；2. 苞叶；3. 柱头；4. 花柱；5. 雄蕊；6. 花冠；7. 萼片；8. 子房；9. 托片；10. 舌状花

当向日葵长出 8 ~ 10 片真叶时，花盘开始分化，此时若气温适宜，水肥供应充足，分化的花原基数量就较多，花盘就会大些。一般向日葵出苗后 30 ~ 45 d 开始形成花盘，花盘形成后 20 ~ 30 d 开始开花。在日均气温 20 ~ 25 ℃、大气相对湿度不超过 80% 时，开花授粉良好。管状花开花的顺序是由外向内逐层开放，每日开放 2 ~ 4 轮，第 3 ~ 6 d 的开花量最多，单株花盘的开花时间可以持续 8 ~ 12 d。管状花开花授粉全过程约需 24 h。通常子夜后 1 ~ 3 时花蕾长高（主要是子房大幅度伸长），花冠开裂，3 ~ 6 时雄蕊伸出花冠之外，8 时以后开始散粉，散粉时间一直延续到下午 1 ~ 2 时，而以上午 9 ~ 11 时散粉量最多。在雄蕊散粉高峰期柱头伸至花药管口滞留一段时间，于午后 18 ~ 19 时花柱恢复生长，柱头半露，入夜 20 ~ 24 时裂片展开达到成熟，直到次日上午开始接受花粉受精。一般向日葵柱头的生活力可持续 6 ~ 10 d，在第 2 ~ 4 d 生活力最强，受精结实率可达 85% 以上。在适宜的条件下，花粉粒的生活力可持续约 10 d，但散出的花粉在 2 ~ 3 d 内授粉结实率较高，以后授粉结实率显著下降。

向日葵开花授粉 30 ~ 40 d 后进入成熟期，成熟的主要形态特征是：花盘背面呈黄色而边缘微绿；舌状花冠凋萎或部分花冠脱落，苞叶黄褐；叶片黄绿或枯萎下垂；种皮呈现该品种固有的色泽；子仁含水量显著减少。向日葵食用种的安全贮存含水量要求降到 10% ~ 12%，油用种要求降到 7%。

向日葵是典型的异花授粉作物，雄蕊伸出花冠 12 h 以后雌蕊柱头才伸出，即雄蕊先熟、雌蕊后熟，同时生理上存在自交不亲和。

二、向日葵种子生产技术

（一）向日葵育种家种子和原种种子生产方法

1. 育种家种子生产方法

（1）品种的育种家种子生产方法

第一年：自交套袋繁殖。在育种家种子生产田中，开花前选择典型单株人工套袋自交，大约套200盘，收获前淘汰病劣盘和杂盘，单盘收获脱粒，单盘贮藏。

第二年：株行鉴定。上一年当选的每一单盘后代播种在一个种植小区内，播2行。每10区设一对照，对照用该品种的育种家种子。在分蕾期、花期和成熟期对植株的典型性和株行的整齐一致性进行鉴定，入选株系保留一行作产量测定，在另一行中选株套袋人工自交，收获前淘汰病、劣盘，然后单盘收获，按株系编号。入选株系测产后的种子进行室内品质鉴定。最后根据田间鉴定、品质分析和产量测定结果进行综合评定，入选株系的种子混合脱粒。

第三、第四年：隔离区繁殖。上一年选留的株系种子在防虫网室或隔离区内进一步繁殖，隔离距离要达到6 000 m以上，隔离区生产可设置蜂箱，用蜜蜂授粉并辅以人工混合授粉，网室生产可实行人工混合授粉。收获前淘汰病劣盘，选盘单收，混合脱粒，所收种子即为育种家种子。

（2）不育系和保持系的育种家种子生产方法

第一年：将上年从不育系育种家种子生产田中选留的保持系，按株行播种，群体不少于1 000株，开花前选择100株套袋并人工自交，收获时单收单藏。

第二年：将上年当选的保持系种子，按不育系与保持系1∶1比例种植，生育期间选择典型株套袋，并人工使不育系与保持系成对授粉。所得种子成对保存。

第三年：将上年成对保存的不育系种子与保持系种子按2∶1行比种植，将不育系与保持系之间性状典型一致、不育性稳定的株系入选，并从中选株套袋隔离，人工授粉。收获时将中选的保持系和不育系分别混合脱粒留种。

第四年：将上年选留的种子在隔离区繁殖。隔离距离要达到6 000 m。不育系与保持系采用4∶2或6∶2行比。开花前严格去杂去劣，并检查不育系是否有散粉株，如发现有散粉株要立即清除。开花期实行蜜蜂和人工辅助授粉。人工收获，不育系与保持系分别晾晒和贮藏。所得种子即为亲本不育系和保持系育种家种子。

（3）恢复系的育种家种子生产方法

第一年：播种从恢复系育种家种子繁殖田选留的种子，群体应不少于1 000株，生育期间选择符合该品种典型特征的100~200个植株套袋，人工授粉自交，收获前淘汰病劣盘，然后单盘单收、单藏。

第二年：将上年收获的恢复系按株系播种，每系恢复系与不育系按2∶1行比播种。开花前选株分组，每组3株，一株为不育系，另两株为恢复系，将其中一株（恢复系）去雄，即为去雄中性株，3株花盘全部罩上纱布袋，以防止昆虫串粉。开花时用套袋不去雄的恢复系分别给不育系和去雄中性株授粉，收获时按组对应编号，单盘收获，单盘脱粒，然后从每组的恢复系自交种子中取出一部分种子，用于品质分析。

第三年：将上一年入选的种子，即不育系与恢复系的测交种、去雄中性株与恢复系的测交种和恢复系自交种子，按组设区，各播种一行，生育期间进行恢复系纯度和恢复性鉴定。如果去雄中性株与恢复系的测交种行生育表现与恢复系相同，说明该恢复系是纯系，该小区的恢复系可套袋人工混合授粉留种；反之，若表现出明显的杂种优势，则说明该小区恢复系不纯，不能留种。开花期间观察不育系与恢复系的测交种行恢复率是否达到标准，如果经鉴定小区恢复性良好，优势显著，则该区恢复系可套袋人工混合授粉留种；反之，不能留种。最后根据品质分析、纯度及恢复性鉴定结果，把品质好、恢复性强的纯系选出，其套袋授粉种子全部留种。

第四年：将上年选留的种子在隔离区繁殖，隔离距离要达到 5 000 m 以上，所得种子即为恢复系的育种家种子。

2. 原种种子生产方法

（1）品种和恢复系的原种生产　原种是育种家种子直接繁殖出来的种子。原种生产田要选择地势平坦，土层深厚，土壤肥沃，灌排方便，稳产保收的地块，且必须有严格的隔离措施，空间隔离距离要在 5 000 m 以上。采用时间隔离时，制种田与其他向日葵生产大田花期相错时间要保证在 30 d 以上。生育期间严格去杂去劣，采用蜜蜂授粉并辅之以人工混合授粉。收获时人工脱粒，所产种子为原种。

（2）亲本不育系的原种生产　在隔离区内不育系与保持系按适宜的行比播种，具体比例应根据亲本不育系种子生产技术规程，并结合当地的种子生产实践经验确定。对父本（保持系）行进行标记。生育期间严格去杂去劣，开花时重点检查母本行中的散粉株，发现已经散粉或花药较大，用手扒开内有花粉尚未散出者要立即掰下花盘，使其盘面向下扣于垄上，以免花粉污染。收获时先收父本行，然后收母本行，分别脱粒、分别贮藏。母本行上收获的种子即为不育系的原种；父本行上收获的种子即为保持系的原种。

（二）杂交种种子的生产

向日葵杂交制种具有较强的技术性，为了保证杂交种的种子质量，在杂交制种过程中必须注意以下几个环节。

1. 安排好隔离区

为防止串花混杂，一般要求制种田周围 3 000 m 以内不能种植其他向日葵品种。制种田宜选择地势平坦，土层深厚，肥力中上，灌排方便，便于管理，且不易遭受人、畜危害的地块。制种田必须轮作，轮作周期 4 年以上。

2. 规格播种

（1）按比例播种父母本　父母本行比应根据父本的花期长短、花粉量多少，母本结实性能，传粉昆虫的数量和当地气候条件等来确定。一般制种区父母本的行比以 1∶4 或 1∶6 较为适宜。

（2）调节播期　父母本花期能否相遇是制种成败的关键。若父母本生育期差异较大，要通过调节播种期使父母本花期相遇，而且以母本的花期比父本早 2~3 d，父本的终花期比母本晚 2~3 d 较为理想。也可以采用母本正常播种，父本分期播种以延长授粉期。

3. 花期预测和调节

调节父、母本播期是保证花期相遇的一种手段，但往往由于双亲对气候变化、土壤条件以及栽培措施等的反应不同，造成父母本发育速度不协调，从而有可能出现花期不遇。为此，还须在错期播种的基础上，掌握双亲的生育动态，进行花期预测，并采取相应措施，最终达到花期相遇的目的。

（1）根据叶片推算花期　不同品种间向日葵的遗传基础不同，所以不同品种的总叶片数是有差异的。受栽培、气候等条件影响略有变化，但变化不大。一般从出苗到现蕾平均每日生长 0.7 片叶，品种间叶片数的差异主要是现蕾前生长速度不同造成的。结合父、母本的总叶片数，在生育期间通过观察叶片出现的速度来预测父母本的花期是有效的。

（2）根据蕾期推算花期　向日葵从出苗到现蕾需要的日数，与品种特性和环境条件密切相关，一般为 35～45 d。现蕾至开花约需 20 d。蕾期相遇，花期就可能相遇，所以根据蕾期来预测父母本的花期也是有效的方法。

通过花期预测，如发现花期不遇现象，就应采取补救措施。例如，对发育缓慢的亲本采取增肥增水、根外喷磷等措施促进发育。对发育偏早的亲本采取不施肥或少施肥、不灌水、深中耕等措施抑制发育。

4. 严格去杂去劣

为了提高杂交种纯度和质量，要指定专人负责做好杂种区的去杂去劣工作，做到及时、干净、彻底。可分别在苗期、蕾期和开花期分 3 次进行。在开花前及时拔除母本行中的可育株，以及父、母本行中的变异株和优势株。父本终花后，应及时清除父本。清除的父本可作为青贮饲料。

5. 辅助授粉

蜜蜂是杂交制种生产田的主要传粉昆虫，在开花期放养蜜蜂，蜂箱放置位置和数量要适宜，一般 3 箱/hm² 强盛蜂群为宜，蜂群在母本开花前的 2～3 d 转入制种田，安放在制种田内侧 300～500 m 处，在父本终花期后转出。若开花期遇到高温多雨季节或蜂群数量不足，受精不良的情况下，应每天上午露水散尽后进行人工辅助授粉，每隔 2～3 d 进行一次，整个花期进行 3～4 次。可采用"粉扑子"授粉法，即用直径 10 cm 左右的硬纸板或木版，铺一层棉花，上面盖上纱布或绒布，做成同花盘大小相仿的"粉扑子"。授粉时一手握住向日葵的花盘颈，另一手用"粉扑子"的正面（有棉花的面）轻轻接触父本花盘，使花粉沾在"粉扑子"上，这样连续接触 2～3 次，然后再拿沾满花粉的"粉扑子"去接触母本花盘 2～3 次。也可采用花盘接触法，即将父母本花盘面对面碰撞。人工辅助授粉操作时注意不能用力过大而损伤雌蕊柱头，造成人为秕粒。

6. 适时收获

当母本花盘背面呈黄褐色，茎秆及中上部叶片褪绿变黄、脱落时，即可收获。父母本严格分开收获，先收父本，在确保无父本的情况下再收母本。母本种子收获后，经过盘选可以混合脱粒，充分干燥、精选分级，然后装袋入库贮藏。

三、向日葵品种的防杂保纯

（一）向日葵品种的防杂保存技术

向日葵极易发生生物学混杂，所以在种子生产过程中防杂保存特别重要。向日葵的防杂保存必须做好以下技术工作。

1. 安全隔离

向日葵是典型的异花授粉作物，是虫媒花，主要由昆虫特别是蜜蜂传粉。因此向日葵隔离区的隔离距离都必须在蜜蜂飞翔的半径距离以上，如蜜蜂中的工蜂，通常在半径 2 000 m 以内活动，有时可飞出 4 000 m，有效的飞行距离约为 5 000 m，超过 5 000 m 之外，即不能返回原巢。所以杂交制种田要求隔离距离为 3 000～5 000 m，原种和亲本繁殖田隔离距离要达到 5 000～8 000 m。

在向日葵产区，若空间隔离有困难，也可采用时间隔离方法以弥补空间隔离的不足。为保证安全授粉，错期播种天数要保证种子生产田与其他向日葵田块，花期相隔时间必须在 30 d 以上。

2. 坚持多次严格去杂

去杂人员必须了解和熟悉所繁良种或亲本的特性及在植株各个发育阶段的形态特征，能在田间准确识别杂株。去杂应坚持分期多次去杂。

① 苗期去杂 当幼苗出现 1 ~ 3 对真叶时，根据幼苗下胚轴色，并结合间苗、定苗，去掉异色苗、特大苗和特小苗。

② 蕾期去杂 4 对真叶至开花前期是向日葵田间去杂的关键时期。在这一时期，植株形态特征表现明显，易于鉴别和去杂。可根据株高、株型、叶部性状（形状、色泽、皱褶、叶刻以及叶柄长短、角度等）等形态特征，分几次进行严格去杂。

③ 花期去杂 在蕾期严格去杂的基础上，再根据株高，花盘性状（总苞叶大小和形状，舌状花冠大小、形状和颜色等）和花盘倾斜度等形态特征的表现拔除杂株。但要在舌状花刚开，管状花尚未开放之时把杂株花盘掰掉，并使盘面向下扣于地上（因割下的花盘上的小花还能继续散粉），以免造成花粉污染。

④ 收获去杂 收获前根据花盘形状、倾斜度、子粒的颜色、粒型等形态特征淘汰杂盘、病劣株盘。

（二）向日葵品种的提纯

在做好向日葵品种的防杂保纯工作后，仍有轻度混杂时，可通过提纯法生产向日葵品种或杂交种亲本的原种。

1. 混合选择提纯

在用来生产原种的品种或亲本恢复系的隔离繁殖田中，于生育期间进行严格的去杂去劣。苗期结合间苗、定苗将与亲本幼茎颜色不同的异色苗和突出健壮苗及弱小苗拔除。开花前根据株高、叶片形状和株型等拔除杂株。在开花期根据花盘颜色及形状等的不同，去掉杂盘。收获前在田间选择具有本品种典型性状、抗病的植株，选择数量根据来年原种田面积而定，要适当多选，单头收获。脱粒时再根据花盘形状、子粒颜色和大小，做进一步选择，淘汰杂劣盘，入选单盘混合脱粒，供下一年繁殖原种用。混合选择提纯法在品种混杂不严重时可采用。

2. 套袋自交混合提纯

如果品种混杂较重，混合选择提纯法已达不到提纯的效果，这时可采用人工套袋提纯法。在隔离条件下的原种繁殖田中，在要提纯品种的舌状花刚要伸展时，选择具有本品种典型特征的健壮、抗病单株套袋，在开花期间进行 2 ~ 3 次人工强迫自交。自交头数依下一年原种繁殖面积大小而定，尽量多套袋。在收获时选择典型单株，单盘收获。脱粒时再根据子粒大小、颜色，淘汰不良单盘，入选的单盘混合脱粒。第二年混合种子在隔离条件下繁殖原种。在生育期间还要严格去杂去劣，开花前仍选一定数量典型株套袋自交，收获时混合脱粒，种子即为原种。隔离区的其余植株收获后混合脱粒，用作生产用种或大面积繁殖一次后用作生产用种。

3. 套袋自交行提纯

当向日葵品种混杂严重时，可采用此法。第一年在开花前选典型健壮、抗病的单株套袋自交，收获时将入选的优良自交单株（头）分别收获、脱粒、保存；第二年进行株行比较鉴定。将上一年的单株自交种子在隔离条件下按株（头）行种植，开花前去掉杂行的花盘，对典型株行也要去杂去劣。然后任其自由授粉，混合收获脱粒；第三年在隔离条件下繁殖原种。在生育期间，还要严格去杂去劣，收获种子即为原种。

思考题

1. 简述玉米自交系定系循环技术的原理和优点。
2. 简述油菜原种种子生产技术流程与玉米自交系原种生产流程的差异。
3. 玉米自交系原种生产方法有多种，如何选择适宜的方法进行生产？
4. 玉米杂交种生产过程中保障父母本花期相遇的技术有哪些？
5. 提高杂交玉米种子质量和产量的方法有哪些？

开放式讨论题

1. 从我国玉米制种区的变迁分析影响种子生产的因素。
2. 讨论分析我国玉米杂交种不育系制种和机械化去雄制种的发展趋势。
3. 分析未来20年，我国玉米杂交种制种的主要限制因素。

第五章
常异花授粉农作物种子生产

学习要求

掌握常异花授粉作物遗传特点及其种子生产基本要求；了解棉花和高粱的开花和授粉生物学特性及其种子生产基本特点；掌握三年三圃制、二年二圃制和自交混繁法棉花原种生产技术；掌握棉花高活力种子生产和杂交种生产关键技术。

引言

常异花授粉作物的花器构造为雌雄同花，花瓣鲜艳有蜜腺，极易引诱昆虫传粉杂交。由于雌雄花不等长，成熟不一致，也容易引起异花授粉。它们的天然异交率介于自花授粉和异花授粉两种作物之间，一般为 4%~50%。常异花授粉作物有棉花、高粱、蚕豆、辣椒等。不同作物甚至同种作物不同品种的自然异交率差异很大，如棉花最低只有 1%，高的可达 50%。在种子生产过程中，必须采取隔离措施，品种要区域化种植，以防生物学混杂。常异花授粉作物都是雌雄同花，除棉花花器较大容易人工去雄杂交制种外，其他作物去雄比较困难，通常必须实行"三系"配套或"两系"配套制种才能利用杂种优势。

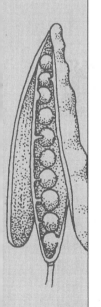

第一节　棉花种子生产技术

一、棉花种子生产的生物学特性

（一）棉花生物学基本特点与栽培品种分类

棉花在植物学分类上属锦葵科（*Malvaceae*）棉属（*Gossypium*）。棉属共有30多个种，其中大部分是野生棉，只有4个种是栽培棉，即陆地棉（*G. hirsutum*）、海岛棉（*G. barbadense*）、亚洲棉（*G. arboreum*）和非洲棉（*G. herbaceum*）。目前世界上栽培最广泛的是陆地棉，其棉花产量占世界棉花总量的90%以上。陆地棉植株较大，茎叶多数有茸毛，叶片较大，裂口较浅；花朵大，全开放，花冠乳白色或黄色（图5-1A）；铃大，圆形或卵形，大多铃尖较尖，铃面平滑，油腺深藏于铃面下部，适应性强，皮棉产量高，纤维品质好，商业上称为细绒棉。海岛棉植株较陆地棉高大、健壮，透光性好，花铃期长，较晚熟；但是由于铃小，衣分（棉纤维占棉籽的比例）低，皮棉（棉纤维）产量低；海岛棉花冠为钟形，淡黄色，内面基部紫色（图5-1B），纤维细长有光泽，商业上称为长绒棉，集中在我国新疆种植。亚洲棉和非洲棉由于产量低，棉纤维品质较差，在我国很少种植。

A　　　　　　　　　　　　　　B

图 5-1　棉花花冠形态

A. 陆地棉；B. 海岛棉

棉花在我国广泛种植，南至海南岛，北至辽宁南部，西至新疆。除西藏、青海、内蒙古、黑龙江和吉林5省（区）外均有种植。依据我国不同棉区、不同生态条件、不同耕作制度和棉花生产实际情况以及经济价值，棉花育种家培育了大量不同类型的棉花，如低酚棉、彩色棉、短季棉和抗虫棉等，以及一些特殊类型如鸡脚棉等。低酚棉是一种无色素腺体的棉花，其种仁中棉籽酚（gossypol）含量低于国际卫生组织（WHO）和世界粮农组织（FAO）规定的标准（0.04%）和我国国家标准（0.02%）。标准低酚棉籽可直接食用或饲用，棉油无须精炼，有利于棉籽的综合利用，如‘中棉所13’。彩色棉是一种纤维具有天然色泽的棉花，按纤维色泽深浅程度不同，可分为深、中、浅色3种类型，现已利用的有棕色和绿色两种。彩色棉纤维在纺织和加工过程中不需染色，可避免染料对环境的污染，也可防止染料中的有害物质对人体的伤害，对于发展生态农业、保护环境、保障人类健康具有重要意义。短季棉是生育期相对较短的棉花，如‘中棉所42’，是为充分利用当地的光热资源，在特定的生态环境与农业耕作条件下逐步发展起来的类型。抗虫棉是指由改变棉花自身的防御机制，来实现减轻、避开害虫的危害，甚至杀死害虫的一种棉花类型。

（二）棉花花器结构与开花习性及授粉受精过程

棉株上的幼小花芽称为蕾，其外被为3片苞叶，呈三角锥形，苞叶对花朵具有保护作用，并能进行光合作用制造光合产物，供应花铃发育。每片苞叶外侧的基部有一个蜜腺，能引诱昆虫。随着幼蕾长大，花器各部分发育逐渐完成（图5-2）。棉花的花为两性花，花瓣一般为乳白色，海岛棉为黄色，花瓣基部有紫斑。围绕花冠基部有波浪形的花萼，其基部也有蜜腺。雄蕊数目很多（60~100个），花丝基部联合成管状，包被花柱和子房，称为雄蕊管。每个花药含有很多花粉。花粉粒为球状，多刺状突起，方便被昆虫传带而黏附到柱头上。雌蕊由柱头、花柱和子房3部分组成。棉花是常异花授粉作物，其自然异交率为3%~20%。柱头的分叉数与其子房的心皮数一致。子房含有3~5个心皮，形成3~5室；每室着生7~11个胚珠，每一胚珠受精后，可发育成一粒棉籽（图5-3）。

棉花蕾的开花顺序为，以第一果枝基部为中心，从第一果节开始呈螺旋曲线由下而上、由内而外逐渐现蕾。相邻果枝上相同节位的现蕾或开花间隔时间为2~4 d；同一果枝上，相邻节位的现蕾或开花间隔时间为5~7 d。这种纵向和横向各自开花间隔的时间，与温度、养分和植株的长势有关。温度高、养分足、长势强，则间隔的时间短；反之，则间隔的时间长。单花从花冠开始露出苞叶到开放经历12~14 h，一般情况下，花冠张开时，雌雄两性配子已发育成熟，花药即时开裂散粉。成熟的花粉在柱头上经1 h左右即开始萌发，生出花粉管，沿着花柱向下生长，这时营养核和生殖核移向花粉管的前端，同时生殖核又分裂成为2个雄核。其中一个雄核与卵核融合，成为合子；另一个雄核与2个极核融合，产生胚乳原细胞，完成双受精过程。棉花从授粉到受精结束需要30 h左右，花粉管

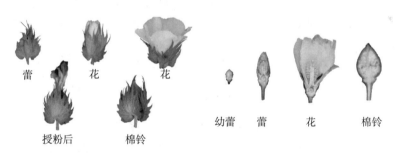

蕾　　花　　花

授粉后　　棉铃

幼蕾　　蕾　　花　　棉铃

图 5-2　棉花的发育过程

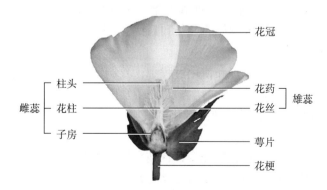

花冠

柱头

雌蕊　花柱　　花药

花丝　}雄蕊

子房

萼片

花梗

图 5-3　棉花花器的纵剖面

到达柱头基部需要 8 h 左右，进入胚珠需 24 h 左右。

（三）混杂退化与防止措施

棉花是常异花授粉作物，自花授粉方式占优势，但自然异交率也较高，容易混杂退化。棉花混杂退化的主要表现是群体中异型株增多，产量下降，品质变劣。在种子生产中必须制定防杂保纯制度和措施。

1. 棉花种子混杂退化的原因

品种退化是指品种个体内产生不利的变异，这些个体与品种原有的典型个体不同。品种混杂是指品种里混有非本品种的个体，这些个体如有选择上的优势，会在本品种内极快地繁殖蔓延，降低品种的使用价值。棉花发生混杂退化后，退化植株表现为：一是植株矮小，生长较弱，株型紧凑；二是植株高大，主茎与果枝节间长而粗，株型松散。退化的棉铃明显变大或变小，棉籽大小不一致，衣分、绒长降低，叶片变薄，花冠变小，生育期不一致。

（1）机械混杂　机械混杂是指由于人为的因素而发生的混杂。棉花生产环节多，包括收获、轧花脱绒、晒种、运输、播种等环节，稍有人为失误或受某种条件限制，都能造成品种机械混杂。

（2）生物学混杂　生物学混杂是由于天然杂交所引起的混杂。棉花是以昆虫为主要传粉媒介的常异花授粉作物，自然异交率为 3% ~ 20%；另外，棉花花朵大，色泽鲜艳且有蜜腺，开花时间长，能吸引近 30 种昆虫传粉，因而在田间宜发生天然杂交。由于天然杂交具有一定的杂种优势而易保留下来，因此随着种植世代的增加，其混杂程度会越来越严重。

（3）剩余变异　棉花的产量性状及其构成因素和纤维品质性状多为数量性状，受微效多基因控制。棉花是常异花授粉作物，一个棉花新品种育成，往往也只是目标性状的相对稳定，而其他一些基因位点仍处于杂合状态，这些杂合位点随着种子繁育和推广年限的延长，其变异将逐步积累，最终导致品种混杂。

（4）不正确的人工选择　人工选择是种子生产时防杂保纯的重要手段。正确的人工选择可以保持品种的原有特性，但如果采用了不正确不合理的人工选择，会人为地引起品种的改变。

（5）自然选择和自然突变　自然选择使生物向有利自身的生存和发展方向发展，而人工选择使棉花向人们的意愿方向发展，如高衣分、籽指（百粒棉籽的重量）低是人类需要的经济性状，但该类型棉花通常出苗受阻，易被自然选择所淘汰。自然变异现象在植株上常有发生，一旦有突变，会造成基因型的杂合，下一世代出现性状分离，随着世代的增加，变异越来越多，最终将导致群体的混杂和品种退化。

2. 防止棉花种子混杂退化的措施

（1）在棉花种子的生产、管理和使用过程中，要制定严格的防杂保纯制度和措施，从各个工作环节上避免和减少机械混杂和生物学混杂发生。

（2）品种布局合理化。根据品种区域化的原则，"实行一县（地）一种"制，是棉花防杂保纯的一项有力措施。

（3）建立健全种子生产体系，做好良种提纯和原种生产工作，在生产过程中不断并及时地进行原种更新，也是防止品种混杂与退化、延长品种使用寿命、有效发挥优良品种增产潜力的重要措施。

二、棉花原种种子生产技术

棉花原种防杂保纯以及提纯是种子生产的重要措施，是保证棉花原种生产质量的基本环节。根据选择和鉴定方式不同，棉花原种生产技术可分为三年三圃制、二年二圃制和自交混繁法三种。

（一）"三年三圃"制原种生产技术

1982年，国家标准局颁布了《棉花原种生产技术操作规程》，该规程是以单株选择、多系比较、混系繁殖为基本内容的"三年三圃"制原种生产方法，是我国棉花种子生产的常用方法。

1. 单株选择

选单株是原种生产的基础，也是棉花原种生产的技术关键。务必做到精益求精，多看多选，从严要求。

（1）单株选择地点 对已建立"三年三圃"制的单位，可从株行圃、株系圃、原种圃或纯度较高的繁种田中选择优良的单株；对刚建立"三年三圃"制的单位，可从纯度高、生产整齐一致、无枯萎病、无黄萎病的棉田中进行单株选择；也可从其他原种场直接引种。

（2）单株选择的要求和方法

① 典型性 从品种的典型性入手，选择株型、叶型、铃型等主要特征特性符合原品种的单株。

② 丰产性和品质 在典型性的基础上考察丰产性。感官鉴定结铃和吐絮、绒长、色泽等状况，注意纤维强度。

③ 病虫害 有枯萎病和黄萎病的植株不得当选。

（3）单株选择的时间 第一次在结铃盛期，着重观察叶型、株型、铃型；其次是观察茎色、茸毛等形态特征，并用布条或扎绳做好标记。第二次在吐絮收花前，着重观察结铃性和"三桃"（即伏前桃、伏桃和秋桃。棉花在入伏前结的棉铃称伏前桃，伏期结的棉铃称伏桃，出伏后结的棉铃称秋桃）分布是否均匀；其次是观察早熟性和吐絮是否舒畅。当选单株按照田间种植行间顺序在主茎上部挂牌编号。在结铃盛期初选，吐絮期复选，分株采摘。选种人员要相对固定，以保持统一标准。

（4）单株选择的数量 根据下一年株行圃面积而定，每公顷株行圃播种1 200～1 500个单株，单株的淘汰率一般为50%。因此，田间选择时，需要选3 000个以上单株。

（5）收花 收花时，在当选单株中、下部摘取正常吐絮铃一个，对其衣分和绒长进行握测和目测，淘汰衣分和绒长太差的单株。当选单株，每株统一收中部正常吐絮铃5个（海岛棉8个）以上，一株一袋，并在种子袋上挂标牌，晒干贮存供室内考种。

（6）室内考种和决选标准

① 考种项目 绒长、异籽差、衣分、籽指和异色异型籽。

② 考种方法 单株材料的考种，应按顺序考察4个项目，即纤维长度及异籽差、衣分、籽指和异色异型籽率。在考种过程中，有一项不合格者即淘汰株行，以后各项不再进行考种。

③ 决选标准 单株考种结果的异籽差应在4 mm以内；异色异型籽率不能超过2%。

④ 考种注意事项 一是采样必须有代表性，样点分布要均匀；二是纤维分梳前必须

先沿棉种腹沟分开理直；三是衣分、籽指每一个样品要做到随称随轧，以免吸湿增重，影响正确性；四是固定专人和统一考种标准。

2. 株行圃

株行比较的目的是在相对一致的自然条件和栽培管理条件下，鉴定上一年所选单株遗传性的优劣，从中选出优良的株行。株行圃所在地应选用土质较好、地势平坦、肥力均匀、排灌条件良好的田块，而且各株行的栽培管理要求精细一致，以减少环境变异对选择的影响。

（1）田间设计　将上一年当选的单株种子分行种植于株行圃，每个单株种一行，顺序排列，每隔 9 或 19 个株行设对照行（本品种的原种），一般不设重复。

（2）田间观察鉴定

① 记载本　必须准备田间观察记载本，分成正、副两本，正本留在室内，每次进行田间观察时带副本，观察记载后及时抄入正本。

② 观察记载的时间和内容　在棉花整个生育期，田间观察记载 3 个时期，即苗期、花铃期、吐絮期。苗期观察整齐度、生长势、抗病性等；花铃期着重观察各株行的典型性和一致性；吐絮期根据结铃性（包括铃的多少、大小、"三桃"的分布）、生长势、吐絮的集中程度和舒畅度等，着重鉴定其丰产性、早熟性等，并对株型、铃型、叶型进行鉴定，检查检疫性病虫害。在棉株的不同发育时期，结合病虫害的观察，重点检查有无枯萎病、黄萎病及棉株的感染程度。田间纯度调查重点在花铃期进行。

③ 田间选择和淘汰标准　根据田间观察和纯度鉴定的结果进行淘汰。田间株行淘汰率一般为 20%。当选的株行分行收获，并与对照进行产量比较，作为决选的参考。凡单行产量明显低于对照的要淘汰。

（3）株行圃的考种和决选　田间当选株行及对照行，每株行采收 20 个铃作为考种样品。考种项目：单铃重、纤维长度、纤维整齐度、衣分、籽指和异色异型籽率。株行考种决选的标准：单铃重、纤维长度、衣分和籽指与原品种标准相同；纤维整齐度在 90% 以上，异型籽率不超过 3%。

（4）收花测产　对当选株行必须做到分收、分晒、分轧、分存，以保证种子质量。淘汰行混合收花，不再测产。据田间观察初选和室内考种进行决选。株行的决选率一般为 60%。

3. 株系圃（包括株系繁殖圃和鉴定圃）

（1）分系比较　鉴定比较上一年决选株行遗传的优势，从中选出优良株系，以供繁殖和生产原种。

（2）株系圃的种植　将上一年当选株行的种子分系种植于株系圃。每株系的行数视种子量而定。每株系抽出部分种子另设株系鉴定圃。常采用间比法试验设计 2~4 行区，行长 10 m，每隔 4 或 9 个株系设一对照（本品种的原种），同时设置重复（2~4 次）。

（3）田间观察、取样、测产及考种　鉴定项目和方法与株行圃相同。株系圃的考种：每一株系和对照各采收中部 50 个吐絮铃作考察样品，纤维长度考察 50 个棉籽，其余考察项目和方法与株行圃相同，为 20 个棉籽。

（4）株系决选　根据观察记载、测产和考种资料进行综合评定，当选株系中杂株率达 0.5% 时，淘汰株系；如杂株率在 0.5% 以内，其他性状符合要求，则拔除杂株后可以入选。株系圃决选率一般为 80%。

4. 原种圃

根据上年株系鉴定结果，把当选株系的种子分系或混系播种于同一田块，即为原种圃，生产出的种子为原种。原种圃的种植方法有两种：分系繁殖法和混系繁殖法。

（1）分系繁殖法　将上年当选的株系种子分系播种，一个株系一个小区，在花铃期和吐絮期继续进行田间观察鉴定和室内考种比较。田间观察和室内考种项目及方法与株系圃相同。最后综合评定，选优良株系的种子混合即为原种。

（2）混系繁殖法　将上年当选的种子混合播种于原种圃。

5. 栽培管理

栽培管理是原种生产的重要环节。只有良种、良田、良法三配套，才能充分发挥人工选择的作用，保证原种的质量和数量。因此，生产原种的"三年三圃"制中，地块要求轮作换茬，地力均匀，精细整地，合理施肥，及时排灌，加强田间管理，做好病虫害防治工作，使棉株健壮生长。株行圃和株系圃的各项田间管理措施要一致，加强田间选择的效果。原种生产过程中所用的种子要全部进行精选，并做好晒种、药剂拌种和包衣等种子处理工作。播种期可稍迟于大田。

6. 收花、加工贮藏

（1）准备工作　准备好厂房、用具及布袋。单株、株行、株系的收花袋都要根据田间号码编号。收花袋要分圃按编号挂藏。"三年三圃"制中的霜后花均不作种用，但株行圃和株系圃中的霜后花须分收计产。

（2）收花　株行圃、株系圃应先收当选株行、株系，后收淘汰株行、株系。收获、晾晒及贮藏等操作过程中严格防止混杂、错乱。

（3）加工贮藏　株行、株系的籽棉必须严格进行分轧。轧花前后，应彻底清理轧花机车间和机具。单株、株行圃及株系圃的考种样品要用专用小型轧花机分轧。每轧一个样品应清理一次，不留一粒籽棉。株系圃的当选系、原种圃收的原种籽棉，可在原种厂的加工厂或种子部门指定的棉花保种轧花厂加工。加工质量要求单株和株行的破籽率不超过 1%，株系和原种的破籽率不超过 2%，原种可轻剥短绒 2 遍。保持种子含水量在 12% 以下干燥贮藏。

（二）"二年二圃"制原种生产程序

"三年三圃"制原种生产初选单株较多，需对后代进行 2 年测定，工作量大。为早日生产出低世代的良种，可以省略株系圃，只经株行圃，将劣行淘汰后，优良株行种子混合种于原种圃，进行原种繁殖。具体程序如下。

1. 单株选择

单株选择来源比"三年三圃"制少一个从株系圃中选优良单株的渠道，其余与"三年三圃"制中的单株选择内容相同。

2. 株行圃

同"三年三圃"制中株行圃的内容。

3. 原种圃

（1）种植与管理

① 种植　将不少于 250 行的上年当选种子混合种于本圃，采用纸筒育苗、精量播种、合理密度等育苗新技术以扩大繁殖系数。

② 去杂去劣　花铃期和吐絮期，进行 2 次田间纯度调查和去杂去劣。

③ 产量品质测定　收花时扦取 10 个籽棉样品，进行考种和纤维品质测定。

（2）扩繁技术　将上年收获的种子，采用纸筒育苗、精量播种、合理密度等育苗新技术以扩大繁殖系数，花铃期田间去杂去劣，以霜前花籽棉留种即为原种，并取样考种和纤维品质测定。

（3）原种圃考种　收取中部棉铃，分 5 点取样，每点取 50 铃，分别考种，每样品绒长测 50 粒。每次取霜前花籽棉 2 kg 轧衣分，并测定纤维品质。

（三）"自交混繁法"原种生产技术

棉花品种混杂退化的一个主要原因是品种保留较多的剩余变异，加上天然杂交，因而其后代群体中不断发生基因分离和基因重组。通过多代自交和选择，可以提高基因型的纯合度，减少植株间的遗传变异，获得一个较为纯合一致的群体。自交混繁法就是根据上述原理而提出的一种棉花原种生产体系（图 5-4）。

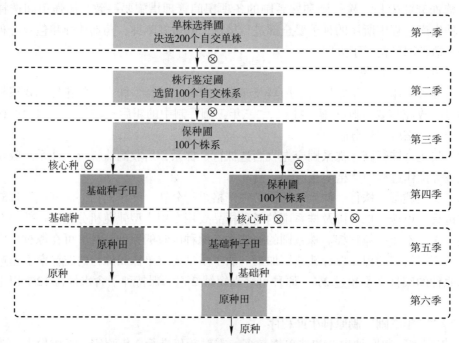

图 5-4　自交混繁法程序示意图
（陆作楣等，1990）

1. 保种圃

保种圃的建立与保持是自交混繁法的核心，建立保种圃需要经过单株选择与株行鉴定共 2 年的准备时间，第 3 年才能建立保种圃。保种圃应选择地势平坦、地力中等以上且均匀、排灌方便、集中成片的田块。尤其要注意隔离，周围 500 m 以内不能种植其他棉花品种，或选择天然屏障隔离区。保种圃周围最好安排基础种子田，便于观察比较。

（1）单株选择　用育种单位提供的新品种建立单株选择圃，作为生产原种的基础材料。从单株选择圃中选择优良单株并做好记号，每个入选单株上自交 15~20 朵花；吐絮后，田间选择优良的自交单株 400 株左右，每株保证有 5 个以上正常吐絮的自交铃。然后，分株采收自交铃，分株装袋，注明株号及收获铃数，经室内考种后决选 200 株左右。

（2）进行株行鉴定　将上年入选的自交种子按顺序分别种成株行圃（至少 150 个株

行），每个株行不少于25株。在生育期间继续按品种的典型性、丰产性、纤维品质和抗病虫性进行鉴定，同时去杂去劣。开花期间，在生长正常、整齐一致的材料中，继续选优良单株自交，每株自交1～2朵花，每个株行应自交30个花朵以上。吐絮后，分株行采收正常吐絮的自交铃，并注明株号及收获铃数。然后，经室内考种决选100个左右的优良株行。

（3）建立保种圃　将上年入选的优良株行的自交种子按编号分别种成株系。在生育期间，继续去杂去劣，并在每一代选一定数目的单株进行自交，以供下一年种植保种圃使用。吐絮后，先收各系内的自交铃，分别装袋，注明系号，轧花后的种子作为下一年的保种圃种子。然后，分系混收自然授粉的正常吐絮铃，经室内考种，将当选株系混合轧花留种，为核心种，供下一年基础种子田用种。保种圃建立后，可连年供应核心种。

2. 基础种子田

基础种子田应选择生产条件好的地块，集中建立种子田，其周围应为该品种的保种圃或原种圃。用上年入选的优系自然授粉棉铃的混合种子播种。在蕾期和开花期去杂去劣，吐絮后混收轧花保种，即为基础种，作为下一年原种生产用种。

3. 原种生产田

选择有繁种技术而且生产条件好的农户、专业户的连片棉田，建立原种生产田，要求在隔离条件下集中种植。用上年基础种子田生产的种子播种，继续扩大繁殖和去杂去劣，并采用高产栽培技术措施，提高单位面积产量。收获后轧花贮藏即为原种，下年继续扩大繁殖后供大田用种。

三、棉花高活力种子生产关键技术

1. 选择适宜的制种季节、播期和制种区域

为获得高活力种子，不同品种最适宜的制种区域、制种季节和播期不同，制种基地应安排在无霜期较长、光热条件较好、阴雨天少的地区。建议适期早播，在5 cm平均地温连续5 d稳定超过15℃时，抢晴天播种。种子田应选择地势平坦、土层深厚、土壤肥沃、排灌方便、枯萎病和黄萎病较轻的地块，建议地膜覆盖，大小行种植，增加通风透光，最好能成方连片，且与其他棉田的隔离距离在300 m以上。例如，同一品种在新疆制种生产的棉花种子的健籽率、千粒重、发芽率和活力较高，因此新疆是高活力棉花种子生产的理想区域之一。

2. 确定适宜的种植密度

棉花制种田产量、种子品质与种植密度密切相关，种植密度对种子活力的影响因品种不同而不同。在山东棉区，播种密度对棉花果枝中部和末梢种子的活力有较大影响，如'鲁研棉28'在9万株/公顷密度下果枝优势部位的种子活力最突出，而在6.75万株/公顷密度下各果枝种子的总体活力水平最高，综合考虑种子产量和种子质量，则适宜密度为6.75万株/公顷（张文强等，2016）。在新疆棉区，如'新陆早45号'株型较紧凑，高密度种植能充分利用空间，促进群体生产力获得高产，但种子质量有所下降，在密度为20万株/公顷时种子质量较高，但在密度达到30万株/公顷时，种子活力显著下降（付文敏等，2015）。因此，不同区域和不同品种选择相对应最适宜的种植密度可保证较高的种子活力。

3. 制定不同品种适宜的收获期

不同采收期对种子活力影响很大，要综合考虑适宜的种子收获期，以确保种子活力高且保持时间长。

4. 选择合适的果位和结铃期

棉花不同结铃期的种子其活力也不同，从高到低依次是伏桃＞伏前桃＞秋桃，且第一果节和中部果节的种子健籽率高于末梢果节的种子，获得高活力的棉花种子以采收中部果位的伏桃种子为宜（表5-1）。棉花种子成熟度不同其活力水平也不同，通常下部果枝的棉铃成熟早，但因未及时采摘使其种子自然老化而降低了活力；中部棉铃则成熟充分，又能及时采收，种子质量好且活力高；植株上部棉铃则成熟差，活力低，不宜留种，可通过化学封顶或人工打顶等方式减少上部棉铃。

表 5-1　不同结铃期对棉花种子发芽和活力的影响

品种	果位	发芽率 /%	发芽势 /%	发芽指数	活力指数
'鲁研棉 28'	伏前桃	73bB	68bB	17.75cC	10.24cC
	伏桃	91aA	84aA	22.19aA	13.16aA
	秋桃	87aA	70bB	20.45bB	11.5bB
	P 值	0.000 1	0.001 6	0.000 1	0.000 1
'银兴棉 4 号'	伏前桃	64bB	56cC	9.41bB	8.86bB
	伏桃	86aA	85aA	15.46aA	13.39aA
	秋桃	87.5aA	75bB	6.44cC	12.92aA
	P 值	0.000 2	0.000 1	0.000 1	0.000 1

（张文强等，2016）

5. 适宜的田间管理

（1）平衡施肥　提倡增施有机肥，采用稳氮、稳磷、增钾的施肥方法，根据植株长势，做到经济合理。施足基肥，重施花铃肥，在初花期及时追肥。

（2）适当化控　棉花打顶方式也能影响高活力种子的生产，棉株种子在化学打顶剂处理下与未打顶和人工打顶方法处理棉株种子相比，种子胚乳理化物质积累较多，更有利于高活力棉种的生产。种子生产田以收获伏前桃为主，化学调控时要坚持因苗、因天、因地情况而定，遵照早、轻、勤的原则，化控3~4次，调整养分运输方向，塑造丰产株型，促进棉铃和种子发育。

（3）及时晾晒　采收后的籽棉，必须及时晒干，确保种子含水量降至12%以下。在未完全晒干前注意不要堆放过厚过实，以防呼吸发热，引起种子劣变。

四、棉花杂交种种子生产技术

棉花杂种优势利用实践表明，杂交种可增产10%~30%，对改进棉花纤维品质、提高抗逆性也有明显作用。因此，利用杂种优势是提高棉花产量和质量的新途径。

（一）雄性不育系制种技术

同正常棉花可育株相比，雄性不育株的蓓蕾小，花冠小，花冠顶部尖而空，开花不正常，花丝短而小，柱头露出较长，花药空瘪或饱满而不开裂或很少开裂，花粉畸形无生活力。美国从 1948 年开始选育细胞质雄性不育系和"三系"配套工作，1973 年获得了具有哈克尼亚棉细胞质的雄性不育系和恢复系。研究表明，利用三系配套制杂交种尚存在一些具体问题，如恢复系的育性能力低，得到的杂交种种子少；不易找到强优势的组合；传粉媒介不易解决等问题。因此还未能大面积推广。

（二）"两用系"制种技术

我国在"两用系"应用方面取得一定成就。1972 年，四川省仪陇县原种场从种植的'洞庭 1 号'棉花品种群体中发现了一株自然突变的雄性不育株，经四川省棉花杂种优势利用研究协作组鉴定，表现整株不育且不育性稳定，确定是受一对隐性核不育基因控制，命名为"洞 A"。这种不育基因的育性恢复基因广泛，与其亲缘相近的品种都能恢复其育性，而且 F_1 表现为完全可育。因此，在生产上已经具有一定规模的应用。

1."两用系"的繁殖

"两用系"的繁殖是根据不育基因的遗传特点，用杂合显性可育株与纯合隐性不育株杂交，后代可分离出各为 50% 的杂合显性可育株和纯合隐性不育株。这种姊妹交产生的后代的可育株可充当保持系，而不育株仍充当不育系，故称之为"两用系"。繁殖时，"两用系"混合播种，标记不育株，利用姊妹交（要辅助人工授粉）将不育株上产生的籽棉混合收摘、轧花、留种，这样的种子仍为基因型杂合的。纯合隐性不育株可用于配制杂交种。

2. 杂交种的配制

（1）隔离区的选择　为避免其他品种花粉的传入，保证杂交种的纯度，要根据地形、蜜源作物以及传粉昆虫的多少等因素来确定隔离区的距离。一般情况下，隔离距离不大于 100 m 即可。如果隔离区内有蜜源作物，要适当加大隔离距离。若能利用山丘、河流、树林、村镇或高大建筑物等自然屏障作隔离，效果更好。

（2）父母本种植方式　由于在开花前要拔除母本行中 50% 左右的可育株，因此就中等肥力水平配制种田而言，母本的留苗密度应在每公顷 7 500 株左右，父本的留苗密度为每公顷 3.75 万～4.50 万株。父母本可以 1∶5 或 1∶8 的行比进行顺序间种。开花前全部拔除母本行中的雄性可育株。为了人工授粉工作操作方便，可采用宽窄行种植方式。宽行行距 90 cm 或 100 cm，窄行行距 70 cm 或 65 cm。父母本的种植行向最好是南北方向。

（3）育性鉴别和拔除可育株　可育株和不育株通过花器加以识别。不育株的花一般表现为花药干瘪不开裂，内无花粉或花粉很少，花丝短，柱头明显高出花粉管和花药。而可育株则表现为花器正常。拔除的是花器正常株。

（4）人工授粉　棉花绝大部分花在上午开放，晴朗的天气，上午 8 时左右即可开放，当露水退后，即可在父本行中采集花粉或摘花，给不育株的花授粉。采集花粉，可用毛笔蘸取花粉涂抹在不育株花的柱头上。如果摘下父本的花，可直接在不育株花的柱头上涂抹。一般一朵父本花可给 8～9 朵不育株的花授粉，不宜过多。授粉时要注意使柱头授粉均匀，以免出现歪铃。为了保证杂交种均匀度，在通常情况下 8 月中旬应结束授粉工作。

（5）种子收获保存　为确保杂交种的均匀度和遗传纯度，待棉铃正常吐絮并充分脱水后才能采收。采摘时先收父本行，然后采摘母本行，做到按级收花，分晒、分轧和分藏。由专人负责各项工作，严防发生机械混杂。

3. 亲本的提纯

杂种优势利用的一个重要前提就是要求杂交亲本的遗传纯度高，亲本的纯度越高，杂种优势越强，因此不断对亲本进行提纯是一项重要工作。首先是父本提纯。在隔离条件下，采用"三年三圃"制或"二年二圃"制方法繁育父本品种，以保持原品种的种性和遗传纯度。其次是"两用系"提纯技术。种植方式可采用混合种植法或分行种植法。分行种植法操作方便，它是人为地确定以拔除可育株的行作为母本行，以拔除不育株的行作为父本行。在整个生育期间，要做好去杂去劣工作。选择农艺性状和育性典型的不育株与可育株授粉，以单株为单位对入选的不育株分别收花，分别考种，分别轧花。决选的单株下一年种成株行，将其中农艺性状和育性典型的株行分别进行株行内可育株与不育株的姊妹交，然后按株行收获不育株，考种后将全部入选株行不育株的种子混合在一起，供繁殖"两用系"用。无论是父本品种的繁殖田，还是"两用系"的繁殖田，都要设置隔离区，以防生物学混杂。

（三）人工去雄制种技术

（1）人工去雄制种技术的特点　人工去雄配制杂交种费工费时、成本高，但与"两用系"相比，可以尽早地利用杂种优势，更能发挥杂交种的增产作用。

（2）杂交种的配制技术　隔离方法和要求同以上所述。一朵父本花可以给母本授粉6~8朵花。因此，父本行不宜过多，以利于单位面积生产较多的杂交种。为了去雄、授粉方便，可采用宽窄行种植方式，宽行100 cm、窄行65 cm，或宽行90 cm、窄行70 cm。父母本相邻行采用宽行，以便于授粉和避免收花时父母本行混收。

首先，开花前要根据父、母本品种的特征特性和典型性，进行一次或多次的去杂去劣工作，以确保亲本的遗传纯度。以后随时发现异株要随时拔除。开花期间，每天下午在母本行进行人工去雄。当花冠露出苞叶时即可去雄（图5-5）。去雄时拇指和食指捏住花蕾，撕下花冠和雄蕊管，注意不要损伤柱头和子房。去掉的蓓蕾带到田外以免第二次散粉。将去雄后的蓓蕾做标记，以便于次日授粉时容易发现。每天上午8时前后花蕾陆续开放，这

A　　　　　　　　　　　　　B

图 5-5　去雄前后的棉铃

A. 去雄前　B. 去雄后

图 5-6 人工自交授粉及标记后的棉铃

A. 人工自交授粉 B. 授粉后做标记的棉铃

时从父本行中采集花粉给去雄母本花粉授粉。授粉时花粉要均匀地涂抹在柱头上。授粉结束后要进行标记（图 5-6）。为了保证杂交种的均匀度和播种品质，正常年份应在 8 月 15 日前结束授粉工作，并将母本行中剩余的蓓蕾全部摘除。其次，收获前要对母本行进行一次去杂去劣工作，以保证杂交种的遗传纯度。收获时，先收父本行，然后采收母本行，以防父本行的棉花混入母本行。要按级收花，分晒、分轧、分藏，由专人保管，以免发生机械混杂。

（3）亲本繁殖 在隔离条件下，采取"三年三圃"制或"二年二圃"制方法繁殖亲本种子，以保持亲本品种的农艺性状、生物学和经济性状的典型性及其遗传纯度。

五、彩色棉种的生产

天然彩色棉是棉纤维成熟时自身具有棕、绿等色彩棉花的统称（图 5-7），其颜色是棉纤维中腔细胞在分化和发育过程中色素物质沉积的结果。彩色棉与白色棉相比，彩色棉制品有利于人体健康：在纺织过程中减少印染工序，响应了人类提出的"绿色革命"口号，减少了对环境的污染；有利于国家继续保持纺织品出口大国的地位，打破了国际绿色贸易壁垒。经过多年的研究和发展，新疆形成了主要的棕色棉生产基地。在彩色棉的生产规模不断扩大的情况下，应十分重视彩色棉与白色棉天然异交引起的污染问题。

图 5-7 彩色棉品种

A. 深棕色；B. 浅棕色；C. 浅绿色

（一）彩色棉种生产的隔离措施

1. 空间隔离

空间隔离是种植彩色棉最理想的方法。隔离距离因地域、昆虫种群和数量的不同而不同。在典型的灌溉农业棉花生产区域内，在昆虫种群稀少和无屏障条件下，安全的空间隔离距离应在 300 m 以上，距白色棉种植区 10 km 以上，是彩色棉生产和制种的理想区域。在彩色棉与白色棉生产区之间，种植其他作物，也可达到空间隔离的目的。

2. 屏障隔离

空间隔离往往难以满足扩大生产的需要，利用林带、高秆作物等作为屏障，也能起到较好的隔离作用。在彩色棉生产基地中，一般在种植区域的四周，除了利用林带、马路、水渠、村舍等作为屏障外，还种植数行玉米作为隔离屏障。这样不仅可以起到阻碍昆虫传粉的作用，还可以防止收获运输等过程引起的混杂问题。

3. 无隔离条件下的彩色棉种植

在无隔离条件彩色棉种植区域内，采取集中连片种植和专门供种的方式。在没有隔离空间和任何隔离屏障的情况下，如果周围 300 m 内有白色棉田则不能作为留种田。同时，在采摘和运输过程中应特别注意相邻地块间的籽棉混杂问题，以免造成"污染"。

（二）彩色棉种生产技术

1. 原种生产

原种采用"二年二圃"制繁殖法。彩色棉单株选择过程分两步进行。第一步，在吐絮前根据植株的叶色、叶型株高、株型铃型等外部性状进行初选，并对初选植株做出标记。较简单的标记方法是，在入选单株的顶部系一段颜色较鲜艳的布条或线绳。第二步，选择在棉桃吐絮后进行，比较入选单株纤维的色彩度、均匀度和长度，入选后的单株再经室内考种，考察铃重、衣分、衣指、籽指等项，最后将入选单株依次编号保存。次年按编号顺序播种，符合标准的株行进入原种圃繁殖原种。原种圃一般设在生产种繁殖区域内，四周生产种繁殖田成为保护区，繁殖出质量可靠的原种。

2. 生产用种的生产

原种田繁殖出的种子量较小，应根据生产规模进行扩繁，以达到生产用种繁殖田的需要，生产用种繁殖区应与白色棉种植区进行有效的隔离，建议距白色棉种植区 10 km 以上。此外，在利用空间隔离的同时，可在繁种区四周的田块种植高秆作物作为隔离屏障，也可在大面积连片种植商品彩色棉的区域内，将生产区域中心地带的田块作为繁种区，繁殖出优良的生产用种。

第二节　高粱种子生产技术

一、高粱种子生产的生物学特性

（一）生物学基本特点与栽培品种分类

高粱是禾本科（Gramineae）高粱属（*Sorghum*）的一年生草本作物。高粱茎秆直立，近圆形，茎秆表面有白色蜡粉，干旱时能减少水分蒸发，增强抗旱能力。一般品种地上部有 10~18 个节，在茎的地下部分密集 3~5 个节。每个茎节长 1 片叶，边缘较平直，叶面光滑而有蜡质。高粱的叶片在茎秆上顺序互生，由叶鞘、叶片和叶舌组成。穗型一般有扫帚型、伞型、筒型、纺锤型和卵圆型等。高粱种子的外形有纺锤形和卵圆形两种。种子的色泽有红、黄、白和青等颜色。高粱品种趋向多样化，除粮用外，还有酿造型、糯质型、能源型等专用类型高粱。比如'辽杂5号'属粮食酿造兼用型，'泸糯杂1号'是酿制茅台酒专用品种，还有糯用型高粱湘两优'糯粱1号'，饲用型高粱'辽饲杂1号''辽饲2号'，甜高粱'吉甜2号''醇甜2号'等。甜高粱作为一种能源作物受到人们的极大关注，它的气候适应性强、种植方法简单，尤其是产量高，作为能源作物，每公顷可生产7 000 L乙醇。黏高粱（宽甸）做的黏豆包是地方风味特殊食品。

（二）花器结构与开花习性及授粉受精过程

高粱的花序属于圆锥花序。着生于花序的小穗分为有柄小穗和无柄小穗两种。无柄小穗外有2枚颖片，内有2朵小花（图5-8），其中1朵退化，另1朵为可育两性花。有1枚外稃和1枚内稃，稃内有一雌蕊柱头分成2片羽毛状，3枚雄蕊。有柄小穗位于无柄小穗一侧，比较狭长。有柄小穗亦有2枚颖片，内含2朵花，1朵完全退化，另1朵为有3枚雄蕊发育的单性雄花。

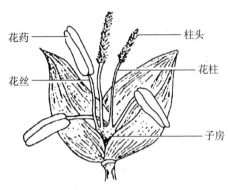

图5-8　高粱花的构造

高粱圆锥花序的开花顺序是自上而下，整个花序开花7 d左右，以开花后2~5 d为盛花期。多在午夜和清晨开花，开花的适宜温度为20~22℃，相对湿度为70%~90%。开花速度很快，稃片张开后，先是羽毛状的柱头迅速突出露于稃外，随即花丝伸长将花药送出稃外，花药立即开裂，散出花粉。每个花药可产生5 000粒左右的花粉粒。开花完毕，稃片闭合，柱头和雄蕊均留在稃外，一般品种每朵花开放时间20~60 min。由于稃外授粉，雄蕊多接受本花的花粉，也可接受外来花粉，自然异交率较高，一般为5%以上，最高可达50%。

从花药散出的成熟花粉粒，在田间条件下2 h后花粉萌发率显著下降，4 h后花粉渐渐丧失生活力。有人观察，高粱开花后6 d仍有52%的柱头具有结实能力，开花后14 d则降到4%~5%，17 d以后则全部丧失活力。花粉落到柱头上2 h后卵细胞即可受精。

二、高粱杂交种种子生产技术

高粱花粉量大，稃外授粉，雄蕊柱头生活力维持时间长，这些特点对杂交高粱制种十分有利。高粱一般采用雄性不育系生产杂交种。

（一）隔离区设置

由于高粱植株较高，花粉量大，且飞扬距离较远，为了防止外来花粉造成生物学混杂，雄性不育系繁殖田要求空间隔离500 m以上，杂交制种田要求300~400 m，如有障碍物可适当缩小。

（二）父母本行比

在父本株高超过母本的情况下，父母本行比可采用2:(8~10)。

高粱雄性不育系常有不同程度小花败育问题，即它不仅雄性器官失常不产生有活力花粉，而且雌性器官也失常，丧失接受花粉的受精能力。小花败育的机制尚不完全清楚，但雄性不育系处于被遮阳的条件下，会加重小花败育的发生。因此，加大父母本的行比，可减少母本的遮阳行数，从而减少小花败育发生，有利于提高产量。

（三）花期调控

1. 不育系繁殖田

根据高粱的开花习性，在雄性不育系繁殖田里，母本花期应略早于父本，要先播母本，待母本出苗后，再播父本保持系，这样就可以达到母本穗已到盛花期，父本刚开花，从而确保花期相遇良好。因为雄性不育系是一种病态，不育系一般较其保持系发育迟缓。

2. 制种田

在杂交制种田里，调节好父母本播期和做好花期预测是很有必要的。目前我国高粱杂交种组合，父母本常属不同生态类型，如母本为外国高粱‘3197A’‘622A’‘黑龙A’等，父本恢复系为中国高粱类型或接近中国高粱；而母本为中国高粱类型如‘矬巴子A’‘黑壳棒 A’‘2731A’等，父本恢复系为外国高粱类型或接近外国高粱类型。由于杂交亲本基因型的差异较大，杂种优势较高；但同时，它们对同一外界环境条件的反应也不同，特别是高粱为喜温作物，对温度十分敏感。

为了确保花期相遇良好，并使母本生长发育处于最佳状态，在调节亲本播期时，要首先确定母本的最适播期，并且一次播完；然后根据父母本播种后到达开花期的日数来调节父本播期，并且常将父本分为两期播种，当一期父本开花达盛花期时，二期父本刚开花，这样便延长了父本花期，以便母本充分授粉结实。因为干旱或其他原因，影响父母本不能按时出苗的，可采用留大小苗或促控的办法调节花期。拔节后可采用解剖植株的方法，始终掌握母本比父本少 0.5 ~ 1 个叶片或母本生长锥比父本大 1/3 的标准来预测花期。如发现花期相遇不好时，要采取早中耕、多中耕、偏水偏肥、根外追肥、喷洒激素等措施，促其生长发育，或采取深中耕断根、适当减少水肥等措施，控制其生长发育，从而达到母本开花后 1 ~ 2 d，第一期父本开花，第二期父本的盛花期与母本的末花期相遇。

（四）去杂去劣

除去杂株包括在雄性不育系繁殖田中去杂和在杂交制种田中去杂。为了保证母本行中植株为 100% 的雄性不育株，一定要在开花前把雄性不育系繁殖田和杂交制种田母本行中混入的保持系植株除尽。混入的保持系株，可根据保持系与不育系的区别进行鉴别和拔除，一般保持系穗子颜色常较不育系浓些。开花时保持系花药鲜黄色，摇动穗子便有大量花粉散出；而不育系花药为白色，不散粉。保持系颖壳上黏带的花药残壳大而呈棕黄色，不育系残留花药呈白色，形似短针。

父母本行都要严格去杂去劣，分 3 期进行。苗期根据叶鞘颜色、叶色及分蘖能力等主要特征，将不符合原亲本性状的植株全部拔掉；拔节后根据株高、叶型、叶色、叶脉颜色以及有无蜡质等主要性状，将杂、劣、病株和可疑株连根拔除，以防再生；开花前根据株型、叶脉颜色、穗型、颖色等主要性状去杂，特别要注意及时拔除混进不育系行里的矮杂株。对可疑株可采用挤出花药的方法，观察其颜色和均匀度加以判断。

（五）辅助授粉

进行人工辅助授粉，不仅可提高结实率，还可提高制种产量。授粉次数应根据花期相遇的程度决定，不得少于 3 次。花期相遇的情况越差，辅助授粉的次数应越多。对花期不遇的制种田，可从其他同一父本田里采集花粉，随采随授，授粉应在上午露水刚干时立即进行，一般在上午 8 ~ 10 时。

（六）及时收获

要适时收获，应在霜前收完。父母本先后分收、分运、分晒、分打。

另外，在细胞和组织培养上，运用单倍体和细胞变异体等培养技术，我国已经先后选育出一批高粱优良品系。

三、高粱杂交亲本防杂保纯技术

（一）混杂退化原因

我国目前种植的高粱多是杂交高粱，杂交高粱是最先采用"三系"制种的作物之一。高粱杂交亲本在长期的繁殖和制种过程中，由于隔离区不安全造成生物学混杂，或是由于种、收、脱、运、藏等工作不细致，造成机械混杂，或是由于生态条件和栽培方法的影响，造成种性的变异等，使杂交亲本逐年混杂退化。表现为穗头变小，穗码变稀，子粒变小，性状不一，生长不整齐等，从而严重影响了杂交种子质量，杂交种的增产效果显著下降。

（二）"三系"提纯技术

不育系、保持系、恢复系的种子纯度决定高粱杂交种能否获得显著增产效果。高粱"三系"提纯方法较多，一般常用的有"测交法""穗行法"提纯。以下介绍"穗行法"提纯。

1. 不育系和保持系的提纯

第一年：抽穗时，在不育系繁殖田中选择具有典型性的不育系（A）和保持系（B）各30穗左右套袋，A和B分别编号。开花时，按顺序将A和B配对授粉，即A1和B1配对、A2和B2配对等。授粉后，再套上袋，并分别挂上标签，注明品系名和序号。成熟时，淘汰不典型的配对，入选优良的典型"配对"，按单穗收获、脱粒装袋、编号。A和B种子按编号配对方式保存。

第二年：上年配对的A和B种子在隔离区内，按序号相邻种成株行，抽穗开花和成熟前分2次去杂去劣。生育期间仔细观察，鉴定各对的典型性和整齐度。凡是达到原品系标准性状要求的各对A和B，可按A和A、B和B混合收获、脱粒，所收种子即是不育系和保持系的原种，供进一步繁殖用。

2. 恢复系的提纯

第一年：在制种田中，抽穗时选择生长健壮、具有典型性状的单穗20穗，进行套袋自交，分单穗收获、脱粒及保存。

第二年：将上年入选的单穗在隔离区内分别种成穗行。在生育期间仔细观察、鉴定，选留具有原品系典型性而又生长整齐一致的穗行。收获时将入选穗行进行混合脱粒即成为恢复系原种种子，供下年繁殖用。

思考题

1. 简述4种常见棉花栽培种的名称和特点。

2. 简述3种棉花原种种子生产技术的特点和关键环节。

3. 试述了解常异花作物的开花授粉特性，以及杂交制种基本技术环节。

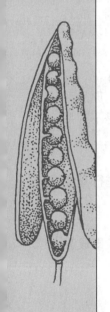

第六章
无性繁殖农作物种子生产

学习要求

掌握无性繁殖种子生产的特点、意义和目的；掌握马铃薯脱毒的原理和方法；掌握马铃薯脱毒种薯快繁技术；了解甘薯和甘蔗的无性繁殖技术要点。

引言

在自然界通过无性繁殖（vegetative reproduction）而产生后代的作物称为无性繁殖作物，这类作物不通过两性细胞的结合而产生后代。无性繁殖作物通常是利用营养器官（如芽、茎、根或球茎、鳞茎、根茎、匍匐枝等），以及其他特殊器官等进行繁殖。马铃薯利用块茎、甘薯利用块根、甘蔗利用种茎作为播种材料进行繁殖。无性繁殖作物的种子生产不经过开花、授粉、受精的过程，其产生的后代和母体的基因型理论上是完全相同的，从而可以从根源上保持母体的优良特性；无性繁殖作物种子一般体积较大、不易保存（含水量高）、繁殖系数低、播种量大、成本高。因此这类种子生产以提高产量和增加繁殖系数为主要目标。

第一节 马铃薯健康种薯生产

一、影响马铃薯种薯质量的主要病害与种薯退化

马铃薯（*Solanum tuberosum* L.）是世界范围内广泛种植的粮菜兼用作物。马铃薯是四倍体无性繁殖作物，在生产期间容易被病毒传染造成病毒性退化，并常受晚疫病、环腐病、青枯病和黑胫病等多种病害侵袭，使马铃薯的品质及产量下降，严重阻碍了马铃薯的生产和利用。应用马铃薯脱毒技术，是解决马铃薯退化的主要技术措施。

（一）影响马铃薯种薯质量的主要病害

病毒病是影响马铃薯种薯质量的关键病害。在马铃薯作物上已发现多种病毒，其中危害比较严重的病毒有马铃薯卷叶病毒（potato leafroll virus，PLRV）、马铃薯 A 病毒（potato virus A，PVA）、马铃薯 Y 病毒（potato virus Y，PVY）、马铃薯 M 病毒（potato virus M，PVM）、马铃薯 X 病毒（potato virus X，PVX）、马铃薯 S 病毒（potato virus S，PVS）、苜蓿花叶病毒（alfalfa mosaic virus，AMV）等，近年来又发现了马铃薯 H 病毒（potato virus H，PVH）。此外，马铃薯纺锤块茎类病毒（potato spindle tuber viroid，PSTVd）也是影响马铃薯种薯质量的重要病害之一。

除病毒、类病毒以外，还有一些真菌和细菌病害能够影响种薯的质量，如马铃薯晚疫病（*Phytophthora infestans*）、马铃薯干腐病（*Fusarium* spp.）、马铃薯湿腐病（*Pythium ultimum*）、马铃薯黑痣病（*Rhizoctonia solani*）、马铃薯癌肿病（*Synchytrium endobioticum*）、马铃薯环腐病（*Clavibacter michiganensis* subsp. *sepedonicus*）、马铃薯普通疮痂病（*Streptomyces scabies*）、黑胫病（*Erwinia carotovora* subsp. *atroseptica*）、软腐病（*Erwinia chrysanthemi*）和马铃薯青枯病（*Ralstonia solanacearum*）。另外，马铃薯丛枝植原体（Potato witches'broom phytoplasma）也是影响马铃薯种薯质量的病害之一。

（二）马铃薯种薯退化

退化是所有无性繁殖植物在长期栽培过程中生命活力系统性衰退的现象。马铃薯种薯退化现象则是其中的典型代表，主要症状表现为：植株矮小或生长畸形，叶面遍布病斑或皱缩，结薯数量减少，块茎变小，产量逐年下降，品质变劣，贮藏期间因腐烂等损失增多。这种马铃薯种薯退化植株所结块茎可形象地比喻为"一年大，二年小，三年不见了"，由此可见退化现象对马铃薯造成的威胁。

马铃薯种薯退化主要是由于感染病毒所引起的。病毒是传染性病害，既可通过接触、昆虫传染，也可通过种子传染。PVX、PVS 病毒和 PSTVd 可通过田间植株间枝叶接触互相摩擦而使病株的病毒传给健株，或在田间管理中通过工具和人的衣物把病毒传给健株；咀嚼式口器的害虫在咬食病株后又咬食健株也可传毒等；PVA、PVY、PVM 和 PLRV 病毒可由蚜虫、粉虱等昆虫传毒，而且桃蚜是传播病毒的主要害虫，尤其有翅蚜虫传播病毒最为普遍，传毒快且流动性大，最难控制。病毒的传染速度和对马铃薯生产的危害程度与品种的抗病性、传毒媒介（主要是蚜虫）的活动以及病毒在体内增殖的条件等有关。采用抗病品种、切断毒源或减轻蚜虫传毒机会、冷凉气候条件限制病毒在植株内繁殖的速度和向块茎运转速度，都能减轻病毒的危害，延缓种薯退化速度。

二、马铃薯脱毒的原理与方法

（一）茎尖分生组织培养脱毒原理

一般认为，茎尖分生组织培养可以脱除马铃薯病原菌的原理包括以下几方面：

（1）病原菌在植株体内的分布不均匀　PVX 和 PSTVd 感染分生组织和维管束，其余病毒却仅存在于维管系统组织。

（2）分生组织缺乏维管束系统　这就使通过维管系统传染的病毒不会感染到分生组织。

（3）植株的分生组织代谢活力最强　病毒难以在代谢旺盛、细胞生长和分裂快速的分生组织细胞中增殖。

（4）植物分生组织中生长素的含量（或活性）　其含量一般远远高于其他组织，具有抑制病毒的增殖效果。

（5）培养基及培养过程的影响　根据不同培养基、培养时间和继代次数等对脱毒率的影响的分析认为，培养基成分和分生组织培养的过程在脱除病原菌中起着关键作用。

（二）提高脱毒率的措施

利用茎尖分生组织培养可以成功地脱除马铃薯病原菌，但是其脱毒率通常很低。根据病毒靠近生长点的远近，其脱毒难易程度为 PLRV < PVA < PVY < AMV < PVM < PVX < PVS。在实际操作过程中，经常要结合一些必要的辅助性措施以提高脱毒效率。

1. 茎尖分生组织结合热处理

热处理很早即被成功地用于清除感染甘蔗的斐济病毒。在分生组织剥离之前或培养过程中，对材料或外植体进行不同温度、不同时间或不同热处理方法（恒温或变温）的预热或高温处理，可以有效地提高脱除马铃薯病毒的概率。这已经成为国内外专门机构用于脱除马铃薯病毒的常规方法。其依据的原理为病毒和植物细胞对热处理温度及时间的反应不同。但热处理（如 37℃）仅可以消除马铃薯块茎内的 PLRV，大幅度降低 PVY 的含量，对其他病毒的作用较小，对类病毒则无明显效果。

2. 茎尖分生组织结合化学处理

在培养基中加入抑制病毒增殖的抑制剂，如 8- 氮鸟嘌呤、硫尿嘧啶、利巴韦林和利福平等抗生素，也有较好的脱毒效果。高浓度的生长素可以抑制病毒的增殖，用 2,4-D 或 NAA 诱导愈伤组织形成后，愈伤组织中的病毒含量大幅度下降，甚至检测不到。改变培养基配方，尤其提高培养基中重金属离子含量，可提高脱毒率。

3. 茎尖分生组织结合低温处理

上述措施对脱除马铃薯类病毒几乎没有作用。一般认为，对材料进行长时间（4 个月以上）的低温（6~8℃）处理后，再进行分生组织的剥离和培养，对脱除类病毒效果较好。

三、马铃薯健康种薯质量分级和生产技术体系

（一）马铃薯种薯质量分级

健康种薯分为原原种、原种和大田种薯 3 个级别。

1. 原原种

原原种是指用脱毒苗在容器内生产的试管薯或在防虫网室、温室等隔离条件下生产出的符合相应质量标准的种薯。

2. 原种

原种是指用原原种作种薯，在良好隔离条件下生产出的符合相应质量标准的种薯。

3. 大田种薯

大田种薯是指用原种作种薯，在隔离条件下生产出的符合相应质量标准的种薯。

（二）马铃薯健康种薯生产技术体系

马铃薯健康种薯生产技术体系包括以下环节（图6-1）。

1. 脱毒试管苗

利用马铃薯茎尖分生组织剥离技术，结合热疗法、超低温冷疗法、化学疗法等进行脱毒，培养再生脱毒马铃薯试管苗，脱毒苗经检测合格后，作为核心种苗；核心种苗在组织培养室利用 MS 培养基进行快繁，移栽前进行检测，合格后准备原原种生产。

2. 原原种

将试管苗炼苗后，移植到具有隔离措施的温室或网棚中生产原原种，也可以采用气雾法或者水培法进行无土栽培，生产马铃薯原原种。

3. 原种和大田种薯

利用马铃薯原原种在开放但有隔离条件、蚜虫较少且不利于蚜虫降落的基地生产马铃

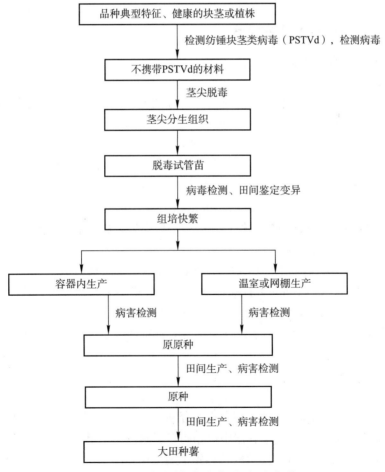

图 6-1 马铃薯健康种薯生产技术体系

薯原种和合格种薯（除原原种以外的其他级别种薯）。

在上述生产体系中，种薯（苗）质量检测贯穿整个马铃薯种薯生产过程。马铃薯健康种薯生产的技术核心包括两方面：一方面是脱毒，即脱除降低马铃薯种薯的病毒或类病毒；另一方面是做好生产隔离，防止病毒或类病毒再次侵染，导致马铃薯种薯质量下降，重新失去种性。因此，做好茎尖剥离、生产隔离和质量检测是马铃薯健康种薯生产过程中的3个重要环节。其中茎尖剥离是基础，生产隔离是保障，质量检测是把关，三者缺一不可。

（三）马铃薯病毒检测技术

在健康种薯生产体系的每一个环节都要进行病毒和类病毒的检测，尤其在茎尖分生组织培养脱毒过程中，每一株试管苗均需进行多次的反复检测，才能认定它是否为脱毒基础种苗。目前病毒病的检测主要有4大类：电镜检测法、指示植物法、分子生物学法和免疫学法。

在生产上，病毒检测常采用酶联免疫（ELISA）或逆转录聚合酶链式反应（RT-PCR）方法，类病毒采用往返电泳（R-PAGE）、RT-PCR或核酸斑点杂交（NASH）方法，细菌采用ELISA或聚合酶链式反应方法。酶联免疫吸附测定方法可以在较短时间内对大批量样品同时进行定性和定量检测，需要的设备条件不高，相对费用较低；往返双向聚丙烯酰胺凝胶电泳法简便易行，所需费用低廉。

四、马铃薯健康种薯生产技术

（一）脱毒试管苗繁育技术

1. 茎尖脱毒

（1）脱毒材料的田间选择 在土壤肥力中等的地块，于现蕾期至开花期选择生长势强、具备原品种典型性状的健康植株，做好标记。生育后期到收获期，在已做标记的植株中进行薯块复选。选择无病斑、无虫蛀、无机械损伤且皮色、肉色、薯型、芽眼等性状符合品种特征的幼龄薯，清洗泥土后催芽作为脱毒材料；或选取健康且具备品种典型性状植株的中、下部短枝茎尖或腋芽进行茎尖剥离。

（2）病毒检测筛选 针对入选的块茎或植株，检测其病毒。筛选无病毒的块茎或植株作为茎尖脱毒基础材料；若检测到没有带病毒的块茎或植株，可直接剥较大的茎尖。其后可不经试种观察直接进行扩繁培养。

（3）催芽处理和病毒钝化 块茎可通过自然方法出芽或通过人工方法（用1%硫脲+5 mg/L赤霉素的溶液浸种5 min）打破休眠催芽。自然出芽的情况下，块茎长出2~3 cm的新芽。在人工打破休眠催芽的情况下，可采用0.1%多菌灵溶液浸泡30 min或75%乙醇喷湿进行表面消毒，置于25℃黑暗条件下催芽；或播种于含水量20%的灭菌细沙中发芽（水中含5 mg/L多菌灵），块茎长出2~3 cm的新芽。对含有S病毒、X病毒的块茎需置于37℃±1℃培养箱中处理3~4周，钝化病毒。

2. 茎尖培养

（1）茎尖培养基的制备 将制备好的茎尖培养基（MS培养基+激动素0.04~1.0 mg/L+吲哚乙酸1~3 mg/L）快速分装于容器中，用封口膜封口（马淑珍，1999）。于1.1 kg/cm^2、121℃高压灭菌20 min，冷却后在无菌贮存室放置3~5 d，无污染的培养基放到超净工作台中备用。

（2）材料消毒 取经过催芽处理和病毒钝化处理的块茎的顶芽、2~3 cm 的侧芽，剪去外叶，用自来水冲洗 30 min 后，移入接种室进行严格消毒。先用 75% 乙醇浸泡 30 s，再用 50 g/L 的漂白粉液浸泡 7~10 min 或 0.1 % 的氯化汞溶液浸泡 5~10 min，然后用无菌水冲洗 4~5 次。

（3）茎尖剥离与接种 在超净工作台上剥去外叶，借助 40 倍双目解剖镜，剥离茎尖直至露出半圆形光滑生长点，用解剖刀或解剖针从 0.1~0.3 mm 处切，带 1~2 个叶原基。迅速接种于盛有茎尖培养基的容器中，进行离体培养。用酒精灯烤干容器口并封口，在容器上注明编号、品种名称、接种时间。

（4）试管苗培养 在温度 20~25℃、相对湿度 70%、光照度 2 000~3 000 lx、光照时数 16 h/d 的条件下培养，待看到明显伸长的小茎、叶原基形成可见的小叶时，转移到盛有 MS 培养基的容器内培养成带 4~5 个叶片的试管苗。

3. 病毒检测、试种观察获得核心种苗

将试管苗按瓶上的编号，在超净工作内将每株的上部 1/3~1/2 基段转入新的培养瓶中，编号不变。同时再将植株下部 1/3~1/2 的茎段装入病毒检测的样品袋中，筛选出不含 PVX、PVY、PVS、PLRV、PVM、PVA 病毒的脱毒苗。

经检测不带病毒的试管苗取出一部分移栽到防虫网棚，结出的小薯种植到田间试种观察，检验其是否发生变异，符合原品种的典型性状的脱毒苗即为核心种苗。

4. 基础苗培养与保存

将培养容器置于超净工作台上，瓶口用 75% 乙醇擦拭消毒，用镊子取出核心苗，按单茎节切段，每个切段至少带 1 个叶片。操作时将剪下的切段腋芽朝上插入 MS 培养基或其他脱毒苗扩繁培养基上，用酒精灯烘烤瓶口，用封口膜封好，注明编号、品种名称和接种时间。置于温度 22℃、相对湿度 70%、光照度 2 000~3 000 lx、光照时数 16 h/d 的条件下培养。

将基础苗置于温度 13~16℃、相对湿度 70%、光照度 3 000 lx、光照时数 10~14 h/d 的条件下使其缓慢生长，继代培养出一定数量的脱毒苗保存。

5. 基础苗扩繁

（1）常规扩繁 将配制好的 MS 固体培养基或其他扩繁培养基装入容器中，每瓶加入 1/5 容量，用封口膜封口；于 1.1 kg/cm^2、121℃高压灭菌 20 min，取出后放置 3~5 d 待用。

检测不带病毒（PVX、PVY、PVS、PLRV、PVM、PVA）和类病毒（PSTVd）的合格基础苗在超净工作台上切段扩繁。将培养容器置于超净工作台上，瓶口用 75% 乙醇擦拭消毒，用长把镊子取出脱毒苗，按单茎节切段，每个切段至少带 1 个叶片。操作时将剪下的切段腋芽朝上插入培养基中，用酒精灯烘烤瓶口，用封口膜封好，注明编号、品种名称、接种时间。培养条件为日间 23~25℃，夜间 16~20℃，光照度 2 000~3000 lx，光照时数 16 h/d，培养 21~25 d。待长出 7~8 片叶片后可再次切段繁殖。脱毒苗一般间隔 25 d 继代繁殖一次。

（2）水培扩繁 选择 1/4 MS 液体培养基在温室中培育。使用 1 cm 厚的泡沫板做支撑物，密度按 3 cm×3 cm 打孔，孔径为 0.7 mm。在切转操作时，将小苗的顶芽及基部剪掉，剪成带 4~5 个叶片的茎段插入泡沫板中培养。

6. 壮苗培养

扩繁的脱毒苗移植前，最后一次扩繁需接种到壮苗培养基上培养。置于温度 22~25℃、光照度 2 000~3 000 lx、光照时数 18 h/d 的条件下，培养至株高 6~7 cm 准备定植。

（二）健康原原种繁育技术

1. 试管薯繁育

脱毒试管苗茎段腋芽处长出 6~8 片叶的小苗后，在无菌操作条件下转接到诱导结薯培养基上，置于 18~20℃、16 h/d 黑暗条件或 24 h 黑暗条件下培养诱导结薯。2 周后，植株上形成小块茎，5~6 周后可收获。

2. 基质原原种繁育

（1）苗床与基质准备 苗床用杀菌剂和杀虫剂处理。在苗床上可铺一层 10 cm 左右的蛭石或珍珠岩等消毒基质；或先在苗床上铺一层 5 cm 厚的无病虫的营养消毒基质，再铺 5 cm 厚蛭石或珍珠岩等消毒基质。浇透水，待含水量达到 60%~70% 时，准备栽苗。

（2）生根和炼苗 将脱毒苗切成带有 1 个芽的茎段，接入生根培养基，光照 16 h/d、25℃培养待小苗长成带有 4~5 个叶片及 3~4 条小根的健壮苗。将培养容器从培养室移到温室自然光、温条件下，揭启封口炼苗。温室地表洒水湿润，温度 18~25℃。在中午强光照下要用遮阳网遮阴，炼苗时间 7 d 左右。将炼苗后的脱毒苗取出，洗去培养基，去掉老根，扦插于育苗池或育苗盘基质中，密度为 200~250 株 /m²。移栽时使根系与基质充分接触，及时喷水。

（3）苗期管理 脱毒苗移栽后应覆盖塑料薄膜及遮阳网纱，缓苗后逐渐去掉薄膜及遮阳网纱。在自然光照条件下，控制温度在 20℃左右，通过定时雾化处理，保持相对湿度在 95%~100%。若使用扦插苗，剪下扦插苗用生根粉处理。扦插前要将苗床浇透，缓苗期不浇水。扦插后遮阴 10~15 d。缓苗后，幼苗长出新根。保持基质相对湿度 60%~70%。根据植株营养状况，喷施水或营养液，根据苗情适当通风。定植 30 d 后，可用 2 g/L 磷酸二氢钾溶液或 2 g/L 尿素溶液交替喷施。温、湿度应根据不同生育阶段的需要采取覆盖遮阳网、保温、通风等措施进行调节。光照为自然光。

（4）结薯期管理 匍匐茎已经开始膨大时，基质最大持水量控制在 75%~80%、温度 17~25℃。结合施肥培高基质。

（5）病虫草害防控 生产过程中应采取必要措施防虫、防雨，基质与土壤隔离。在各品种现蕾至盛花期，根据品种特征特性拔除混杂植株，全生育期随时检查，及时拔除病株杂株。清除温室或网棚内外杂草。缓苗后每周喷一次杀菌剂和杀虫剂，应交替使用。

（6）收获 收获前 7~10 d 停止浇水。早熟品种 70 d 左右收获，中晚熟品种 90 d 左右收获。

3. 雾培原原种繁育

（1）雾化栽培设施 雾化栽培设施是由培养槽、水泵、雾化装置、输液管道、控时单元和贮液箱等组成。培养槽材质应具有良好的保温性，一般长 × 宽 × 深为 350 cm × 60 cm × 24 cm（也可根据温室空间变动），槽上盖板开有定植孔，槽底安装双向折射雾化喷头，输液管道选用 ABS 耐酸碱塑材，控时单元为可编程控制器（利用编程器将程序输入），根据脱毒苗不同生长阶段，可在 2~3 h 内接通喷雾 30~60 s，其余时间断开，营养液昼夜循环，贮液箱为半地下式，利于营养液回流和循环。

（2）定植 根据当地气候条件，确定定植时期。

采用壮苗培养基培养 20~25 d，待苗高 10~15 cm 时准备定植。定植前，在培养槽的盖板上先盖上黑色塑料膜，然后按要求的行株距在盖板上开好定植孔（直径 1.5 cm）。早熟品种的脱毒苗行株距为 15 cm×10 cm；中晚熟品种的脱毒苗行株距为 20 cm×15 cm。将准备好的脱毒苗栽于盖板的定植孔内，用充分吸水的海绵将苗固定。槽内覆盖黑色膜保持黑暗，便于匍匐茎生长和顶端膨大成薯。

（3）雾培管理 营养液在循环利用过程中，隔天用电导率仪检测，使营养液的电导率（EC）值的范围保持在 2 800~3 400 μS/cm。同时利用酸度计检测营养液的 pH，使其 pH 为 5.5~6.0。如 pH 过高，可用 1 mol/L 硝酸溶液调节，大规模生产可用浓硝酸调节。

栽苗 7~10 d 内为发出新根阶段，此时根系吸水能力很弱，为防止脱毒苗失水萎蔫，应缩短停喷时间，即喷 30 s、停 3 min；植株根系发达后，大量的根系持水能力较强，可逐渐延长停喷时间，高温和晴朗天气，5~30 min 时段内喷雾 30~40 s，其余时间停喷。夜间和阴雨天 6~10 h 时段内喷雾 20 s，其余时间停喷。

整个生长过程，空气相对湿度控制在 55%~65%。苗期温度控制在 10~15℃；茎叶生长期至现蕾期温度控制在 20~28℃；开花期匍匐茎开始生长，温度控制在 18~22℃；喷雾时水温控制在 10~20℃。生长过程全程控制病虫草害。

（4）结薯 脱毒苗定植后 20 d 左右，开始发生匍匐茎，为促使多发匍匐茎，多结薯，此时将槽盖上面的 3~5 个茎节的叶片摘除，并下移至栽培槽内。

（5）收获与商品化处理 及早摘除第一粒膨大的微型薯，促使养分均匀分配到多个膨大的小块茎上。根据需要，每 7~10 d 采摘收获一次微型薯。新收获的微型薯应在散射光下摊晾至薯皮干燥木栓化后分装。分装时应注意将缺陷薯及植株残根、败叶等杂质剔除。将摊晾后的原原种按大小规格分别装入尼龙袋、布袋及其他透气容器中。单薯重按 1 g 以下、1~2 g、2~5 g、5~10 g、10~20 g、20 g 以上分装，内外分别拴挂或加贴标签。标签应标明品种名称、规格、粒数、收获日期等。

原原种入库后，逐渐降低温度至 2~4℃，保持相对湿度在 80%~85%。

（三）健康马铃薯的原种生产技术

1. 原种生产基地选择

原种生产不可能只在温、网室内进行，这样种薯的繁殖数量少，成本高，难以解决大面积生产的急需问题，因此必须选择适当的生产基地繁殖原种。生产基地应当具备的条件如下：

（1）选择高海拔、高纬度、风速大、气候冷凉地区。

（2）周围无其他级别种薯或商品薯、茄科、十字花科及其他易引诱蚜虫的黄花作物。在蚜虫迁飞高峰期，繁种田黄皿诱蚜有翅蚜总量不超过 100 头/黄皿，单日有翅蚜不超过 20 头/黄皿。

（3）应至少 2 年以上无茄科作物轮作。近 5 年内发生过线虫、黑痣病、枯萎病、干腐病、癌肿病、青枯病和疮痂病等土传病害的土壤，不能作为原种繁种田。

（4）种植前应进行土壤病害检测，不含线虫及黑痣病、枯萎病、干腐病、癌肿病、青枯病、疮痂病等马铃薯土传病害。

（5）建在无检疫性有害生物发生的地区；繁育者于播种前一个月向所在地植物检疫机构申报并填写"产地检疫申报表"。

（6）应远离洪涝、滑坡等自然灾害威胁地段，选择地势平缓、通风向阳、土地平整连片的地段。土壤肥力较好，土壤松软，水源充足，能满足生产灌溉要求，排水良好。配备完善的水利设施和农机设备。前茬作物收获后，宜及时耕作，结合耕翻，选择合适药剂，防治地下害虫。

2. 原原种种薯处理与播种

通过块茎休眠期的原原种提前出窖，剔除病、烂薯和缺陷薯。在散射光、通风条件下1周内缓慢升温至 7 ~ 10℃。然后置于 10 ~ 15℃催芽，芽长 0.5 ~ 1 cm 即可播种。

根据品种、气候因素适时播种。一般地面下 10 cm 地温恒定在 8℃以上即可播种。播种密度依品种、种薯大小、土壤肥力、种植方式等确定。早熟品种密度可选择 7.5 万 ~ 12 万株/hm^2，中、晚熟品种密度可选择 6 万 ~ 8.25 万株/hm^2。

3. 田间管理

施肥、施药、中耕、除草等田间作业工具应专用，使用前应消毒。采取由高级别种薯向低级别种薯顺序依次作业，禁止从其他级别种薯田或感病田作业后到原种田作业，以免病害传播。

操作人员完成工序后及时更换衣物、鞋子等。各类人员进入种薯生产田之前，禁止接触烟草制品及其他茄科作物。根据土壤的水分状况适时浇水，保持田间土壤最大持水量的65% ~ 75%。

播种时根据测土配方施肥，薯块形成期适时追肥。出苗期及现蕾期结合中耕进行培土除草。在苗期、现蕾期、盛花期进行 2 ~ 3 次田间去杂去劣，拔除杂株、劣株及可疑株（包括地下部分），装入塑料袋带出田外。生长过程全程控制病虫草害。

4. 杀秧、收获

收获前 3 ~ 4 周使用机械或化学药剂杀秧；若发现黄皿诱蚜器上有翅蚜数量突增，应在 10 d 内完成杀秧。杀秧后，当秧蔓枯死、块茎与匍匐茎脱离时开始收获。收获时防止机械混杂、机械损伤。收获期防雨、防暴晒、防冻。收获后摊晾，去除泥土，清除杂物，分拣装袋。

（四）健康马铃薯的大田种薯生产技术

在适宜播种期前 3 ~ 4 周，将原种提前出窖进行种薯精选，选择适龄健壮的无缺陷薯，缓慢升温至 7 ~ 10℃。将挑选的种薯在温度 10 ~ 15℃条件下催芽。待芽长至 0.5 cm 时，散射光晾种，适时翻动使其感光均匀。

种薯生产宜选择 30 g 左右的小整薯直接播种。采用大薯块播种时，切种应从脐部开始，按芽眼排列顺序螺旋形向顶部斜切，最后对顶芽从中纵切。保证每个切薯带 1 ~ 2 个芽眼，单块重不小于 30 g。切刀必须消毒。种薯切好后及时用滑石粉加甲基托布津混合药粉拌种。切块后放通风阴凉处，24 h 后播种。播种、田间管理、杀秧、收获与原种生产技术一致。

第二节　甘薯健康种苗生产

一、甘薯的脱毒和快繁技术

甘薯（*Ipomoea batatas* Lam.）属于旋花科甘薯属，是重要的高产、稳产、适应性强、具有多种用途的无性繁殖作物。

（一）甘薯脱毒种苗生产

1. 选择优良品种

甘薯优良品种很多，经过脱毒后都能不同程度地提高产量、改善品质。但甘薯品种都有一定的区域适应性和生产实用性，在进行甘薯脱毒时一定要根据本地区的气候、土壤和栽培条件，选用适合本地区大面积栽培的高产优质品种或具有特殊用途的品种。另外，需要特别注意的是，甘薯脱毒后只能去除体内某些或某种病毒，其品种本身的抗病毒、抗茎线虫病、抗根腐病等病虫害的能力并没有太大改变。选用品种时，一定要考虑到品种本身的抗病虫特性。

2. 茎尖组织培养

（1）外植体选择与培育　选择无病虫、品种特征特性纯正的薯块，在 30～34℃下催芽（或生长良好的植株），取茎顶端 3～5 cm，剪去叶片，用洗衣粉加适量清水洗涤10～15 min，然后用自来水冲洗干净。

（2）茎尖剥离　将表面清洗过的材料放至超净工作台内，用 70% 乙醇浸泡 30 s，再用 0.1% 的氯化汞消毒处理 5～10 min，用无菌水清洗 3～6 次后在 30～40 倍解剖镜下轻轻剥去叶片，切取附带 1～2 个叶原基（长度 0.2～0.25 mm）的茎尖分生组织，接种到以 MS 为基础的茎尖培养基上。剥取茎尖的大小，与成苗率呈正相关，与脱毒率呈负相关。

（3）培养条件　甘薯茎尖培养所需温度为 26～30℃，光照度 2 000～3 000 lx，每日光照时间 12～16 h，培养 15～20 d，芽变绿后再转移到 1/2 MS 培养基上生长，经过60～90 d 培养，可获得具有 2～3 片叶的幼株。

（4）建立株系档案　当苗长到 5～6 片叶时，将生长良好的试管苗进行切段，用 MS培养基繁殖并建立株系档案，一部分保存，另一部分用于病毒检测。

3. 病毒检测

每个茎尖试管苗株系都要经过病毒检测，才能确定是否已去除甘薯羽状斑驳病毒（Sweet potato feathery mottle virus，SPFMV）、甘薯潜隐病毒（Sweet potato latent virus，SPLV）。因此，病毒检测是甘薯脱毒培育中必不可少的重要一环，常用的方法有指示植物方法和血清学方法两种。指示植物巴西牵牛（*Ipomoea setosa*）是一种旋花科植物，SPFMV 侵染时叶片表现羽状斑驳，SPLV 表现叶脉变黄症状。接种方法多采用嫁接法。血清学方法中最适宜的是斑点酶联免疫吸附检测法。该方法是利用硝化纤维素膜作载体的免疫酶联反应技术，具有特异性强、方法简便、快速等特点，便于大量样本检测。

4. 生产性能鉴定

经过病毒检测后得到的无病毒苗，还不能立即大量繁殖用于生产，因为经过茎尖组培有可能发生某些变异。因此要在防虫网室中进行生长状况和生产性能观察，选择最优株系进行繁殖，该苗为高级脱毒苗（薯）。高级脱毒苗（薯）不仅要求品种纯正，而且要求不带有能随种苗（薯）传播的真菌、细菌、线虫等病原体。

5. 高级脱毒试管苗快繁

经过病毒检测和生产性能鉴定以后选出的脱毒苗株系数量较少，可以采用试管单茎节繁殖。单茎节切段用不加任何激素的 1/2 培养基，在温度 25℃、光照 18 h/d 的培养条件下液体震荡培养或固体培养。该方法具有繁殖速度快，避免病毒再侵染，继代繁殖成活率高，不受季节、气候和空间限制，可以进行工厂化生产的优势。

6. 脱毒原原种薯（苗）繁殖

用高级脱毒试管苗在防虫温网室内无病原土壤上生产的种薯即原原种。将 5～7 片叶的脱毒苗试管瓶口打开，室温下加光照炼苗 5～7 d。移栽的前一天下午在温网室内苗圃撒上由 100 g 40% 乐果乳油加水 2.5～5 kg 稀释后与 15～25 kg 干饵料拌成的毒饵，以消灭地下害虫。然后按 5 cm×5 cm 株距栽种在覆盖防虫温网室，浇足水，温度控制在 25℃左右（10～30℃）。待苗长至 15～20 cm 时剪下蔓头继续栽种、快繁。采用此种方法繁殖系数可以达到 100 倍以上。

在繁殖原原种时，要始终贯彻防止病毒再侵染的意识。在网棚内要种植一些指示植物，每 1～2 周喷洒 1 次防治蚜虫的药剂。原原种收获时要逐株观察是否有感染病毒症状，一旦发现病株要立即拔除，以确保原原种质量。如果网棚内所种植的指示植物表现病毒症状，整个棚内所繁殖的种薯应降级使用。

7. 脱毒原种薯（苗）的快繁

用原原种苗（即原原种种薯育出的薯苗）在 500 m 以上空间隔离条件下生产的薯块为原种。一般来讲，原原种的数量比较少，且价格比较贵。繁育原种时最好尽早育苗，以苗繁苗，以扩大繁殖面积，降低生产成本。原原种苗快繁的方法有很多种，但以加温多级育苗法、采苗圃育苗法和单、双叶节繁殖法最为常用。

（1）加温多级育苗法　加温多级育苗法是根据甘薯喜温、无休眠性和连续生长的特性，利用早春或冬季提前育苗。创造适宜的温、湿度条件，争取时间促进薯块早出苗、多出苗的方法。一般在冬季或早春利用火炕、酿热温床、电热温床、双层塑料薄膜覆盖温床或简易温室，进行高温催芽、提早育苗，促进薯苗早发快长。薯苗长出以后，分批剪插到另外设置的较大面积的加温塑料薄膜大棚，进而剪栽到面积更大的塑料薄膜大棚，利用太阳能促进幼苗快长，以苗繁苗；待露地气温适宜时，再不断剪苗栽插到多种采苗圃，进行多次栽插，最后栽到无病留种田。

（2）采苗圃育苗法　采苗圃育苗法是在以苗繁苗方法中获取不易老化、无病、粗壮苗最可靠的办法，也是搞好甘薯良种繁育的关键措施。应用采苗圃除可以加大繁殖系数外，还可以培育健壮薯苗，栽后扎根快、多而粗，易形成块根，结薯早，产量高。采苗圃要加强肥水管理，勤松土，消灭病、草害，使茎蔓生长迅速，分枝多而苗壮，一次次剪苗再扩大繁殖。采苗圃在北方春薯区和黄淮春夏薯区一般有小垄密植、阳畦和平畦采苗圃等多种形式。

（3）单、双叶节繁殖法　利用单、双叶节栽插是高倍繁殖的一种有效措施，此种繁殖法又可分为两种：一种是把采苗圃培育的壮苗，剪短节苗，直接栽到原种繁殖田；另一种是在春季育苗阶段，采用单、双叶节的一级或多级育成苗，再从采苗圃剪长苗栽到原种繁殖田。具体做法是利用采苗圃的壮苗，多次剪取一个叶节或两个叶节的苗，密植栽入原种繁殖田。剪苗时若用单叶节，每一节上端要留得短些，一般不超过 0.5 cm，下端留长些。最好上午剪苗下午栽苗，栽后浇足窝水，第二天早晨再浇 1 次水，盖上一层土；繁殖期间应加强田间管理，使幼芽及时出土。后者做法是将火炕或温床培育出的粗壮苗，剪成单、双叶节苗，进行栽插。由于苗上部叶片多、节间短，可将顶叶下约 5 cm 长作为一段，向下再按单、双叶剪法剪取。移栽前苗床先要浇透水，然后带泥直栽。单节苗栽插深度以保持叶腋在地下 0.5 cm 为宜，如叶腋露出地面，会降低成活率。双叶节则可一节栽入地下，另一节留在地表。繁殖原种时栽插期不宜过早，最好在 6 月下旬以后栽种。另外，脱毒甘薯茎叶生长比较旺盛，要注意控水控肥，防止旺长。原种繁殖时要密切注意防止病毒再侵染。繁殖田周围 500 m 内不能有普通带毒甘薯种植，所用田块必须 3 年以上未种过普通带毒甘薯，且无茎线虫病、根腐病、黑斑病等。要在繁殖田内种植一些指示植物，每 15 d 定期喷洒防蚜虫药剂。收获前要观察植株病毒发病情况，及时拔除病株。收获时严把质量关，不符合质量要求的薯块坚决不入窖。

8. 健康大田种薯（苗）繁育

原种苗（即原种薯块育苗长出的芽苗）在普通大田条生产的薯块称为良种，即直接供给薯农栽种的脱毒薯种。良种繁殖田的种植、栽培管理同普通甘薯一样，但所用田块应为无病留种田，管理上要防止旺长。具体防范措施有：在分枝期、封垄期和茎叶生长盛期各打顶 1 次；封垄后喷施多效唑（50～75 μg/g）1～2 次；发现旺长立即提蔓 1～2 次，每次可以延缓生长 7 d 左右。

二、甘薯品种的防杂保纯技术

甘薯品种混杂退化是指由于品种机械混杂、变异和病毒感染等引起的产量降低、品质变劣、适应性减弱等现象。在形态特征上表现为藤蔓变细、节间拖长，叶片有失绿条斑，薯块变形、变长、纤维增多、切干率降低，食味不佳，茎叶、薯块容易感染病害等。

（一）混杂退化的原因

1. 芽变产生无性变异

甘薯是无性繁殖作物，在长期的无性繁殖过程中，容易发生芽变（芽变频率可达 30%），大部分芽变对其自身有利，但不符合人类生产的要求，芽变体被保存下来可引起品种退化。

2. 品种机械混杂

在收获、运输、贮藏、育苗和移栽过程中，很容易发生品种机械混杂，混杂后生育期、蔓型等性状不同，相互竞争和干扰，造成产量明显降低。

3. 病毒引起的退化

目前在世界范围内报道的甘薯可侵染病毒 20 余种，在我国影响最大的主要是甘薯羽状斑驳病毒（Sweet potato feathery mottle virus，SPFMV）、甘薯潜隐病毒（Sweet potato latent virus，SPLV）和甘薯黄矮病毒（Sweet potato yellow dwarf virus，SPYDV）。病毒可侵染植株和薯块，随无性繁殖而蔓延，容易被桃蚜、棉蚜以非持久方式传毒。感病植株结薯少甚至不结薯，产量降低，造成品种严重退化。

（二）防杂保纯的措施

1. 建立规范的繁育体系

建立由上而下、趋向产业化的良种繁育体系，才能保证种薯生产的质量和数量。薯苗生产和经营同种子一样，实行生产许可和经营许可制度，保障质优无病的种苗用于生产。

2. 抓好原种生产

原种生产在良种繁育体系中起着承上启下的作用。原种生产有两种方式：一是采用以"原原种重复繁殖法"为主的技术路线。由育种单位提供原原种加代繁殖1～3代原种。在繁殖过程中，严格去除杂薯、杂苗及劣薯劣苗，保持原品种的典型性和纯度。二是采用以"循环选择法"为主的技术路线。一般采取单株选择、分系比较、混系繁殖的二圃制，其基本程序是：

（1）单株选择　优良单株主要在原种圃中选择，也可从无病留种田或纯度高的大田内选择。在分枝至封垄前，根据原品种地上部的特征，在田间目测比较，进行初选。入选单株应做好标记。选择数量可根据下年株行圃的需要而定，一般建立1亩左右的株行圃，选200～300株。收获时再根据原品种结薯的特征特性，一般选留50%左右。选留的单株，编号分株贮藏。出窖时再严格选择一遍，剔除带病或贮藏不良的单株。

（2）分系比较　将上年入选的单株薯块在育苗前进行复选，剔除带病或贮藏不良的单株，各株的薯块要隔开育苗。甘薯病症在苗期很容易识别，发现杂株或病毒苗应立即将单株的薯苗与薯块全部拔除。为保证株行圃薯苗质量一致，必须建立采苗圃，并采取适当密植、幼苗期打顶等措施，以促进分枝，培育出足够的蔓头苗。在起垄的株行圃单行插栽，每株行栽30株蔓头苗。

株行圃植株在封垄前，进行地上部特征、植株长势和整齐度鉴定，收获时再着重对结薯性和地下部特征进行鉴定。凡发现有病株、杂株、生长不整齐或不具备原品种特征特性的株行立即淘汰。并对其余株行材料进行产量、烘干率调查，凡鲜薯产量不低于对照或高于对照的，烘干率不低于原品种的，即可入选。最后将入选的株行材料集中在一起，单独贮藏，下年进入原种圃。

（3）混系繁殖　将上年入选的种薯混合育苗，并设采苗圃繁苗，在夏季或秋季栽种原种，并对原种圃分别在封垄前和收获期进行选择，根据原品种地上、地下部特征特性，去杂去劣，拔除病株。在育苗、栽插、收获、贮藏过程中，还应严格注意防杂保纯，以保证繁育原种的质量。

▌第三节　甘蔗健康种苗生产技术

甘蔗是利用种茎（茎芽）进行无性繁殖的作物，多年种植后易受病源体的反复侵染而感染花叶病、宿根矮化病等顽固病害，造成蔗茎节间短小，单产低，并逐年下降，经济效益也明显下降。目前生产甘蔗健康种苗的方法主要是种茎恒温汤处理法和茎尖离体组织培养法，两种方法相较而言，后者具有脱毒较彻底的优点。

一、茎尖组织培养健康种苗

1. 无菌材料的获得

（1）外植体材料的选择与消毒　选择具有品种典型性状、无明显病虫害、品种纯正的健壮植株，切取顶芽及饱满带节间腋芽。顶芽及带节间腋芽切成约 1 cm×1 cm×1 cm 大小的块状，剥去外面 2~3 层包被鳞（叶）片。用洗洁精溶液浸泡并震荡 10~20 min，然后流水冲洗 15~20 min。在超净工作台上将清洗后的外植体转移到无菌锥形瓶中，倒入 70%~75% 乙醇溶液没过外植体表面 1 cm，轻摇锥形瓶以除去植物材料表面气泡，30~60 s 后将乙醇溶液倒去，用无菌水冲洗外植体 3 次。用有效氯浓度 0.5%~1.0% 的次氯酸钠溶液浸泡经乙醇溶液处理的植物材料，浸泡过程中不断轻摇锥形瓶以除去外植体表面气泡，10~15 min 后倒出次氯酸钠溶液，植物材料用无菌水清洗 3~5 次后备用。也可用 0.1% 氯化汞溶液代替次氯酸钠溶液进行表面消毒，浸泡时间 8~10 min。

（2）外植体接种与培养　在超净工作台上取出灭过菌的接种盘，在接种盘内放置 1~2 张无菌滤纸，用冷却、无菌的接种器械将经过表面消毒的植物材料取出（每次取 3~5 个），放在无菌滤纸上吸干材料表面水分，然后将外植体接入外植体萌发培养基（MS 培养基 + 0.1 mg/L 6-BA + 0.1 mg/L NAA），每瓶接种 1 个外植体，封口。接种完成后统一贴上标签，注明品种、接种日期、接种培养基等信息，培养温度控制在（25±3）℃，光照度 25~40 μmol·m^{-2}·s^{-1}，光照时间每天不短于 12 h，培养期间及时去除被污染材料。

2. 不定芽诱导和增殖

培养获得的高 1.5~2.5 cm 的无菌、成活芽萌发材料，在无菌工作台上从芽基部与母体分离，然后接种在不定芽诱导培养基中，参照外植体培养条件进行培养。获得增殖良好的簇生甘蔗培养材料，在无菌工作台上以 3~4 个不定芽为接种单位从基部进行分离（芽高度控制在 2.0~3.0 cm），然后接种在不定芽增殖培养基中，参照外植体培养条件进行培养。每 25~30 d 继代一次。

3. 茎尖培养

（1）茎尖剥离　在无菌条件下，将连续培养获得的健壮、无菌不定芽从基部单个分离，并自芽基部以上 0.5 cm 左右处切断，选取芽基部分进行茎尖剥离。在体视镜下用无菌解剖刀小心逐层剥离外层叶鞘，直至露出长 0.3~0.5 mm 的茎尖，然后更换为无菌且未使用过的解剖刀将茎尖从母体材料切下，立即接种于茎尖伸长培养基中。

（2）茎尖伸长培养　将接种好的甘蔗茎尖置于（23±3）℃，光照度 10~20 mol·m^{-2}·s^{-1}，光照时间每天不短于 12 h。

（3）不定芽诱导与增殖　基尖伸长生长至 1.5~2.0 cm 后即可接种到不定芽诱导培养基中，对每一个成活茎尖材料进行编号。将获得的不定芽接种到不定芽增殖培养基中，每 25~30 d 继代 1 次。

4. 茎尖培养再生植株病毒检测

基尖培养再生材料增殖到 10~15 株后，选取叶片为检测材料，对每个编号株系的茎尖再生材料进行病毒检测。检测病毒包括甘蔗花叶病毒（Sugarcame mosaic virus，SCMV）、高粱花叶病毒（Sorghuom mosaic vrus，SrMV）、甘蔗黄叶病毒（Sugarcane yellowo leas virus，SCYLV）和甘蔗杆状病毒（Sugarcane bacilliform virus，SCBV）。

连续 3 代检测均同时不携带 4 种检测病毒的甘蔗组培材料即被确认为脱毒材料（不定芽）。不合格材料在未打开培养瓶情况下经灭菌 30 min 后再废弃。

5. 脱毒不定芽扩繁与保存

经病毒检测确认的脱毒不定芽进行增殖。脱毒不定芽扩繁材料可移至（18±2）℃、光照度 20~30 μmol·m⁻²·s⁻¹、光照时间 10~12 h 的环境中进行长期保存。每 90 d 继代 1 次，可继代保存 12~15 代。

6. 生根诱导

将株高≥3 cm 的簇生脱毒不定芽在超净工作台上从基部进行单个分离，以单个不定芽为单位接种到生根诱导培养基中培养。

7. 炼苗、移栽及管理

（1）基质准备及消毒 将不同基质按一定比例混配均匀，装入穴盘中并稍压紧，用 0.5 g/L 的多菌灵（80% 可湿性粉剂）溶液浸透后捞出或喷透备用。

（2）炼苗 培养瓶内甘蔗组培苗高≥5 cm，基部长出 6~10 条 1~1.5 cm 长的白色不定根，即可进行炼苗。室外温度要求在 10~30℃较适合。培养瓶在自然环境条件下培养 3~7 d，轻轻取出组培苗，放入清水中（水温 18~20℃），组培苗洗干净表面培养基后稍晾干，然后栽于装好基质的穴盘中，覆盖物或基质以刚盖过组培苗基部为宜，稍压实，以幼苗不倒即可，移栽好的穴盘分品种、移栽日期，在苗床上整齐摆放。

（3）水肥管理 移栽 2~4 周内，相对湿度控制在 75%~90%，当第一片新叶完全张开后，逐渐降低湿度。4~6 周后，相对湿度保持在 60%~85%，光照度控制在 60~100 μmol·m⁻²·s⁻¹；移栽第 4~8 周内，每隔 7 d 喷施液肥一次；移栽 8 周后，视植株生长情况酌情施肥。

（4）病虫害防治 移栽 4 周后，每周喷施 75% 百菌清可湿性粉剂或 80% 多菌灵可湿性粉剂 1 000~1 250 倍液 1 次；移栽 8 周后，追施 2.8% 阿维菌素乳剂 2 000 倍液防治线虫。温室内宜均匀悬挂黄色诱虫板，悬挂高度应高于穴盘苗 15 cm，密度以每 20 m² 悬挂 1 张 25 cm×40 cm 大小的黄色诱虫板为宜。

二、健康甘蔗种苗生产用种繁殖

通过组织培养获得的健康苗由于受激素等因素影响，种茎小、生长势弱、糖分低，不能直接推广用于大田生产，必须进行 1~3 代的繁殖恢复品种的优良种性。

（一）生产基地要求

繁殖一级健康种苗生产用种宜在温室或非蔗区进行。非蔗区要求方圆 2 km 范围内宜无甘蔗（含糖蔗与果蔗），方圆 200 m 内应无禾本科作物种植；宜选择有大山、丘陵或树林等自然环境隔离的山谷、平原等，前两茬应未种植过禾本科作物。

繁殖二级健康种苗生产用种宜在非蔗区进行，方圆 1 km 范围内宜无甘蔗（含糖蔗与果蔗），方圆 100 m 内应无禾本科作物种植；宜选择有大山、丘陵或树林等自然环境隔离的山谷、平原等，前一茬应未种植过禾本科作物。

繁殖三级健康种苗生产用种宜在非蔗区进行，方圆 500 m 范围内宜无甘蔗（含糖蔗与果蔗），方圆 50 m 内应无禾本科作物种植；宜选择有大山、丘陵或树林等自然环境隔离的山谷、平原等，前一茬应未种植过禾本科作物。

（二）繁殖方法

1. 种茎繁殖法

种茎繁殖法可以采用一年两采法、两年三采法和多次采茎法。一年两采法是在 2 月上中旬种植，早秋采茎，或早秋种植，翌年的早春采茎。两年三采法是 2 月中下旬种植，第一次在 9 月上中旬采茎，第二次在翌年的晚春或早夏采茎，第三次采茎在翌年秋末冬初。多次采茎法是供繁蔗茎拔节 5~6 节即采苗繁殖，斩成单芽苗，催芽繁殖。采用单芽繁殖时，芽下节间宜留长些，芽上节间留短些。

2. 分株繁殖法

分株繁殖法是把有 5~8 片叶、出了苗根的壮蘖，用手锯连根从母茎切割出来，并剪去上部青叶，在植沟内约与土面成 30° 摆放假植，待成活后移植到苗圃做进一步繁殖。

（三）健康甘蔗种苗生产技术

甘蔗种苗生产技术参考农业部标准《甘蔗种苗》（NY/T 1796—2009）和《甘蔗种茎生产技术规程》（NY/T 1785—2009）进行。

1. 下种前准备

（1）整地、开沟或作畦　整地要求深、松、碎、平。开沟行距 80~110 cm。旱地植沟深 20~25 cm，沟底蔗床平整，宽 25 cm。地下水位较高的田块，起畦种植，畦面和沟底要求平整，开播幅宽 20 cm。

（2）斩种和蔗种处理　剥掉叶鞘，幼嫩部分则可保留叶鞘，斩成双芽或单芽茎段。斩种时芽向两侧，芽上方留 1/3 节间，芽下方留 2/3 节间，切口应平整不破裂、不伤芽。去除死芽、病虫芽。下种前可用 52℃ 热水浸种 30 min 或用有效成分为 0.1% 的多菌灵（或苯来特）水溶液浸种 10 min 进行消毒。

（3）施基肥　甘蔗种茎生产基肥应占总施肥量的 40%~50%，基肥要求每公顷施尿素 150~225 kg、钙镁磷肥（或过磷酸钙）600~750 kg、氯化钾 300~375 kg。基肥应施于植蔗沟底，并与土壤充分拌匀，腐熟有机肥用于盖种。

（4）防治地下害虫　每公顷用 10% 的益舒宝颗粒剂或 3% 呋甲合剂 75 kg 撒施植蔗沟防治蔗龟、天牛等地下害虫。

2. 下种

（1）播种量　每公顷下种量为 2 万~3 万段双芽苗，或 4.5 万~6 万段单芽苗。为提高繁殖效率，充分利用分蘖，每公顷下种量可酌减至 1.5 万段芽苗。

（2）播种方式　蔗种平放，芽向两侧，采用双行三角形排列，下种量少时可采用穴植。蔗种要与土壤紧密接触，不架空。

（3）覆土　下种时土壤水分控制在田间最大持水量的 70% 左右，下种后随即用细碎的土壤覆盖种茎 3~4 cm。

（4）芽前除草　覆土后应喷施除草剂或覆盖除草地膜，除草剂可用 50% 的阿特拉津可湿性粉剂，2.25~3 kg/hm²；或喷施 80% 的阿灭净可湿性粉剂，2~2.25 kg/hm²；或禾耐斯 900 mL/hm² 均匀喷施。

（5）覆盖地膜　冬季和早春繁殖苗在下种覆土、喷施除草剂后，用无色透明、厚度为 0.008~0.010 mm、宽度为 50 cm 的地膜覆盖，地膜边缘用细土压紧，地膜露出透光部分不少于 20 cm。

3. 田间管理

（1）揭膜　当80%以上蔗苗长出并穿出膜外，日平均气温稳定超过20℃时，即可揭膜。

（2）中耕培土　当蔗苗长到3~4片真叶，或揭膜后应进行第一次中耕除草；蔗苗6~7片真叶时结合进行第二次中耕除草并小培土，培土高度2~3 cm以促进分蘖；分蘖盛期结合施肥、农药后进行中培土，培土高度10~20 cm。

（3）追肥　追肥以3次为宜。第一次在甘蔗齐苗后，结合中耕除草施尿素75~105 kg/hm^2；第二次在分蘖盛期，结合小培土施尿素120~225 kg/hm^2；第三次结合中培土施尿素375~450 kg/hm^2、氯化钾225~300 kg/hm^2。

（4）水分管理　甘蔗苗期土壤表层25 cm的含水量低于最大持水量的55%时要及时进行灌溉，宜浅灌；同时还应防止田间积水造成烂苗。分蘖期土壤表层30 cm的含水量低于最大持水量的60%要及时进行灌溉，应勤灌浅灌（谭中文等，2001）。伸长期要根据降水量的变化情况决定灌溉次数和灌溉量，降水量较少的蔗区或久旱不雨，应及时沟灌保证灌透水，保持土壤表层50 cm最大持水量80%以上；同时，应注意清理田间排灌沟渠，防止积水。

（5）病虫害防治　苗期注意防治螟虫和蓟马，结合小培土每公顷施3.6%杀虫双颗粒剂或5%丁硫克百威45~60 kg防治螟虫，蓟马在发生初期用40%氧化乐果800倍液或敌敌畏1 000倍液喷杀。发现棉蚜局部危害即进行喷药全面防治，可用10%的大功臣可湿性粉剂150~300 g/hm^2，或50%的辟蚜雾300~450 g/hm^{2}喷洒防治。

4. 种茎砍收

甘蔗株高达1.0 m以上或有效芽节达10个以上就可以采收。砍收前，先去杂，连蔸挖去混杂株，砍收时再注意法杂，并弃去病苗、虫蛀（害）苗（茎）。如要留宿根，应用小锄低砍，斩口平滑，避免开裂，蔗梢削至生长点，去叶片，留叶鞘。砍收后即开畦松蔸、施肥，做好宿根蔗管理。原种、原原种种苗繁殖整过程的砍、收刀具每次使用之前都要用肥皂水等消毒。

种茎以20~25 kg为一捆，用包装绳捆扎好，每捆绑两道，并挂上标识，注明品种名称、种茎级别、生产单位、产地、出圃日期。种苗茎收后要及时播种，尽量减少贮藏时间。若要贮藏，砍收后的甘蔗种茎捆扎好后存放，可用覆盖物遮蔽，避免暴晒、积水或霜冻害，制蔗堆大小适宜，防堆内温度过高，同时应注意防鼠害。

思考题

1. 马铃薯种薯退化的主要原因是什么？
2. 茎尖培养生产无毒马铃薯的原理是什么？
3. 如何防止马铃薯生产中的病毒再侵染？
4. 马铃薯健康种薯生产技术的主要技术环节有哪些？
5. 甘薯种苗生产中如何防止品种的混杂退化？
6. 健康甘蔗种苗生产的主要技术有哪些？

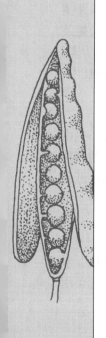

第七章
蔬菜种子生产技术

学习要求

掌握蔬菜种子生产的基本要求；掌握叶菜蔬菜常用采种方法；掌握母系选择法生产蔬菜种子的技术要点；了解葫芦科蔬菜和茄科蔬菜种子生产的关键技术环节。

引言

蔬菜是人民生活中重要的副食之一，蔬菜生产也是农业生产不可缺少的组成部分。近年来，随着科学技术和农业生产的迅速发展，蔬菜生产已成为我国种植业中的第二大产业，2018 年我国蔬菜种植面积达 2 044 万 hm^2。优良的种子是保证蔬菜生产的重要物质基础，世界各国都十分重视蔬菜种子生产工作，现代蔬菜种子生产已成为专门的产业。

第一节 蔬菜种子生产概述

一、蔬菜种子生产的特点

蔬菜种子生产与农作物种子生产及蔬菜的商品化种植在技术和方法上有明显区别，具有自身的特殊性和复杂性。蔬菜种子生产具有如下特点：

1. 蔬菜种类多，生长习性差异大

日常栽培食用的蔬菜有 100 种左右，同一种蔬菜又有不同的类型，其栽培和管理方式各异。不同蔬菜适宜的种子生产方法可能不同，同一蔬菜也可以利用多种不同的方法生产种子。

2. 蔬菜的繁殖方式多样

蔬菜分为有性繁殖和无性繁殖两个种类，有些蔬菜能采用两种繁殖方式，可以在种子生产中灵活地结合应用。此外，组织培养技术在蔬菜作物种子生产中的应用也非常广泛，种苗快繁、茎尖培养脱毒、甘蓝显性雄性不育系的保存、石刁柏超雄株的获得等都需要应用组织培养技术，人工种子的研究也是最先在蔬菜作物上取得成功。

3. 制种的技术性强

杂交种子生产的方法多样，可以利用人工杂交制种，以及利用化学去雄剂、雄性不育系、自交不亲和系、雌性系和雌株系制种，这些方法都具有配套的理论及技术支持；蔬菜制种的生产周期很长，栽培和管理技术难度大，需要考虑气候（特别是温度、日照长短及降水）对制种技术的影响，因此现已制定的各种蔬菜种子生产技术规程以地方标准为多。由于近年来制种的人力成本不断增加，科研人员开始着力研究蔬菜全程机械化制种技术，目前在大白菜上已经开始推广应用。

4. 蔬菜单品的制种量小

很多种类蔬菜的品种还使用常规种，农户自繁自用。即使是商业化的委托制种，也由于下列原因制种量较小：一是单一蔬菜种类的栽培面积小；二是育种单位多，培育的品种多数只适宜局部地区种植；三是品种的更新换代快；四是市场竞争激烈，市场细化；五是风险规避，为了避免制种过程中的自然灾害或不良套购，种子公司有时将同一个品种／组合放在不同地区制种。

5. 投入多，效益高

蔬菜杂交制种多采用人工授粉，用工量大；为提高制种产量，广泛采用设施栽培、水肥一体化技术，需要较高的前期投入。但蔬菜作物种子价格较高，制种的经济效益比菜用栽培或大田作物制种高。

6. 蔬菜制种区域化明显

我国逐渐形成了许多区域化的优良制种基地，制种基地一般具有气候适宜、政府重视、设施配套、懂制种技术的熟练工人多等特点。育种研究阶段，可以利用海南冬季温暖的气候条件进行南繁加代；良种生产阶段，可以选择气候干爽、光照充足、劳动力便宜的北方，生产出来的种子价格合理、质量稳定可靠，种子收购与种子适季销售也刚好能衔接。

二、蔬菜种子生产基地建设概况

在 2011 年以前，我国蔬菜种子基地与其他作物一样，经历了"家家种田，户户留种""四自一辅""四化一供"、专业化制种基地建设等时期，制种基地区域化逐渐形成。葫芦科、茄科、豆科等蔬菜制种向西北集中；十字花科蔬菜则形成了华北甘蓝、华中（河南济源）白菜两大制种区。2011 年《国务院关于加快推进现代农作物种业发展的意见》（国发〔2011〕8 号）发布，区域性蔬菜制种基地布局进入快车道。2017 年，49 个市、县被农业部认定为第一批区域性良种繁育基地，其中有 13 个为蔬菜制种基地：河南济源市、甘肃酒泉市、甘肃张掖市、新疆昌吉州、新疆巴音郭楞州、山东济阳县、山东宁阳县、山东临朐县、安徽萧县、湖北汉川市、四川绵阳市游仙区、宁夏平罗县、湖南邵阳市。

据调研，2016 年我国蔬菜制种面积在 8 万 hm^2 左右，总产量约 8 000 万 kg。其中，甘肃酒泉市、张掖市，新疆昌吉州，宁夏平罗县 4 个地区制种总面积达 4.2 万 hm^2，产量达 5 867 万 kg，分别占全国总面积和总产量的 53% 和 76%。酒泉、张掖、昌吉、平罗等地区以生产茄科、葫芦科、豆科等蔬菜作物为主，而十字花科作物制种优势区主要集中在河北邢台市、河南济源市、山东临朐县和沂南县及四川绵阳游仙区等地区。

第二节 十字花科蔬菜种子生产技术

一、十字花科蔬菜的生物学特性

十字花科蔬菜主要有芸薹属的甘蓝类、白菜类、芥菜类及萝卜属的萝卜类等作物，是我国重要蔬菜作物。栽培面积大，产量高，易于栽培，耐贮耐运，供应期长，在我国南北方均广泛栽培。

（一）起源与类型

甘蓝类（*Brassica oleracea* L.）蔬菜起源于地中海至北海沿岸，包括甘蓝和芥蓝的各个变种，代表作物有结球甘蓝、赤球甘蓝、花椰菜、青花菜、皱叶甘蓝、抱子甘蓝、羽衣甘蓝、球茎甘蓝和芥蓝等。白菜（*B. campestris* L.）、萝卜（*Raphanus sativus* L.）和芥菜（*B. juncea* Coss.）原产我国，其中白菜包括小白菜、大白菜和芜菁 3 个亚种，代表作物有普通白菜、结球白菜、小白菜、乌塌菜、薹菜、菜心等；萝卜根据栽培季节划分为秋冬萝卜、春萝卜、夏秋萝卜和四季萝卜等类型；芥菜包括褐芥、黑芥、埃塞俄比亚芥和白芥 4 个种的作物，其中作为蔬菜栽培的芥菜有芥子菜、根芥菜、茎芥菜、叶芥菜、芽用芥菜和薹芥菜 6 种类型。

（二）开花授粉习性与种子形成

十字花科蔬菜大多为二年生作物，第一年形成完整的叶球、花球、肉质茎、肉质根等产品器官，经过冬季贮藏或假植通过春化阶段，第二年开花、结实；少数蔬菜可以在一年内完成从种子到种子的生育过程，成为一年生作物。在十字花科作物中，甘蓝类蔬菜通过春化阶段所需条件比较严格，需满足两个条件：一是幼苗要有一定大小的营养体；二是要有适宜的低温条件（0～10℃）并持续一定时间。春化对甘蓝幼苗大小（叶片数和茎粗）、低温及低温时间长短的要求因品种类型的不同而异，一般植株要在 8～9 片叶子、茎的直径 1 cm 以上时，才能感受低温而通过春化。白菜、萝卜对春化条件要求不太严，从萌动的种子、生长的植株及贮藏期间的叶球和肉质根，其间任一阶段经受一定天数的低温条件，都能完成春化过程。在 2~10℃低温下，白菜经过 10~15 d、萝卜经过 20~40 d 即可通过春化，在 18~20℃的温度和长光照条件下抽薹开花（刘宜生，1998）。菜心抽薹发育对低温的要求不严格，生产上即使不经受低温诱导也能正常抽薹。芥菜花芽分化一般不要求严格的低温春化，对日照长短要求也不严格，但长日照和较高的温度会加速抽薹开花。

十字花科蔬菜花为复总状花序（谭其猛，1980）。最先开花的是由顶芽抽出的主花序，然后是一级侧枝和二级侧枝等逐级分枝依次开花，一个花枝上的花则是由下而上陆续开放。单株花朵数因蔬菜类型、品种、播种期、营养条件和种植密度而异，白菜、甘蓝单株花数为 1 000~2 000 朵，花瓣 4 个，黄色；萝卜为 1 500~3 000 朵，白色；芥菜单株花数为 1 500~4 000 朵，除白芥类花为白色外，其他芥菜均为黄色。单花花期为 3~4 d，花粉生活力约 1 d，一般在开花前 2~3 d 花蕾就有接受花粉的能力，但以开花后 1~2 d 并授以新鲜花粉结实能力最强。植株花期的长短因品种、气候条件、营养水平而不同，单株花期一般为 20~30 d，群体花期一般为 40~50 d，最长的可达 60 d 以上。种株上早开的花一般坐果率高，种子也饱满。但实际制种中，种子产量主要来自主花序、一级和二级分枝上的角果。

甘蓝类、白菜类和萝卜类蔬菜为典型异花授粉作物，群体内广泛存在自交不亲和性与雄性不育性。开花当日花药即可散粉，由昆虫传粉，异花受精。芥菜为常异花授粉作物，不但自交亲和、结实率高，而且异花授粉结实率也相当高。芥菜类各变种、品种、类型之间以及与芥菜型油菜之间都极易发生天然杂交，且与芸薹属近缘种之间也有少量天然杂交。果实为角果，子房上位，由二心皮组成。角果主要着生在主枝和一级、二级分枝上，是构成种子产量的主要部分，三级分枝着果很少，四级分枝多为无效果。角果有长角果和短角果两种类型，其中甘蓝、白菜和芥菜的果实为光滑长角果，每角果含 10~30 粒种子，开花后 30~45 d 成熟（图 7-1A）；成熟时，果壳由果柄基部向上开裂。萝卜果实为短角果，每一角果含种子 3~10 粒，花后 50~60 d 种子成熟，果实不易开裂（图 7-1B）。

A　　　　　　　　B

图 7-1　十字花科蔬菜常异花授粉作物果实

A. 长角果；B. 短角果

二、十字花科蔬菜常规品种的种子生产技术

（一）原种生产

原原种、原种生产最好用育种家种子繁殖。若无育种家种子时，可视其混杂退化程度，分别采用单株选择混合繁殖、母系法、双系法等提纯复壮，获得符合标准的原种种子。

用育种家种子繁殖原种，技术上比较简单，应用成株采种法，只要做好严格隔离、去杂，都能收到高质量的种子。本小节以大白菜为例介绍通过提纯复壮生产原种的程序，其他十字花科蔬菜可参考此方法（赵国余，1989）。

1. 单株选择

第一年在纯度高的种子田（不小于 3 500 m²），根据品种的典型特征，分别在幼苗期、莲座期、结球中期、结球后期和贮藏末期进行株选。贮藏或越冬母株的数量应保持在 200 株左右，第二年春天定植时母株的数量不少于 50 株。

母系选择法中选的母株混合栽植，花期任其自由授粉，采种田应与同一作物的其他品种和极易与之杂交的作物隔离 2 000 m 以上；双系选择法中选的母株，成对栽植，机械隔离，成对授粉。上述两种方法的种子成熟后，按株分别编号采收。注意淘汰花期杂劣的植株。决选单株的种子，于秋季进行株系比较。

2. 株系比较

中选株系按顺序排列，不设重复，每小区 50 株以上，每隔 8~10 个小区设一对照，对照为提纯复壮前的原始群体种子和同品种的生产用种，周围设保护行，按当地常规技术管理。分别于幼苗期、莲座期和结球期按单株选择标准进行比较鉴定，收获时测定产量。入选性状典型、个体间整齐一致的优系若干个，混收母株，进入原种比较试验。若未到达要求则仍须再进行一次或多次母系选择或双系选择，分系比较，直至达到要求为止。

3. 原种比较

中选的优良株系于次年春季混合采种，秋季与提前复壮的原始群体种子和同品种的生产用种同时播种，进行比较试验，每份种子的播种面积要大于 1 亩，以鉴定提纯复壮原种的效果，如达到原种标准即可投入原种生产。

4. 原种生产

生产原种的种株数量大于 1 000 株的，应单独栽培，自然授粉，混合采种；数量不足 1 000 株的，可将其定植于该品种良种田（大于 1 300 m²）的中央，自然授粉，原种种株与良种田的种株要分开收获脱粒。原种田必须与其他品种（系）和极易与之杂交的蔬菜作物隔离 2 000 m 以上。如大白菜要与薹菜、小白菜、油菜、芜菁、菜薹、乌塌菜等隔离；结球甘蓝不仅要与花椰菜、青花菜、抱子甘蓝、羽衣甘蓝、球茎甘蓝等严格隔离，对甘蓝型油菜也要警惕。

原种生产主要采用成株法采种。为减轻病虫害，原种田秋季可适当晚播。中晚熟品种可比生产田晚播 7~10 d，早熟品种可根据生育期长短及冬季安全贮藏的需要来确定适宜播期。秋季田间管理与普通菜用栽培基本相同。收获前应针对本品种特征特性严格选择、去杂去劣，收获后经适当晾晒入窖贮藏越冬（南方地区种株可露地越冬）。次年春天定植前，为方便抽薹，可切除结球甘蓝和大白菜的部分叶球，此时应注意淘汰脱帮严重和感病的植株。3月中旬将种株定植于严格隔离的采种田内。定植前，采种田施腐熟厩

肥 7.5 万 kg/hm²、过磷酸钙 600 kg/hm² 作基肥，深翻整平后作畦。定植时应注意露出短缩茎顶端，以免浇水后引起腐烂。定植后可进行中耕，待种株抽薹后，结合浇水追施 N、P、K 复合肥 225～300 kg/hm²。开花前注意喷药防治蚜虫，盛花期不再喷药以免杀灭传粉昆虫。花期应适时浇水，但盛花期过后则应减少浇水，并再喷药防治蚜虫。若有霜霉病发生，可喷施 600～800 倍液百菌清防治。

种株 1/3 以上的角果黄熟后即可收获。收获宜在清晨进行，经晾晒、脱粒、清选后，晒干贮藏。秋季将收获的种子扦样，点播或育苗移栽，检验种子纯度。田间种子纯度检验通过后，方可作为原种用于大田用种的繁殖。

（二）大田用种生产

大田用种是由原种繁殖而来。由原种繁殖大田用种，可采用成株采种法、半成株采种法和小株采种法，其中以半成株法和小株采种法繁殖大田用种更为切实可行。制种田选择、苗床地选择、空间隔离距离、选优去劣的标准和时期、肥水管理、病虫防治、种子采收贮藏等与原种生产的要求相同。

1. 气候与土壤条件

十字花科蔬菜为耐寒或半耐寒性作物，喜凉爽气候，从秋天到冬天生长旺盛。因十字花科蔬菜多数都有一个低温春化过程，第二年春季才能开花结实，因此制种基地应具备两个最重要的条件：一是冬季有低温；二是第二年开花期雨水不宜过多。十字花科蔬菜根系发达，适宜于土层深厚、肥沃、通气良好的壤土和砂质壤土，土壤中性或微酸性均可，适宜 pH 为 5.8～7.0。

2. 隔离

十字花科蔬菜为典型的异花授粉作物，主要靠蜜蜂等昆虫传粉。因此，制种田必须与其他品种或其他易于杂交的作物隔离 1 000 m 以上。

3. 采种方法

十字花科蔬菜大田用种可采用成株采种法、半成株采种法和小株采种法 3 种方法采种。

（1）成株采种法　第一年秋季培养健壮种株，在叶球、肉质根等商品器官成熟时，根据品种的特征特性进行田间选择，中选种株经贮藏或假植越冬，第二年春天定植于露地采种。此法生产的种子遗传纯度高，品种的典型性、抗病性、一致性等性状也能得到较好的保持，但种子产量低于小株采种法和半成株法，占地时间长，成本高。

（2）半成株采种法　比成株采种法播种晚 7～10 d，在商品器官未完全形成时即进行选择和收留种株。此法由于种株比成株采种法小，故秋季种植密度可比成株法增加 15%～30%，种子产量比成株采种法高。由于半成株比成株抗寒、耐贮，在南方地区可露地越冬，但因不能根据商品器官的特征特性进行选择，因此选择效果不如成株采种法好，种子质量不能像成株采种法那样完全得到保证。

（3）小株采种法　即早春育苗采种。一般在 1 月中下旬播种，阳畦育苗，3 月中下旬定植栽培，待抽薹开花、结籽后采种。此法种子单位面积产量最高、占地时间最短，因而生产成本低。但因不能根据叶球进行选择，故种子质量难以保证。因此，只能用高质量的种子经小株采种法繁殖大田用种，而不能用小株采种法采得的种子继续繁殖种子。

4. 采种技术要点

（1）播种与定植　十字花科蔬菜制种田第一年的管理与普通菜用栽培基本相同。种子生产播种可以比普通栽培稍晚，如秋甘蓝在 7~8 月均可播种；若采用半成株采种法，还可延迟。原种种子生产应与普通栽培基本一致，甘蓝早熟品种最迟不能超过 8 月中旬播种，晚熟品种最迟不能超过 7 月下旬播种，因播种过晚叶球包不好，很难进行去杂去劣。

甘蓝播种常采用育苗移栽法，播种后 40 d 左右或幼苗具有 10 片真叶时定植。定植前可根据情况间苗 1~3 次或假植 1 次，以利于培育壮苗。白菜、萝卜及芥菜播种多采用直播方式，幼苗出土后间苗 2~3 次，幼苗期结束时定苗。

播种或定植前注意施足基肥。十字花科蔬菜第一年生长对 N、K 肥的需求量大，对 P 肥的需求相对较少。因此，P 肥可全作基肥施用，而 N、K 肥除作基肥外，还应以约 1/3 的施用量作为追肥。选用成株采种法，种株的定植密度可与普通栽培一致；若用半成株法繁殖大田用种，种植密度可加大到商品菜生产的 1.5~2.0 倍，以增加单位面积种株数量。

（2）种株选择　在生产田内选留种株通常采用混合法选择，入选率不超过 25%；在专门的种子田内，则可通过株选去杂去劣以保证种子的遗传纯度。种株选择通常分 3 个时期进行：①苗期选择。即在定植或定苗前，选择无病、健壮、性状特征符合本品种特征特性的幼苗为种株。②成熟期选择。在甘蓝、白菜、萝卜、芥菜商品器官成熟收获前，选择生长正常、无病虫、外叶少，叶球紧实、中心柱短、肉质根整齐、无畸形、无裂根、无侧芽萌发、无花芽、未抽薹、符合本品种典型特征的植株留种。在专门的留种田内，此期去杂去劣要特别严格，淘汰掉所有的非典型的异常植株和感病植株。若为原种生产，则应在莲座期增加一次去杂去劣工作。③抽薹期选择。淘汰抽薹特早、冬性不强的母株，对春甘蓝、春白菜、春萝卜种子生产特别重要。此外，在花期应注意淘汰那些过早或过迟开花的种株，因为该性状可能直接影响到成熟期的一致性。

（3）种株处理　甘蓝和白菜如采用成株法采种，在第二年种株定植前 1~2 周，须对种株进行处理以利抽薹开花。常见的处理方法有以下 3 种：①留心柱法。即将叶球外部及外叶切去，只留心柱，然后连根移栽。具体做法是：将心部垂直切成约 6 cm³ 的柱形，或用尖刀在叶球基部向上斜切一圈，然后揭去叶球外部。这种方法有利于主茎与侧枝的抽生，种子产量高，效果好。但叶球不能作为商品菜。②刈球法。将叶球从基部切下，切面稍斜，以免髓部积水腐烂，切口可涂紫药水杀菌。切球后待外叶内侧的芽长到 3~6 cm 时切去外叶，然后带根移栽于制种田。此法留种叶球可作为商品，但主茎被切断，主要靠侧枝留种，所以单株种子产量低。抽薹后花枝遇风易折，须设支柱捆缚。③带球留种法。南方地区在严寒前定植于制种田露地越冬；北方地区切除部分外叶窖藏，翌年春暖后移栽，春暖前用刀在叶球顶部切划十字，深度约为球高的 1/3（以不伤生长锥为原则），以助抽薹。此法留种单株产量比刈球法稍高，但叶球不能利用，目前较少应用。

大型萝卜品种若采用成株采种法，也可切去部分肉质根，但不超过整个肉质根的 1/3。

（4）种株管理　第一年种株管理与普通菜田基本一致。但制种栽培后期要减少浇水，以利贮藏。施肥应注意 N 肥量要略低于菜用栽培，而 P、K 肥施用量则应适当增加。第二年种株定植后，则应抓住以下几个时期加强管理：①定植至现蕾期。此期关键是要促使种株生理机能的活跃和促进根系生长。定植 7~10 d 后、种株开始抽薹时，应浇稀粪水一次，而后中耕。待菜薹抽生到 15 cm 左右时，可再浇水并结合中耕追肥，以促进根系对水分和养分的吸收并供应地上部的生长。②开花期。此时期要注意创造适于主枝和一级侧枝生长发育的条件，以增加结实率，提高种子产量。肥水供应要充足，并根外喷施 0.03% 磷酸二氢钾溶液 2~3 次，以利保花壮籽。机械隔离条件下可用毛笔进行人工辅助授粉。③结荚期。从谢花到种子收获，要防止种株过早衰老。前期可追施少量速效化肥并少量浇水，待果实生长充分时，应控制水、肥，以免贪青晚熟。

5. 收获与脱粒

白菜、芥菜角果成熟时易裂，故不能等到大部分角果变黄时才收获。一般在种株上 1/3 角果变黄时于清晨有露水时收割，然后运到场院晾晒后熟 7~10 d 再脱粒。萝卜角果不易开裂，可待完熟后一次性收获；萝卜种子脱粒较困难，可先脱下角果，再以磨米机脱粒。脱粒的种子应及时晒干，然后装袋贮藏，并扦样检验。

三、十字花科蔬菜杂交品种的种子生产技术

目前国内外十字花科蔬菜杂交种种子主要利用自交不亲和系、雄性不育两用系和质核互作雄性不育系三种方法生产，我国甘蓝还采用显性雄性不育系制种。

（一）亲本原种的繁殖与保持

1. 自交不亲和系（或自交系）原种生产

此法适用于十字花科所有蔬菜的杂交种的种子生产。育成杂交种的亲本自交不亲和系（或自交系）后，于秋季适当晚播，翌年春季进行成株或半成株采种，或于翌年春季早播进行小株采种。亲本原种田应与其他亲本株系、品种（系）及易与之杂交的同种（或变种）蔬菜等隔离 2 000 m 以上，或用温室、大棚、网室和套袋等方法实行机械隔离，但也要有一定距离的空间隔离。亲本为自交系的，在严格隔离条件下任其自由授粉，机械隔离条件下则应放蜂或进行人工辅助授粉；亲本为自交不亲和系的则采用蕾期人工授粉，即摘除已开放的花朵和过大的花蕾，选择开花前 2~4 d 的花蕾，用小镊子拨开花冠，露出柱头，然后将本系当天开放花朵的新鲜混合花粉，授于柱头，每个一级分枝上授 20 个左右的花蕾，其余摘除。做完一个自交不亲和系后要用 70% 乙醇对所有用具和能够接触到花粉的地方进行消毒，以避免人为造成非目的性杂交。小株采种时，分株收获种子并编号，用少量种子进行秋播，于幼苗期、莲座期和结球期进行田间鉴定，保留性状典型和整齐度符合要求的亲本系，达不到要求的予以淘汰。

自交不亲和系每隔 2~3 代需进行 1 次系内自交不亲和性的测定。具体方法是：首先从同一自交不亲和系内采集 10 个左右单株的花粉，并拌成混合花粉。在系内选择优良单株中部的第一级分枝上发育最好的、次日将开花的花蕾 25 个左右，除去其余的花蕾和已开放的花，于次日开花时授粉，同时编号、挂牌、套袋。待种子成熟后对每株测定的花序进行室内考种，求出单株亲和指数。保留亲和指数小于 2 及其他性状达到要求的系，继续繁殖原种，淘汰亲和指数大于 2 及其他性状达不到要求的系。亲和指数公式为：

$$亲和指数 = \frac{单株授粉花的结籽总数}{单株授粉总花数}$$

2. 雄性不育两用系亲本原种生产

此法主要应用于白菜类和芥菜类蔬菜杂交种种子生产。采种方法及隔离条件均同自交不亲和系，应注意在幼苗期、莲座期和结球期对经济性状进行严格鉴定，并严格检测两用系的不育株率，淘汰不育株率低于 50% 的系。收获时，注意混收系内雄性不育株上的种子。此类种子既可以继续繁殖原种，也可以配制杂交种。

3. 质核互作雄性不育系亲本原种生产

此法主要应用于萝卜类和芥菜类蔬菜的杂交种种子生产。理论上利用雄性不育系制种必须有不育系、保持系和恢复系"三系"配套，以上"三系"都必须代代采用成株采种法繁殖原种。由于十字花科蔬菜以营养器官为最终产品器官，因此杂交制种时的父本系不一定要是恢复系。

"三系"繁殖过程中须严格选择，为保证不育株率的稳定性和优良性状的典型性，最好设立隔离的3个繁殖圃，分别繁殖不育系、保持系和恢复系。隔离条件及采种方法同原种生产。只是不育系的繁殖应以（3~4）:1的行比种植不育系与保持系，此圃内从保持系上收获的种子也可以作为下一代的保持系用。

4. 显性雄性不育系亲本原种生产

此法在我国主要应用于甘蓝杂交种子生产，其程序相对比较复杂。原种生产包括纯合显性雄性不育株的扩繁、保持系、显性雄性不育系及父本自交系种子生产4个方面（图7-2）。

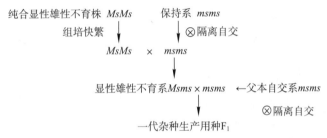

图7-2 甘蓝显性雄性不育系配制杂交种示意图

由于纯合显性雄性不育株没有花粉，只能在春季由纯合不育植株上取幼嫩侧芽在实验室用组织培养方式保存并扩繁组培苗。成苗后留少量组培苗在低温（15℃以下）下保存，其余扩繁的组培苗种植于大田在冬季低温下越冬春化，第二年春季与保持系同栽于一个隔离网棚授粉，组培苗与保持系的比例一般2:1或3:1，如果保持系为自交亲和系，可在网罩隔离条件下用蜜蜂授粉繁殖，开花结束后及时拔除保持系种株。种子成熟后，由纯合显性不育株组培苗上收获的种子即为配制杂交种用的显性雄性不育系。

不育系的保持系、父本自交系宜选择自交亲和系，可以在隔离网罩下用蜜蜂授粉繁殖。如果暂时仍然是自交不亲和系，则还需靠人工蕾期授粉繁殖。

（二）杂交种子生产

1. 制种方式

十字花科蔬菜制种分为露地制种、保护地制种、露地—保护地制种等不同制种方式。具体采用何种方式，要根据亲本花期特点及制种技术而定。

（1）露地制种 对于双亲花期基本一致的组合，采用露地制种既可以配制大量的杂交种子，也可以降低种子成本。长江流域及南方地区可露地越冬，采用此法制种十分方便。北方地区冬季窖藏种株后若采用露地制种，则一般在3~4月定植种株。

（2）保护地制种 当双亲花期不一致且制种量要求不大时，可采用保护地制种法。此法主要在华北地区采用。具体做法是：在前一年10月下旬至11月上旬或当年2月定植种株，在165 cm宽阳畦内种植4~5行，株距33~40 cm。此法可利用阳畦不同位置调节花期，如将抽薹晚的亲本定植于里口，利用温度较高、光照较好的条件促其早抽薹开花；花期早的亲本则定植于外口使之花期延后，从而促成双亲花期相遇。此法通过花期调整可获得较高的种子产量，但成本高于露地制种，且种植数量受到限制。

（3）露地-保护地制种　当双亲花期不一致且制种量要求较大时，可采用此法。于前一年10月中下旬至11月下旬将父、母本按2∶2的行比定植于阳畦内，次年3月下旬，再于阳畦道上按2∶2的行比定植部分亲本，或只栽一部分开花早、花期短的亲本，使阳畦内早开花的亲本花期结束时，阳畦道上的早花亲本的花期能够衔接，从而延长双亲花期相遇的时间，以提高种子产量。

2. 制种方法

（1）自交不亲和系制种　此法配制杂交种种子多采用小株采种法。将父、母本种株相间种植，行株距为（40～50）cm×（30～40）cm。利用自交不亲和系制种，父、母本定植比例通常为1∶1；若亲本之一自交亲和指数略高，可增大亲和指数较低的亲本的比例；若亲本之一为自交系，则可以（2～4）∶1的比例种植自交不亲和系母本和自交系父本。

（2）雄性不育两用系制种　此法配制杂交种种子多采用小株采种法。早春将两用系和恢复系按（6～8）∶1播种于温床或阳畦，待苗龄50～60 d后，在幼苗不受冻害的条件下尽早定植，以促进根系发育。定植时每隔3～4行两用系定植1行恢复系，两用系的定植密度是恢复系的2倍。自两用系植株开花起，分次拔除两用系内的可育株，同时摘去不育株的主薹，以作标记并延迟花期，以免在彻底拔除可育株前接受系内花粉而形成假杂种。待拔尽两用系内可育株后，摘去恢复系内已开的花和已结的角果，以保证恢复系上收获的种子能够保持恢复系的遗传纯度。种子成熟后，混收两用系行上的种子，即为杂交种种子。

（3）质核互作雄性不育系制种　此法配制杂交种种子多采用半成株及小株法采种。制种区内，按（4～5）∶1的行比种植不育系和恢复系，不育系上收获的种子即为杂交种种子；恢复系上收获的种子也可以用作下一代制种的恢复系，但不可连续用小株采种法繁殖的恢复系种子制种。

（4）显性雄性不育系制种　制种方法同质核互作雄性不育系，但任何父本系都只能使50%的杂种F_1育性恢复。

第三节　茄科蔬菜种子生产技术

一、茄科蔬菜的生物学特性

茄科蔬菜主要包括番茄、辣椒和茄子，是我国最主要的果菜之一。茄果类蔬菜由于产量高、营养好、生长及供应期长、经济利用范围广而普遍栽培，在果菜中占有较大的比例。

（一）起源与类型

番茄（*Solanum lycopersicum* L.）起源于安第斯山脉和大海之间，从厄瓜多尔、秘鲁延伸到智利等地均有野生番茄生长，番茄根据果型分为普通番茄、樱桃番茄、大叶番茄、直立番茄、梨形番茄等变种。辣椒（*Capsicum frutescens* L.）原产中南美洲热带地区，有樱桃辣椒、圆锥辣椒、簇生辣椒、长角辣椒、甜柿椒等变种。茄子（*S. melongena* Bailey）起源于印度，4～5世纪传入东南亚和中国，分为圆茄、长茄、矮茄等变种。

（二）开花授粉习性与种子形成

茄科蔬菜是自花授粉作物。番茄花为聚伞形花序，大果型普通番茄品种每花序有5～10朵花，而小果型番茄品种每花序则多达50～60朵花，花瓣黄色（图7-3）。茄子花多为单生，有时花梗分枝，成为短总状花序，有2～3朵花，紫色，其中第一朵花是正常花，易坐果。辣椒花一般单生，为白色或绿白色，花瓣通常5～9枚，以6枚较普遍。番茄、茄子雄蕊5～8枚，黄色，着生在花瓣基部，围绕雌蕊形成花药筒，开花后，花药顶端小孔开裂，散出花粉。辣椒雄蕊为6枚，浅紫色，散生在花瓣基部；雌蕊1枚，花柱细长，根据花柱长度，可将花分为长柱花、中柱花、短柱花三种类型。番茄花柱大多为略低于花药筒的短花柱类型，有利于自花授粉，少数品种的花，柱头突出在花药筒外，为长花柱，有可能异花授粉；辣椒、茄子雌蕊花柱长、中、短三种类型均有，以长花柱花坐果率最高，中花柱次之，短花柱花几乎不能结果。辣椒由于花药散生，柱头容易外露，并有长花柱花，故除自花授粉为主外，异花授粉的机会较多，被视为常异花授粉作物。子房通常由5～8个子室组成，其中含有很多胚珠。

花蕾逐渐发育，萼片在花的顶端展开，花冠外露并逐渐展开。待花冠展开呈90°角时，花瓣转黄色，雄蕊开始成熟；当花冠展开达180°时即进入盛花期，花药开裂，花粉散落。此时雌蕊的花柱迅速伸长，柱头沾有花粉，花粉粒进入胚囊完成受精过程。番茄雌蕊受精能力保持4～8 d，开药前2 d已具受精能力；辣椒雌蕊在开花前1 d即有受精能力，一直保持到开花后2 d；而茄子雌蕊从开花前2 d至花后3 d都有受精能力，但均以开花当天的雌蕊受精能力最强。花粉在室温下干燥贮藏2～3 d，仍有较高的受精能力和较强的活力。番茄从授粉到果实成熟需40～60 d，单果平均种子数100粒；辣椒成熟需50～55 d，平均每果结籽160～180粒；茄子60 d，单果种子数400～1 100粒。

A   B   C

图7-3 茄科植物的花
A. 番茄；B. 茄子；C. 辣椒

二、茄科蔬菜常规品种种子生产技术

（一）原种生产

供生产原种的种子必须用育种家种子或引种单位所提供的原原种，当原种出现混杂而育种单位或引种单位又不能提供更换时，须经提纯后才能进行原种生产。

原种繁殖主要采用单株选择、分系比较、混系繁殖的方法，实行株行圃、株系圃、原种圃的三圃制。在纯度较高的群体内进行单株选择时，也可将株系圃与原种圃结合起来，实行第一年株行圃选择鉴定，第二年株系圃生产原种的二圃制。

1. 单株选择

单株选择以品种典型的植物学性状为重点，选择植株、叶、花和果实等主要性状与原品种相符的单株，考察其丰产性、优质性、抗逆性和熟性等综合性状。单株选择一般分3次进行，在生长良好的原种田中或纯度较高的生产田内进行。第一次在开花（坐果）初期，根据株型、叶型、花序状况（着生节位、花序类型、花数多少、第一穗花坐果率及整齐度是否畸形和带花前枝、花序间隔叶片数）等性状，选择符合原原种标准的植株200株以上，中选单株挂牌、记载，对未开花序进行套袋留种；第二次在第一穗果始熟期，于第一次入选株内，选择符合原品种标准的植株；第三次在第三穗果始熟期或种果成熟期，于第二次入选株内，根据熟性、抗病性、果实性状（大小、果型、畸形及裂果比例等）进行决选，中选株单株采种。套袋自交株单采，注明"套袋自交"。对中选株的主要性状进行记载。

辣椒中选的每一个单株，应鉴定其果实的辣味程度、果肉和果皮的厚度。

2. 株行圃

将单株决选的种子分小区种植于株行圃。株行圃分别设置观察区和采种区。每小区不少于100株，株行比较数目不得少于10个。按单株选择标准选择优良株行，中选株行淘汰少量不良单株进行混合采种。在1个株行内杂株率大于5%，或与对照相比特征显著变劣的应全部淘汰。

3. 株系圃

将入选的株行种子分别种植在株系圃，株系圃设置观察圃和采种圃。观察圃进行田间观察、纯度鉴定和产量比较，以本品种原种做对照。采种圃只作留种用。因此，要进行不同株系的隔离，最后以观察区入选株系为根据，在采种区选留相应的株系混合留种。决选时，一个株系的杂株率在0.5%以上时应全系淘汰。

4. 原种圃

入选株系的种子，混合种植于原种圃，用本品种原种种子做对照，每小区不少于100株，设3~4次重复，于开花期、坐果初期（门茄、门椒商品果成熟期）和种果采收期分别进行观察和生产力鉴定，符合原品种要求的方可用于生产原种。在种植原种圃同时，将上年株系圃内种子与本品种原种进行比较试验。

（二）大田用种生产

利用原种繁殖大田用种。在制种田里，分期去劣去杂，淘汰少量不良单株，进行混合采种。

1. 对环境条件的要求

茄果类蔬菜性喜温暖，不耐霜冻。番茄发育适温要求是白天22~26℃、夜间15~18℃。低温下形成的花为畸形花，柱头短而扁，花柱带状，易形成畸形果，高于33℃或低于10℃都能引起落花。辣椒花粉萌发最适温度为25~26℃，低于15℃或高于35℃均不能萌发。茄子生长发育要求的温度比番茄、辣椒高，20~30℃温度条件下能正常结实，35℃以上时结实不良。茄科蔬菜属中光性植物，其发育受光周期影响很小，如温度适宜，一年四季均可开花结果，但光照度对开花结实有一定影响，光照充足，强度大，则花数多，落花率低；弱光照则相反。

茄果类蔬菜根系生长旺盛，砂土、黏土都可栽培，但以土质疏松、耕土深、排水、保水强的砂质土壤为宜。它适应较酸到微碱的土壤，最适于近中性偏酸的土壤和水田。

2. 栽培技术要点

制种栽培与菜用栽培技术相似（参见《中国蔬菜栽培学》，1987）。播种期比早熟栽培适当晚些，它与定植时期、育苗天数及育苗设施和栽培方式有关。露地栽培比大棚栽培迟播 10~15 d，温床比冷床迟播 10~15 d。东北各省在 3 月中下旬、北京在 1 月下旬至 2 月上旬、东南部各省份在 12 月下旬播种。一般可在定植期前 80~90 d 播种。为了提高种子产量，精心培育壮苗是非常重要的。种子发芽适宜地温为 28~30℃，利用电热温床 4~5 d 即可发芽整齐。育苗温度以白天气温 25℃左右、夜间 15℃为好，地温可保持在 20℃左右。要求床内土壤稍干，空气相对湿度低，光照充足。

播种后 20~25 d 苗长出两片真叶时移植。用营养钵育苗，间隔距离 12 cm×12 cm。移植床设置在大棚内，还苗期间地温应比播种床高 2~3℃，还苗后逐渐降温。定植前 1 周开始锻炼幼苗。逐步揭去薄膜通风，使移植床内小气候逐渐接近大气候。然后喷施 0.2% 的波尔多液，定植前一天施肥，使幼苗带肥、带土、带药定植。番茄应与茄科作物轮作换茬 4~5 年以上，并要求排灌方便。

栽植密度低于菜用栽培，一般为 3 万~3.6 万株/hm^2，垄宽连沟 1.5 m，株距 40 cm，双秆整枝；辣椒定植密度为 3 万~7.5 万株/hm^2，畦宽 1.3~1.6 m，株距 26~30 cm，种植 2~3 行；茄子为 2.25 万~3 万株/hm^2，选留 2 个侧枝。

定植前，施入厩肥 3.75 万 kg/hm^2、氮肥 600 kg/hm^2、磷肥 300~450 kg/hm^2、钾肥 300~450 kg/hm^2 作基肥，生长期追肥 4~5 次。根据土壤条件、前作的残效和肥料的有效成分等做适当的调整。

定植后的管理主要是整枝、缚蔓、除草、防病、追肥等。南方梅雨期开沟排水，天气干旱时及时灌溉。

番茄选留第二穗以上花序作种果，大中果型品种，每花序留 3~4 个果，小果形每花序留 6~7 个果；辣椒、茄子选留第二、第三层花作种果，平均每株结果 6~8 个。摘除弱花、花序先端的幼蕾和浆果。

3. 隔离和去杂

（1）隔离　番茄、茄子为自花授粉作物，品种间隔离距离要求不太严格，为 30~200 m，原种田隔离距离应大些；辣椒为常异花授粉作物，大田用种生产需隔离 200~300 m，原种生产隔离 500 m 以上。

（2）去杂　在番茄、茄子和辣椒植株生长发育 3 个时期考察品种的典型性状，及时拔除杂株和劣株。第一次在开花前期，考察植株开展度、生长势、生长习性、叶型（裂叶、薯叶、平展、卷曲、颜色）和抗病性；第二次在坐果初期考察生长习性、叶型、花序（着生节位、花序类型、花数）、第一穗果坐果率及整齐度、幼果特征（颜色等）；第三次在第一穗果成熟期考察生长势、抗病性、熟性及果实性状（坐果率、整齐度、大小、果型、颜色、一致性等）。

4. 收获与脱粒

番茄、辣椒、茄子果实成熟后适时采摘，放入室内后熟 2~3 d 即可采种，采种方法有两种：

（1）人工提取法　即手工用刀横刨果实，把种子挤入无水容器内。容器可选用陶器或塑料制品，不宜用金属器皿。

（2）机械提取法　即采用机械手段将种子与果肉分开，一般在食品罐头厂制作番茄酱或番茄汁的时候采用此法，获取的种子中通常含有果皮和残渣。

对于茄子、辣椒两种蔬菜，以上两种方法很容易将种子与果肉组织分离开来；但番茄种子却粘连着胶状物和残渣，因此需用下列方法之一把种子分离出来。

① 发酵法　把容器中的浆液置于 20 ~ 35℃室温下，经 1 ~ 3 d 的发酵（在此期间搅拌 2 ~ 3 次，使浆液发酵均匀），至形成白色菌膜将浆液全面覆盖为止。这时胶状物与种子分离。然后，在容器中加入大量的水，并不断搅拌，使饱满的种子下沉，待被搅拌的浆液停止旋转后，倒去上浮的残渣和果皮，并再加水漂洗，一直到残渣去除干净为止。发酵的时间不宜过长，否则种皮变褐色，影响种子品质。

② 酸解法　当种子生产量大、浆液很多时，可用盐酸酸解。将 100 mL 的工业盐酸慢慢倒入 14 kg 的浆液中，然后搅拌，使两者充分混合，经 5 ~ 10 min，即可用水清洗种子。此法的优点是种子可当天提取和干燥，容器周转快，且与温度关系不大，种子色泽鲜亮，可避免因发酵不当而导致的种子变色。

③ 碳酸钠提取法　在温度较低的地区，若提取少量种子，可采用此法。把含有种子的整体与等量的 10% 浓度的碳酸钠混合，在室温下静置 2 d 后，用水清洗种子。由于此法会使种子发黑，所以生产上不用此法。育种家在提取少量育种材料和亲本种子时，可采用此法。

④ 酶解法　将番茄果实打碎成酱汁，装入非金属容器中，加入适量稀盐酸调节番茄酱汁的 pH 至 3.0 ~ 6.0，并控制番茄酱汁的温度至 15 ~ 55℃；每千克番茄酱汁中加入 0.25 mL 果胶酶，并用塑料棒搅拌均匀；静置 2 h 后再用塑料棒搅拌一次，再次静置 2 h 后将番茄酱汁倒入过量水中并用塑料棒搅拌，反复漂洗、过滤后即可得到番茄种子。本方法提取番茄种子只需要 4 h，避免了种子发酵过程中发芽现象，可提高种子质量。

清洗干净的种子应立即进行干燥处理。将种子放入网袋，然后扎紧袋口，放入洗衣机的旋转筒内甩干，取出后挂起晾晒，直到种子含水量为 8% 以内，然后装入种子袋贮藏备用。育种材料种子量少，可直接在清洗种子的容器中摊成薄层晾晒。不要在烈日下暴晒，以免烫伤种子。茄科作物病害较多，为了减少种传病害，大型种子生产基地在清洗干净种子后还需进行消毒处理，用磷酸三钠、甲醛、高锰酸钾或农用链霉素浸泡种子，将消毒剂彻底清洗干净后再干燥。番茄种子有时还在种子湿润状态进行脱毛，以利于后续种子包衣或机械化播种。

三、茄科蔬菜杂交种种子生产技术

目前，我国茄科蔬菜主要应用人工去雄生产杂交种子，辣椒能够采用质核互作雄性不育系制种。

（一）亲本的保持与繁殖

杂交种亲本原种的生产要求与定型品种相同，但必须与制种田分开进行，也可用大面积套袋自交方法生产亲本。杂交种双亲每使用 3 ~ 5 代，应用其杂种与新制的种进行对照比较，以检验亲本的生产性能。若新制种比原一代杂交种显著变劣，其双亲则不能继续做原种繁殖，应换用符合亲本原种标准的种子生产原种。

（二）杂交种子生产

1. 双亲播种期和种植比例

双亲播种期与定型品种种子生产相同。为保证早期能有大量花粉，父本可比母本提早3周左右播种。若双亲成熟期不一致，为使双亲花期相遇，应适当提早中、晚熟品种的播种期，延迟早熟品种的播种期。具有 *Tm-2nv* 基因的亲本，由于生长缓慢，也要适当提早播种。父母本种植比例，番茄一般为 $1:(3\sim5)$，茄子为 $1:(4\sim6)$，辣椒为 $1:(5\sim10)$。

2. 制种时期

春季是茄科蔬菜种子生产的主要时期。春繁的制种时期：番茄一般从植株的第二穗初花开始，因为第一穗花开放时由于低温受精，结实不良，种子很少，为促进植株早期发育，往往将第一穗花摘除；茄子的制种时期一般从植株的"对茄"开始；辣椒则是选第 $3\sim5$ 层的花蕾用于制种。

制种前对双亲的纯度进行检查，拔除可疑株、异型株和病株，清除母本株上已开放的花和果实。

3. 母本去雄

选露出花冠和花瓣展开呈30°的花蕾。此时花药尚未开裂，其色由绿开始转黄，用镊子把花药筒全部摘除。去雄时花蕾过小不便操作，坐果率和结籽数也受影响；花蕾过大，有可能自交。在去雄的同时，摘除畸形花和弱花，以提高坐果率。如果用雄性不育系制种，则不需要去雄。

4. 采集父本花粉

在父本株上采集，宜选用盛开的花朵，花药呈金黄色，花瓣展开呈180°。一般在晴天上午10时以后或阴天中午花粉量最多，生命力较强。采集花粉的方法有两种：一是手工采集，即把父本株上的花采下放在阴凉处摊开晾干，用镊子夹住花梗，竹筷敲打镊子，使花粉振落在容器内，然后把它放入干燥器内备用。另一种是机械采集，即用花粉采集器在父本株上直接采集花粉，被采集花粉的花朵能结果。当天采集的花粉当天使用其授粉结籽率高，在冷藏条件下，花粉可保存 $3\sim5$ d。

杂交制种过程中为了保证亲本材料不会同时丢失，可以将亲本材料分开种植，制种基地只种植母本，异地种植父本并用快递每天或隔天邮寄花粉。当天上午采集父本花朵，集中剥离花药，再在 $26\sim28$℃温度下烘干 $6\sim8$ h，将烘干的花药用筛网筛出花粉，装入密闭的离心管中，再将离心管装于带有干燥剂的自封袋中，置于冰箱冷藏室短时保存。邮寄时将装有花粉的自封袋装于带有冰袋的保温盒中，到达后花粉放于冰箱冷藏室，随用随取。花粉收集及寄送过程中花粉活力会部分丧失，但由于授粉时有过量的花粉粒被授到柱头上，所以不影响最终结籽数。

5. 授粉

授粉时母本的花龄对子房的受精能力有一定影响。当天开放的花授粉后，坐果率、单果种子产量和种子千粒重最高；其次是开花前1 d和开花后1 d；花后3 d最低。授粉后，在花梗上挂纸牌和扎棉线做标记，或者摘去3个萼片做标记。番茄每株母本一般授粉 $3\sim5$ 穗花；茄子授粉 $5\sim6$ 朵花，小果型可授粉 $8\sim10$ 朵花；辣椒的早熟多花型品种每株授粉 $30\sim40$ 朵花，大果型的少花品种一般每株授粉 $7\sim8$ 朵花。

6. 检查

杂交工作结束后要经常检查母本田中的植株，随时摘除已自交或非目的性杂交所结的果实。对番茄无限生长类型的品种，要及时打顶，使养分集中，促进果实中种子发育。及时拔除父本行，以防收果时造成机械混杂。

7. 种果收获和种子提取

种果收获和种子提取与常规品种相同。

第四节　葫芦科蔬菜种子生产技术

一、葫芦科蔬菜的生物学特性

葫芦科蔬菜在世界各地广泛种植，也是我国重要果菜之一，其商品器官为幼嫩或成熟的果实。其中黄瓜为果菜兼用的大众食品，西瓜、甜瓜为重要的夏秋水果，南瓜为粮菜兼用的经济作物，西葫芦、冬瓜为重要菜种。其他瓜类作物品种繁多，风味各异，均为膳食佳品，通过各种栽培形式能够周年生产，均衡供应。

（一）起源与种类

葫芦科（Cucurbitaceae）蔬菜起源于亚洲、非洲、南美洲的热带或亚热带地区，主要包括黄瓜属（Cucumis）、西瓜属（Citrullus）、南瓜属（Cucurbita）、冬瓜属（Benincasa）、丝瓜属（Luffa）、苦瓜属（Momordica）、葫芦属（Lagenaria）、佛手瓜（Sechium）等属的作物，在长期自然和人工选择的作用下，又逐渐形成许多变种、生态型和品种。如黄瓜（Cucumis sativus L.）分为南亚型、华南型、华北型、欧美露地型、北欧温室型、小型黄瓜等类型；南瓜〔Cucurbita moschata（Duch. exLam.）Duch. expoiree〕有中国南瓜、印度南瓜和美洲南瓜；西瓜（Citrullus lanatus）分为旱瓜生态型（华北生态型）、水瓜生态型（华南生态型）、耐空气干燥生态型（西北生态型）等。

（二）开花授粉习性与种子形成

葫芦科蔬菜花单生，有雌花、雄花和两性花3种类型，除甜瓜以两性花结果外，其他瓜类均以雌花结果。植株的花性类型分化除受遗传因素控制外，还决定于生理机制的状况，而这种状况与外界条件有密切的关系。低夜温、短日照、强光照、高湿度，可增加雌花数目和降低雌花节位，补充 CO_2、硫脲处理种子、苗期喷施乙烯也可促进雌花的形成。

葫芦科蔬菜为雌雄同株异花的异花授粉作物，主蔓一般先出雄花，雌花出现的早晚依品种及外界条件而定。一般小果型作物雌花出现节位比较低，大果型作物雌花出现节位比较高，雄花和雌花的比例随分枝级数的升高而降低。如黄瓜早、中熟品种，主蔓3~4节、侧蔓1~2节开始发生雌花，晚熟品种雌花发育较迟；而中国南瓜一般于主蔓7~15节着生第一雌花，以后每隔3~5节生一雌花，侧蔓多在第4~5节着生第一雌花，以后每隔3~4节生一雌花。葫芦科蔬菜主、侧蔓均可结瓜，但甜瓜、瓠瓜以侧蔓结瓜为主。

雌花单生或簇生，在花被筒内有3个退化的雄蕊原基，有明显的环状蜜腺。雌花花柱短，柱头为肉质瓣状三裂，子房长，下位，3~5个心室，有数列胚珠，胚珠数达100~500个。雌花单花开放期1~2 d，中午不闭合。其受精力以开花后3~4 h最高，以后逐渐降低。开花前后2 d虽能受精结实，但种子量少。

雄花一般3~5个集生于叶腋间，3个雄蕊由5个花药组成，2个合生，1个单生，花药呈"S"状密集排列。大多数瓜类的花瓣为黄色，瓠瓜、冬瓜的花瓣为白色（图7-4）。

在雄蕊的正中央，可以看到停止发育的雌蕊原基。气温在10℃以上时花药开裂，花粉密布于花药整个表面，但花粉粒不散开，主要靠昆虫传粉。花粉粒呈淡黄色而带圆的三角形，有3个发芽孔，发芽的最适温度为20～25℃。花粉生活力以开花当天最强，花前及花后1 d即显著降低。在同一天中，花粉生活力的强弱与不同品种、花龄大小有密切关系。早熟品种花粉以花刚开放时生活力最强，中、晚熟品种则以开花后2～3 h最强。

图7-4 黄瓜雌花、雄花（A）和雌花柱头（B）

在适宜条件下，花通常于上午5～6时开放，中午花冠开始闭合，傍晚雄花花冠开始萎缩，雌花可维持稍长一段时间；但有棱丝瓜的花为下午3～5点开放。雌花开放后柱头分泌大量橘红色黏液时为最佳的授粉时间，此时授粉坐果率高。传粉昆虫主要是蜜蜂、马蜂、蝇、蝶等。在自然状况下，如果是晴天，传粉昆虫活跃，在很短时间内，雄花的花粉即大量被传粉昆虫带走。因此，开花后2～3 h雄花的花粉粒几乎完全消失，授粉很快完成；但是在阴天或低温天气，由于昆虫不活跃，往往授粉不良。因此在进行自然授粉采种时，必须注意传粉昆虫的数量。不同制种田之间要进行严格隔离，以防自然杂交，隔离距离在1 000 m以上。

葫芦科蔬菜果实性状、大小、色泽及花纹以及由坐果到成熟的时间、果实内种子的粒数等因种类和品种不同而有很大的变化。黄瓜在开花后40 d左右成熟，南瓜花谢后60～90 d果实老熟。甜瓜因品种不同差异较大，薄皮甜瓜30～40 d即可成熟，厚皮甜瓜则需要90 d才能成熟。

二、葫芦科蔬菜常规品种种子生产技术

（一）原种生产

葫芦科蔬菜是虫媒异花授粉作物，品种间极易自然杂交，从而引起品种的品质、产量、抗性等重要经济性状劣变，造成退化，而大田用种是由原种繁殖而来。因此，原种生产是良种繁育的关键。目前，生产上原种生产主要采用三圃制，即设株行圃、株系圃和原种圃，进行单株选择、分系比较和混合繁殖（陈世儒，1993）。

1. 单株选择

单株选择应在原种田或纯度较高的种子田中进行。选择时侧重以下两个方面：一是植株选择，注意开花结果习性，第一雌花着生节位及植株分枝习性；二是果实选择，注意果实形状、大小、色泽及特征。

在植株的整个生育期中，单株选择应分4次进行。第一次选择在留瓜节位雌花开放前进行，主要根据叶片形态、第一雌花节位、雌花间隔节数、花的特征以及植株的抗逆性，

选择符合原品种典型性状的单株做好标记，并在留瓜节位的雌花开放前 1 d，分别将该节位的雌花及同日开放的雄花套袋（或夹花冠），次日上午进行人工授粉自交。第二次选择在种瓜商品成熟期进行，主要根据果实的大小、形态、皮色、花纹以及果实的生长天数、植株抗逆性等性状，选择符合原品种特征特性、已进行人工授粉的单果，并做标记。第三次在种瓜成熟期，根据种瓜的色泽、网纹、瓜型及抗病性等符合原品种特性特征的种果，分别编号、采种和保存。第四次选择在拉秧期进行，对决选已采得种果的植株进行最后一次单株生产力、抗病性、抗热（寒）性鉴定。

2. 株行比较

每个中选单瓜种一行，成为一个株行，每株行种植 30 株以上，种植于株行圃。株行间比排列，不设重复，每隔 5~10 行设一行同品种的原种做对照。

株行选择的时间、标准和方法与单株选择相同，第一次中选株行中的每个单株都需对留瓜节位的雌花及同株同日开放的雄花，在开放前 1 d 分别套袋（或夹花），次日上午进行人工授粉。凡杂交率大于 5% 的株行或其他特征特性与原品种不同的株行应予淘汰。中选株行去杂去劣后混合收获，混合采种。

3. 株系比较

入选株行分别种植在株系圃内进行比较，每个株系种植一个小区，每个小区种植 100 株左右，用原有的原种种子做对照，间比排列，不设重复。株系选择的时间、标准和方法与单株选择相同，第一次中选株系中的各单株也应对留种节位的雌花进行人工授粉，在各次选择中，进一步淘汰不良株系，同时每个株系要取一行统计产量，产量超过对照 50% 以上的为决选株系，将最后入选的株系混合采种，进入原种圃。

4. 原种繁殖与比较试验

将入选株系的种子混合种植于原种圃。原种圃应与其他品种进行空间隔离或机械隔离，空间隔离的距离应在 1 500 m 以上。原种繁殖阶段，在田间仍要继续依据本品种的主要性状去杂去劣，最后混合收种。此外，为鉴定原种的增产效果和其他经济性状，还需要进行原种比较试验。供试种子为新产出的原种，对照用同一品种原来的原种。

（二）大田用种生产

1. 采种方法

葫芦科蔬菜在不同季节、不同条件下栽培，应采用不同的品种。目前，在生产上使用的品种有适用春栽、秋栽和保护地栽培等类型。适用不同栽培条件的品种，为保持其原有种性，其原种的繁殖应在相应的条件下进行。在几种采种方法中，保护地采种成本最高。因此，任何作物、品种，其大田用种皆可采用露地采种法繁殖。

（1）春露地采种法　即于早春阳畦、温床或温室育苗、断霜后定植于露地的采种方法。其播种期掌握在定植前 30~35 d。播种过早，种株前期雌花开放时，会因气温偏低授粉不良而影响种子产量；播种过晚，种株后期往往发病较重。制种田宜选择富含有机质、同期通气良好的地块，并于定植后注意中耕，以有利于提高地温，促进种株发根和生长发育。雌花节位过低的品种，要及时摘除第一雌花，以利于种株生长。为提高制种量，可采用人工辅助授粉。此外，为了有足够的时间倒茬，在种瓜接近生理成熟之前，应控制浇水，及时采收种瓜。

（2）夏秋露地采种法　此法一般直播，但为保证苗齐苗壮，仍需要浸种催芽。制种田要选择地势高，土壤不易板结、排水方便的地块。夏秋季节植株苗期较短，又值高温多雨期，因此播种期要严格掌握，可根据当地历年气候资料和当年的气温情况，以及初霜期等具体条件推算。采用长形穴播，及时淘汰弱苗，同时注意前期病虫害防治。

（3）保护地采种方法　即利用温室和塑料大棚进行制种的方法。由于此法需要保护设备，成本较高，一般用于原种的繁殖。黄瓜在保护条件下制种需要进行人工授粉，并注意温湿度的控制。

2. 栽培技术

葫芦科作物属一年生果菜类蔬菜的种用栽培与菜用栽培的技术要求基本相同，但种子生产要达到高产稳产，尚需注意以下几点：

（1）适期播种　将开花授粉和果实发育安排在最适宜的自然条件下。如长春密刺黄瓜从播种到雌花开放约 60 d，从开花到果实成熟 30~40 d，播种适期为种瓜成熟前 90~100 d。

（2）轮作、施肥　为防病虫害，要避免连作，并要施足基肥。除有机肥外，同时施入磷酸二铵等化肥。

（3）选用壮苗　定植时，要注意选用优苗、壮苗，淘汰弱苗、杂苗。

（4）适当密植　早熟品种及地力较差时，黄瓜的定植密度为 6.75 万~7.5 万株/hm²，晚熟品种及地力好的制种田，定植密度为 6.75 万株/hm²。大果型的冬瓜、南瓜、厚皮甜瓜种植密度为 1.8 万~3.75 万株/hm²。

（5）植株调整　主要是摘心、去侧蔓、控制茎叶生长，促进果实发育。

（6）及时垫草　种瓜触地容易腐烂，需在种瓜下垫草。

（7）种瓜采收与种子清选　种瓜应达到生理成熟时采收。收获前，应进行一次最后的选择淘汰，将病瓜及种瓜表面不具本品种特征特性的瓜淘汰。充分成熟、果实已变软的种瓜，可随即剖瓜取籽；尚未充分成熟或虽已成熟但果实仍较硬的种瓜，可放置在通风、干燥、较凉爽处后熟一定天数，待瓜色完全变黄、手捏稍软时再取种。为保证必要的后熟天数，防止种瓜腐烂，可将种瓜放进 1% 的甲醛溶液中浸泡进行表面消毒后，再进行后熟处理。

葫芦科作物种子取出时，种皮上附有一层胶质黏膜，不易与种子分离。除去黏膜的方法有 3 种：

① 发酵法　将种瓜纵刨，将种子连同瓜瓤汁液一同挖出，放在非金属容器内使之发酵。发酵时间因温度而异，15~20℃需 3~6 d，25~30℃需 1~2 d。发酵过程中每天要用木棍搅拌几次，待种子与黏质物分离下沉，停止发酵，立即清洗。

② 化学处理法　在 1 000 mL 果浆中加入 35% 的盐酸 5 mL，30 min 后用水冲洗干净。或加入 25% 的氨水，搅拌 15~20 min 后加水，种子即分离下沉，此时再加入少量盐酸使种子恢复原有色泽，然后取出，用水冲洗干净。

③ 机械法　用脱粒机将果实压碎后，再经挤压使种子与果肉及黏质物分离。此法省时、省工，但处理的种子质量不如前两种方法。

种子经上述方法脱粒后，要用清水冲洗干净，及时进行干燥处理，当种子含水量下降到 10% 以下时，即可进库贮存。

三、葫芦科蔬菜杂交种种子生产技术

葫芦科蔬菜杂种优势较强，近年来一代杂种在生产上已得到广泛应用。目前，葫芦科蔬菜一代杂种的制种方法有 3 种，即人工杂交制种、化学药剂去雄杂交制种和利用雌性系配制一代杂种。

（一）亲本的保持与繁殖

亲本的保持与繁殖参考本章第二节茄科蔬菜杂交种种子生产技术中的"亲本的保持与繁殖"。

（二）杂交种子生产

1. 人工杂交制种法

此法适用于保护地栽培的品种、用种量少的品种、多品种杂交制种以及隔离条件差时制种。人工杂交制种又分为两种方法：一种是人工将母本株上的雄花于开花前摘除干净，利用昆虫自然授粉；另一种是不去雄，仅在开花前一天，将花冠已变黄的花蕾（母本的雌花、父本的雄花）用线或细铁丝或薄铝片卡住花冠，也可以制作纸筒套住花冠，次日进行人工授粉。一般情况下多采用后一种方法。

为保证种子产量，人工杂交制种要使父母本花期相遇，必须根据双亲开花期分别播种，开花晚的提早播种，开花早的延后播种。父母本的播种比例一般为 1 :（3 ~ 6）。

授粉当日早晨摘取父本雄花直接用于授粉，或于前一天傍晚摘取已现黄的父本雄花花蕾，放在塑料袋或纸袋内密封贮存，温度以 18 ~ 20℃为宜，次日使用。授粉于雌花开放的当日上午 6 ~ 10 时进行，选择发育正常的花粉，将带有花柄的雄花（摘取花冠或将花冠翻卷）直接将花药在雌花的柱头上摩擦授粉，也可将已采集的雄花花药取下，置于玻璃器皿中，用授粉器搅拌使花粉散出。用混合花粉授粉，花粉要涂抹均匀、充足。授粉后的雌花要重新扎好，并做标记。若杂交组合较多，更换组合时，其用具和手要用乙醇涂抹消毒，以免引起非目的性杂交。一株可授 2 ~ 4 朵，最后选留 2 ~ 4 个种瓜。

2. 化学去雄自然杂交制种法

化学去雄是利用某些化学药物抑制和杀死母本上的雄花，以减少人工摘除雄花的工作量，提高工作效率，降低制种成本。目前应用的化学去雄药剂为二氯乙基磷酸（乙烯利）。制种方法：当母本苗的第 1 片真叶达 2.5 ~ 3.0 cm 大小时，喷浓度为 0.025% 的乙烯利；3 ~ 4 片真叶时喷第 2 次乙烯利（0.015%）；再过 4 ~ 5 d 喷第 3 次乙烯利（0.01%）。母本植株经处理后，2 节以下发生的基本上是雌花，任其与父本系自然授粉杂交，当种瓜成熟后采收的种子即为杂交种。

为了提高杂交率和种子质量，化学去雄自然杂交法制种需注意以下几项工作：

（1）隔离和父母本的配比　制种田周围 1 000 m 范围内不得种植同一种作物的其他品种，父母本行比为 1 :（2 ~ 5）。

（2）合理确定父母本花期　为使双亲花期相遇，应使父本雄花先于母本雌花开放。

（3）实行人工辅助去雄和辅助授粉　花期可进行人工辅助去雄、授粉。授粉适期如遇连日阴雨，昆虫活动少，可进行人工辅助授粉；进入现蕾阶段以后经常检查母本植株上出现的少量雄花。

化学去雄制种，每年需设两个隔离区，即一个母本品种（系）繁殖区、一个制种区，同时繁殖父本品种（系），即在制种时由父本行中挑选符合要求的植株扎花人工授粉繁种，或自然授粉选留植株。

3. 雌性系杂交制种法

此法主要用于黄瓜 F_1 杂种种子生产。在黄瓜栽培中，有些植株开的花全部或绝大多数都是雌花，或无雄花或只有极少数雄花，通过选育可获得具有这种稳定遗传的母本系，成为雌性系。利用雌性系配制一代杂种，父母本的行比为1:（2~3），使之自然授粉，种瓜成熟后，从母本行中收获的种子即为杂种。

雌性系亲本种子的繁殖：一般是用人工诱导产生雄花，以保持雌性。方法是化学方法诱雄。利用硝酸银诱雄的方法：在雌性系群体中有1/3植株长出4~5片叶，能辨清株型时，将出现雄花的植株拔除。对纯雌株喷0.02%~0.04%的硝酸银药液，隔5d再喷1次，喷药后，植株中部会出现雄花，任其自然授粉。用赤霉素诱雄的方法：在苗期2~4片真叶时，用0.1%~0.2%的赤霉素溶液喷洒生长点和叶面1~2次，每次间隔5d。定植时，1行喷，3行不喷。为保证花期相遇，喷赤霉素的植株，需提前播种1~2周。父本系的繁殖方法与一般品种的繁殖方法基本相同，需在隔离条件下进行。

由于实践中很难选出纯雌率达100%的雌性系，因此在开花前，应认真检查和拔除雌性系行有雄花的植株，或者每天检查摘除母本行植株上的雄花蕾，以免产生假杂种。

第五节　豆科蔬菜种子生产技术

一、豆科蔬菜的生物学特性

豆类蔬菜种类较多，有菜豆、豇豆、扁豆、豌豆、蚕豆、毛豆、刀豆和四棱豆等，其中菜豆、豇豆、豌豆在我国的栽培面积较大。豆类蔬菜以嫩豆荚和鲜豆粒作菜用，豌豆还可以食叶及用于生产芽苗菜。

（一）起源与类型

豆类蔬菜的起源可以分为如下两类。

第一类：豆类蔬菜除豌豆和蚕豆外皆原产热带，为喜温性作物，不耐低温和霜冻，多数对日照长短要求不严格。菜豆（*Phaseolus vulgaris* L.）原产中南美洲，豇豆（*Vigna unguiculata* Walp.）原产非洲热带地区，扁豆（*Lablab purpureus* Sweet）原产印度和爪哇，刀豆（*Canavalia gladiata* DC.）原产印度（蔓生）和南美洲（矮生）。

第二类：豌豆和蚕豆原产温带，属半耐寒性蔬菜，能耐一定低温，但忌高温、干燥，要求长日照条件。豌豆（*Pisum sativum* L.）起源于地中海和中亚细亚，蚕豆（*Vicia faba* L.）一般认为起源于亚洲西南和非洲北部。

大部分豆类蔬菜按它们茎的生长习性可分无限生长型（蔓生种）和有限生长型（矮生种）两类株型，少数豆类还有半蔓性株型。菜豆、豌豆依荚的结构还可分成硬荚和软荚两种，软荚豌豆又进一步分为荷兰豆和甜脆豌豆。菜豆、豌豆、蚕豆还可以作粮用。

（二）生长发育特性与种子形成

1. 生长发育对环境条件的要求

菜豆、豇豆为喜温性蔬菜，不耐霜冻。菜豆可在10~25℃下生长，结荚适温20~25℃，高于28℃开始落花落荚，35℃以上落花率达99%。遇高温时，豆荚变短，每荚的种子数与千粒重都降低。当昼温18℃、夜温13℃时，开花与种子成熟延迟；昼温13℃、夜温8℃时几乎不能生长，矮生菜豆耐低温能力比蔓生品种稍强。豇豆要求整个温度范围比菜豆高，比菜豆耐热，可越夏栽培，结荚适温为25~30℃，甚至高于35℃也能结荚；高于35℃则开始落花落荚，但不像菜豆严重。

豌豆和蚕豆为半耐寒蔬菜，可耐一定低温，但不耐严寒，蚕豆比豌豆耐低温性差；一般在开花结荚前要求一段较低的温度才有利于花芽分化。豌豆发芽的起始温度1~3℃，蚕豆的稍高为3~6℃，茎叶生长的适宜温度为9~23℃，结荚温度10~20℃，最适温度为15℃，高于20℃开始落花落荚，低于8℃开花结荚停止，或形成无效花。在华南地区，豌豆（荷兰豆）越冬栽培面积较大，如果冬天持续暖和，豆荚会提早成熟，但纤维较多，品质变差。

菜豆和豇豆属短日照植物，我国栽培的很多品种对日照长度要求不严，在春、秋栽培也能很好地开花结荚，所以也称为"四季豆"。豇豆在长期人工选择下形成了两大类：一类对短日照要求严格；另一类对光周期不敏感，具有中光性，目前生产上种植较多，不仅春、秋能种植，而且南方、北方均可栽培。但豇豆对日照的响应依然存在，生产中会出现第一花序节位忽高忽低的现象。

豌豆和蚕豆为长日照植物，延长光照时间能提早开花，反之则延迟开花。豌豆在短日照条件下，分枝较多、节间缩短，托叶变形。北方品种对日照反应敏感，晚熟品种比早熟品种敏感。

菜豆和豇豆在生长初期不宜过湿，以免徒长。开花结荚期如果空气相对湿度低、土壤水分少或者空气相对湿度高、土壤水分多，都会引起落花落荚。

豆类对土壤的要求不高，各种土壤都能生长，要求土壤疏松、通气性好。豆类根部有根瘤菌，对土壤的酸碱度要求严格，pH 6.2~7.0为好。豇豆的根瘤菌不如其他豆科植物，但根系发达，叶小有蜡质，耐干旱，能在瘠薄的土壤上生长。

2. 开花授粉与结荚习性

豆类蔬菜的花为典型的蝶形花，花冠由1枚旗瓣、2枚翼瓣和2枚龙骨瓣共5枚花瓣组成，二体雄蕊，雄蕊10个，9合1单，雌蕊1个，雌蕊柱头有毛。雌雄蕊包被在龙骨瓣中，一般在开花前就已自花授粉。但不同种类龙骨瓣包紧的程度不同，菜豆龙骨瓣很紧，所以自然杂交率低，为0.2%~10%，而蚕豆、红花菜豆等龙骨瓣较松，自然杂交率可以高达20%~40%，采种时需要注意隔离。

（1）开花习性　菜豆通过春化阶段所要求的温度范围很广，一般在15~25℃条件下，经过7~15 d即可通过，所以从播种到开花的时间很短。矮生种35~40 d，蔓生种45~55 d。矮生种比蔓生种需较少的积温就可以到达开花期，一般为700~800℃，蔓生种为860~1 150℃。

菜豆为总状花序，每花序有花数朵至十余朵，花冠有白、黄、紫及玫瑰色等（图7-5）。花序的着生部位，因种类与品种而异。矮生种多着生在主枝4~8节的叶腋处和顶芽，每株的花序少，花期短。蔓生种的花数为腋生，随着茎蔓生长，花序陆续发生，所以花序很多，花期长。矮生种的总花数比蔓生种少。按主枝与侧枝的开花数计，矮生种在侧枝的花占80%~100%；蔓生种则不同，主枝与侧枝总数大体相同，以侧枝稍多。蔓生种与矮生种的开花顺序也不相同，蔓生种的主枝从下向上陆续开花，侧枝也基本如此；矮生种的开花顺序相当不规则，主枝和侧枝一般是从下部节位向上开放，但有时从上部侧枝先开始开花，然后最下部位的侧枝再向上开放。菜豆花从凌晨2~3时开始开放，到上午10时左右结束，以早晨5~7时开花数最多。

豇豆为腋生的总状花序，每一花序着生1~3对花，花冠淡紫色或黄绿色。第一花序

图 7-5　菜豆花器官解剖图

在主蔓上抽生的节位为 4~7 节，以后每节皆可出现花序，直至植株的顶部。其主蔓第一花序以上各节，多为混合节位，既有花芽又有叶芽。所以豇豆一个叶腋可长出一个花序和 1~3 个侧蔓。侧蔓各节也形成花芽，但受植株营养条件所限，一般情况下，花序数明显少于节数。通常单株有花序 30 个左右，多者 50 个以上。相邻两对花间隔 5~10 d 开花，整个花序开放完毕需 25~30 d。上午 8 时左右开花。

豌豆花为白色或紫红色，短总状花序，每一花序着生花 1~3 朵，以 2 朵为多，偶有 4~6 朵。早熟品种主茎 5~6 节出现花序，晚熟品种在 10~16 节上着生花序，春播豌豆着花节位比夏播豌豆低。主枝和枝条下部的花比侧枝和枝条上部的花早开。同一花序上 2 朵花中的基部一朵花能正常结荚，先端一朵则常因营养不足而发育中止，最终脱落，有些品种或生长良好的植株可结双荚。开花期 20~30 d，因品种和栽培季节不同而异。

蚕豆多为紫白色或全白，翼瓣中央有一个黑色大斑点。短总状花序，每一花序上生花 2~6 朵，少数植株生花 1~2 朵或 6~7 朵。花序上各花朵的小花柄很短，故数朵花常呈簇生状。8 时左右开花，17~18 时闭合。单朵花开放 1~2 d，全株花期 2~3 周。开花后胚珠的平均受精率仅为 33% 左右，落花率高。

（2）授粉习性　雌花在花前 3 d 已有受精能力，因而当花开放前、花粉散粉后即可完成自花授粉。但在开花后柱头仍有受精能力，且当蜂类昆虫落在花上产生压力时，雌雄蕊会自动伸出龙骨瓣外。另外，在自然状况下，开花的当日早晨约有 8% 的花朵雌雄蕊露出龙骨瓣外，这些都有可能接收外来花粉，虽然菜豆为严格的自花授粉作物，但仍有 0.2%~10% 的异交率，其原因就在于此。

（3）结荚习性　菜豆的结荚与着生花数的情况相同，蔓生种的结荚分别在主枝和侧枝上，且营养占优势、花芽分化早的 12~15 节具有的有效花数多，基本上都能结荚。从主枝下部位抽出而长势良好的侧枝也有同样倾向。矮生种的结荚没有规律性，至于每个花序的结荚数为 2~5 荚，因品种不同而有差别，这主要与品种间花粉的黏性有关。黏性强的品种比弱的品种每花序的结荚数多。豆荚可分为正常种子的荚、种子发育不完全的荚两类。种子发育不完全荚的数目很少，且多是后半期开的花；没有种子的荚也有同样情况，特别在侧枝先端为多。

菜豆的结荚率只有 20%~30%，多的不超过 50%，可见菜豆的落花落荚现象比较严重；同时也表明，通过一定的保花保荚措施可以大大提高菜豆种子的产量。

豇豆留种植株一个花序一般只有一对花结荚并成熟，70% 左右的花序能结荚。蚕豆单株现蕾数可达百朵以上，但成荚率很低，仅为现蕾数的 10% 左右。

二、豆科蔬菜常规品种种子生产技术

由于豆类蔬菜为闭花授粉，花器结构复杂，剥开花冠授粉困难，授粉一朵花所结种子数较少，而用种量较大，因此生产上不用杂交种，都用常规种。豆类常规种子的生产技术类似，以下主要以菜豆为例介绍，其他豆类可参考。

1. 原种生产

原种生产采用育种家种子或原原种繁殖。无育种家种子和原原种时，可用单株选择（"两圃法"或"三圃法"）或混合选择进行提纯复壮生产原种。

（1）繁种时期　北方豇豆、菜豆最好采用春播制种，在保证幼苗不受冻害的情况下尽量早播，播种时间越早，生育期越长，产量也越高；必要时可秋播制种，秋播留种种子虽然均匀度、色泽、产量不及春播好，但生长季节短，种子质量反而好。品种的熟性对播种期也有影响，早熟豌豆品种生育期短、成熟快，适播期较宽，春季适当晚播可获得较高产量；晚熟品种生育期长、成熟慢，适播期较窄，早播可获得较高产量，过期播种产量下降。南方由于春、夏雨水多，高温高湿，易引起落花、烂荚，出现种子发芽、发霉的现象，严重影响种子的质量和产量。另外，春繁种子保存越夏活力容易下降，而采用秋繁则可以避免此种影响。

（2）隔离　菜豆属于自花授粉作物，天然杂交率为 0.2%～10%，品种间差异较大，且在气温较高时天然杂交率相应增加。因此原种繁殖时，不同菜豆品种之间应有 200 m 的隔离距离。蚕豆异交率较高，为 20%～30%，隔离距离要在 500 m 以上。

（3）选择方法　由于人们认为菜豆是自花授粉作物，在繁殖过程中常忽视选择工作，易造成生产用种种性的严重退化，因此菜豆品种的选择保纯工作必须加强。对菜豆进行1～2 次单株选择或混合选择，对于提高品种的一致性能起到明显的作用。蚕豆一定要年年选种留种，提纯复壮，3 年不选即失去种用价值。

① 单株选择　在采种田选择符合品种典型性的优良单株，初选时单株可以多一些，通过复选、决选，最终入选单株不得少于 50 株。第二年将单株收获的种子分别播种成株行，每个株行不少于 50 株，进行观察和比较鉴定，淘汰不符合本品种特性的株行，同时在入选株行中淘汰病株、畸形株和发育不良的植株后混合留种（若株系纯度不高，生长不整齐，可继续在入选株行中选择优良单株留种），其中大部分用于第二年扩大繁殖大田用种，少部分种子于第二年单播进一步比较、鉴定，选出最好的株系作为原种。实际工作中每年都要进行原种选择与繁殖，扩大繁殖大田用种。这样既能保持品种的优良特性，又能扩大良种数量用于生产。

② 混合选择　在采种田中选出若干符合要求的单株，混合脱粒留种，第二年经鉴定，符合要求的即可繁殖作为原种。如第一次选种不够理想，则应再进行一次混合留种。

（4）选择标准与时期　原种的繁殖，除了在播种前对种子进行选择外，在留种植株的整个生长发育过程中应分 4 个时期选择。

① 在定植前进行一次苗期的去杂去劣　观察下胚轴颜色，初生叶的形状、颜色等，淘汰不符合本品种特征特性的杂苗或病弱苗。

② 在花期进行选择　选择生长习性、花序出现节位、花朵数、花的颜色、分枝习性、叶型、叶色、叶数都符合品种特征的植株留种。

③ 在嫩荚达到商品成熟时进行选择　要特别注意选择大小一致，植株上下果荚、果

型、色泽、表观形态都符合本品种特征的果荚留种。

④ 在脱粒后进行选择　根据种子的大小、形态和色泽进行选择。

2. 大田用种生产

（1）制种田的选择　制种田应选择土质肥沃、疏松、土层深厚的土壤，避免连作。土壤过于黏重或地下水位高，都不适于菜豆制种。菜豆不同品种的制种田隔离 50 m 以上；蚕豆则需隔离 400 m 以上。

（2）整地与播种　制种田与菜用栽培田的整地要求基本一致。将制种田整平以后施足底肥，有机肥 37 500 kg/hm² 以上，加上 300～450 kg/hm² 的过磷酸钙和适量的 N 肥，混合后铺施。

豆类一般直播，但用育苗钵效果更好，可以抑制营养生长，有利于生殖生长。矮生菜豆的株行距为（17～20）cm×（33～40）cm，蔓生菜豆的株行距为（17～20）cm×（17～20）cm，每穴播种 4～5 粒，播后要封土压盖。适当密植可以增加种子单位面积产量，蔓生菜豆播种密度可达 20 万株/hm²。

播种前需进行粒选，选用大小、形态和色泽符合品种特征的种子，去掉杂粒、砂粒、带病虫和发过芽的种子，然后用 1% 甲醛溶液浸种 20 min，以防治炭疽病；浸种后用清水冲洗干净并晒干后播种，播种量为 75～150 kg/hm²。豆类宜干籽播种，不宜浸种催芽，因其种皮较薄，浸种太久易造成种子内含物流失；豆类的种子成分主要是蛋白质，会因吸水过猛而导致子叶或胚断裂。

（3）田间管理　制种田播种后的田间管理与菜用田基本一致。出苗前一般不浇水，当幼苗长出 2～3 片真叶时，如土壤干燥，可少量浇水，此时地温低，浇水后应及时中耕，并在以后可连续中耕 2～3 次，以利提高地温、保墒和促进根系发育。花期一般不浇水，要防止枝叶生长过旺，控制浇水 15 d 左右，当植株基部已经坐果、幼荚长 3～4 cm 时，可开始浇水；初期 1 周左右浇 1 次，以后逐渐加大浇水量（视降水情况合理浇水），使土壤水分稳定在田间最大持水量的 60%～70%。到了结荚后期应适当控制浇水，促进子粒成熟。开花结荚期应进行 2～3 次追肥，每次用尿素 75～120 kg/hm²、过磷酸钙 225～300 kg/hm²。

（4）种子采收和脱粒　种子采收前要拔除病株和弱株，蔓生菜豆选择第 2～5 花序上的果荚留种，矮生菜豆选中部荚留种，摘除其他嫩荚使植株的养分集中。蔓生种分期分批采收；矮生种当种荚由绿变黄，全株有一半以上果荚干燥、弯曲果荚不易折断时，将留种的果荚全部摘下，后熟 1 周即可脱粒。开花后 25 d 的种子，收获后立即播种的发芽率仅55.6%；后熟 5 d 播种，发芽率即可增加到 97.7%。由此可见，后熟可显著提高种子的发芽力。蚕豆因异交率高，要选择各分枝基部 1～2 个花序上的荚留种，因早期开花时气温尚低，昆虫活动少，异交混杂的概率低。

果荚全部干燥后可在干净、平整的场院脱粒，切不可轧压，以免损伤种子。脱粒后的种子经风选过筛后，再晾晒 2～3 d（切忌直接在水泥地上暴晒），待种子含水量下降至12% 左右时即可收藏。

（5）防治豆象　豆类种子易受豆象危害，留种田可在开花前、开花结荚期喷杀虫剂，防止豆象产卵于种荚内，或种子收获后入库前进行熏蒸杀虫。少量种子可在种子晒干后乘热入缸密封贮藏，或在缸内滴入数滴敌敌畏和放置数粒樟瑙丸再密封贮藏；北方亦可不脱粒，将豆荚挂于室内通风干燥处，至翌年播种前取出后脱粒，种子生活力一般为1～2 年。

第六节 其他蔬菜种子生产技术

一、洋葱种子生产技术

（一）起源与类型

洋葱（*Allium cepa* L.）原产于亚洲西部高原地带，为百合科葱属二年生蔬菜作物。洋葱品种根据鳞茎形成阶段对日照条件的要求，分为长日型和短日型两类；根据鳞茎形态差异分为普通洋葱、分蘖洋葱和顶球洋葱 3 种类型。

（二）开花授粉生物学

洋葱耐寒、喜温、适应性强。它从播种到种子采收，需要 2 年时间，经过 3 个年头。在北方地区于 5 月底 6 月初开始开花，7 月底种子成熟。要求鳞茎直径在 0.8 cm 以上，低温及长日照条件下才能抽薹开花。不同品种通过春化所要求的温度和天数有所不同，有的品种要求 2~5℃，有的品种要求 14~16℃；而经过的时间范围为 40~70 d。

1. 花序及开花顺序

洋葱的球状伞形花序着生于花茎顶端，花茎高 120~150 cm，坚实、中空，下部有纺锤状的膨大，其表皮蜡质层厚，将花茎连同花序采下后，不浸泡在水中也可长时间（1 个月左右）开花。因此当作父本用的花序，采下后可长时间取粉。洋葱每个鳞茎可抽生出花茎 1~20 个，一般 5 个左右，单株各花茎的长短及其上所着生的花序大小、开花早晚差异较小。

洋葱花序有革质苞片 2~3 片包被，第一朵花开放前，由于花芽长大的压力而使苞片裂开。洋葱花芽不是有规律地向心或有顺序地向心发展，不同发育阶段的花，在花序上自始至终发生，在花序的各个部位开放。

单花序开花延续期 12~18 d，抽生花序较多的单株开花期需 30 d 左右。洋葱一个花序平均着花 500 朵左右，最多可达 2 000 朵，其盛花期在初花后 3~7 d 开始。盛花期中每天最多开花 100 朵。洋葱盛花期持续时间在 10 d 左右，高峰期只有 3 d 左右，这 3 d 中每天开花朵数皆占开花总数的 1/6 以上，因此花期较集中，盛花后便很快进入终花期。

2. 花的结构和发育

洋葱为不完全的两性花，花有 6 个披针形的白至淡绿色的花被，每一片花被中部有 1 条绿色的纵线，开花时花被星状展开；6 枚雄蕊分内外两轮排列，内轮花丝的基部扩大，外轮锥形，花药黄色或绿色；雌蕊子房上位，3 室，每室有 2 个胚珠，基部生有蜜腺。

洋葱开花时，内轮 3 个雄蕊先伸长，经 4~9 h 花粉散出，继而外轮花药经 14~28 h 开裂散粉，一朵花的花粉在 24~36 h 内散粉完毕，大部分花粉在上午 9 时到下午 5 时之间散出。雌蕊在花药开裂后才迅速发育。

洋葱在良好的晴天，6~12 时开花最盛，但上午、下午皆可开放。

3. 授粉和结实能力

洋葱为雄蕊先熟的异花授粉作物，花粉脱落完毕，柱头才开始有接受花粉的能力。刚开花时，花柱长约 0.1 cm，直到花粉全部散完后才生长到最大长度（约 0.5 cm），其授粉最好的时间是开花后 3~4 d，5 d 以后失去受精能力。雄蕊以开花当日及次日生活力最强，花粉在 100% 相对湿度下，很快丧失发芽力。

洋葱同株异花序间授粉的结实率较同花序间高，分别为 42.9% 和 15.2%。果实为三裂蒴果。充分受精后每个蒴果最多不超过 6 粒种子。种子黑色，三棱形，表面多皱纹，种皮坚硬而不透水。从开花到种子成熟需 70 d 左右。

（三）品种种子生产技术

1. 采种方法

洋葱采种方法根据种株定植时鳞茎的成熟度不同，可分为成株采种法（或称大球采种法）和小株采种法（或称大苗采种法）两种；根据种株定植的时间不同，可分为秋栽采种法和春栽采种法两种；根据从播种到种子收获所经过的时期不同，可分为三年采种法和二年采种法两种。在生产实践中，洋葱的采种方法分为春播三年采种法、秋播三年采种法、春播二年采种法、夏秋播二年采种法和种株连续采种法 5 种。

（1）春播三年采种法　是我国东北北部地区适用的方法。播种期在土壤化冻后，越早越好，种植密度为 75～90 万株 /hm²，至小鳞茎停止生长时收获，风干后分级。选取直径 1.5～2.0 cm 的小鳞茎贮藏，为防止栽后先期抽薹，必须注意贮藏中的温度调节。经贮藏后的小鳞茎，在第二年春天定植，密度为 40～60 万株 /hm²。母球地上部开始倒伏时收获。去杂去劣，风干，贮藏。第三年春栽母球，到 6～8 月可收获种子。从播种到收获种子需 26～28 个月。

（2）秋播三年采种法　是我国大部分地区适用的采种法。第一年 9 月上旬至 10 月下旬播种，幼苗冬贮或露地越冬。第二年夏季收获采种母球，去杂去劣后贮藏。当年 9～11 月定植母球，不能露地越冬的地区贮藏至第三年春定植。从播种到种子收获需 21～23 个月。

（3）春播二年采种法　是春播栽培商品葱头的地区有时采用的一种方法，即在春季播种，当年秋季收获种用葱头贮藏越冬，第二年春定植采种。从播种到种子收获需 16～19 个月。

（4）夏秋播二年采种法　又称不结球采种法或大苗采种法。第一年的播种期根据地区而异，在 7～9 月，使其在越冬时长成大苗，以保证顺利通过春化阶段，第二年全部植株能开花结实。无冻害地区就地越冬，越冬前定植或越冬后定植，亦可直接间苗不重新定植；不能露地越冬的地区，在晚秋时起苗选择，然后贮藏越冬，第二年春天定植。从播种到种子收获需 11～13 个月。

（5）种株连续采种法　又称分生鳞茎采种法。利用采种种株抽薹结籽后在其鳞茎基部形成的几个鳞茎，收获风干贮藏，下一年作为采种母球的过程。从上一次采种到下一次采种之间只相隔一年，占地时间 4～6 个月。利用此法采得的前后两批种子，并不是亲子两代，而只是同一有性世代的两批分期收获的种子。

在上述采种方法中，春、秋播三年采种法因经过多次田间和贮藏期的选择淘汰，能保持原品种种性，但采种周期长，占地时间长，种子生产成本高，因此多用于原种生产。春播二年采种法的优点是：采种周期较短，生产成本较低；缺点是缺少对春季先期抽薹性和对原有优良性状的充分鉴定。夏秋播二年采种法的缺点是完全缺乏对先期抽薹株的淘汰，但采种周期短，生产成本低。因此，二年采种法只能用于繁殖生产用种。

2. 采种技术

（1）种球的培育和选择　培育和选择高质量的种球，是生产优质种子的保证。母球田应选择土壤疏松、肥沃、排灌方便的地块，要施足基肥，适时播种，加强田间管理。播种过早，第二年常易出现先期抽薹；播种过晚，幼苗过小，耐寒能力弱，越冬易受冻害。肥水和种植密度不当，种球发育不良，贮藏性差，影响种子产量。

供采种用的母球，应该在田间先淘汰病株、假茎不倒伏植株，收获后选择球型、球色等符合本品种原有性状且不分球、不裂球、假茎细而坚实、鳞茎盘小的葱头，然后按大小进行分级。选好的种株风干后垛藏或挂藏。为减少病腐损失，应该避免在雨后收获葱头，应经 2~3 个晴天后才能收获。

（2）定植与隔离 洋葱种株的定植期因采种方法不同而有春季定植和秋季定植两种。春季定植一般在 3 月，秋季定植一般在 9 月。定植密度为 6 万~9 万株/hm²。鳞茎大，定植后出芽多的密度小一些；反之，密度要加大。

采种时为防止自然杂交，不同品种制种田之间应隔离 1 000 m 以上。

（3）制种田管理 由于洋葱种株生育期长，对养分的需求量大，因此制种田必须施足基肥，同时要及时追肥。追肥的原则：开花前以速效性 N 肥为主，促使生长健壮；开花后，以追施 N、P、K 速效复合肥为好，以促使子粒饱满。春季当种株开始萌动生长时，应及时浇 1 次返青水；抽薹前控制浇水，开花后保证肥水供应，并要在抽薹前彻底清除杂草，开花后结合防治虫害，每 7~10 d 喷 1 次 0.4% 的磷酸二氢钾溶液，确保灌浆期对 P、K 肥的需要，使子粒饱满。为防种株倒伏，可在田间用竹竿插架，或用绳子与竹竿将种株围起来，以减少损失，提高种子产量。

（4）种子收获 洋葱开花后 70 d 左右种子即可成熟。当种株大多数分枝上的花球种子成熟、果实开裂时，从花茎中部割下种球，经后熟 3 d 左右，及时脱粒清选，种子产量为 450~750 kg/hm²。

（四）杂交种种子生产技术

洋葱是最早在生产上应用一代杂种的蔬菜，其杂种优势显著。由于洋葱花器小，单果种子粒数少，故通常采用雄性不育系配制一代杂种。

洋葱自然群体内的不育株率在品种间存在较大差异（0.1%~24%）。其雄性不育株的形态性状有缺雄蕊或花药皱缩不开裂等。花粉败育程度从完全没有花粉到花粉黏集不发芽都有。田间寻找不育株时，可用手抚摸花序，对无粉花序进行观察，再进一步进行室内镜检。发现不育株后，以它为母本，用几个品种的若干正常可育株为父本，进行测交和连续回交，选育不育系和保持系。

利用不育系制种，每年要设 2 个隔离区：一个是不育系繁殖区，按 2∶1 种植不育系和保持系，从不育系植株上采得的种子主要用于下一代的制种，少量供不育系繁殖。从保持系植株上收获的种子仍为保持系。另一个是制种区，按（4~6）∶1 种植母本（不育系）和父本。从不育株上采收的种子即为一代杂种，从父本上采收的种子仍为父本。

此外，利用除雄制剂可导致洋葱雄性不育。洋葱上利用 0.1% 的马来酰肼（MH）能导致 100% 的雄性不育，而吲哚丁酸和萘乙酸处理虽能诱导花粉不育，但效果不如 MH。

（五）种子传染的主要病害

主要有黑粉病（*Vrocystis cepulae*）、茎线虫病（*Ditylenchus allii*）。以上病害的种子处理及防治方法可参阅《蔬菜病理学》。

二、莴苣种子生产技术

（一）起源与类型

莴苣（*Lactuca sativa* L.）原产地中海沿岸，为菊科莴苣属的一、二年生草本蔬菜作物。按产品器官分为叶用莴苣和茎用莴苣两类，其中叶用莴苣包括散叶莴苣、皱叶莴苣和结球莴苣3个变种，茎用莴苣又称莴笋。根据栽培季节不同，又分为春莴苣和秋莴苣两类。

（二）开花授粉生物学特性

1. 莴苣的阶段发育

莴苣从营养生长转向生殖生长的标志是苗端分化为花芽。关于莴苣花芽分化需要的温度有不同的报道，有报道认为结球莴苣花芽分化不一定需要低温，而是受积温的影响，但不同品种及同一品种的播期不同积温有差异；另有报道认为莴苣和莴笋需要在2~5℃低温下、经过10~20 d通过春化。莴苣在花芽分化后，在长日照条件下很快通过光照阶段，抽薹开花，但对光照的要求没有芹菜、菠菜严格。

2. 花序及开花顺序

莴苣在抽薹后，茎的上部发生分枝，一般从主茎上可以发生4~5级分枝，在每个花枝顶端生一圆锥形的头状花序（花头）。一株可着生花序1 500个左右，主要分布在二、三级分枝上（图7-6）。

莴苣单株开花延续期在1个月左右。初花后1周大量开花，盛花期在10 d以上。单株一天最多开花数可达146个，一次枝1 d最多开花数8个，二次枝可达126个，三次枝可达117个，四次枝89个，五次枝9个，可见二、三次枝是开花结果的重点枝。

观察表明，莴苣各级分枝的始花期不是交错进行，而是相隔3~7 d陆续开放，但由于各级分枝开花延续时间的长短不同，开花后期可出现交错的情况。

 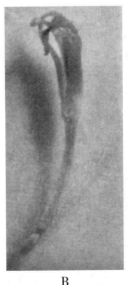

A　　　　　　　B

图7-6　莴苣花

A. 莴苣花序；B. 舌型花

莴苣一至三次枝的开花延续期均在 20 d 左右，至四至五次枝才显著减少，为 14 d 和 6 d。

3. 花器的结构与授粉结实习性

莴苣每一个头状花序有花 12～25 朵，花序外有圆筒状总苞，苞片成数轮，外轮较短，花托扁平。莴苣单花皆为黄白色的舌状完全花，花冠截形有 5 齿，5 枚雄蕊合成筒状。雌蕊 1 个，位于雄蕊筒的中心，子房单室，其蜜腺是子房顶部的一个管状结构，围绕着花柱基部。

莴苣单花开放时间很短，只有 1～2 h，授粉后 6 h 即完成受精。花药在花开前即破裂散粉，当雌蕊伸长时，其上部的刷毛即在通过花药筒时附着了花粉，完成了自花授粉的过程。但在气候干燥条件下自然杂交率高，因此采种时应注意隔离。

花冠与雄蕊、花柱、柱头一起在开花后 2～3 d 脱落。

莴苣全株由现蕾至开花需经 15～20 d，由开花至种子成熟需 13 d 左右，较一般蔬菜作物的日数少。但开花结实要求较高的温度，在 22～28℃下，温度越高，种子成熟所需天数越少；在 10～15℃下，虽可正常开花，但不能结实。

另据报道，在莴苣植株的生长点上涂 5～20 μg 的赤霉素，5～7 d 就能生出花茎，重复处理 2～4 次（每次间隔 2～3 周），其顶端就开始开花，并能提早 10～30 d 结成有活力的种子。莴苣幼苗生长期用 100×10^{-6} 青鲜素处理，也可促进抽薹开花。

（三）品种种子生产技术

1. 采种方法

莴苣一般以秋季播种、定植，冬季保护越冬，次春采种；或冬春阳畦育苗，3 月定植于露地采种。叶用莴苣华北地区主要采用春播留种，华南地区采用秋播留种。

2. 种株定植和田间管理

莴苣为自花授粉作物，但也可发生自然杂交。定植时，不同变种和品种间要隔离 500 m 以上。

莴苣种株的播种和苗期管理与菜用栽培基本相同。但为了保证全苗，可以适当加大播种量，待苗长到 5～6 片真叶时定植，株行距为（30～40）cm×（40～50）cm。为了提高成活率，挖苗时留 6 cm 左右的主根，主根留得太短，栽后侧根发生少，不易缓苗。

定植成活后结合浇水，追施 N 肥一次，然后中耕、蹲苗，促使形成强健的根系和繁茂的叶丛；待茎部开始膨大时，及时浇水并第二次追施 N 肥；第三次在茎叶旺盛生长期，施用 N 肥和 K 肥，以利后期生长。种株现蕾之前，适当控制肥水，以减少裂球、裂茎和导致腐烂病的发生。种株开花期，防止缺肥、缺水；终花期后，要立支架并减少浇水，以促进种子成熟。此外，为防止腐烂，要除去种株下部部分老叶，以利通风。

3. 种株选择和种子采收

为保证品种纯度和提高种子质量，莴苣采种过程中应进行多次选择和淘汰。育苗期要结合间苗淘汰弱苗、病株、杂株，选择健壮的、符合本品种特征的优质苗定植；当种株营养生长结束时，可结合商品菜上市，淘汰劣株、杂株，保留性状典型、无病、茎粗、抽薹晚的植株采种。

莴苣种子成熟时，往往进入高温多雨季节，同时种子具有伞状细毛，易飞散，加之种株不同部位的种子成熟期相差较大，因此为了不影响种子产量和质量，最好分批采收。当制种面积较大，分批采收有困难时，也可以在种株叶片变黄、种子上生出白色伞状冠毛时一次性采收，后熟后脱粒。

4. 原种生产

莴苣原种生产与其他蔬菜一样，可以采用单株选优提纯法。在原种田和纯度较高制种田，选择优良单株，在开花前单株套纱罩或纸袋防止异交，种子成熟后，各单株分别采种。当年或翌年分别种植，观察比较，从中选出优良株系并继续选择优良单株，经 2～3 代的连续单株选择，即可选出优良株系，然后混合采种，即得原种。

在原种繁殖时，亦必须进行严格的选择淘汰，并采用良好的栽培管理措施，以保证优质的原种供应大田用种的生产。

三、芹菜种子生产技术

（一）起源与类型

芹菜（*Apium graveolens* L.）是伞形科草本蔬菜作物，原产于地中海沿岸的沼泽地带。芹菜分为本芹（中国芹菜）和洋芹（西芹）两类。本芹叶柄细长，依叶柄颜色分为绿、白两种类型；绿芹和白芹依叶柄充实与否，又可分为实心芹和空心芹两种。洋芹为芹菜的一个变种，由国外引入，其叶柄宽而肥厚，纤维少，多实心，单株重可达数斤。

（二）开花授粉生物学特性

芹菜为植株低温感应型蔬菜，苗需长到 3～4 片叶（株高 3 cm 左右）大小，才能感受低温进行花芽分化，一般在 10℃ 以下的低温经 10～20 d 完成春化阶段，幼苗在低温下所处的时间越长抽薹率越高，以后在长日照条件下，抽薹开花。

芹菜春季 4 月开始抽薹，5 月开始开花，6 月初盛开。种株高达 90～100 cm，分枝多，主茎及侧枝上茎生叶发达，茎直立，绿色，具棱沟。

芹菜为复伞形花序，花序几乎无柄，亦无总苞和小苞。复伞花序由 13 个左右的小伞形花序组成。小花序间呈松散状态，层次不明显。各层小花序着生花的朵数不同，一般是外围的多于内层，如最外围的分别为 23 朵、13 朵、20 朵、19 朵、23 朵等，而较内的分别为 15 朵、16 朵、12 朵、12 朵等。最内的小花序只有 7 朵花左右。

总花序或小花序为同心圆状，从外向内开花，外围小花序的花期需 7 d，中心部的小花序晚 4 d 开花，3 d 结束。

芹菜各花序的花大小相等，花瓣整齐，但花极小，花瓣 5 个、绿白色，花开时展平，但尖端向内微曲；雄蕊 5 枚；雌蕊为子房下位，花柱极短，只稍稍突出。

在一天中，芹菜花粉采集时间不影响其生活力。花粉在室温 24℃ 下贮藏，6 d 后活的花粉仍有 17.3%～24.4% 的生活力。花粉长期贮藏于 4～10℃ 生活力保持得较好，贮藏 6 个月花粉生活力为 60% 左右。雌蕊的受精能力，一般认为从柱头一分为二之后，可保持 10 d 左右。芹菜为虫媒花，雄蕊先成熟，异花授粉，但自交可结实。果实为双悬果，灰色或棕褐色，有纵沟，每个双悬果由两个分果组成，每分果内含有一粒种子。果实含有挥发油，有辛辣香味，外皮革质，透水性差，发芽慢。生产上用的种子实际上是果实。

（三）品种种子生产技术

芹菜一般为二年生植物，秋播后完成营养生长阶段，第二年春栽后抽薹开花结籽。但早春播种的幼苗感受较低温度后，当年即可开花结实，表现为一年生，但种子质量较差。芹菜采种方法有老根采种和小株采种两种方法。

1. 老根采种

在秋芹菜冬季收获时，选出优良植株作为种株，切去上部叶片，留 15~18 cm 的叶柄，2~3 株为一簇，按 50 cm×30 cm 的距离定植于露地或阳畦内，冬季注意防寒。次春开始生长后多中耕，适当控制浇水，以防徒长、倒伏，影响种子产量。开花后要及时浇水、追肥。芹菜花期长，种子成熟不一致，为了保证种子质量，最好分期采收。种子产量为 1 000~1 500 kg/hm²。由于老根采种的种性纯、种子饱满，因此繁殖原种时必须用老根留种。露地不能越冬的地区，可将种株窖藏越冬，次春定植采种。

2. 小株采种

一般立秋至处暑播种，直播或育苗后移栽，冬季收获小株，囤藏在阳畦或菜窖内，次春定植采种。此法采收的种子只能作大田生产用种，且因对种株不能进行严格的选择，故不能连年采用。

芹菜种子有 3~4 个月的休眠期，收获当时不发芽，且高温下发芽难，在种用栽培中要加以注意。芹菜为异花授粉作物，要保证种子质量，必须严格隔离，在制种田 1 000 m以内不得有其他芹菜品种。

（四）种子传染的主要病害

芹菜由种子携带的病害主要有芹菜斑枯病，其中大型斑枯病由芹菜小壳针孢菌（*Septoria apii* Briosi et Cav）侵染所致；小型斑枯病由芹菜大壳针孢菌（*Septoria apii-graveolentis* Dor）侵染所致。以上病害的种子处理和病害防治方法参阅《蔬菜病理学》。

四、胡萝卜种子生产技术

（一）起源与类型

胡萝卜（*Daucus carota* L.）原产于中亚西亚一带，是伞形科胡萝卜属的二年生蔬菜作物，在我国广泛分布，南北各地均有栽培。胡萝卜依据根的长度可分为长根种和短根种两种，而依据根形又可分为圆柱形、长圆形、长圆锥形和短圆锥形等。

（二）开花授粉生物学特性

胡萝卜为绿体春化型。当幼苗达到一定大小，在温度 2~6℃条件下经 60~100 d 即可通过春化阶段，而后在温暖和 14 h 以上长日照条件下抽薹开花。少数品种可以在种子萌动后和较高的温度条件下通过春化阶段。

1. 花的分布及开花顺序

胡萝卜种株定植后 40~50 d 开始开花。主花茎高 1.0 m 左右，具棱沟，有粗毛，顶上为复伞形花序。然后发生一级分枝 5~15 个，二级分枝 20~40 个，单株分枝可达 6 次以上，总分枝数达 100 多个。每个分枝顶端皆着生一复伞形花序，各花序的大小及花数的多少随各级分枝序次的增加而减少。大多数花集中在一、二、三级分枝上，其中又以一级分枝分布最多，占总数的 50% 以上，二级分枝次之，五、六级分枝多不能正常开花结实。胡萝卜一个总花序（复伞形花序）有 8~12 层，由 3 种结构不同的小伞形花序组成。一个总花序中的小花序可达 90~150 个，每个小花序有花 5~60 朵不等。单株开花可达 7 万朵左右。开花顺序是先主枝，后各级分枝。每一总花序内，外围小花序先开花。主枝及一、二、三、四等各级分枝的开花期一般相衔接，但多不交错进行。

胡萝卜单株花期 30~50 d，多者达 70 d 以上，一个总花序花期为 8~15 d，一个小花序花期为 5 d 左右。

2. 花的结构与授粉习性

胡萝卜花多而小，有白色和粉红色花瓣5个，倒卵形，顶端凹入，多为雌雄同花的两性花，亦有雌花和雄花。雌蕊一个，其顶部有腺质花盘，蜜汁由此分泌，柱头二裂，子房下位2室，胚珠有一层珠被，单一而垂悬于各子房室内。雄蕊5枚，花丝纤细，蕾期向内弯曲，花开后展开，花粉椭圆形（图7-7）。

在胡萝卜同一花序中，有5种类型的花：①着生在小花序外围，花瓣大小不等的不对称花，花数较少；②着生于小花序中部、花瓣大小相近的花，花序中多数花属此类；③无花冠花；④无雄蕊的雌花；⑤生长在花序最中心的顶生变态花，一花序中一朵或无。胡萝卜花早晨开放时花粉已完全成熟，上午10时以后花盘出现大量分泌物，采粉蜜蜂增多。

图7-7 胡萝卜花序

胡萝卜为典型的雄蕊先熟作物，开花后5枚雄蕊的花药在一天内依次开裂，而雌蕊是在开花后第4 d花柱开始伸长，柱头分裂为二，花后第5 d柱头成熟，能保持接受花粉能力8 d。同花虽不能自交，但由于同一花序的花期连续10 d左右，以及同株的各花序之间花期也有先后，因而虽属高度异花授粉作物，但仍有较低的同株自交结实率。

3. 结实习性

胡萝卜在一般栽培和自然授粉条件下，各级花序的采种量和种子大小有较大差异。以主枝和一次枝结实最好，有效果多，比例大。就一个总花序来说，各层每个小花序的结果数由外层向内层有规律的减少，以外围1~4层结实多。因此，制种时，可只留主枝和一次枝的花序，以提高种子的产量和质量；自交和杂交时，可留花序中1~4层的花朵，而将其余各层摘除。

胡萝卜种子为双悬果，成熟时一分为二，各含种子一粒，雌蕊卵细胞受精后，种子便开始形成，经60~65 d成熟。

（三）品种种子生产技术

胡萝卜采种方法有两种，即成株采种法和半成株采种法。

1. 成株采种法

成株采种法是于第一年秋季培育种根，第二年春季定植于露地采种。此法由于在种根收获时能根据品种典型性状进行选择和淘汰，因此能保持品种的优良特性，原种生产必须采用此法。

（1）种根培育 作为采种用的胡萝卜，播种期与菜用胡萝卜基本相同，一般于7月份播种。播种前要对种子进行处理，将果皮刺毛搓掉，通过风选和水选将不成熟的种子淘汰，以提高种子的发芽率。为使苗齐苗壮，整地要细，土壤要湿润，覆土要适当。可撒播和条播，播种量15~22.5 kg/hm^2。

胡萝卜幼苗期生长速度慢，要注意及时中耕除草，定苗距离为10~14 cm，其他管理措施与菜用栽培基本相同。

（2）种株的选择与贮藏 收获时要在田间进行株选。要选叶色正、叶片少，不倒伏，肉质根表面光滑，根顶小，色泽鲜艳，不分杈、不裂口，须根少，具有本品种特征特性的种根留种。入选种株切去叶片，只留1~2 cm长的叶柄待藏。在贮藏期间和出窖前，仍应进行选择，随时除去伤热和冻害引起腐烂和感病的肉质根。

胡萝卜种株在入窖前可用浅沟假植，当气温下降至4~5℃时入窖。窖内多采用砂层堆积方式，一层干净的细砂土，一层胡萝卜，如此堆至1.0 m高左右。冬季贮藏适温为1~3℃。

（3）种株定植及管理　冬季温暖的南方地区，将选取的种根保留10~15 cm长的叶柄，摊晾1~2 d即直接定植于制种田。寒冷地区，则于翌春土壤化冻，土温上升至8~10℃时定植。定植前再进行一次选择，选留符合本品种典型性状、韧皮部比例大、中柱小的肉质根，最好假植一段时间后再定植。定植时可将肉质根斜插入土壤中，如肉质根过长，可切去尾部，但切去的部分不能超过根长的1/3。定植深度以顶部与地面接近或稍高于地面为宜。株行距一般为（25~33）cm×（50~60）cm。

胡萝卜为异花授粉作物，它和野生胡萝卜及其他品种可以相互杂交。因此，在留种时，除品种间需隔离1 000 m以上外，还要清除制种田周围的野生胡萝卜。

胡萝卜花期长，除施基肥外，要追肥1~2次，水分要适当控制，但花期不能干旱。同时要结合中耕培土，搭支架防倒伏。

胡萝卜分枝多，为了集中养分，使种子充实饱满和成熟一致，每株最好只留主枝和4~5个健壮的一级侧枝。

（4）种子采收　胡萝卜由于花期不同，各花序的种子成熟期不易一致，因此最好分批采收。当花序由绿变褐，外缘向内翻卷时，可带茎剪下，20多枝捆成一束，置于通风处风干，即可脱粒，或只剪成熟的花序，晾晒后脱粒。在正常情况下，毛种子产量为750~1 500 kg/hm²。

2. 半成株采种法

半成株采种法的特点是延迟1个月左右播种，使肉质根在冬前未发育充分，肉质根直径不小于2.0 cm时收获，贮藏越冬，次春定植。南方地区可采用直播疏苗，次春定植。

半成株定植密度大于成株采种，其采种量也略高于成株采种，但由于播种期延迟、肉质根小，不利于依据品种典型性进行选择，因此主要用于大田用种繁殖。

（四）杂交种种子生产技术

胡萝卜由于花小，单花形成的种子少，因此配制一代杂种，以利用雄性不育系为好。见于报道的雄性不育花有两种：一种是瓣化型，即雄蕊变形似花瓣，瓣色红或绿；另一种是褐药型，花药在开放前已萎缩，黄褐色，不开裂，花开后花丝不伸长。在不育程度方面，可以分为完全不育和嵌合不育两类。据报道，在胡萝卜自然品种群体内寻找不育株并不困难。

胡萝卜配制一代杂种，除设置不育系繁殖圃和制种圃外，需另设两个隔离区，分别繁殖保持系和恢复系，以防止由于不育系内少数可育株和嵌合株的存在而影响保持系和恢复系的纯度。

五、大蒜种子生产技术

（一）起源与类型

大蒜（*Allium sativum* L.）是百合科葱属的二年生草本植物，原产于中亚，由汉代张骞引进我国。大蒜在我国各地均有栽培，品种资源丰富，依据大蒜鳞茎外皮色可分为白皮蒜、紫（红）皮蒜两类；依据构成鳞茎的蒜瓣大小和蒜瓣数可分为大瓣蒜、小瓣蒜两类；还可以依据叶型、叶的质地、生态适应性、栽培用途进行分类。

（二）生物学特性

大蒜的成龄植株包括根、鳞茎、叶鞘、叶身、花茎、总苞和气生鳞茎。大蒜为无性繁殖作物，通常不结种子，用鳞茎或气生鳞茎进行繁殖。由于大蒜气生鳞茎的发育在开花期处于优势地位，导致大蒜无法正常开花、结实，但通过控制生长环境、剥除气生鳞茎等延缓鳞茎生长从而促进开花过程，可以收获少量种子。实生繁殖目前只能在少数大蒜资源上实现，主要在研究中应用。

大蒜的生长发育周期长短因品种、播种时间不同而有所区别，秋播长达 240 ~ 260 d，春播只需 90 ~ 110 d。从播种到发芽至幼叶展开为萌芽期，从初生叶展开到花芽鳞芽分化为幼苗期。秋播要经过越冬期，长达 170 ~ 175 d，春播一般需 25 d，此时新叶不断分化进行光合作用合成营养，植株过渡到独立生长期，种蒜慢慢枯萎干瘪，这一过程称为"退母"。从生长点出现花原始体开始到花芽分化结束，为花芽分化期，花芽和鳞芽一般是同时进行分化。从花芽分化完成到收获蒜薹为蒜薹伸长期，也是鳞芽膨大前期。从鳞芽分化结束到收获鳞茎为鳞茎膨大期。

温度是影响大蒜生长发育的重要因素。大蒜是喜好冷凉的蔬菜作物，通过休眠后的蒜瓣在 3 ~ 5℃开始萌芽，最适温度为 12 ~ 20℃，30℃以上发芽受抑制。大蒜幼苗期适宜温度为 12 ~ 16℃，能忍受短期 −10℃的低温。植株通过低温春化后花芽才能分化，抽薹和鳞茎形成则要求温凉的气候，鳞茎形成的适宜温度为 15 ~ 20℃，超过 26℃鳞茎进入休眠状态，所以一般在夏至高温来临前收获。

大蒜通过春化阶段以后，还需要在 13 h 以上长日照及 15 ~ 19℃的温暖气候条件下，才能通过光照阶段而抽薹，并促进鳞茎的形成。长日照是大蒜抽薹和鳞茎膨大的必要条件。

在大蒜生长发育过程中存在一些异常现象：二次生长、管状叶现象和品种退化。二次生长是指大蒜初级植株上内层或外层叶叶腋中分化的鳞芽或气生鳞芽因延迟进入休眠而继续分化和生长叶片，形成次级植株，甚至产生次级蒜薹和次级鳞茎。管状叶即叶片卷曲成管状，在管状叶出现后，及时划开管状叶，可以消除管状叶引起的蒜薹和鳞茎产量损失。品种退化是因为大蒜长期通过无性繁殖导致病毒在体内累积，使得蒜瓣变小、品质下降、适应性变差，一般通过组织培养脱毒方法恢复。

（三）通过提纯复壮生产原种

原种的生产往往在提纯复壮的基础上进行。

1. 利用株系法繁殖原种

（1）选择单株　首先选择符合品种特征特性、生长健壮、抽薹早、无病虫害的单株做出标记，采收后再从中挑选蒜头大、底部平、蒜瓣数中等、瓣大而整齐及没有夹瓣的留作蒜种。播种前剥蒜种时，再按品种的特点选一次蒜瓣。

（2）建立株系圃（行圃）　按单株种株行，标牌立档，加强田间管理，锄草防病治虫。分别于苗期、抽薹期观察、记载，与原品种进行比较，淘汰劣行，中选的株行在下一年种成株系。由株系产生的种子供大田繁殖用种。

（3）稀植并改善营养条件　种子繁殖田种植时有别于生产田，要求稀植，行距 20 ~ 25 cm，株距 12 ~ 16 cm，以改善营养条件，使个体生长健壮。蒜薹露出叶梢 7 ~ 10 cm 时就应及时抽去蒜薹，抽薹后要保持叶部直立以利叶片光合作用，使养分不断供给蒜头；要及时浇水，适墒浅锄松土，以利蒜头肥大。

2. 用气生鳞茎繁殖原种

在大蒜生长后期抽薹后，不采收蒜薹，延迟蒜头收获期 15 ~ 20 d，待蒜薹发黄、叶片完全失去光合作用时用剪刀剪去总苞，晾干单存，筛选直径大于 0.4 cm 的贮藏过夏，9 月中旬开沟条播，苗数 180 万 ~ 225 万株/hm²，管理上与用蒜瓣播种的大蒜种植相同。

气生鳞茎播种时，一般第一年长出独头蒜，将独头蒜贮藏好，秋天种下就可长成正常的蒜头，品质好生长势强，蒜头明显增大，复壮后的大蒜 5 年内不见退化。

发生过大蒜二次生长的蒜不能留种，因二次生长本身就是一种退化，若再选留种，下一季便会造成二次生长和严重减产。

3. 采用脱毒苗繁殖

组织培养脱毒是大蒜提纯复壮的主要措施。

选择种性纯正，生长势强的大蒜品种作为脱毒外植体。大蒜鳞茎于 0 ~ 5℃条件下冷藏 3 ~ 8 周后，将鳞芽保护叶剥离，切除鳞茎贮藏叶大部分，保留含茎尖体积约为 3 mm × 2 mm × 3 mm，消毒后在体视显微镜下切取含茎尖的生长点 0.1 ~ 0.3 mm，接种于芽诱导培养基，培养 30 ~ 40 d 可看到茎尖生长出 8 ~ 10 个芽且明显伸长；再将丛生芽转入鳞茎诱导培养基，经过 2 ~ 3 个月后，试管内形成脱毒微鳞茎；有小叶发生时将小茎芽转入生根培养基，经 4 ~ 5 个月可发育成具 2 ~ 3 个叶片的初代苗。对再生的初代苗要按病毒检测技术规程进行检测，最后选留在封闭容器内繁殖的无 OYDV、GCLV 病毒的再生苗株系作为脱毒试管苗（图 7-8）。

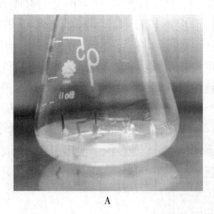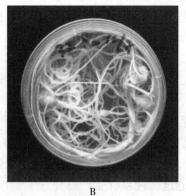

图 7-8　大蒜脱毒微鳞茎及诱导生根

A. 大蒜脱毒微鳞茎　B. 诱导生根

脱毒试管苗经驯化后再移栽到苗床，在隔离条件下产生微型蒜，再由此繁育生产一代、二代、三代种蒜，逐步扩大。

（四）大田用种生产

生产用种的繁殖使用原种，但大蒜的繁殖系数较低，用原种繁殖生产用种需要多代才能达到生产需种量，周期较长。如果大蒜退化不是很明显，可结合蒜头生产应用混合选择法进行留种。大田生产收获蒜头时，选择性状典型、蒜头较大、蒜瓣数量适中、大小均匀、叶片落黄正常、植株生长健壮、无病虫害的留作种蒜，在播种前再选一次。

思考题

1. 蔬菜种子生产的特点有哪些?
2. 十字花科蔬菜如何进行原种的提纯复壮?
3. 十字花科蔬菜 F_1 杂种制种中各采用什么方法?
4. 茄果类蔬菜的 F_1 杂种种子主要采用什么方法制种?
5. 茄果类蔬菜如何选留种果?
6. 葫芦科蔬菜在栽培上要采取那些技术措施?
7. 葫芦科蔬菜采种时需注意那些问题?
8. 不同豆类对温度、光周期的反应对制种有什么影响?

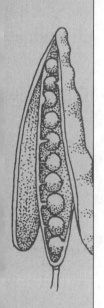

第八章
牧草种子生产技术

学习要求

理解牧草的定义和分类，了解牧草种业发展历程和现状；掌握牧草种子产量的概念及内涵；理解牧草种子产量低的原因；掌握典型豆科牧草、禾本科牧草和草坪草种子生产的生物学特性和制种关键技术。

引言

牧草（forage）是指可供家畜采食的各种栽培和野生的一年生或多年生草类；广义的牧草还包括一些用于绿化的草坪草、增加土壤肥力的绿肥植物和可供家畜食用的半灌木、灌木等。禾谷类农作物以子粒产量为育种目标，种子质量和产量在育种过程中均得到极大提升，但由于特殊的用途，牧草的育种目标是提升地上部营养枝的生物量，降低产生种子的优势。另外，大多牧草因具多年生的特性，表现为营养枝与生殖枝生长争夺养分，造成有性繁殖削弱，受精合子败育率高、结实率低、种子产量低。同时多数牧草仍保留着某些野生的特性，种子成熟一致性差，成熟后在植株上持留性差（种子落粒性极强），如禾本科牧草种子成熟后从花序上脱落，豆科牧草种子从荚果中崩落。因此牧草种子生产在繁殖程序、生产环境条件和田间管理技术措施以及收获方面都有特殊要求。本章重点介绍牧草种子生产的基本要求，以及豆科牧草中的紫花苜蓿（*Medicago Sativa* L.）、白三叶（*Trifolium repens* L.）和柱花草（*Stylosanthes* Sw.），禾本科牧草中的无芒雀麦（*Bromus inermis* Leyss.）、老芒麦（*Elymus sibiricus* L.）和杂交狼尾草（*Pennisetum americanum* × *P. purpurenm*），草坪草中的草地早熟禾（*Poa Pratensis* L.）和高羊茅（*Festuca arundinacea* Schreb.）的种子生产技术。

第一节　牧草种子生产概述

一、牧草种子与牧草种子产业

1. 牧草和牧草种子

牧草主要有豆科牧草、禾本科牧草和草坪草三类。豆科牧草有一年生或多年生，属于双子叶豆植物纲、蔷薇目，常为乔木、灌木、亚灌木或草本，虫媒花，荚果，种子多为不规则形、小而轻，且带有附属物。常见豆科牧草有苜蓿属、三叶草属、草木樨属、黄芪属、小冠花属、野豌豆属、柱花草属等。禾本科牧草多为多年生的单子叶植物，狭长颖果，种子多为披针型、小而轻、带有不易分开的稃等。常见禾本科牧草有黑麦草属、雀麦属、赖草属、披碱草属、冰草属、羊茅属、高粱属、狼尾草属等。草坪草的构成比较复杂，包含很多系列品种，如早熟禾、四季青、冷季型、混播草坪等。每一个草坪系列又包含上百种草坪品种，其中最为常见的属早熟禾草坪草，它是绿化行业使用量最大、种植面积最广的一个草坪品种。草坪草通常植株低矮，具有茂盛的地上枝叶层和地下根系层，能形成草坪，耐修剪和耐踩踏，并具有较强的覆盖和再生能力。

与农作物相比，牧草的制种产量非常低，主要原因有4个方面（韩建国，2011）。一是在牧草育种过程中，被选择的是营养枝产量而不是种子产量，因此牧草育种目标和种子生产目标不一致，导致很多种子相关的优良性状在长期育种过程中被丢失了。二是大多数牧草具有很强的营养繁殖能力（无性繁殖能力），同时有性繁殖能力被削弱，突出表现为受精合子败育率高和结实率低。三是相对于驯化程度非常高的粮食作物，牧草品种的驯化程度低，花期长且花期不整齐，导致种子成熟一致性差。四是多数牧草仍保留着某些野生物种的特性，如种子落粒性强等，限制了种子产量的提高。

2. 牧草种子产业现状

（1）世界牧草种子产业发展现状　牧草生产是畜牧业发展的基础，在畜牧业发达国家的农业生产中占据重要地位，如美国的牧草年产值达到110亿美元，仅次于玉米和大豆。牧草种子是进行牧草生产的基础资料，在世界种业市场中占据重要地位，每年进入国际市场的牧草种子近100万t，绝大多数由畜牧业发达国家生产，仅美国就占了45万t，加拿大约10万t。欧洲是世界上第二大牧草种子生产区，主要分布在中北部，如丹麦年产牧草种子11万t。新西兰是大洋洲的牧草种子主产国，年产种子约3万t。

（2）中国牧草种子产业现状与发展　新中国成立初期，虽然在全国建立了多个牧草种子繁殖场，但由于技术落后和牧草种子生产难度较高的原因，牧草种子生产产量一直很低，规模发展缓慢。20世纪90年代后，随着科技的发展和认识的提高，我国牧草种子产业快速发展，产量得到了极大提高，如1989年统计的我国牧草种子田有33万公顷，年产种子2.5万t，到2014年种子田下降到20万公顷，但总产量提升到10万~20万t（邵长勇等，2014）。尽管产量得到极大提升，但依然无法满足国内牧草生产的需求，近年来我国年进口牧草种子超过5万t，主要进口自美国、澳大利亚、加拿大、新西兰以及欧盟各国，进口的品种主要有紫花苜蓿、三叶草、高羊茅、草地早熟禾、黑麦草和梯牧草等。其中，黑麦草种子每年进口约3万t，主要来自美国、荷兰和丹麦；羊茅草种子每年进口约

1.5 万 t，主要来自美国和丹麦。此外，由于生产技术不过关，我国牧草种子生产存在年际间产量的巨大波动，年度稳产无法保证。

与牧草产业发达国家相比，我国牧草种子生产存在的主要问题有两方面：一是生产技术落后，没有大面积的以种子生产为目的的专用种子生产田，也缺乏种子田的专门管理技术和方法，造成单位面积牧草种子产量低，年度间产量和质量不稳定。二是牧草种子生产经营相关的法律法规不完善，导致种子市场混乱，也缺乏集牧草种子生产、加工和销售于一体的龙头企业和相应的协调牧草种子的产、供、销的组织机构。因此，未来健全牧草种子生产经营的法规和组织机构、制定牧草种子生产技术规程和提升种子生产技术，是促进我国牧草种子质量和产量提升的必要措施。

二、牧草种子产量

提升种子产量是牧草种子生产的核心内容。

1. 牧草种子产量的组成要素

牧草种子产量是指单位面积上收获的种子重量，它取决于单位面积上种子的生殖枝数目、每个生殖枝上的花序数、每个花序上的小花数、每个小花中的胚珠数和平均种子重量5 个产量组成因素（韩建国，2011）。

（1）单位面积的生殖枝数　牧草种子产量随生殖枝数的增加呈现先逐渐增加，然后稳定在一定产量水平的变化趋势。因此，在牧草种子生产时，应通过田间管理措施来保持单位面积具有一定数目的生殖枝数目，以保证种子产量。

（2）每个生殖枝上的花序数　豆科牧草的花序数与种子产量之间存在显著的正相关关系，即随生殖枝上的花序数的增加，种子产量增加。禾本科牧草每个生殖枝上的花序数的变化范围很小。

（3）每个花序上的小花数　豆科和禾本科牧草每个花序上的小花数受多种因素的影响。首先，受花序生育期的温度的影响，较高的温度促进每个花序上的小花数目。其次，受开花时间的影响，随着开花时间的推移，每个花序上的小花数目逐渐减少。再次，受单位面积上的生殖枝数目的影响，随生殖枝数目增加，每个小穗上的小花数目减少。最后，还受到花序位置的影响，一般中部位置花序上的小穗上的小花数目较高。

（4）每个小花中的胚珠数　禾本科牧草的每一小花中最多含有一枚胚珠。豆科牧草草木樨、红豆草等每一小花含 1 枚胚珠，但紫花苜蓿含有 8 ~ 10 枚胚珠，白三叶含 5 ~ 7 枚胚珠（李晓霞等，2009）。由于受到遗传特性和环境因素的影响，牧草的部分胚珠不能正常发育成种子，从而对产量造成影响。

（5）平均种子质量　各种牧草种子的重量是由遗传基础决定的，但种子生产中，适宜的气候条件和良好的田间管理水平可获得粒大饱满的种子，增加种子重量，进而提高种子产量。

2. 牧草种子产量的定义

牧草种子产量分为潜在种子产量、表现种子产量和实际种子产量 3 个层次的定义（韩建国，2011）。

（1）牧草的潜在种子产量　牧草潜在种子产量是单位面积土地上花期出现的胚珠数目和单粒种子平均重量的乘积，因为每一个胚珠具有发育成一粒种子的潜力，这个乘积代表的是单位面积土地上理论上能获得的最大种子产量，也称为理论种子产量。

（2）牧草的表现种子产量　牧草的表现种子产量是指单位面积土地上所实现的潜在种子产量数，等于植株上结实种子数量和平均种子重量的乘积，即由潜在种子产量中除去未授粉、未受精和受精后败育的种子，剩余的种子产量，因此，表现种子产量 = 理论种子产量 × 结实率（韩建国，2011）。

（3）牧草的实际种子产量　牧草实际种子产量是指实际收货的种子产量，也称收获种子产量，是表现种子产量中除去因落粒和收获过程中损失之后的种子产量，因此，实际种子产量 = 表现种子产量 – 落粒损失的种子量 – 收获过程损失的种子量（韩建国，2011）。

牧草潜在种子产量取决于单位土地面积上花序数目、每一个花序的小花数目及每花中的胚珠数目，它的高低与牧草开花之前的环境条件和田间管理水平有关。表现种子产量取决于每一小花中实际成熟的种子数及平均种子重量，它的高低与牧草开花、传粉、受精及种子发育过程中的气候条件和管理水平有关。实际种子产量的高低除了取决于决定表现种子产量高低的因素外，还取决于牧草开花、成熟的一致性、落粒性和收获的损伤率等因素。

3. 牧草实际种子产量和潜在种子产量的比较

在牧草种子生产中，几乎所有牧草的潜在种子产量都很高，但最终实际种子产量却很低，如紫花苜蓿的潜在种子产量可达 12 t/hm^2，高羊茅可达 9 t/hm^2，但它们的实际种子产量仅 1 t 左右，只有潜在种子产量的 10% ~ 20%（表 8-1）。

表 8-1　牧草和农作物的潜在种子产量和实际种子产量的比较

种名	花序数 /（个 /m^2）	花数 / 花序	胚珠数 / 花	千粒重 /g	潜在种子产量（t/hm^2）	结实率 /%	实际种子产量（t/hm^2）	实际种子产量与潜在种子产量的百分比 /%
紫花苜蓿	3 750	16	10	2.0	12.1	8	0.5	4
白三叶	600	100	6	0.5	1.8	50	0.4	22
多年生黑麦草	200	200	1	2.0	8.0	40	1.0	13
鸭茅	600	760	1	1.0	4.6	40	0.8	17
高羊茅	660	680	1	2.0	9.0	50	1.0	11
玉米	8	900	1	300.0	21.6	90	10.0	45
小麦	500	2	1	200.0	22.4	75	6.0	26

（韩建国，2011）

造成牧草实际种子产量远低于潜在种子产量的主要原因有三方面（韩建国，2011）。首先，牧草的传粉受精率低和受精合子败育率高导致的低结实率是限制牧草实际种子产量的主要因素。禾本科牧草只有 60% 的小花能够完成传粉和受精，而豆科牧草在没有传粉昆虫的情况下，有可能导致 100% 的小花无法获得授粉。同时，牧草营养枝和生殖枝对光合产物和矿质养分存在竞争关系，当生殖枝无法获得足够的营养物质来供给受精合子发育时，就会导致种子发育异常甚至发育停止等现象，如白三叶每朵小花胚珠可达 7 枚，但一般仅有 1~3 枚发育成种子。其次，种子落粒性强、持留性差导致收获前种子从花序（禾本科）或荚果（豆科）中脱落或炸裂，是造成牧草实际种子产量低的另一个主要因素。

三、提高牧草实际种子产量的生产措施

针对牧草实际种子产量远低于潜在种子产量的现象，在种子生产时，需要通过适宜气候环境选择、土壤选择、田间管理技术应用等措施来提高实际种子产量（韩建国，2011）。

1. 选择生产田

（1）气候选择　牧草种子生产所要求的气候条件与牧草生产不同，如某些地区牧草生长（营养生长）产量很高，但不能开花结实或结实率很低，并不适宜作为其种子生产的基地。在进行牧草种子生产时，必须选择适宜生殖生长的温度、降水、日照时长、辐射量等气候条件，才有可能获得较高的实际种子产量。

温度是影响植物开花的最主要气候因子，不同牧草开花（完成从营养生殖向生殖生长转换）所需要的温度条件不同。虽然在早期营养生长阶段制种牧草对温度的需求与生产牧草基本相同，但是从花序分化开始，制种牧草需要非常严格的温度条件，才能向生殖生长转换，分化出花序。一般来说，在一定的温度范围内，温度越高，花序分化越快，花序数目越多，产量越高。但如果温度极端偏高或偏低，又会降低种子产量。

制种牧草在不同的发育阶段对降水和空气相对湿度的要求并不一样。初期发育阶段，适量的降水有利于促进营养生长。开花阶段，有的牧草要求较高的空气相对湿度来促进花粉萌发；但大多数牧草需要适中的相对湿度，如紫花苜蓿需要 50% ~ 75% 的相对湿度。在种子成熟和收获阶段，大多数牧草都要求干燥、晴朗的天气，以利于种子脱水和防止滋生病菌，但有少部分豆科牧草在干燥天气容易因荚果炸裂而造成种子损失。

光周期对高等植物营养生长向生殖生长的转换具有决定性的影响，因此日照时长决定了很多牧草是否能够开花和结实。一般来说，短日照牧草适宜在低纬度的热带和亚热带地区进行制种；长日照牧草应该在高纬度地区进行制种。但有部分长日照牧草需要短日照和低温两个条件才能诱导开花，如无芒雀麦必须在高纬度地区、经历春季或秋季的低温和相对较短日照条件才能开花。

（2）土壤选择　牧草种子生产对土壤环境的要求与牧草生产基本相同。土壤类型方面，紫花苜蓿、白花草木樨、红豆草等适于钙质的中性土壤，羊草、碱茅等适宜轻度盐碱土壤，盖氏须芒草、弯叶画眉草、头形柱花草等适于热带酸性土壤。土壤肥力方面，牧草一般要求肥力适中的土壤，过高的土壤肥力有可能造成牧草过度旺盛的营养生长，反而不利于实际种子产量的提高。除了氮、磷、钾等常规肥料之外，还应有微量元素硼、钼、锌等。

2. 播种

牧草种子田的播种可采用点播、条播和撒播的方法。一般来说，植株高大、分蘖能力强的牧草宜采用点播的方式，在较大的株行距条件下，让牧草获得良好的阳光、营养和通风，从而形成大量生殖枝来提高产量。在杂草严重的情况下，可以考虑撒播，通过快速形成大量而密集的牧草群体来抑制杂草的生长。多年生牧草的种子生产常采用条播，有利于田间管理和机械作业。

牧草种子生产的播种时间因种类而异。一年生牧草只能春播，越年生牧草一般秋播；多年生牧草、长日照植物可进行春播；但如果要求短日照和低温条件进行春化的牧草应在夏末或初秋播种，以便在冬季到来时形成足够的分蘖进入春化阶段，从而在次年春天形成

生殖枝和开花结实。

牧草种子生产的播种量仅有牧草生产播种量的 $1/2 \sim 2/3$。播种量太高会增加营养枝数目，抑制生殖枝的生长发育和影响种子产量。此外，豆科牧草还要求留有一定的空间，利于昆虫传粉。多年生牧草，可以通过分蘖来补偿建植时的密度不足，适当稀播更有利于提高种子产量。

播种深度影响种子出苗和早期群体建成，应根据不同牧草的种子大小、种子出苗能力和种植田的土壤含水量、土壤类型等来确定播种深度。牧草一般以浅播为宜，尤其是豆科牧草，大多属于子叶出土类型，出苗顶土能力弱，浅播有利于成苗。

3. 田间管理

（1）施肥　氮肥是影响禾本科牧草种子产量的关键因素。施用氮肥可以增加分蘖和提高种子产量，但氮肥施用不能过量，以防过度刺激营养生长。一年生牧草一般在春季抽穗之前施用氮肥。多年生牧草一般在秋季施用，以便增加分蘖后过冬。豆科牧草可以自身固氮，可以少施氮肥。

磷肥对禾本科和豆科牧草的种子产量均有显著的促进作用，尤其是在酸性土壤中，活性磷含量低，施用效果更明显。其他中微量元素虽然需求量不大，但缺乏也会影响牧草种子产量，比如，硼、硫、钙影响牧草的开花和结实，铜、镁、锌影响牧草花粉萌发能力。

（2）灌溉　牧草种子生产要求在开花和种子成熟期天气干燥，一般选择干燥少雨地区，通过运用灌溉来控制牧草建植和早期营养生长阶段的水分供应。灌溉方式有漫灌、沟灌和喷灌。漫灌对水的浪费较大且灌溉量不易控制。沟灌可以避免对水的浪费，但要求种子田地形有一定的坡度，以利于水的流动。喷灌是牧草种子生产发达国家普遍采用的方式，在节水和灌溉效果方面具有优势，但需要较高的前期投资。

（3）杂草防治　杂草同牧草竞争养分、水分和光热资源，会降低牧草种子产量。此外，杂草种子会污染牧草种子，造成质量下降。因此，杂草防治是牧草种子生产的重要环节，可采用化学防治和生态防治两种方法。

化学防治可在播种前进行，采用对土壤无残毒的除草剂如百草枯，杀死土壤表层的杂草幼苗。在播种前对土壤进行适当灌溉促进杂草萌发，然后用除草剂灭杀，效果更佳。在牧草出苗之后，需要根据杂草的种类慎重选择除草剂，一般禾本科牧草出苗后，可用三氯乙酸灭杀禾本科杂草，用 2,4-D 灭杀阔叶杂草。豆科牧草成苗后的阔叶杂草控制可用 2,4-D 丁酯灭杀，禾本科杂草控制可用去莠津等。

生态防治是通过合理的管理措施达到控制杂草的目的。选择初垦草地进行牧草种子生产时杂草一般较少。利用杂草与牧草在建植阶段对环境条件的不同，选择适合的播种期，让牧草快速建植，尽快形成茂密的草层结构，能抑制杂草的侵入。在牧草生长后期，利用放牧或刈割去除杂草上半部分植株，阻止开花和结实，可以提高牧草种子质量。

（4）病虫害防治　牧草植株一般叶嫩多汁，容易遭受病虫害侵染。禾本科牧草的主要病害有麦角病、瞎籽病、黑穗病等，豆科牧草的病害主要有苜蓿叶斑病、柱花草炭疽病、三叶草茎腐病等，这些病害大多通过影响花器形成或种子发育而造成制种减产。危害牧草种子生产的害虫主要有蚜虫、蓟马、籽象甲、苜蓿籽蜂等，常取食花蕾或吸食花器汁液、蛀食种子等，造成种子产量下降。

不同牧草的不同病虫害的防治方法不同，总体可归为五类。一是选育抗性品种，这是防治病虫害高效而简便的措施。二是选择和播种无病虫害的种子，通过种子处理也可以消灭种子表面携带的病虫害。三是进行化学防治，即使用杀菌剂、杀虫剂消灭危害牧草的病菌和害虫；但要注意，在进行化学防治的时候，不要伤害益虫，包括传粉昆虫和捕食性益虫。四是进行轮作，因为菌虫的侵染具有宿主选择性，合理的轮作能使某些菌虫失去寄主，达到消灭或减少菌虫数量的目的。五是消灭残茬，收获后的残茬是下一生长季中病原菌的重要初侵染源，收获后及时清除残茬能有效降低次年的发病率。上述几种方法可以单独使用，但多种方法综合使用能达到更佳的防治效果。

（5）人工辅助授粉　多年生牧草大多属于异化授粉植物，生产上通常需要人工辅助授粉来提高产量。禾本科牧草为风媒花植物，自然条件下的结实率只有 30%～70%，在盛花期，采用人工或机具在田地两侧，拉绳或线网于草丛上掠过，或者采用鼓风机或小型直升机低空飞行使植株摇动，都能起到良好的辅助授粉效果。豆科牧草大多需要借助昆虫进行授粉，在种子田四周配置蜜蜂蜂箱，可显著提高种子产量。

4. 收获和收获后管理

（1）种子收获时间　由于牧草开花期长、种子成熟一致性差，过早收获无法获得高活力的种子，而晚收则容易因落粒等造成产量损失，因此适时收获是牧草种子生产的关键。在生产实践中，常根据开花期、种子含水量、种子颜色、胚乳成熟度等指标来确定种子的收获时间。一般植物种子在生理成熟时（最大种子干重时）收获，可获得最高质量和产量。牧草种子生理成熟时处于蜡熟晚期到完熟早期的阶段，可以通过种子的蜡质化程度来判断。此外，也可通过种子含水量来判断，牧草种子的含水量在 35%～45% 为最佳收获期。

（2）种子收获方式　大多数禾本科牧草采用收割机收获种子，收割时要注意茬口高度，减少割下绿色的茎、叶及杂草，以便降低后续加工和清选难度。此外，由于适时收获的牧草种子含水量较高，需要进行及时晾晒，否则易造成捂种或滋生霉菌。豆科牧草在种子收获时，植株还处于青绿状态，有条件的可以喷施脱水剂，加速绿叶干燥，便于收割。有的牧草种子的落粒性非常强，基本上是边成熟边落粒，国外采用收割后将牧草堆积于原地，等种子完全脱落后再用吸种机收集种子，可减少损失。

（3）收获后的残茬清理和疏枝　一年生牧草在种子收获后，及时进行残茬清除可有效降低次年的病虫害。多年生牧草在种子收获后及时清理残茬可解除对分蘖节的遮阴，促进分蘖和枝条感受低温春化，从而可以提高来年种子产量。残茬清理可采用火烧、放牧和刈割等方式。火烧一般在秋季牧草分蘖前或春季返青前 1 个月进行。放牧或刈割一般在收获后立刻进行。

多年生牧草随种植年限增加，枝条密度增加会导致枝条间争夺营养物质，进而影响种子产量，需要在收获后进行疏枝来增加来年种子产量。

第二节　主要豆科牧草种子生产技术

一、豆科牧草种子生产的基础理论

1. 豆科牧草的基本概念

豆科牧草简称豆草（legume），指具有复叶、蝶形花和荚果特征，具有较强的抗逆性、独特适应性和饲用价值的一年生或多年生草本或灌木。豆科牧草具有根瘤，能固定空气中的游离氮素，具有较高的蛋白质含量，因此在满足家畜蛋白质需要和提高土壤肥力方面具有极为重要的价值。

豆科牧草大多为草本，少数为半灌木、灌木或藤本。大多为异花授粉植物，总状或圆锥状花序，少为头状或穗状花序；花冠多蝶形（蝶形花），鲜艳；雄蕊 10 个合生或少部分分离，花药两室，多为纵裂，雌蕊 1 枚，胚珠 1 至多个。虫媒花，果实为荚果，成熟后容易沿背腹开裂而造成种子损失。

豆科牧草种子指作为播种材料的种子和成熟时荚壳不易脱落的荚果（如草木樨、红豆草、天蓝苜蓿等）。多数种子不规则、小而轻、带有附属物，种子硬实率较高，播种时通常需要进行一定的处理。

2. 豆科牧草的种类及分布

豆科牧草种类繁多，全世界有 500 属，12 000 多种；我国有 130 属，1 000 多种，其中可作优良栽培牧草的有 20 个属 40 多种。目前，我国重要的豆科牧草属种有以下几种。

（1）苜蓿属（*Medicago* L.）　一年生或多年生草本植物。我国有 12 种、3 变种、6 变型，分布在西北、华北、东北和西南等地。生产中栽培利用的主要有紫花苜蓿、黄花苜蓿、杂花苜蓿、金花菜、天蓝苜蓿等。紫花苜蓿是栽培面积最大、经济价值最高的一种。

（2）三叶草属（*Trifolium* L.）　一年生短寿或多年生长寿草本植物，遍布世界各国，主要分布于温带和亚热带地区。全世界共有 360 余种，我国有 8 种，栽培利用较多的有白三叶、红三叶、杂三叶、绛三叶和野火球等。白三叶是放牧草地利用、城市绿化、庭院绿化与水土保持的优良草种，在我国大部分省份均有分布，但主要分布在长江流域。

（3）草木樨属（*Melilotus* A.）　一年生或二年生草本植物。有 20 余种，我国现有 9 种。生产上利用的有白花草木樨、黄花草木樨和细刺草木樨，是饲用、水土保持、绿肥和蜜源植物，也用于改良盐碱地和瘠薄地。

（4）黄芪属（*Astragalus* L.）　又称为紫云英属，为一年生或多年生草本或矮灌木植物。约有 1 600 种，我国约有 130 种。我国栽培面积较大的有沙打旺和紫云英，是饲用、改造荒山荒坡及盐碱地、防风固沙、治理水土流失的主要草种。

（5）小冠花属（*Coromilla* L.）　又名多变小冠花，为多年生草本植物。我国于 20 世纪 60 年代引进，是饲用、绿肥、蜜源、水土保持和美化庭院的优良草种。

（6）野豌豆属（*Vicia* L.）　又名蚕豆属、巢菜属。有 200 余种，我国有 25 种，分布于温带地区，是牧草和绿肥作物，主要有毛苕子、箭筈豌豆、蚕豆、光叶苕子、红花苕子、山野苕子和广布野豌豆等。

（7）柱花草属（*Stylosanthes* Swantz）　一年生或多年生草本植物，约有 50 种。目前，我国利用较多的有多年生的圭亚那柱花草和一年生的有钩柱花草，主要分布在广东、广西、福建、海南等南方地区，是重要的饲用草种和南方水土保持植物。

3. 豆科牧草种子生产基地的基本要求

（1）种子生产田的选择　根据豆科牧草的生态类型，按照豆科牧草种子生长、发育、成熟的特性，选择适宜的气候、土壤条件和符合要求的隔离区，是获得高产优质牧草种子的基础和保证。

① 气候　气候是决定种子产量和质量的先决条件。豆科牧草种子生产对气候的要求为：具有品种营养生长所要求的太阳辐射、温度和降水量；能诱导开花的适宜光照周期及

温度；成熟期持续稳定的干燥、无风的天气。

②　土壤类型、结构及肥力　大部分豆科牧草喜中性土壤。紫花苜蓿、黄花苜蓿、白花草木樨、红豆草、沙打旺、小冠花、白三叶、红三叶、截叶胡枝子等豆科牧草适于中性或弱碱性钙质土壤；柱花草则以排水良好的微酸性土壤为最好。用于牧草种子生产的土壤最好为壤土，壤土较黏土和砂土持水力强，有利于牧草根系的生长和吸收足够的水分与营养物质，同时还有利于耕作。土壤肥力要求适中，肥力过高或过低可导致牧草营养枝生长过盛或不足，影响生殖生长，不利于结实和种子生产。同时土壤除含有生长所需的氮、磷、钾等大量元素外，还需含有与牧草生殖生长有关的微量元素硼、钼、铜、锌等。

③　地形　用于生产豆科牧草种子的生产田，应该是开阔、通风、光照充足、土层深厚、排水良好、肥力适中、杂草较少的地块。在山区生产牧草种子最好选择在阳坡或半阳坡上，坡度应小于10°。对于豆科牧草还应注意布置在附近有防护林带、灌丛及水库近旁，以利于昆虫传粉。

④　隔离区的确定　设置隔离区，采取空间隔离方法以防止豆科牧草种子生产的生物学混杂。隔离距离远近因牧草种类、授粉习性而异。豆科牧草如紫花苜蓿、草木樨、红豆草、三叶草等多为异花或常异花授粉植物，隔离距离一般为1 000 m以上；自花授粉牧草的隔离距离可保持在50 m以上。

4. 豆科牧草种子生产田的田间管理

（1）种子田的播种　为了迅速获得种子，增加结实率和产量，种用牧草一般多采用无覆盖单播的方式。种子田的播种可采用窄行条播，也可采用宽行条播或方形穴播。窄行条播的行距通常为15 cm，宽行条播行距视牧草种类、栽培条件等不同而有30 cm、45 cm、60 cm、90 cm、120 cm等，方形穴播一般多采用60 cm×60 cm或60 cm×80 cm的株行距。目前，总的趋势是采用宽行播种。宽行或方形穴播的优点是种子田阳光充足，营养面积大，通风好，能形成大量的生殖枝，增加繁殖系数。同时，宽行播种可以延长牧草的利用年限，便于田间管理工作的进行。

豆科牧草种子田可春播、秋播，少夏播。春播一般在5 cm土壤温度稳定在12℃以上时进行。秋播时雨水适宜、土壤墒情好，田间杂草处于衰败期，有利于苗全、苗壮；秋播可适时早播，给牧草一个较大的幼苗生长时期，以利安全越冬。

（2）施肥及灌溉　施肥和灌溉是提高种用牧草种子产量和品质的重要措施。

豆科牧草具有固N功能，N肥施用在生长早期，追肥应以P、K为主。最好在花期，尤其盛花期追施P肥或P、K复合肥。三叶草根外追P、K肥的试验表明，抽茎期施用时较对照组增产25.4%，始花期施用时增产35.6%，盛花期施用增产49.7%。

微量元素特别是硼，对豆科牧草种子生产具有重要意义。硼能影响叶绿素的形成，加强种子的代谢，对子房的形成、花的发育和花蜜的数量都有重要的作用。研究表明植物缺硼时，子房形成数量少，且形成的子房和花发育不正常或脱落，制种产量下降。

（3）人工辅助授粉　各种豆科牧草的开花习性都有一定的规律，不同牧草的开花顺序、一日内开花时间和全序开花时间不同（表8-2）。掌握豆科牧草的开花习性，有利于采取相应措施进行人工辅助授粉，提高种子产量和质量，也便于杂交育种，培育新品种。

表 8-2　几种豆科牧草的开花习性

牧草名称	开花顺序	一日内开花时间	全序开花时间
紫花苜蓿	下部腋生花序先开，上部花序后开，在一个枝上下部的花先开	3～17时，以9～12时开花最多	全株40～60 d，一个花序2～6 d
草木樨	无限花序，一个总状花序下部先开，向上延及	14～15时	一个花序8～10 d
红豆草	最早从茎生枝的下部花先开，自下而上，侧生枝在主茎花序开放一半时开放	4～21时，9～10时和15～17时开花最多	一个花序10～13 d，第3～7 d最盛
红三叶	总状花序下部花先开，并向上延及，每日开2～3层	早8时开始	一个花序3～10 d，全株30 d左右
野豌豆	下部花先开，两花一先一后	10～20时	1 d
毛野豌豆	无限花序，下部花先开并向上延及	全天	20～28 d

　　豆科栽培牧草，特别是多年生中的绝大多数种类，都属于异花授粉的植物。授粉质量与牧草种子的产量关系极大。常异花授粉的牧草如紫花苜蓿、红三叶、红豆草、黄花草木樨等凭借昆虫进行授粉。另一些牧草如野豌豆等，虽以自花授粉植物为主，但异交结实率占有较大的比例，昆虫授粉可提高其种子产量。在豆科牧草草地上配置一定数量的蜂巢，有利于提高种子产量。

　　蜜蜂授粉的效果，取决于花的结构特征、外界环境条件及授粉蜜蜂的数量及其活动能力等。在紫花苜蓿的花结构中，龙骨瓣对有性柱头的包裹很紧，授粉昆虫需要有一定的压力压迫龙骨瓣，促使有性柱头自龙骨瓣中弹出，弹出后不再恢复至原来的位置。蜜蜂由于其个体小而轻，较难使龙骨瓣与有性柱头分开，因而授粉效果不及野蜂、丸花蜂。影响蜜蜂授粉效果的外部环境主要是气候因素，气温24～38℃最适于蜜蜂的活动，雨天蜜蜂不采蜜，而持续的阴天既减少花蜜的分泌，也降低了蜜蜂活动的能力；风速如5 km/h时，降低了蜜蜂的飞行速度，而当风速为15 km/h时，蜜蜂即停止飞行；此外采蜜地点离蜂巢太远，也影响蜜蜂的授粉，蜜蜂授粉的效果，随飞行距离的加大成比例地降低。

　　为了促进豆科牧草授粉，提高种子产量，应采取如下措施：①尽可能地将豆科牧草种子田，特别是蜜蜂授粉作用较差的种类或品种，配置邻近于林带、灌丛及水库近旁，以方便野蜂等进行授粉；②在豆科牧草种子田上，直接配置一定数量的蜂巢，一般每公顷配置数十窝；③注意品种选择、作物及牧草种类的搭配，调节牧草开花期使之与蜜蜂的最大活动时间相吻合。

　　（4）牧草种子的收获　豆科多年生牧的其最佳收种年限因牧草寿命长短而不同，一般在播种当年生长发育缓慢，常不能形成种子产量，或者种子的产量很低。二年生牧草（如草木樨），一般在第二年收种；多年生牧草，采种利用年限为2～3年的，如红三叶、披碱草等，种子产量以第二年最高；生活寿命5～6年的中等寿命牧草，种子收获的年份在第2～4年，此后产量即显著下降；生活年限6～8年的长寿命牧草来，种子最高产量的年份在第3～5年。

　　在一年中，要根据种子的成熟度、产量和品质以及收获时所用的机具来判断最佳采收季节，常见牧草的种子收获方法及特征见表8-3。

表 8-3　常见豆科牧草种子的收获方法及特征

牧草种类	用联合收割机收获	用简单机械收获	种子的脱落性
紫花苜蓿	90%~95% 的荚果呈褐色	70%~80% 的荚果呈褐色	—
黄花苜蓿	60%~75% 的荚果呈褐色	40%~50% 的荚果呈褐色	—
红豆草	70%~75% 的荚果呈褐色	50%~60% 的荚果呈褐色	—
草木樨	植株下部荚果变成褐色或黑色	植株下部种子蜡熟至完熟	种子的成熟期很长，植株下部种子首先成熟，种子强烈脱落
白三叶	90%~95% 的头状总状花序变褐色，种子坚硬，正常黄色及紫色	70%~80% 的总状花序呈褐色	及时收获种子则脱落不多
野豌豆	75%~85% 的豆荚成熟	60%~70% 的豆荚成熟	种子脱落性强
山藜豆	大多数豆荚呈黄色	中下部豆荚变成黄色	种子脱落性较强

当用联合收割机收获时，一般在完熟期进行，而用人工或马拉机具收获时，可在蜡熟期进行。由于牧草开花时间较长且不一致，种子成熟期也不一致，而且很多牧草在种子成熟时容易落粒，收获如不及时或方法不当，会造成很大的损失。为了不错过种子的成熟期，不延误种子收获和降低落粒损失，在牧草开花结束后（豆科牧草当下部花序开花结束时）的第 12~15 d，应每日检查种子田，可根据成熟度分批及时进行收获。此外，种子收获损失还与收获方法有关。用机械收获时一般损失较少。很多豆科牧草，当种子成熟时，植株还没有停止生长，茎叶长久地处于绿色状态，给种子收获带来一定困难，可以在收获之前进行干燥处理（去叶处理或打干燥剂如除莠剂），经处理后可直接用联合收割机进行收获。用联合收割机收获种子时，应在无雾及无露水的晴朗天气进行，这样种子易于落粒，减少收获时的损失。

二、紫花苜蓿种子生产技术

紫花苜蓿简称苜蓿（alfalfa 或 lucerne），其适应性强，具有较强的抗旱、抗寒、耐瘠薄特性，性喜冬无严寒、夏无酷暑的温暖半干旱气候。分布范围极为广泛，北美洲、澳大利亚、法国、西班牙均有大面积种植。在我国主要分布在西北、东北、华北和江淮地区，上海、浙江、湖南、贵州、四川、云南等地也有栽培，是我国多年生牧草栽培区划中的重要草种。

1. 紫花苜蓿的特点及优良品种

紫花苜蓿的根系发达，主根粗大，侧根多；入土深达 2~6 m，着生大量根瘤；苜蓿近地表的根茎结合部位常膨大形成根颈，根颈上能形成大量的芽，亦是越冬芽着生的部位。苜蓿的分枝多，花期长、花量大，种子产量高（约 750 kg/hm²），被誉为"牧草之王"。

2. 紫花苜蓿的生物学特性

紫花苜蓿（*Medicago Sativa* L.）是多年生草本豆科苜蓿，为同源四倍体 $2n = 4x = 32$，异花授粉植物，天然异交率为 25%~75%。

紫花苜蓿的花为总状花序，花序长 4.5~17.5 cm，每花序含小花 20~80 个，每株小花数可达 1 000 朵以上。花冠蝶形，颜色鲜艳，呈深浅不同的紫色，具有花蜜，可招蜂引蝶，在为昆虫提供花蜜的同时，促进自身的传粉和受精。花粉黄色，近球形，其中贮藏有大量的花粉粒。花粉具有双核并有 3 个发芽孔。花粉黏性强，易于黏在许多授粉昆虫身上。开花前花粉贮于花药中，这个阶段能持续 2 周，方便昆虫传粉。

紫花苜蓿的成熟果实为不开裂的褐色荚，弯曲或螺旋形，螺旋多至 3~4 圈。一般授粉后 5 d 就可形成荚果。由授粉至种子成熟需要 40 d 左右的时间，授粉后 20 d 种子即有发芽能力。果荚由外果皮、中果皮和内果皮 3 个部分组成，外被短茸毛，内含 4~8 粒种子。

紫花苜蓿种子多为肾形，长 0.24~0.27 cm，宽 0.14~0.16 cm，厚 0.1~0.11 cm；千粒重约 2.0 g。苜蓿的种皮为黄色、有光泽。其颜色随贮藏年限的延长而加深，为红褐色、黑褐色。种皮对种子有保护作用，种皮最外层是排列紧密的栅栏细胞，致使有些种子不能吸水膨胀，表现为硬实种子。

3. 紫花苜蓿种子生产技术要点

（1）选地与播种　在我国年降水量为 300~800 mm 的地区，选择交通便利、平坦、大面积连片，具有排灌设施的地块，pH 为 6~8 的沙壤土作为种子生产田。紫花苜蓿种子细小、幼苗弱、早期生长缓慢，播前应结合施基肥，深耕细耙，土地平整。种子田宽行条播，行距 50~60 cm，播深 2~3 cm；播种量 7.5 kg/hm²，播种前应去杂精选；播后可镇压、保墒促全苗。

（2）田间管理　紫花苜蓿苗期生长缓慢，进行中耕除草、松土保墒，可提高地温、促使幼苗生长。可分别于分枝后期、现蕾期和盛花期适时灌水。结荚时应控制水量，限制生长，防止倒伏。紫花苜蓿为严格的异花授粉植物，能为苜蓿传粉的通常为丸花蜂、切叶蜂、独居型蜜蜂等一些野生昆虫；每公顷设 1~6 个蜂箱，初花期开始引蜂授粉，可提高授粉率，增加种子产量。

（3）病、虫、草害防治　紫花苜蓿病害常见的有褐斑病和白粉病。可用杀菌剂 75% 百菌清 500~600 倍液或 50% 多菌灵可湿剂 500~1 000 倍液定期喷洒防治褐斑病。硫黄粉是防治白粉病的有效药剂，其有效用量为 37.5~45.0 kg/hm²。用胶体硫或百菌清防治也有好的效果。

蚜虫是紫花苜蓿的主要虫害。可采用烟草石灰合剂进行喷洒防治。菟丝子是紫花苜蓿的一大害草，在初发现时人工及时拔除，也可用地乐胺喷洒。

（4）种子收获及贮存　紫花苜蓿种子的发育过程可分为生长期、营养物质积累期和成熟期 3 个阶段。其种子成熟期所需时间较其他豆科牧草长，开花后 22 d 种子具有完全活力，40 d 种子干重达到最大，一般当 80% 的荚果变成褐色时开始收种较为适宜。紫花苜蓿大面积种子田的收获，可采用刈割草条晾晒干燥然后脱粒，或联合收割机直接收获。

三、白三叶草种子生产技术

1. 白三叶草的特点和优良品种

白三叶（white clover）作为世界上分布最广的一种豆科牧草，在我国温带、亚热带的人工草地建植、草坪和绿地建植中具有不可替代的作用。白三叶喜温暖湿润环境，耐热、耐湿、耐阴、耐瘠薄、耐酸；浅根系，主根短，侧根发达，根群集中于 10~20 cm 表土层，根上着生许多根瘤，株丛基部分枝多达 5~10 个，茎细长、柔软匍匐，茎节生根，并长出新的匍匐茎，叶柄长，托起叶片。建植后可很快形成密集草层，耐践踏、耐牧。

根据叶片、花序等的大小，分为大型、中型和小型白三叶3种类型。我国审定登记的品种有：大叶型的鄂牧1号、川引拉丁诺白三叶，中型的胡依阿白三叶及贵州白三叶。国外引进的有爱威（Ivory）、考拉（Cola）、海福（Hafa）白三叶等。

2. 白三叶草的生物学特性

白三叶（*Trifolium repens* L.）为豆科三叶草属多年生草本植物，染色体 $2n = 4x = 32$，为异花授粉植物。头形总状花序，自叶腋处生出；花梗长于叶柄，初始花序常居于草层之上。每花序有小花 20 ~ 40 朵，花冠白色或略带粉红色，花期长，花瓣不脱落。荚果小而细长，每荚有种子 3 ~ 4 粒。种子心形，黄色或棕黄色，间有紫色、紫红色。种子小，千粒重 0.5 ~ 0.7 g。

3. 白三叶草种子生产技术要点

在凉爽、潮湿的季节，在排水良好、肥沃的壤土，pH 为 6 ~ 7，有机质、矿物养分和水分供应充足时，白三叶生长好，花量大，结种多。白三叶种子细小，幼苗生长缓慢，播前应精细整地，使土壤紧实，无杂草和残茬；同时，结合整地施入腐熟的厩肥和钙镁磷肥。生产白三叶种子可春播或秋播，南方以秋播为宜，条播行距 30 ~ 50 cm，播种深度 1.0 ~ 1.5 cm，播种量 3 ~ 6 kg/hm²。生长期内，应有效控制田间的石竹科、菊科和禾本科等杂草，以减少杂草对白三叶生长发育的营养、水分和阳光的竞争。白三叶为虫媒花，属异花授粉植物，种子田应设置 1 000 m 以上隔离区，以防串粉混杂。

在最适宜的生长、开花、昆虫授粉和种子收获的条件下，可获得高产优质种子。白三叶草层低矮，花期长达 2 个月，种子成熟不一致，花序密集而小，成熟花序晚收往往被掩埋在叶层下，收种困难，并易落粒和吸湿发芽。白三叶应分批及时收获，或 60% 以上花序变黄后连草一起割下，晒干打碾。在大面积的种子基地，可用联合收割机收获。白三叶可收种子 150 ~ 228 kg/hm²，最高可达 675 kg/hm²。

四、柱花草种子生产技术

1. 柱花草的特点和优良品种

柱花草（*Stylosanthes* Sw.）是原产中南美洲的热带豆科牧草，有种及亚种 45 个，适宜在我国热带和南亚热带地区推广，海南、广东、广西、云南、福建等省区的南部均有分布。可用于青刈和放牧，也适宜幼林地、果园套种，是水土保持、改良土壤的优良绿肥作物。柱花草的根系发达，分枝能力强，株高 100 ~ 197 cm。适应性强，耐旱、耐酸性和瘠瘠土壤，抗炭疽病能力较强。我国主要栽培品种为多年生类型，有圭亚那（Guyana）柱花草、格拉姆（Graham）、热研 2 号、热研 7 号、907 柱花草等。

2. 柱花草的生物学特性

柱花草为豆科柱花草属多年生草本植物，不同的种、亚种和品种在植物学特征和生物学特性上存在一定差异。新近育成的品种‘热研 7 号’柱花草，抗病、耐寒、晚熟、高产、优质，适宜青刈和制作干草粉。其植株多年生直立，株高 1.4 ~ 1.8 m，分枝多，冠幅 1.0 ~ 1.5 m；为自花授粉，二倍体（$2n = 20$）植株；复穗状花序顶生，每个花序有小花 4 ~ 6 朵，蝶形花冠黄色或橙色，雄蕊 10，单体，花药异形，荚果小、扁平、浅褐色、不开裂，有荚节 1 ~ 2 个；种子肾形，浅黑色，千粒重 2.0 ~ 2.3 g。

3. 柱花草种子生产技术要点

柱花草喜温暖、湿润气候，在年均温度高于21℃，年降水量超过1 000 mm的地区生长良好。对土壤适应性广，但不耐水渍，种子田应选择排水良好、肥力中等以上的土地为宜。

柱花草种皮厚、表层蜡质，直接播种发芽率低。播种前用80℃热水浸泡2~3 min，可明显提高发芽率，促使出苗整齐；用1%多菌灵水溶液浸种10~15 min，可杀死种子携带的炭疽病菌；也可将种子接种柱花草根瘤菌做丸衣化处理，以促进根系形成根瘤菌，促进生长。

柱花草可直播或育苗移栽建种子田。直播在每年的3~5月份进行。深耕细耙，精细整地，结合整地施入750 kg/hm²磷肥作基肥。趁墒播种，可撒播或条播，播后覆土1~2 cm，播种要均匀，播种量6.0~7.5 kg/hm²为宜。直播省工省时，但播后易缺苗，生长不整齐，田间管理不方便。育苗移栽建草地，可于每年3月份天气回暖时在苗圃育苗。育苗地翻耕耙糖后起成垄，垄面撒腐熟细碎基肥，拌匀，按4.0~6.0 kg/hm²播种。播后加强淋水等护理，一般播后50~60 d、苗高20~30 cm时出圃移栽，株行距100 cm×100 cm，移栽应选5~6月份雨季，趁雨天移栽。育苗移栽生长迅速、整齐，便于田间管理，提高种子产量。

柱花草幼苗期生长缓慢，易受杂草掩蔽，应注意及时除草，并结合除草进行松土，可促进生长。磷肥有利于提高种子产量，应施足磷肥。初花期喷磷酸二氢钾、硼砂等可以提高结实率。柱花草种子成熟期在当年12月至翌年1月份。种子成熟不一致且易落粒，收种困难。可在种子80%~90%成熟时进行一次性刈割，经晒、打、筛、清选几道工序收获种子，年平均种子产量约200 kg/hm²，高的可达424 kg/hm²。落地种子所占比例很大，可占当年收种的70%左右，应及时收回精选。

第三节 主要禾本科牧草种子生产技术

一、禾本科牧草种子生产的农业技术要点

1. 禾本科牧草的基本概念

禾本科牧草简称禾草（grass），指禾本科具有长披针形叶、圆锥花序或穗状花序和狭长颖果特征，具有一定适应性、抗逆性和抗病虫特性，同时具有较高饲用价值的一年生或多年生草本植物。

禾本科牧草种子一般指作为播种材料的植物学上的颖果。种子多披针形、小而轻，带有不易分开内外稃、芒等附属物，播种时会影响种子的流动性。

2. 禾本科牧草的种类及分布

禾本科牧草多数为一年生、越年生或多年生植物，是陆地上草地植被的主要建群种或优势种，具有良好的营养价值和安全性。全世界约有6 000种，我国约有1 200种。优良禾本科牧草属种主要有如下几种。

（1）黑麦草属（*Lolium* L.） 一年生或多年生草本植物，约有10种，主要分布在温带湿润地区。多年生黑麦草和多花黑麦草为世界性栽培牧草，在我国华北、西南以及长江中

下游地区均有栽培。

（2）雀麦属（*Bromus* L.）　代表草种为无芒雀麦，根茎型多年生草本，为禾本科牧草中抗旱性最强的一种。现已成为欧洲和亚洲干旱、寒冷地区的重要栽培牧草。

（3）赖草属（*Leymus* L.）　代表草种为羊草，是喜温耐寒的寒地型多年生植物，同时耐旱、耐沙，还有一定耐盐碱特性，是盐化草甸的建群种。

（4）披碱草属（*Elymus* L.）　世界约有 20 种，我国约有 10 种，广泛分布于草原及高山草原地带。栽培草有老芒麦、披碱草和垂穗披碱草等。

（5）冰草属（*Agropyron* Gaertn.）　全世界约有 15 种，广泛分布于欧亚大陆温带草原及荒漠草原地区。我国栽培面积比较大的有扁穗冰草、蒙古冰草、沙生冰草及引种的西伯利亚冰草。

（6）羊茅属（*Festuca* L.）　系多年生、稀一年生、矮小或高大禾草。全世界约有 80 种，广布于温寒带地区。我国约有 20 种，其中人工栽培的有苇状羊茅和草地羊茅。耐寒、耐旱、又耐热、耐湿，还有一定耐盐能力，适应性较广泛。

（7）高粱属（*Sorghum* Moench）　一年生或多年生高大草本，约有 30 种，分布于全球热带或亚热带地区。代表饲草种为苏丹草，是耐干旱、耐盐碱、喜温不耐寒的一年生禾草。

（8）狼尾草属（*Pennisetum* Rich）　为一年生或多年生禾草，分布于热带和亚热带地区。全世界约有 80 种，我国有 4 种，人工栽培利用的主要有象草、美洲狼尾草及其两者的杂交种杂交狼尾草和皇竹草。杂交狼尾草在我国长江流域以南各省（区），特别是华南地区种植面积较大。

3. 禾本科草的种子生物学特性

多年生禾本科牧草种子的产量取决于单位面积上生殖枝的数目、穗的长度、小穗及小花数、结实率和种子的千粒重。这些因素的好坏与水肥供应充足、适时与否密切相关。因此，必须了解种子生产的牧草的生物学特性。

多年生禾本科牧草的草丛是由各式侧枝所组成，而侧枝是由分蘖产生。多年生禾本科牧草在两个时期形成分蘖，即夏秋分蘖和春季分蘖。由于分蘖产生的时间不同，它们所需的外界环境条件也不同，有春性与冬性之分。春性禾草要求较高的温度，在早春播种，播种当年春季以及以后年份春季所形成的枝条都能形成生殖枝。由于早期生长的枝条进行拔节、抽穗和开花需要大量的营养物质，较后期形成的枝条表现为由于营养不足，而处于短枝状态。因此在成年的春性禾草丛中，长生殖枝及短营养枝均占有相当的比例，这些枝条被刈割以后，处于短枝状况；而在刈割时生长点未遭损伤的枝条，由于营养条件的改善，可以再次形成营养枝及生殖枝。因此春性禾草在一年中可以刈割两至数次。夏秋分蘖的枝条，则在冬季死亡。冬性禾草要求一个较长的低温时期，只有在冬季条件下才具备。冬性禾草春季分蘖所形成的枝条，不能形成生殖枝，并在越冬时死亡，夏秋分蘖的枝条可越冬，至生活的第三年形成生殖枝。因此，在成年的冬性草草丛中，生殖枝及长营养枝占有相当的比例。而草丛中生殖枝的数目，取决于夏秋分蘖的数量及其生长状况。夏秋分蘖的枝条多，生长良好，第二年产生的枝条数也就多。

多年生禾草分蘖结束后，通过拔节、抽穗、开花形成下一代的种子。牧草拔节、抽穗时期是生长最旺盛、最迅速的时期，也是穗分化和花器发育的时期，外界环境条件的优劣，与生殖枝、穗、小穗以及小花的发育优良与否有着密切的关系。

4. 禾本科牧草种子生产基地的基本要求

（1）种子生产田的建立 牧草有多年生与一年生、长日照和短日照、冷季性和暖季性等生态类型，不同的生态类型对气候的要求各不相同。禾本科牧草为须根系，土层中分布浅，对土壤田间要求比豆科牧草严格。大部分禾本科牧草如无芒雀麦、老芒麦等喜中性壤土；苇状羊茅和杂交狼尾草则在土层深厚、保水良好的黏性土壤上生长最好；羊草、碱茅等适合在轻度盐碱土壤中生长。盖氏须芒草、弯叶画眉草等热带牧草适合在酸性土壤中生长。种子生产中可采用空间隔离、自然屏障隔离方法防止生物学混杂。风媒花的无芒雀麦、黑麦草、羊草、披碱草、老芒麦等牧草品种，隔离距离应在 400 ~ 500 m。

（2）种子生产田的田间管理 追肥和灌溉是提高种用牧草种子产量和品质的重要措施。禾本科牧草是喜氮的植物。对于 P、K 肥料也需有适当的比例，追肥和灌溉通常结合进行。追肥及灌溉可在禾草分蘖、拔节、抽穗及开花期进行。由于多年生禾草在夏秋及春季进行分蘖，为了促进其侧枝的形成，对于不同类型的禾草在不同时期施用适量的 N、P 肥是必要的。对于冬性禾草而言，由于在春季前一年越冬的枝条较快地即可进入拔节，抽穗时期，此时除施用 N 肥外，P 肥应适当增加，以促进穗器官的分化。夏秋季，追肥的数量可以适当地多一些，以 N 肥为主，同时追施 P、K 肥。N 肥的数量不宜太多，以免影响其越冬。春季追肥，既有促进春性禾草分蘖的作用，也有助于两个时期分蘖枝条的生长。而对于春性禾草而言，春施 N 肥的数量应高于对冬性禾草施用的数量。禾草进入拔节、抽穗时期，对水肥的需要最为迫切，是整个生育期内需要量最大的时期，应施用完全肥料，N、P、K 均具有重要意义。施用 N 肥可促进生长，也促进形成更多上穗和小花；P 肥对花器官形成、可育花粉、子房正常发育和种子产量形成有重要作用；K 肥在这个时期有促进碳水化合物（糖类）的形成和转运，对提高光合效率、促使茎秆坚韧、防止倒伏都有重要意义。在肥料充分时，可在拔节及剑叶出现期两次施用，但应本着前重后轻的原则。当肥料不充裕时，可在拔节时一次施用，并结合进行灌溉。牧草至开花灌溉时期，主要是如何满足粒大而饱满的要求，此时除了从外界吸收同化营养物质外，要求施用适量 P、K 肥和充足的水分，也可追施少量 N 肥，但不宜过多，否则会引起徒长，延误成熟，造成减产。

（3）人工辅助授粉 禾本科牧草为风媒花植物，在自然授粉的情况下，借助风力传播花粉。根据研究报道，禾本科牧草在自然授粉的情况下结实率并不是很高，视牧草种类不同分别在 20% ~ 90%，多在 30% ~ 70%。因此，进行人工辅助授粉，可以显著提高种子产量。对猫尾草、无芒雀麦、草地羊茅、高燕麦、鸭茅等牧草进行人工辅助授粉的试验报道，进行一次授粉时，种子增产 11.0% ~ 28.3%，进行两次助授粉时可增产 23.5% ~ 37.7%。不同属、种禾草的开花习性各有特点（表 8-4），了解各种牧草的开花习性有利于对禾本科牧草进行正确地人工辅助授粉。

禾本科牧草开花的时间与外界环境条件有着密切的关系，需要一定的气温和一定的相对湿度。一般而言，开花时的气温应在 10℃以上，低于 10℃即停止开放；对猫尾草等 8 种禾草的研究发现，开花时的相对湿度视牧草种类而不同，开始开花的相对湿度为 80% ~ 90%，结束时为 50% ~ 80%。一些干旱地区生长的牧草，开花时对相对湿度的要求较低，羊草、冰草等开花时的相对湿度为 50% ~ 70%。各种牧草在雨天及阴天时，花均不开放。

禾本科牧草按开花的顺序可分为两大类。圆锥花序的牧草，其顶小穗首先开放，然后

表 8-4 各种禾本科牧草的开花习性

牧草名称	开花期	持续期	单序开放期	一日内开花时间
羊草	返青后 50 d 左右	30 d 左右	16 d，第 6 d 高峰	14～18 时，15～16 时高峰
冰草	返青后 65～66 d	25 d 左右	13 d，第 8 d 高峰	14～18 时，14～15 时高峰
无芒雀麦	返青后 60 d 左右	20～25 d	16 d，第 3 d 高峰	14～18 时，17～18 时高峰
猫尾草	6 月中下旬	8～10 d	4～6 d	14～16 时，15～16 时高峰
草地羊茅	6 月中下旬	—	6～8 d，第 5～6 d 高峰	15～21 时，17～20 时高峰
高燕麦草	6 月中下旬	—	6～8 d，第 2～5 d 高峰	14～17 时，16 时高峰
鸭茅	6 月中下旬	—	7～8 d，第 3～7 d 大量开花	15～21 时，15～19 时高峰
看麦娘	6 月下 6 月上	—	8～10 d，第 4～7 d 大量开花	14～18 时，15～17 时高峰
多年生黑麦草	6 月中下旬	—	7～8 d，第 3～5 d 大量开花	15～17 时
草地早熟禾	6 月上中旬	—	6～8 d	15～16 时
披碱草	—	—	7～8 d，第 4～6 d 大量开花	9～11 时
苏丹草	—	—	7～8 d，第 4～5 d 大量开花	15～16 时

向下延，基部小穗后开放；穗状花序的牧草，花序上部 1/3 处首先开放，然后逐渐向上向下延。苏丹草的开花顺序同一般圆锥花序牧草，但两性花先开放，经 4～5 h 雄性花才开放，然后两类花同时结束。

对禾本科牧草进行人工辅助授粉必须在大量开花期及一日中盛花时进行。人工辅助授粉最好进行 2 次。对圆锥花序类牧草应于上部花及下部花大量开放时各进行 1 次。对于穗状花序可于大量开化时进行 1～2 次，两次间隔的时间一般为 3～4 d。

禾本科牧草人工辅助授粉的方法极为简便，授粉时用人工或机具于田地的两侧拉长一绳索或线网，于牧草开花时从草丛上部掠过即可。一方面植株摇动可促进花粉的传播；另一方面落于绳索或线网上的花粉，在移动时可带至其他花序上，从而使牧草达到充分授粉。此外，空摇农药喷粉器，吹出的风促使植物动摇，亦可达到辅助授粉的目的。

（4）牧草种子的收获 禾本科牧草种子可采用简单机械收获和联合收割机收获。禾草种类不同，收获方式不同，各有其适宜收获时期（表 8-5）。

用收割机收割时，最好在清晨有雾时进行。根据试验，鸭茅种子在雾下收获时，种子损失量为 9～11 kg/hm²，而至午后收获时，种子的损失量增加到 13.5 kg/hm²。小糠草、草地羊茅所进行的试验，其结果基本与鸭茅相似。但应该指出，仅在清晨雾下进行收获，如果种子田面积较大，势必延长种子的收获期，往往也会造成较大的损失。

表 8-5　几种禾本科牧草种子的收获方式和收获特性

牧草种类	联合收割机收获	简单机械收获	种子的脱落性
羊草	完熟期，花序呈黄褐色，营养枝灰绿色	蜡熟期或部分完熟期花序黄色，营养枝及生殖枝为绿色	脱落不多
披碱草	完熟期，花序呈紫色至黄褐色，上部叶及中部部叶绿色，下部叶发黄	蜡熟，花序紫色	种子脱落性强，应及时在 1～2 d 收毕
垂穗披碱草	完熟期，花序呈黄色或灰色，基部叶绿色，秆黄色	蜡熟至完熟期初，花序褐色，秆淡黄色	种子脱落性强，应及时收获
老芒麦	完熟期	蜡熟期	种子强烈脱落
冰草	完熟期，植株除茎生叶及部分茎下叶片外均呈穗黄色或黄褐色	蜡熟期，穗和秆黄色	较易脱落
野黑麦	蜡熟期，上部小穗发黄，其他呈淡紫色	蜡熟期，穗和秆黄色	种子成熟时，一节一节地脱落
猫尾草	种子完熟，30%～40% 的花序上部分小花散落，植株上部白色，3%～5% 植株上部花序种子明显脱落	蜡熟至完熟初期于手中轻轻摩擦时，种子与穗脱落	干旱天气种子在花序上保存良好，下雨后成熟的种子强烈脱落，未完全成熟的种子不脱落
无芒雀麦	完熟期，花序向一个方向变形散开，种子坚硬，长营养枝绿色	蜡熟期，种子坚硬，紧压花序时部分种子脱落	种子脱落不多，成熟整齐
多年生黑麦草	种子蜡熟，主穗轴绿色，当打击花序时，种子强烈脱落	种子开始蜡熟，当强击花序时上部种子脱落	种子脱落性强，收获必须在 1～2 d 完成
草地羊茅	种子蜡熟未至完熟期初，花序上部种子开始脱落	蜡熟期初，种子不脱落	种子强烈脱落，应在 1～2 d 收获
鸭茅	种子完熟期，下中部叶片黄色，花序黄褐色	蜡熟期，中上部叶片尚为绿色	过于成熟时易脱落
苇状草芦	蜡熟，大田外貌黄色具绿色斑纹，可看到有种子脱落	蜡熟期初，大田外貌淡绿色具微黄色斑点，紧压花序时种子脱落	脱落，应在 1～2 d 收毕
草地早熟禾	完熟期，成熟期小穗在花序上卷成团，大田外貌淡灰色	蜡熟期，种子脱落较难，大田外貌淡褐色	及时收获种子脱落不多
扁穗雀麦	完熟期，生殖枝大部或上部花序变黄色，下部叶片呈黄色，茎生叶及营养枝绿色	蜡熟期，花序黄色	种子脱落严重
苏丹草	主茎圆锥花序成熟时，花序及茎干燥，呈黄褐色	主茎圆锥花序大部分成熟或蜡熟	种子容易脱落

　　用收割机具收获种子时，应立即搂集并捆成草束，尽快地从田间运走，不应在种子田晒草和堆垛，以免造成损失或影响牧草的生长。用联合收割机收获时，脱出的草糠及秸秆

应即时运走，这些草糠及秸秆，特别是豆科牧草的草糠等物是家畜的良好饲料。

二、无芒雀麦种子生产技术

1. 无芒雀麦的生物学特性

无芒雀麦（*Bromus inermis* Leyss.）根茎发达，耐寒、耐瘠，且可耐长期干旱，是草甸草原、典型草原地带以及温暖较湿润地区的优良牧草。分布于我国东北、内蒙古、西北、西藏南部和欧亚大陆温带地区。我国审定登记无芒雀麦品种有：'公农''林肯''奇台''锡林郭勒''新雀 1 号'无芒雀麦等。

无芒雀麦别名无芒草，是禾本科雀麦属长寿多年生草本植物，寿命可长达 25 ~ 50 年，在其生长的第 2 ~ 7 年种子生产力较高。其染色体数 $2n = 4x = 28$。无芒雀麦播种当年仅有个别枝条开花，第二年返青后 50 ~ 60 d 即可抽穗开花，花期持续 15 ~ 20 d。授粉后 11 ~ 18 d 种子即有发芽能力。圆锥花序长 10 ~ 30 cm，穗轴每节轮生 2 ~ 8 个枝梗，每枝梗着生 1 ~ 2 个小穗，小穗狭长卵形，内有小花 4 ~ 8 个；颖披针形，无芒或具短芒；颖果狭长卵形，长 9 ~ 12 mm，千粒重 3.2 ~ 4.0 g。

2. 无芒雀麦种子生产技术要点

（1）种子田选择　种子田是品种纯度的保证，应选择近 5 年内没有种植过同一个种（含近缘种）的其他品种、同一品种不同级别种子的田块作为原种田；选择近两年内没有种过同一个种（含近缘种）的其他品种的田块作为合格种子田，以防自生植物发生而造成的生物混杂，同时有利于防止病虫害。不同品种无芒雀麦的种子生产时的最低隔离距离为 50 ~ 150 m。

（2）整地施肥　疏松土壤和较好墒情是无芒雀麦种子发芽的基础。播种前给种子田充足灌水、深耕耙糖、精细平整和镇压，以利发芽和出苗。结合整地施用腐熟厩肥 22.5 ~ 37.5 t/hm² 作基肥，种子田可于分蘖和拔节期施以适量 P、K 肥，以后可于每年冬季和早春再施厩肥。

（3）播种管理　无芒雀麦可因地制宜进行春播、夏播或早秋播，北方地区一般在 3 月下旬或 4 月上旬春播。种子田采用宽行条播，行距 40 ~ 50 cm，播深 2 ~ 4 cm，播种量 15.0 ~ 22.5 kg/hm²。无芒雀麦播种当年生长较慢，易受杂草危害，因此当年应特别重视中耕除草。无芒雀麦具有发达的地下根茎，生长 3 ~ 4 年以后，根茎相互交错结成硬实草皮，使土壤通透性变差，植株低矮，抽穗植株减少，种子产量降低，必须及时划破草皮，改善通气透水状况，促使其复壮和旺盛生长。

（4）收种与贮存　无芒雀麦播种当年结子量少，种子质量差，一般不宜采种；第 2 ~ 3 年生长旺盛，种子产量最高；在 50% ~ 60% 的小穗变为黄色时收种，可获得 600 ~ 750 kg/hm² 种子。在清选、贮藏、包装过程中注意设施清洁，防止机械混杂；在合格种子级的清选、贮藏及包装中注重保证种子的一致性、均一性。

三、老芒麦种子生产技术

1. 老芒麦的生物学特性

老芒麦（*Elymus sibiricus* L.）别名西伯利亚披碱草，为短寿多年生禾草，是我国西北、华北和东北地区重要的禾本科栽培牧草之一。对土壤要求不严，在瘠薄、弱酸、微碱或含腐殖质较高的土壤中均生长良好，能适应复杂的地理、地形和气候条件。

老芒麦为披碱草属多年生疏丛型禾草，染色体数 $2n = 4x = 28$。老芒麦分蘖力强，春播当年分蘖可达 5 ~ 11 个。穗状花序疏松而弯曲下垂，长 12 ~ 30 cm，每节 2 小穗，每穗 4 ~ 5 朵小花。就单个花序，从花序的中上部 1/3 处开始开花，同时向上和向下逐次开花，花序基部的花最后开放。每小穗的种子数、穗数，每平方米的穗数与种子产量关系密切。在盛花期后的 20 ~ 25 d 进入果实成熟期。老芒麦与披碱草同属于短促开花型植物，花期 10 d 左右。始花 5 d 左右即进入盛花期。每一花序的开花持续时间，披碱草和老芒麦 10 d；小花开放的时间均在下午，12 ~ 16 时开花的小花占总开花数的 90% 以上。颖果长椭圆形，千粒重在 3.5 ~ 4.9 g。

2. 老芒麦种子生产技术

老芒麦秋播杂草少、易建植，可在初霜前 30 ~ 40 d 播种，也可春播。播种前施足基肥，深翻、耙耱、精细平整和镇压土地。老芒麦种子具长芒，播前应去芒。播种时应加大播种机的排种齿轮间隙或去掉输种管，时刻注意种子流动，防止堵塞，以保证播种质量。老芒麦的结实性能好，然而极易脱落，宜在穗状花序下部种子成熟时及时采种，可产种子 750 ~ 2 250 kg/hm^2。

四、杂交狼尾草种子生产技术

1. 杂交狼尾草的生物学特性

杂交狼尾草喜温暖湿润气候条件，耐热、耐湿、耐酸，亦具有较强的耐旱、耐盐碱能力；其根系强大，抗倒伏；植株高大，茎叶柔嫩、叶量丰富，青产草量可高达 150 000 kg/hm^2。在我国北纬 28° 以南地区可自然越冬，多年生利用。我国审定登记的杂交狼尾草品种有杂交狼尾草等。

杂交狼尾草是以美洲狼尾草（$2n = 2x = 14$）为母本、象草（$2n = 2x = 14$）为父本的杂交种（$Pennisetum\ americanum \times P.\ purpurenm$），三倍体，为狼尾草属多年生丛生性高秆禾草。株高 1.5 ~ 4.5 m，茎粗 1.5 ~ 3.5 cm，每株具节 15 ~ 35 个。杂交狼尾草的圆锥花序顶生，密集成穗状，小穗近无柄，2 ~ 3 枚簇生成束，每小穗含两小花不孕，生产上既可无性繁殖，又可杂交制种生产 F_1 代杂交种，进行有性繁殖。

2. 杂交狼尾草种子生产技术要点

（1）种子田选择　杂交狼尾草一般应选择排灌方便、土层深厚、疏松肥沃的土地建植种子田或种茎田。因其种子结实率低、发芽率低及实生苗生长缓慢等原因，生产上采用无性繁殖，种子繁殖可先行育苗。

（2）育苗移栽　杂交狼尾草根系发达，喜土层深厚。育苗时，应精细整地、起垄建苗床，在长江中下游地区应于 3 月底前后适时播种。苗圃采用窄行条播，行距 15 ~ 18 cm，播量 22.5 ~ 30 kg/hm^2。播种前用呋喃丹拌种，以防地下害虫。播种后可用薄膜覆盖，保温、保持土壤湿度，以保证全苗。幼苗生长到 6 ~ 8 片叶时，即可移栽大田。移栽株行距为 30 cm × 60 cm，每亩约 3 000 株。1 亩种苗可栽种 30 ~ 40 亩大田。移栽苗，苗期生长缓慢，封行前应重视杂草防除和肥水管理。

（3）种茎扦插　杂交狼尾草对种植时期要求不严，在平均气温达 13 ~ 14 ℃时，即可应用种茎繁殖。种植时要选择 100 d 以上的茎秆做种茎，按 3 ~ 4 个节切成一段插条，行距 50 ~ 60 cm，种芽向上斜插，出土 2 ~ 3 个节；或将种茎平放，芽向两侧，覆土 5 ~ 7 cm。也可挖穴种植，穴深 15 ~ 20 cm，种茎斜插，每穴 1 ~ 2 苗，用种茎 1 500 ~ 3 000 kg/hm^2。

第四节　主要草坪草种子生产技术

一、草坪草种子生产的基础理论

1. 草坪草的基本概念

草坪（lawn）亦称草坪植被，是指由人工建植或养护管理，形似地毯状的草地，其构成主要包括三部分，即草坪植物地上枝叶层、地下根系层和根系生长的表土层。

草坪草（turfgrass）是指能够形成草坪，耐修剪和供人们使用的一些草本植物以及地被植物。大多数属于根茎型和匍匐型的多年生禾本科草类，其质地纤细，植株低矮，并具有较强的覆盖和再生能力；也有一些是非禾本科［如莎草科（Cyperaceae）、豆科（Leguminosae）、旋花科（Convolvulaceae）等］的矮生草类。

草坪草种子（turfgrass seed）主要包括通过有性方式繁殖的种子，以及可作为建植材料的根茎、匍匐茎等无性繁殖器官。大部分禾本科、莎草科、豆科的草坪草均可用种子繁殖。禾本科的草地早熟禾、偃麦草，莎草科的走茎苔草、异穗苔草等，可采用带有芽的短切根茎作为繁殖材料。狗牙根、匍匐翦股颖、草莓、白三叶等，可采用匍匐茎的切段进行繁殖。

2. 草坪草的种类及分布

草坪草的种类繁多，特性各异，其分类方法也有多种。

（1）按草坪草的适宜生态条件分类　可分为暖季型草坪草（warm-season turfgrass）和冷季型草坪草（cold-season turfgrass）两类。暖季型草坪草主要是禾本科（Gramineae）、画眉亚科（Eragrostoideae）的一些植物，多为 C_4 植物，最适生长温度为 $25 \sim 30\,℃$，能适应高温但不耐寒冷。在我国多分布于黄河流域以南地区，主要种类有结缕草、狗牙根、假俭草、野牛草、地毯草、竹节草、巴哈雀稗、弓果黍等。

冷季型草坪草主要属于禾本科的早熟禾亚科，最适生长温度为 $15 \sim 25\,℃$，耐寒性较强但夏季不耐炎热，主要分布在北半球的温带至亚寒带地区。我国华北、东北和西北地区均有自然分布和栽培，主要种类有草地早熟禾、匍匐翦股颖、羊茅、高羊茅、紫羊茅、黑麦草、小糠草、无芒雀麦、冰草、莎草科的异穗苔草等。

（2）按草坪草科属分类　可分为禾本科草坪草和非禾本科草坪草两类。禾本科草坪草约占草坪草的90%以上，分别属于早熟禾亚科、黍亚科、画眉亚科。主要有以下属种和用途：

① 翦股颖属（Agrostis spp.）　代表草种有细弱翦股颖、匍匐翦股颖、绒毛翦股颖、小糠草等，适用于建植精细的观赏草坪和高尔夫球、曲棍球等球场草坪。

② 羊茅属（Festuca L.）　代表草种有羊茅、高羊茅、细叶羊茅、反匀紫羊茅等，主要用作运动场草坪及各类绿地草坪混播中的伴生种。

③ 早熟禾属（Poa L.）　代表草种有草地早熟禾、普通早熟禾、加拿大早熟禾、一年生早熟禾等，是北方建植各类绿地和运动场草坪的主要草种，尤其是草地早熟禾的一些品种。

④ 黑麦草属（Lolium L.）　代表草种有多年生黑麦草、洋狗尾草、梯牧草等，一般用

作运动场草坪和各类绿地草坪混播中的保护草坪。

⑤ 结缕草属（*Zoysia* Willd.）　代表草种有结缕草、中华结缕草、细叶结缕草、大穗结缕草、马尼拉结缕草等，适宜铺建庭园和足球场、高尔夫球场、飞机场等场地草坪，也可用作固土护坡草坪。

⑥ 狗牙根属（*Cynodon* Rich.）　代表草种有狗牙根、非洲狗牙根、布德里狗牙根、杂交狗牙根等，可用于建植绿地草坪、固土护坡草坪，或与其他草种混合铺设球场草坪。

非禾本科植物中，凡是具有发达的匍匐茎、低矮细密、耐践踏及粗放管理、绿色期长、易于形成低矮草皮的，都可用来铺设草坪。如莎草科的细叶苔草、白颖苔草和卵穗苔草等都可用于铺建草坪，豆科的白三叶、红三叶、多变小冠花等可作为观赏性草坪植物。另外，旋花科的匍匐马蹄金、百合科的沿阶草等主要用作建植园林花坛造型和观赏性草坪草。

（3）按草坪草叶子宽窄分类　可分为宽叶草坪草和细叶草坪草两类。宽叶草类（叶宽4 mm 以上）有偃麦草、无芒雀麦、高羊茅、结缕草、地毯草、假俭草、竹节草等，适用于较大面积的草坪建植。细叶草类（叶宽 1～4 mm）有草地早熟禾、匍匐翦股颖、细叶结缕草、细叶羊茅、野牛草等，多不耐践踏，但观赏价值高。

（4）按草坪草植株高矮分类　可分为矮型草坪草和高型草坪草两类。矮型草类（株高20 cm 以下）有狗牙根、地毯草、假俭草、野牛草等，此类草耐践踏，管理方便。高型草类（株高 30～100 cm）有高羊茅、早熟禾、翦股颖、黑麦草等，此类草适用于大面积的草坪建植，其缺点是需经常刈剪才能形成平整的草坪。

（5）按草坪草的用途分类　通常可分为观赏性草坪草、普通绿地草坪草、固土护坡草坪草和点缀陪衬草坪草四类。观赏性草坪草有白三叶、百里香、多变小冠花、匍匐委陵菜等；普通绿地草坪草有细叶结缕草、狗牙根、地毯草、草地早熟禾、白三叶、野牛草等；固土护坡草坪草有结缕草、假俭草、无芒雀麦、竹节草等；点缀陪衬草坪草有小冠花、百脉根等。

3. 草坪草种子生产基地的基本要求

草坪草种子生产基地是草坪草种子来源的保证。由于自然草坪草质量较差，管理费用较高，生产种子不经济，因而必须建立人工草坪草种子生产基地。生产冷季型草坪草，可在 7 月少雨、8～9 月多雨的北方选择基地较好；生产暖季型草坪草，基地应选择在冬季可以延长生长的南方。生产基地地块要求地面平整、土层深厚、土壤肥沃和有灌溉系统。草皮、草苗的生产也是建植草坪的重要方法。草皮有普通草皮和地毯式草皮。普通草皮出圃多采用平板铁锹铲苗，也可用起草皮机，以 30～40 cm 宽条状起草皮。地毯式草皮从整地、播种、草皮铲起成卷到装运，整个过程全部采用机械化，运至建植地点再像铺地毯一样铺上，可立即见效，但造价较高。草苗是像生产水稻秧苗一样进行密植生产，然后起苗，运达目的地后进行栽植。

二、草地早熟禾种子生产技术

草地早熟禾（*Poa Pratensis* L.）又名六月禾，是禾本科早熟禾属多年生草本植物，原产于欧洲、亚洲北部和非洲北部，现遍及全球的温带和部分寒带地区，在我国黄河流域、黑龙江、吉林、辽宁、四川、新疆等地均有野生种，常见于河谷、草地、林边等处，是我国北方地区建植草坪的主要草种之一。目前我国用于绿地的栽培品种种子，基本上都从欧美等国进口。

1. 草地早熟禾的生物学特性

草地早熟禾繁殖力强，再生性好，生长年限长，较耐践踏，喜光喜温暖湿润、耐阴耐旱耐寒，返青早、绿期长，采种方便，被誉为"绿草之冠"。

草地早熟禾是常异花授粉、兼性无融合生殖植物，其细胞学和胚胎学特性较为复杂，染色体数目变化很大（$X = 7$；$2n = 28 \sim 154$），能与许多其他早熟禾杂交，杂种可进行无融合生殖，使杂种基因型恢复可育性。

草地早熟禾的穗为圆锥花序，长 $13 \sim 20$ cm，小穗长 $4 \sim 6$ mm，含 $3 \sim 5$ 朵小花。颖果细小，纺锤形，具三棱，长 $1.1 \sim 1.5$ mm，宽约 0.6 mm，千粒重约 0.39 g。花序形成一般要求短日照和低温条件，分蘖也必须达到一定的大小和生长阶段才能有温度和光周期反应。为了减少分蘖间的过度竞争，获得较高的种子产量，要求秋季有适当的再生植被及适宜的稀疏草丛。施肥、刈割等措施有利于秋季形成大而粗壮的分蘖。

2. 草地早熟禾种子生产技术要点

（1）建立苗圃　建立苗圃的目的是为采种田培育壮苗，并提高繁殖系数。苗圃要求土壤肥沃，pH 为 $6 \sim 7$，排水良好，无杂草，能够保证种子出苗率和幼苗的健壮生长。

（2）适时播种　在当地化冻 15 cm 即可播种。播种量一般为 $1.20 \sim 2.25$ kg/hm^2，因要移栽可适当稀植，以提高分蘖数。

（3）苗期管理　出苗后，应及时拔除宿根性阔叶杂草和其他禾本科杂草。幼苗扎根后，可采用镇压以促进分蘖。

（4）移栽至采种田　第二年 7 月下旬至 8 月移栽至采种田内。采种田要求精细整地，为便于田间管理，可采用行距 30 cm 条栽平作。开沟后施入腐熟有机肥 10 000 kg/hm^2。移栽后要立即灌水，缓苗后加强肥水管理，可按 N∶P∶K = 50∶20∶20（kg/hm^2）比例施入化肥。干旱地区要多次灌水，尤其要灌好封冻水，防止母株干冻而死。进行中耕除草，以促进分蘖和生殖枝的形成，增加有效穗数和种子产量。

（5）采种收获　播种后第三年为采种起始年，春季草地早熟禾返青后，应施入返青肥。试验证明，此时施肥效果最好，可以增加植株的有效分蘖数、穗粒数、穗粒重和结实率，提高种子产量。应施入氮磷钾混合肥，比例和用量为 N∶P∶K = 60∶40∶40（kg/hm^2）。返青期喷施一定量的 6- 苄氨基嘌呤（6–BA）、α- 萘乙酸等植物生长调节剂，对促进生长、提高种子产量也有较好的效果。管理措施得当的采种田，植株健壮发达，其营养枝高度在 $23 \sim 33$ cm，生殖枝 $56 \sim 64$ cm，分蘖密度可达 1 800 个 /m^2，有效穗数可达 1 000 多个，穗长 9 cm，小穗数 130 个左右，小花数达 350 多个，穗粒数可达 300 多个，结实率约 86%。一般在 $6 \sim 7$ 月种子即可成熟收获，产量高达 800 kg/hm^2。收获时间应在开花后 $24 \sim 25$ d 为宜，此时种子含水量为 $28\% \sim 30\%$，此期收获的种子发芽率与活力均较高，而且落粒损失小。

（6）其他处理措施　生产草地早熟禾商品种子还需要解决两个重要问题：一是必须除去每粒种子基部的茸毛丝状体，以便于机械化播种；二是必须清除种子田收获后的剩余残物，以保证下一年获得较高的种子产量。

三、高羊茅种子生产技术

高羊茅（*Festuca arundinacea* Schreb.）又名苇状羊茅、高牛尾草，是禾本科羊茅属多年生疏丛型草本植物，原产于西欧、北非，并延伸分布于西伯利亚、东非及马达加斯加山区，我国新疆、东北中部及平原湿润地区也有自生。我国黑龙江、北京、山东、江苏、安徽、武汉、江西等地均已引种栽培。美国从欧洲引种，自西部干旱区到东部湿润区已广泛栽培。目前，高羊茅是世界应用最为广泛的冷季型草坪草之一。

1. 高羊茅的生物学特性

高羊茅适应性广，抗热性强，耐阴耐湿耐酸碱，耐刈割耐践踏，弹性好，再生能力强，生长量大，绿期较长，抗病性强，抗寒抗旱能力较好，适应于多种土壤和气候条件，尤其在暖温带和冷凉的亚热带气候条件下，是一种重要的草坪草。

高羊茅是由野生和牧草型高羊茅选育而成的一种优质冷季型草坪草，其茎秆直立而粗硬，分蘖多，株高 50～80 cm，呈疏丛状，叶片多，质地较粗糙，须根发达，入土很深。穗为圆锥花序，长 10～35 cm，主枝长 6～8 cm，每节着生 2～4 个分枝，小穗长 10～13 mm，具 4～5 朵小花。颖果长圆状披针形，长 3.4～4.2 mm，宽 1.2～1.5 mm，千粒重 2.4 g 左右。与许多草坪草相比，高羊茅的潜在产量和实际产量都较高。另外，高羊茅强大的根系和广泛的适应性有利于种子生产，种子成熟期也较集中，利于种子的收获。高羊茅植被衰老较慢，一般至少可以连续 6 年采收种子，其中第 2～5 年是生产种子的高峰期。外界环境条件对高羊茅种子的产量影响较大。据报道，若在传粉期遇到阴雨、大风，种子产量会丧失 60%；高羊茅落粒性较强，种子收获期遇风有 50% 的种子落地，因而选择适宜的收获期对提高种子产量尤为关键。

2. 高羊茅种子生产技术要点

（1）种子田选择 为防止天然杂交影响种子纯度，种子田首先要设置隔离区，原种种子田空间隔离距离要求在 500 m 以上，良种种子田应在 400～500 m。种子田应选择地势平坦、土质良好、光照充足、排灌方便的地段，面积应为计划播种面积的 1%～1.2%。

（2）整地播种 种子田在深翻土壤、准备播种前，可施厩肥 30 000 kg/hm² 和过磷酸钙 750 kg/hm²，也可用 350 kg/hm² 复合肥作基肥。有条件时可在播种时撒草木灰。高羊茅建植比较容易，春播或秋播均可，春播在 4 月中旬播种，秋播于 8～10 月播种。播种方式多采用条播，以便于中耕除草。条播行距有宽行（50～60 cm）和窄行（20～40 cm）两种，宽行播种量为 7.5～9 kg/hm²，窄行播种量为 10.5～12 kg/hm²。为了获得较高的种子产量，高羊茅种子生产中一般选择窄行距和较小的播种量。

（3）田间管理

① 合理施肥 苗期应进行中耕除草，并视苗情适当补充氮肥。为保证高产，施氮肥应不少于 120 kg/hm²（春季施氮量占总施氮量的 3/4），施磷肥应不少于 180 kg/hm²。春季施氮肥效果明显优于秋季，为增加秋季分蘖，可按 1∶2 的比例分秋、春两次施肥。

② 适时灌溉 土壤水分对高羊茅种子生产也至关重要，尤其在降水量小的地区，灌水是非常重要的措施，降水量大的地区应设置排水系统。种植面积较大的，以均匀喷灌较好，种植面积小的则进行漫灌。灌溉量常以田间持水量 60%～80% 为标准，确定灌溉时间最简单的方法是根据植株的外观变化来判断，比如强日照下叶片卷曲下垂、叶色变浓或变暗，表明已缺水，在此之前需灌溉。灌溉时采用促控结合有利于提高产量，在营养生长后期或开花初期适当控水，在整个开花期保持灌水，有利于增加种子产量。

③ 确保生殖枝数量 为了确保来年的生殖枝良好发育和具有一定的数量，播种当年第一茬刈割要给越冬枝条生长留出足够的时间，在翌年开春后亦可采取措施限制侧枝生长

和分蘖。

④ 去杂去劣，防治病虫害　种子田应注意常年去杂去劣，以保证种子的质量。高羊茅虫害主要有蛴螬蟰、黏虫等，一般利用黑光灯和性诱剂诱杀，必要时可喷药防治。高羊茅病害大多数是由真菌引起的，清除杂草可以减轻发病率。焚烧高秆残茬对防治冠锈病、叶斑病和立枯病等具有很好的效果，且能提高种子产量。

⑤ 其他增产措施　如人工辅助授粉能明显提高高羊茅的授粉率；春季喷施生长延缓剂氯丁唑 2 kg/hm²，可显著降低种子的落粒性，减轻收获风险。

（4）适时收获　高羊茅种子收获的最佳时期是种子含水量为 43%，种子含水量低于43% 则落粒损失增加。当用联合收割机收获时，一般可在完熟期进行；而用割草机、人工收获或需在草条上晾晒时，可在蜡熟期进行。收获后的种子应及时晾晒、风选。

（5）残茬处理　高羊茅的同品种间种子成熟期差异不大，一般在 6～7 月成熟。种子收获后应及时刈割地上残留部分，并施肥管理。可对其再生草利用 1～2 次，同时可有效地促进分蘖，有利于下一年获得较高的种子产量。

四、结缕草种子生产技术

结缕草（*Zoysia japonica* L.）又名老虎皮草、崂山草、锥子草，是禾本科结缕草属多年生草本植物，原产于亚洲东南部，主要分布于我国、朝鲜和日本的温暖地带，现已广泛应用于热带、亚热带及温带等地区，成为暖季型草坪草的主要草种。

1. 结缕草的生物学特性

结缕草适应性广，喜光不耐阴，抗旱抗寒，耐高温耐盐碱，绿色期较长，抗病虫和抗草害能力强，耐践踏耐修剪能力极强，具有发达的根茎，容易形成单一连片、平整美观、富有弹性的优良草坪。结缕草属用于草坪的主要有 3 种：结缕草、马尼拉结缕草、细叶结缕草。

结缕草是我国草坪植物中栽培最早、应用最多的一个草种。结缕草的地上有匍匐茎，地下有细长坚硬的横生根茎，属深根性植物，须根一般可入土 30 cm 以上。植株直立，茎高 12～15 cm。花穗为上一年秋季分化，花芽分化与温度、日照长短有关。穗为总状花序，长 2～7 cm、宽 3～5 cm，其小花含 1 枚雌蕊、3 枚雄蕊，雌蕊先成熟，雄蕊后成熟，其间可相隔 3～7 d，因此同一朵小花不可能自花授粉。结缕草的受精率低，其中同株授粉占25%～35%、异株授粉占 30%～35%，种子授粉后 30～40 d 成熟，千粒重 0.33 g 左右。种子外层附有厚厚的蜡质，不易发芽，播种前需进行处理以提高发芽率。

2. 结缕草种子生产技术要点

结缕草采用种子繁殖和营养体繁殖均可。现以‘兰引 3 号’草坪型结缕草为例，介绍营养体繁殖生产结缕草种子的技术。

‘兰引 3 号’结缕草是由引进品种选育而成的，其颜色、质地、生长速度均优于日本结缕草，大田种子产量达 75 kg/hm²，种子自然发芽率高达 58%，具有良好的种子生产能力。

（1）基地选择

① 气候条件　‘兰引 3 号’适合在我国长江以南的热带、亚热带地区生长，在北方越冬有困难。在长江以南地区，纬度越低，其种子生产能力越好。在海南，‘兰引 3 号’一年可收获 2 次种子；在深圳，一年只收获 1 次种子；福州地区的种子生产能力又不如深

圳；在成都地区结实率很低，基本无种子生产能力。因此，'兰引 3 号'结缕草适合在我国华南地区进行种子生产，海南省三亚市和广东沿海地区最适宜建立'兰引 3 号'种子生产基地。

② 土壤条件　要求沙质土壤，土壤肥力中等，pH 为 7～8，排水良好。

③ 灌溉条件　应确保有稳定的供水能力，当种子田需要补充水分时能及时灌溉。

（2）建植技术

① 整地　种子田应提前进行灭除杂草、翻耕土壤和耙糖等工作。华南地区田间杂草多为恶性杂草，如香附子、飞机草等，可用草甘膦等灭生性除草剂灭除。翻耕深度一般为 20～25 cm。整好的土地应地面平整、表层土块细碎、土层疏松。

② 建植方式　用营养体进行条植，条植行距 50～60 cm，开沟深 5 cm，沟宽 8 cm，营养体用量为 10 000 L/hm²。建植最好在阴雨天进行，边起挖种苗边开沟条植。在晴天营养体条植后，要用小滚子镇压，并立即浇水。

③ 建植时间　当平均气温在 15℃以上，地温高于 21℃时即可建植。在华南地区 3～9 月均可建植种子田。3～5 月建植，当年可收获种子，但产量不高。6 月以后建植，翌年才能收获种子。

（3）管理措施

① 防除杂草　应及时防除杂草，防除时间应选择在杂草少且幼嫩的时期，一般采用化学防治，结合人工拔除的方式进行。在植草前，可选择一些芽前除草剂，如拉索、都尔、丁草胺等控制一年生禾本科杂草和部分阔叶杂草。建植后，可选用 2,4- 二氯苯氧乙酸（2,4-D）控制阔叶杂草。恶性杂草采用人工拔除。

② 清除行间枝条　应定期清除行间枝条，此项措施非常重要。可用人工或化学方法，在生长季节，15～30 d 进行一次。化学方法是选择百草枯（Paraquat）在行间定向喷雾，但要防止农药飘散杀死过多的结缕草。

③ 科学施肥　秋季施氮肥可增加分蘖，春季施氮肥有利于提早返青。年施氮量 100～150 kg/hm²，其中春夏季施氮量 80～100 kg/hm²，秋季施氮量 20～50 kg/hm²。一般分 3 次施入，即返青期、孕穗期各施一次，收种后在秋季施一次。华南地区土壤一般缺磷，除底肥施磷外，在孕穗期可追施磷二胺复合肥。钾和微量元素要根据土壤分析报告决定是否追施。

④ 合理灌水　在华南地区，5～10 月为雨季，降水可满足结缕草的水分需求，在旱季时需进行灌溉。在种子成熟期，要控制灌水，适当干旱有利于提高种子的成熟度和品质。

⑤ 防治病虫害　'兰引 3 号'抗病虫害能力强，几乎没有病虫害，但当空气相对湿度大时会发生锈病，可喷施粉锈宁防治。在孕穗开花期，蚂蚁、飞虱、叶蝉等危害小穗小花，影响结实，可用灭蚁药等药剂进行防治。

⑥ 其他措施　春季返青前进行火烧可使种子成熟一致（因为污染环境，当前政策可能不允许进行火烧），产量提高，同时能减少杂草和病虫害，促进分蘖。返青后，低茬修剪 1 次，也可增加抽穗的一致性。

（4）适时收获

① 收获时间　当 90% 的种子颜色变为蜡黄时即可收获，应集中人力及时在 3～5 d 内完成收获，因为'兰引 3 号'种子成熟后极易落粒，若收获时间过长，种子将损失严重。

② 收获方法　小面积人工收种可采用两种方法：一种是在田间用手将小穗直接捋入

盆中；另一种是人工用镰刀割取上部穗子，割下后，成行摊晒 2~3 d，然后用木棒敲打进行脱粒。

③ 清选贮藏　用人工或清选机清除草屑土石块等杂质，然后摊开阴干，使种子含水量降至 13% 以下，装袋放在干燥凉爽通风处贮藏。商业用种必须经过清选、干燥和检验，用国家规定的包装材料及标签进行包装。

思考题

1. 名词解释：牧草、牧草种子潜在产量、牧草种子表现产量、牧草种子实际产量。
2. 牧草和广义牧草的定义是什么？
3. 分析牧草种子产量低的原因。
4. 提高牧草种子产量的措施有哪些？
5. 禾本科草坪草主要有哪些种类？请举例说明。
6. 冷季型草坪草和暖季型草坪草的种子生产有何不同？
7. 简述牧草种子潜在产量、表现产量和实际产量的含义和区别。

开放式讨论题

如何提高我国牧草种子产业国际市场竞争力？

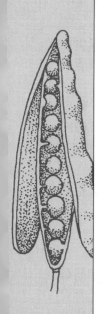

第九章
其他植物种子种苗生产技术

学习要求

　　了解烟草品种分类和种子生产的生物学特性，掌握烟草种子生产体系和程序，以及良种和原种种子生产技术；了解甜菜品种分类和种子生产的生物学特性，掌握甜菜种子生产体系和程序，以及杂交制种技术和窖藏越冬生产技术；了解花卉的种类，掌握选优提纯法生产花卉原种的程序和措施，了解扦插、分根、压条、嫁接繁殖花卉的技术特点及程序和花卉品种混杂退化的原因以及防杂措施；了解林木种苗生产的实生种繁育和种苗繁育概念，掌握林木实生种的结实规律和提高林木种子产量、质量的措施；了解中草药的繁殖方法和采种技术，代表性大宗中草药植物的生物学特性，并掌握其种子生产技术体系和种子质量标准。

引言

　　烟草作为一种高利税的经济作物，我国常年种植面积约 100 万 hm^2，提供税收占国家财政总收入的 6% 以上，其主产区主要分布在云南、贵州、河南、山东、湖南和四川。烟草种子粒小、出苗弱，生产上要求较高的种子质量和种子生产技术。甜菜是我国新兴的糖料作物，主要种植在黑龙江、吉林、内蒙古、新疆等北方地区，以前甜菜种子主要依靠进口，近年来随着多倍体、雄性不育系、单粒种和花粉单倍体等甜菜育种工作的进步，培育了一批甜菜新品种，甜菜种子的生产也日益受到重视。花卉、林木以及中药材种子在迅速发展的国内外种子贸易中占有越来越大的份额，很多种子生产和经营单位开始生产和销售此类种子，尤其是具有很大市场的花卉种子和种苗，目前生产水平很高。本章将分别简要介绍这几类植物的种子生产技术。

第一节 烟草种子生产技术

一、烟草种子生产的生物学特性

烟草（*Nicotiana* spp.）属茄科烟草属植物，原产美洲中南部，是一种重要的工业原料作物。目前全世界被植物学家确认的烟草品种有 60 多个，但被人们栽培食用的只有普通烟草和黄花烟草两个品种。普通烟草又称红花烟草（*Nicotiana tabacum* L.），适宜种植于温暖地带，是世界上主要的烟草栽培品种；黄花烟草（*Nicotiana rustica* L.）适宜种植于低温地区。我国栽培的烟草大部分是普通烟草，在北方有少量黄花烟草种植。

烟草属于有限的聚伞花序，花为两性完全花。花冠由 5 个花瓣构成管状，其上表皮没有表皮毛分化，下表皮则有浓密的表皮毛。花瓣在未开花时为黄绿色，随着花的生长，普通烟草花瓣先端的颜色逐渐变成淡红色，盛开时颜色转为深粉红色。花瓣的颜色和大小是区别烟草种的一个特征。普通烟草管状花冠细而长，一般开红花；黄花烟草的管状花冠粗而短，开黄花。花萼由 5 个萼片愈合组成，呈钟状，包于花冠基部，基脉明显，花萼宿存；早期（花期）花萼为绿色，后期（果期）为黄褐色；花萼上下表皮都有浓密的表皮毛。花瓣与花萼相同排列，开花时先端展开成喇叭状。

烟草是自花授粉作物，天然异交率只有 1% ~ 3%。一般的普通烟草品种，自移栽到现蕾需要 45 ~ 60 d，现蕾到开花需 10 d，花凋谢到果实成熟需 10 d 以上。整个花序自第一朵花开放至最后一朵花开放需 31 ~ 49 d。盛花期一般在第一朵花开放后的第 15 ~ 20 d。整个花序以先上后下，先中心后边缘的顺序开花。一天当中，主要在白天开花，夜间很少开花；高温低湿时开花数量较多，而低温高湿则开花较少；晴天开花多，阴天、雨天或灌水后开花较少。

烟草的果实为卵圆形蒴果，成熟时沿愈合线及腹缝线开裂。一株烟草有蒴果 100 ~ 300 个，每个蒴果含种子 2 000 ~ 3 000 粒。种子一般为黄褐色，形态不一，有椭圆形、卵圆形、近圆形和肾形等，表面具有不规则的凹凸不平的波状花纹。烟草种子很小，普通烟草种子粒重仅有 0.05 ~ 0.09 g，一株烟草能产生约 900 000 粒种子，重量约 80 g，一公顷土地可收种子 110 ~ 200 kg。黄花烟草的种子较大，粒重为 0.20 ~ 0.25 g。烟草繁殖系数高，品种保纯是良种生产的关键环节。

二、烟草种子生产体系

我国烟草种子生产实行"原种—良种"两级繁殖制度。国家烟草专卖局 1996 年发布了《烟草原种、良种生产技术规程》（YC/T 43—1996）行业标准，2019 年国家市场监督管理总局发布了《烟草种子生产加工技术规程》（GB/T 24308—2019），规定了烟草种子原种和良种繁殖的原则、技术内容和参数等（图 9-1）。规定烟草品种的原种原则上由品种选育或引进单位负责繁育与供应，也可由全国烟草品种审定委员会指定有关科研单位负责繁育与供应，由国家烟草专卖局核发《烟草原种繁殖生产经营许可证》。良种的繁殖必须用原种，不得用良种再繁殖良种。一般由中国烟草总公司认可的良种繁育基地或由省级生产主管部门组织良种场、科研单位或有条件的农户负责繁殖，统一供应。经营单位由省级以上烟草专卖局核发《烟草良种繁殖生产经营许可证》，原则上实行省内自繁自供，特殊情况下需由省外调拨的，由省主管部门统一安排。任何单位和个人不得自行繁殖、调拨和销售烟草种子。如果需要提纯复壮，可在良种田或烟草生产田中选择典型单株，经鉴定后收获种子作为原种使用。

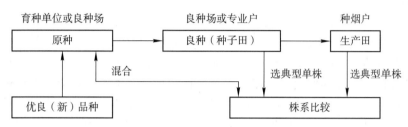

图 9-1　烟草种子生产程序

三、烟草种子生产技术

（一）烟草原种生产技术

原种是指育成品种的原始种子以及经过选优提纯后，具有该品种典型性状的种子。烟草原种是种子繁育的基础材料，一般是一次繁殖多年使用。烟草种子质量标准见表9-1。当烟草良种在生产上推广应用几年后，为了防止混杂退化，要采用提纯的方法来生产原种，目前通常采用混合选择和分系选择两种方法。混杂退化不严重的品种或技术条件较差的单位，常采用混合选择法；混杂退化较严重的品种或繁育条件较好的单位，宜采用分系选择法生产原种。

表 9-1　烟草种子质量标准 [摘自中华人民共和国烟草行业标准（YC/T 20—1994）]

种子级别	纯度不低于/%	净度不低于/%	发芽率不低于/%	水分不高于/%	成熟度	色泽
原种	99.9	99	95	7～8	子粒均匀，饱满，搓捻无粉屑	深褐色，有光，色泽一致
一级良种	99.5	98	90	7～8	子粒均匀，饱满，搓捻无粉屑	深褐色，有光，色泽一致
二级良种	99.0	96	85	7～8	子粒均匀，饱满，搓捻稍有粉屑	稍有油光、色泽稍杂

1. 混合选择法

混合选择是指在严格控制自交的烟株上进行混合选择。即在某品种纯度较高的种子田内选择具有该品种典型性状的健壮烟株，在开花时严格套袋自交。选择一般要进行 3 次，第一次在现蕾前进行初选，入选株挂牌；第二次在初花期复选，套袋自交；第三次在盛花期进行决选，对入选株要进行修花、疏果。蒴果成熟后混合脱粒，下一年边鉴定边供种子田使用。混合选择法繁殖原种与种子田繁殖良种的区别在于：前者是在群体内选择少数无病、优良的典型烟株套袋自交，群体内的大多数植株落选；后者落选淘汰的是少数杂株、劣株和病株，群体内的大多数植株入选而混合收种，种株不套袋。因此，种子田里既可生产良种，也可繁殖原种。混合选择法简单易行，适用于新品种推广初期，在品种纯度比较高的情况下效果最好。混合选择法由于入选株后代缺乏系统鉴定，只根据表型选择，对遗传性不良的后代难以去掉，对提高种子纯度和复壮种性的效果较差。

2. 分系选择法

分系选择法也称改良混合选择法，是单株选择、株系比较、混系繁殖法的简称。其程序是：第一年选择优良单株。第二年进行株系间的比较鉴定，将入选各优良株系的种子混合起来，成为原种。单株选择通常在原种圃或纯度较高的种子田中，选择具有该品种典型性状的优良单株。选择的次数和时期与混合选择法相同，选株的数量根据原种需要而定，一般不少于60株。对入选株分别挂牌，注明品种名称、地点等。每个入选单株保留50个左右的蒴果。蒴果成熟后分株采收，分株晾晒、脱粒、装袋、贮藏。株系比较是将上年入选的单株种子，分别种植在相同条件下的株行圃，进行各个株系间的比较鉴定。每一株系种一行，每行不少于30株，成为株系。每隔10~15行设一行同品种的原种作对照。株行圃的选择和淘汰都以株系为单位，其要求的标准为小区的全部植株整齐一致，完全符合该品种的典型性以及性状优于或相当于对照。在当选的株行内精选典型单株4~6株，套袋自交，按株系采收后混合脱粒成为原种。混系繁殖是在株行圃采收原种，供良种繁殖基地或种子专业户的种子田繁育良种。

（二）烟草良种生产技术

1. 种子田的规模与选择

烟草是繁殖系数大、用种量小的作物，一般一株烟草可产种子10~15 g，最多可产80 g，每公顷种子田可生产种子近200 kg。而生产上100 hm² 烟田只需要高质量的种子7.5 kg左右，因此，一般每3 000 hm² 烟田设1 hm² 种子田。烟草应严格实行合理轮作，种子田要选择土壤肥沃、地势平坦、肥力均匀、阳光充足、排灌方便、便于田间管理、3年内未种过烟草和其他茄科作物的地块。烟草有一定的天然异交率，为了防止生物学混杂，不同品种的种子田之间要保持500 m以上的空间隔离。一个村或一个良种场或种子专业户只宜负责繁殖一个品种，而且周围最好只种植与种子田相同的品种，并一律及早打顶，杜绝天然杂交。

2. 种子田的栽培特点

根据烟草种子成熟的需要，确定适宜的播种期和移栽期。南方烟区应避免过早遇低温而出现早花现象；无霜期短的北方烟区，应适时早育苗、早移栽，以利种子及时成熟，避免霜冻，影响种子质量。种子田尽量做到一次移栽保全苗，需要加强移栽后的保苗措施。如需补苗，只能补栽本品种的烟苗，避免混杂。为了使烟株能够充分发育，便于田间操作，种子田的行株距应比一般生产田适当放宽，至少要保持1.0 m×0.5 m的营养面积。种子田的施肥水平要高于生产田，施肥以氮肥为主，增施长效肥。种子田的烟叶可采收，中下部叶可照常采烤；上二棚叶和顶叶应视蒴果成熟情况而定，蒴果尚未充分成熟时，不宜采收，以满足种子对营养的需要，保证种子的产量和质量。

3. 种株的选择与采收

烟草种子田应严格去杂、去劣、除病株。对杂株、变异株、劣株，一律尽早打顶，避免其花粉传播，保证种子纯度。对病株要尽早拔除，以防病害传染。选留种株以具备本品种典型性状为先决条件，并要求生长健壮、无病虫害。一般在现蕾前进行一次去杂去劣，现蕾时进行第二次去杂去劣，以后再发现杂株、劣株应随时打顶。一般纯度较高和病害较轻的种子田可保留 70%～80% 的种株，纯度低病害重可降低选株比例。种子田内如果发现个别植株表现优异，而性状明显偏离该品种的典型性，可以套袋、挂牌、种子单收，作为选择育种的原材料。通过疏花疏果，保留每株最初两周内开花的果实，可得到质量较好的种子。种株保留花果数应根据不同品种和营养状况而灵活掌握。一般由最顶端的三叉花枝向下数至第 5 花枝以及每一花枝的第 5 分叉点以内，是保留花果的适宜部位，其余的花枝和保留花枝的末梢都可剪掉。每株留蒴果数不超过 80 个。一般情况下，烟草开花至蒴果成熟约 1 个月，种子的采收以果穗上 70%～80% 的蒴果呈褐色，其余蒴果也开始转褐色为适期。采收的果穗经晒干脱粒，利用风选或烟种精选机，清除杂质和秕粒，达到种子均匀纯净的要求。

第二节 甜菜种子生产技术

一、甜菜种子生产的生物学特性

甜菜（*Beta vulgaris* L.）为藜科甜菜属，原产于欧洲西部和南部的沿海地区，有野生种和栽培种两大类，栽培种又分为叶用甜菜（*B. vulgaris* var. cicla）、食用甜菜（*B. vulgaris* var. cruenta）、饲用甜菜（*B. vulgaris* var. crassa）和糖用甜菜（*B. vulgaris* var. saccharifera）四种。其中糖用甜菜简称为甜菜。

甜菜在 18 世纪后半叶开始被作为糖料作物栽培，当前世界甜菜种植面积约占糖料作物的 48%，仅次于甘蔗居第二位，分布在北纬 65° 到南纬 45° 之间的冷凉地区。我国大面积引种糖用甜菜始于 20 世纪初，当前主要种植在北纬 40° 以北，包括东北、华北、西北三个主产区，其中东北产区约占全国甜菜种植总面积的 65%。

甜菜是二年生异花授粉作物，第一年进行营养生长形成肉质直根，第二年进行生殖生长产生种子。甜菜的抽薹和开花要求一定的低温春化和光周期条件，春化作用可在种子的萌动期、幼苗期或成龄期进行。通过春化的适宜温度，幼苗期为 0～5℃约需 60 d；幼苗期（2～3 片叶）为 3～5℃需 20～30 d；成熟期的窖藏种根为 4～6℃需 30～60 d。通过春化的植株还需要在长日照条件下（日照长度 13 h 以上）才能开花。低温春化和光周期两个条件可以互相弥补，延长日照时数，可使甜菜在较高温度下通过春化而开花；相反，若在较低温度下通过春化，可在一定程度上降低开花对日照时数的要求。

甜菜属于复穗状花序，花着生在花枝上部的叶腋内，主要着生于第一和第二次分枝上，多为聚生花，一般由 3～4 朵花聚生，少数有 5～6 朵聚生，因此每个种球中有 3～4 个种仁，多者达 6 个。单芽（胚）型甜菜花单独着生在花枝叶腋内，成熟后只有一粒种仁。甜菜花是两性花，由花被、雄蕊和雌蕊组成。花被由 5 个绿色萼状小片构成，着生于子房基部。雄蕊 5 枚，与花被对生。雌蕊无花柱，由具有三裂柱头的子房构成，子房一室。

甜菜具有无限开花的习性，从主枝上部 2/3 处开始，沿上部和下部的分枝逐枝开花，每个分枝上都是从基部逐渐向顶端开放。每簇花中，中央花最早开花，接着上侧和下侧开花。一株甜菜的开花总数为 10 000～18 000 朵，开花期为 30～40 d，但平均结实率只有

30%左右。单茎型甜菜的盛花期多出现在始花后的第5~8 d，多茎型会出现两次开花盛期，混合型可以出现5次以上开花盛期。

甜菜具有雄蕊先熟的特性，萼片张开标志着开花开始，开花后约30 min，花药纵向开裂，散出大量花粉，约1 h后即全部散完。此后，雌蕊柱头三裂张开，开始接受花粉，接受花粉的能力6~8 d，在第二天接受花粉能力最强。甜菜一般全天都可以开花，但以上午6~10时为开花高峰期。适宜甜菜开花的温度为17~23℃。甜菜主要靠风和昆虫传播花粉，人工辅助授粉有利于提高甜菜结实率和种子产量。

因甜菜具有无限开花习性，人工摘顶尖或化学摘心能够打破花枝顶端优势，减少养分消耗，提高种球产量和质量。此外，无限开花习性导致甜菜种子成熟期不一致，在主枝和侧枝第一分枝下部和中部上着生的种球先成熟，种球重量大，各分枝顶端种子成熟晚，种球重量小。子房腔完全空秕或是部分干秕的甜菜种子，被称为发育不全的种子，在甜菜花枝上各部位都有发育不全的种子，越是靠近花枝的顶端，发育不全种子的百分率越高。早收获时，发育不全种子比例高；而收获过晚时，中下部种球常因暴雨的影响而造成脱落和减产。因此，适时收获是保证甜菜种子产量和质量的重要措施，当种株有2/3的种球变黄、种子胚乳呈粉状时为最适收获期。

二、甜菜种子生产体系和程序

我国甜菜种子生产实行三级繁育制度，即由超级原种、原种和生产用种三级组成，对应的种子生产主体为育种站（所）、原种站和采种站，具体程序如图9-2所示。

第一年，培育超级原种种根。育种单位每年播原原种种子（相当于育种家种子）培育超原种种根，在生育期进行叶部性状和抗病性选择，收获时大约入选50%典型优良健壮种根入窖贮藏。贮藏期对全部种根进行单株验糖，再从中选5%左右的最优种根和30%~45%的优良种根。

第二年，将上年入选的最优种根和优良种根分别隔离栽植，并在种株生育期间淘汰不良株和变异株，收获时分别采收原原种种子和超原种种子。

第三年，原种站培育原种种根。原种母根应分小区培育，在生育期和收获时，用去劣法淘汰不良株后，将各小区培育的母根分别入窖贮藏。并进行单株检糖，入选40%~50%的优良种根供翌年繁殖原种。

第四年，将原种母根隔离采种，所收原种种子交采种站。

第五年，由采种站按技术要求播种原种，培育生产用种母根。

第六年，大量繁殖生产用种，供播种

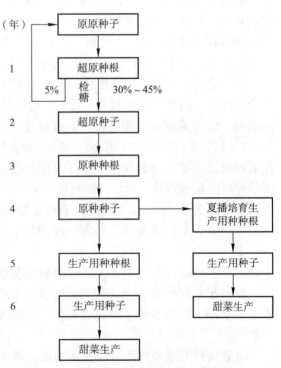

图9-2　甜菜种子三级繁育制度程序

（聂绪昌等，1982）

原料甜菜用。

各级种子的繁育面积，主要根据生产用种的需求量和各级种子适当的种子贮备量来综合考虑。通常在北方春播条件下，原种的用种量约为生产用种的 1%，而超级原种又约为原种的 1%。

二级繁育制由超级原种和生产用种二级构成。原种站繁育超原种根，单株检糖入选5% 的优良种根，繁殖超原种子；另入选 30% ~ 45% 的入选种根繁殖超原种子供给采种站。采种站利用超原种子生产甜菜生产用种。二级繁育制减少了原种种子生产环节，缩短了繁育年限。

三、甜菜种子生产基本技术

（一）隔离区的设置

甜菜是异花授粉作物，在种子生产过程中，要建立严格的隔离制度，要求种子基地周围 10 km 以内，不容许繁殖甜菜属的其他变种。在生产超级原种和原种时，普通二倍体品种之间空间隔离距离不少于 1 km；不同类型如雄性不育系、四倍体品系和单粒型品系之间要有 5 km 以上的空间隔离距离。在生产大田用种时，普通二倍体品种之间空间隔离距离不少于 0.5 km，不同类型品种之间空间隔离距离不少于 2 km。

（二）杂交制种

1. 二倍体品种内（品系间）杂交制种

由几个品系组成的普通二倍体品种或由几个自交系组成的二倍体综合品种，在生产超级原种和原种阶段分别进行种根培育和选择，并分别隔离采种，以保证各组分品系的纯度。采收原种后再按各品系的组成比例将种子机械混合，用混合种子培育生产用种种根，采种时相互授粉异交产生生产用种。

2. 普通多倍体品种杂交制种

在生产生产用种时将种根按四倍体亲本和二倍体亲本 3∶1 或 4∶1 的比例栽植，以使生产用种的三倍体率达到 60% 以上。采种时一般是双亲混合收获，若单收四倍体植株上的种子，可以提高三倍体种子的比例。生产双亲超原种和原种时，应分别设置隔离区，一般四倍体亲本面积为二倍体亲本的 3 ~ 5 倍，以保证杂交制种时双亲的适宜比例。

3. 利用雄性不育系杂交制种

在生产生产用种时，如父本为二倍体品种（品系）时，不育系和授粉系种根按 8∶2或 16∶4 栽植，两系间应留出 1 m 左右空行，以便收获种子前 2 周割除全部授粉系。如授粉亲本为四倍体时，由于它的花粉量少且散粉力较弱，可采用 6∶2 的比例栽植。雄性不育系、保持系和父本品系（品种，即恢复系）分别培育原种种根、超级原种采种时，不育系与保持系种根以 2∶2 排行栽植，原种采种时以 4∶2 排行栽植。两系间行距适当加宽便于分收。开花期对不育系逐株观察，拔除少量半不育株和恢复可育株，保证后代的不育率。

（三）窖藏越冬种子生产技术

北方甜菜采种区通过种根窖藏措施使甜菜种根安全越冬，次年采种的方法称为窖藏越冬采种法。我国北纬 38° 以北地区大都采用该法制种，包括种根培育、种根窖藏和种株采种 3 个步骤。

1. 种根培育

甜菜种根的培育是甜菜种子生产过程中重要的环节，其目的是获得健壮、标准的甜菜品种的种根，进而培育出高质量的甜菜种子。甜菜种根培育方法分为春播种根和夏播种根两种。春播种根培育与原料甜菜栽培技术基本相同，选择地势平坦、土层深厚、疏松、肥力好、排灌良好的地块培育。前作一般以玉米、麦类、葱蒜为好。培育种根的地块应与采种地相隔一定距离，一般 1 km 以上，以防病虫害的传播。培育种根的种子一定要用原种。种根种植的留苗株数与原料甜菜不同，要合理密植，提高繁殖系数。春播种根的行距应在40～50 cm，株距 15～20 cm，留苗株数应在 120 000 株/hm² 以上。

夏播种根应尽早播种，并尽可能以那些早熟早收的夏收作物作为种根的前茬物种。小麦、大麦、豌豆等是夏播种根的适宜前茬作物。夏播母根生育期短，个体发育小，单株所需的营养面积小，因此可适当加大留苗密度，一般行距在 40～50 cm，株距在 10～15 cm，留苗株数 150 000 株/hm² 左右。

2. 种根窖藏

窖藏是保存甜菜种根生活力并顺利完成春化过程的重要措施。种根窖藏成败的关键是种根的质量高低和窖藏期的温湿度条件。最适宜的窖藏温度为 1～3℃，允许变化的幅度为 -1～5℃，相对湿度为 85%～95%。在我国应用比较普遍的窖藏方式主要有闷窖贮藏、活窖贮藏和埋窖贮藏 3 种。

3. 种株采种

当地表 5 cm 土层温度达到 5℃，土壤解冻达 20 cm 以上时是母根移栽的适宜时期。夏播种根根体较小，可适当早栽。割主薹和打顶是提高种子产量非常有效的措施。甜菜割主薹的时期宜早不宜晚，当主薹高 4～5 cm 时，为割主薹适宜时期，掐去薹尖 2～3 cm 为宜。打顶是为了保证种子饱满和成熟一致性，打顶一般在开花后 10 d 左右进行，通常进行 1～2 次即可，摘除顶尖的长度以 2～3 cm 为宜，可以人工进行，也可采用增甘膦和乙烯利等植物生长调节剂进行叶面喷洒处理。

（四）露地越冬种子生产技术

在南方夏、秋季播种培育种根，当年不收获，原地越冬或冬栽露地越冬，翌年采种的方法称为露地越冬采种法。我国北纬 32°～38°，东经 106°～122°，≥10℃ 的活动积温在 4 000～4 700℃，无霜期 175～220 d，年平均气温 11～15℃ 的广大地区都可进行甜菜的露地越冬采种。露地越冬采种具有成本低，种子繁殖系数高，种子产量、质量高和便于机械化栽培等优势。露地越冬采种按种根是否进行移栽又可分为直接法（种根露地越冬前后不移栽）和间接法（种根露地越冬前后移栽）两种。露地越冬种子生产技术包括种根培育、种根移栽、露地越冬和返青管理 4 个主要步骤。

1. 种根培育

培育健壮种根是安全越冬的关键。首先应选择土壤肥沃、土质疏松的地块并做好轮作倒茬。我国露地越冬区甜菜的播期变幅较大，一般从 6 月中下旬至 9 月上中旬都可播种。各地要因地制宜，适时秋播。采用直接法采种的母根留苗密度为 60 000～75 000 株/hm²，采用间接法移栽的种根田的留苗密度应在 30 000 株/hm² 左右。

2. 种根移栽

目前，间接法采种占我国露地越冬采种的 90% 以上，它可以提高土地利用率，提高种子繁殖系数和种子产量，也有利于种根安全越冬。一般当叶龄 8～10 片，苗龄 30～40 d 时进行种根移栽。种根移栽的合理密度因各地气候、土壤、生产水平及品种特性的不同而有所差异，但生产实践中露地越冬采种的母根栽植以 37 000～45 000 株/hm² 为宜。

3. 露地越冬

适时培土是种根安全越冬的重要措施。一般在严寒来临前要进行 1~2 次培土，厚度以冻土层深度的 60% 左右为宜。翌年春天地面温度升高后及时扒土清棵，促使种株生长发育。

4. 返青管理

全田返青后，立即进行追肥和灌水，促进生长。当薹高 5~6 cm 时摘主薹尖，促进侧枝生长发育，创造合理的丰产株型。在开花始期进行花序摘尖，以控制花枝无限生长。当全田有 1/4 植株的种球由绿色转为淡黄色时即可收获。

第三节 花卉种子生产技术

一、花卉的种类

"花"是高等植物，特别是被子植物的繁殖器官；"卉"则是百草的总称，泛指一切有观赏价值的植物。园林花卉的范围很广泛，既包括有花植物，亦包括蕨类植物，而且栽培和利用的方式亦有多种，依照自然分类科属、生态习性、栽培方式、自然分布、园林及经济用途可以分为很多种，其中以生态习性的分类法较为常用，一般分为露地花卉、温室花卉和木本花卉三大类。

（一）露地花卉

露地花卉指繁殖栽培均在露地进行的花卉。依其生态习性分为下列几类。

1. 一年生花卉

一年生花卉即春播花卉。指春天播种，在当年开花结实的种类，一般喜阳不耐严寒，冬季到来前枯死。如凤仙花、鸡冠花、一串红、半支莲千日红等。其中多数种类为短日照植物。

2. 二年生花卉

二年生花卉即秋播花卉。指秋季播种，第二年春天开花的种类，它们在露地过冬，耐寒性强。如三色堇、花菱草、雏菊等。这一类多为长日照植物。有些种类耐寒力稍弱，在冬季需稍加防寒才能安全越冬，如金鱼草、矢车菊等，这些种类可称为半耐寒性花卉。

3. 多年生花卉

多年生花卉植物个体寿命超过 2 年，可多次开花。根据其地下部分组织形态，可以分为：

（1）宿根花卉 耐寒性强，冬季在露地安全越冬。在这一类花卉中，依冬季地上茎叶枯死与否，又分为落叶与常绿二类。前者如菊花、非洲菊，后者如万年青、麦冬等。

（2）球根花卉 地下部分肥大，包含的类型有球茎、鳞茎、块茎、块根及根茎等，花卉学中总称为"球根"。

① 球茎类 外形如球，内部实心，其外仅有数层膜质外皮，球茎下部形成环状痕迹，在球茎顶端着生主芽和侧芽。如唐菖蒲、小苍兰、番红花等。

② 鳞茎类 水仙、郁金香、百合等鳞茎具有多数肥大的鳞叶，其下部着生于一扁平的茎盘上。水仙、风信子和郁金香的鳞片成层状，最外一层呈褐色，并将整个球包被，称

为有皮鳞茎。百合的鳞片分离，不包被全球，称为无皮鳞茎。

③ 块茎类　地下茎成块状，外形不整齐，块茎顶端通常有几个发芽点。属此类花卉的有白及、球根秋海棠、彩叶芋、马蹄莲等。

④ 块根类　块根由根膨大而成，内含大量养分，如大丽花、花毛茛。块根顶端有发芽点，可萌发产生新芽。大丽花新芽的发生仅限于顶端根颈部分，因此大丽花分球时，务必使每一块根上端附有根颈部分，方可抽发新芽。

⑤ 根茎类　地下茎肥大而形成粗长之根茎，其上有明显的节与节间，在每一节上通常可以发生侧芽，尤以根茎顶端节处发生较多。此类花卉有美人蕉、鸢尾、睡莲及荷花等。

4. 水生花卉

水生花卉为水面绿化的重要植物，包括不少观花和观叶的种类，大都是一年生植物。观花为主的水生花卉有荷花、睡莲、千屈菜、凤眼莲等，观叶的有水葱、菖蒲、香蕉、茭（茭白）等。部分品种既具有观赏价值，同时也具有经济价值。

（二）温室花卉

温室花卉原产于热带、亚热带及暖温带南部。此类花卉均为不耐寒植物，在温带寒冷地区不能露地越冬，必须借助保温设备来满足其正常生长对温度的要求才能越冬。温室花卉种类很多，对温度的要求不一，通常按照对温度要求的不同，分别栽培于温度不同的低温、中温或高温温室中。这类花卉主要有：

（1）一年、二年生花卉　如瓜叶菊、蒲包花、彩叶草等。

（2）宿根花卉　如非洲菊、报春类、樱草类、铁线蕨等。

（3）球根花卉　如仙客来、马蹄莲、小苍兰等。

（4）多浆植物　如仙人掌、昙花、蟹爪兰等。

（5）温室花木　如一品红（象牙红）、山茶、三角花等。

（三）木本花卉

木本花卉指在冬季露地能安全越冬的花木，以灌木为主，小乔木次之。如月季、玫瑰、牡丹、海棠、蜡梅、金钟花、桂花、梅花等。

除上述分类方法外，亦有以植物分类科别区分，如仙人掌科植物、兰科植物、棕榈科植物、蕨类植物等。

二、花卉植物的繁殖方式及其特点

我国野生和栽培花卉资源极其丰富，包括草本、木本等植物，就其繁殖方式可分有性繁殖（种子繁殖）和无性繁殖（营养器官繁殖）两类。具体采用哪种方法，需要依据观赏植物的特性来选择。近年来随着花卉业的发展，采用无性繁殖技术工厂化生产种苗的花卉种类越来越多，如百合、蝴蝶兰、马蹄莲等。

（一）有性繁殖

有性繁殖生产真种子，繁殖量大，方法简便，种子易于携带、流通、保存和交换。利用有性繁殖方式生产种子的花卉主要是一年生或者二年生的草本花卉和部分球根、宿根花卉及木本观赏植物。近年来国际市场对花卉种子需求量不断增加，重要优质花坛花卉种类基本上都有种子出售。用种子生产实生苗，所得苗株根系完整、生长健壮、寿命长、对不良环境适应性强。但种子繁殖性状容易发生变异，对母株的性状不能完全遗传，后代往往不能保存其原有的优良性状。这类花卉种子的生产常常需要采用一些保持纯系的方法。在生产中普遍采用的是株行（系）选优提纯法。其生产程序与常规种和杂交种自交系的生产程序相同，基本步骤是第一年进行优良单株选择，第二年进行株行比较鉴定、选择优良株行，第三年进行株系比较，将合乎原品种典型性的入选株系混合在原种圃进行原种生产。这种生产方式也称为三级提纯法，常异花授粉的花卉植物如翠菊等多用此种方法，自花授粉花卉可以不经过株系圃，采用二级提纯法生产原种。原种生产的关键措施主要有：

（1）采种母株选择　留种母株必须选择特别健壮、能体现品种特性而无病虫害的植株，为避免品种间机械混杂或生物学混杂，种植时在不同变种的植物之间应做必要的隔离，并经常进行严格的检查、鉴定，淘汰劣变植株。

（2）种子采收　花卉种子的采收，要根据果实的开裂方式、种子的着生部位以及种子的成熟度等进行。对于荚果、角果等易于开裂的花卉种类，宜在开裂前于清晨空气相对湿度较大时采收；对种子陆续成熟的花卉种类，宜分批采收；对种子不易散落的花卉种类，可以在整个植株全部成熟后，全株拔起晾干脱粒，再经干燥处理，使其含水量下降到一定标准后贮藏。

（3）种子处理　种子采收后，整株或连壳暴晒，或上面加以覆盖后暴晒，或在通风处阴干（不要直接暴晒种子），再去杂、去壳，清除各种附着物，然后妥善贮藏于密闭的容器中并存放在低温条件下，这样可以抑制其呼吸作用，降低能量消耗，保持种子活力。

（二）无性繁殖

利用植物的营养器官，通过扦插、分根、压条、嫁接等方法，使其成为一个新植株，称为无性繁殖。这种繁殖方法多用于雌雄蕊退化或因染色体倍数而不能结实的花卉种类，以及繁殖优良的园艺变种（不因有性繁殖而退化），还可用于种子繁殖生长缓慢或开花期时间太长的花卉种类。

1. 扦插繁殖

扦插繁殖（cutting propagation）是花卉栽培中最常用的一种无性繁殖方法，采用枝插（茎插）、叶插、根插等方法再生成完整的植株。用于再生的一部分营养组织称为插条或者插穗（cutting），采取插条的植株称为母株（stock）。对不易获得种子进行繁殖的花卉，在不能得到适当的砧木进行嫁接繁殖时，多采用扦插繁殖。

（1）扦插季节　依花卉种类、品种、气候及管理方法的不同可分为休眠期扦插和生长期扦插两种。

① 休眠期扦插　即利用一些落叶或者常绿的木本观赏植物一二年生的完成木质化的枝条作为插穗的扦插方法，也称为硬枝扦插。南方在植株秋季进入休眠以后的11月，北方在春季发芽之前的2~3月份均可进行，如罗汉松、刺柏、花柏、玉兰等。

② 生长期扦插　即利用当年生育充实的一些木本花卉、温室花卉或草本花卉的嫩枝进行扦插繁殖，也称软枝扦插。全年均可扦插，长江流域在6月份以后采用成熟新枝（半硬枝）扦插，也属此类。扦插可在荫蔽情况下进行，或在全光照、不间歇或间歇喷雾下进行，如菊花、四季海棠等。

（2）扦插介质　作为扦插的介质种类很多，有园土、培养土、黄砂、腐殖质土等，可根据花卉的种类及条件进行选择。

① 园土　即普通的田间壤土，经过暴晒、敲松、耙细后即可待用，如菊花露地扦插，多采用园土。

② 培养土　在园土内混以黄砂、泥炭、草木灰等，使之疏松，有利排水和插穗的插入，如香石竹、象牙红的扦插多用这种培养土。

③ 黄砂　即普通的河砂，中等粗细，这是一种优良的扦插介质，其排水良好、透气性好，如供水均匀则易于生根。由于砂内无营养物质，生根后应立即移植。一般温室都备有砂床，可供一般温室植物随时扦插时使用。

④ 腐殖质土　一般腐殖质土都为微酸性，通常用山泥做成插床，扦插喜酸植物，如山茶、杜鹃等。

蛭石。蛭石或珍珠岩，常和泥炭混合作扦插介质，效果良好。

（3）扦插方法　主要有枝插、芽插、叶插和根插种。

① 枝插　根据枝条生长时间长短，枝插又可分为硬枝扦插、半硬枝扦插和软枝扦插3种。硬枝扦插主要结合秋冬季修剪进行，选取成熟、节间短而粗壮、无病虫害的 1 ~ 2 年生枝条中部，剪成长度在 10 cm 左右、3 ~ 4 节的插穗，剪口要临节，下端平截，上端剪成 40° ~ 50° 斜面，埋藏于露地土中越冬，第二年早春插入繁殖床；半硬枝扦插主要是常绿木本花卉的生长期扦插，选取当年生、长 8 cm 左右的半成熟顶梢作插穗，摘除其下部的叶片，仅留顶端 2 片叶即可；软枝扦插主要用于草本花卉或温室花卉，插穗选取和处理方法与半硬枝扦插相同，扦插时，将插穗的 1/3 至 1/2 插入基质中。

② 芽插　不论半硬枝扦插或软枝扦插，如材料不够，可以取枝条上新成熟部分的芽，剪取长约 2 cm、带叶片的枝条作插穗，芽的对面略削去皮层，将插穗的枝条平插入土中，芽梢隐没于土中，叶片露出土面。

③ 叶插　草本花卉可用叶插的种类较多，如虾蟆海棠、大岩桐、非洲紫罗兰等，它们多具有肥厚的叶片和叶柄。叶插发根的部位有叶脉、叶缘及叶柄之别。如虾蟆海棠叶片插，将叶片上的支脉于近主脉处切断数处，平卧在插床面上，使叶片和介质密切接触，必要时可用铜红固定，就能在支脉切断处生根长芽。非洲紫罗兰叶插，能在干叶柄切口处生根长芽。

④ 根插　即用根作插穗，适用范围仅限于易从根部发生新梢的种类，如芍药、紫苑、凌霄、垂盆草等。芍药、凌霄等有粗大的根，可选其粗壮的根，剪成 5 ~ 10 cm 一段作为插穗，全部埋入床内，或顶梢露出土面即可。垂盆草等细小的肉质草本植物之根，可以切成 2 cm 左右的小段，用撒播的方法撒于床面后覆土。

（4）扦插后的管理　扦插后的管理主要为浇水、遮阴。硬枝插及根插管理较为简单，但北方需要保护，预防春寒之害。半硬枝及软枝扦插宜精细管理，保持床土湿润，以防止蒸发失水影响成活。扦插初期要注意荫蔽，发根后晨夕可逐渐通风透光，逐步减少灌水，增多日照，并要注意拔草、除虫防病等工作。新芽长出后施 N 肥一次。待植株壮实后方可移植。芽插、叶插多在温室内进行，也要精细管理，进行遮阴，以防止失水。

2. 压条繁殖

压条繁殖（layering propagation）是一种枝条不切离母体的扦插法，多用于扦插难以生根的花卉，或一些根蘖丛生的灌木，如桂花、蜡梅、白兰花、结香、迎春、米兰等常在生长期进行压条繁殖。选取枝条要根据压条方法而决定，如在植株基部堆土压条，大小枝条都可用，不必选条。一般选用成熟而健壮的 1 ~ 2 年生枝条。曲枝压条要选择能弯曲、近地面的枝条。高空压条要选壮实的枝条，高低适当的部位。截取枝条的数量一般不超过母株枝条数量的 1/2。

（1）压条方法 压条方法较多，主要有以下4种。

① 单枝压条 取接近地面的枝条，作为压条材料，用刀将压条部位的皮层刻伤，或做环状剥皮，然后曲枝压入土中，枝条顶端露出地面，以竹钩固定，覆土10～20 cm并压紧。

② 堆土压条 堆土压条多用于根芽多、直立性的灌木类花卉，在丛生枝条的基部予以刻伤后堆土。生根后，分别移栽。

③ 波状压条 用于枝条长而易弯曲的种类，将植株枝条弯曲牵引到地面，在枝条上切伤数处，每处都弯曲后埋入土中。生根后，分别切开移植，即成为数个独立的新个体。

④ 高空压条 高空压条多用于植株较直立，枝条较硬而不易弯曲，又不易发生根蘖的种类。在其当年生的枝条中，选取成熟健壮、芽饱满的枝条进行环状剥皮，再用塑料薄膜包住环剥处，环剥的下部用绳扎紧，内填以水分适度的苔藓拌土，然后将上口也扎紧。1个月左右生新根后剪下，将塑料薄膜解除，栽植后就成为一个独立的植株。

（2）压条后的管理 由于压条不脱离母体，在生根过程中的水分及养料均由母体供给，所以管理较为容易，但要注意是否压紧。切离母体的时间依其生根快慢而定，有些种类如蜡梅、桂花等需翌年切离，有些种类如月季等需当年切离。切离之后即可分株栽植，栽植时要尽量带土，以保护新根。

3. 分株繁殖

分株繁殖（division propagation）主要利用植株自然形成的带根的小植株或一些无性的特殊繁殖器官进行繁殖。多用于丛生型或容易萌发根茎的灌木或宿根类花卉（表9-2）。

表9-2 主要分株繁殖方式采用的器官、特点及应用

分生方法	器官名称	特点	应用范围
分株法	根蘖或茎蘖	根部或茎部产生的带根萌蘖	二年生或多年生宿根花卉，还有一些蕨类植物。如能产生茎蘖的文竹、万年青、芍药等，产生根蘖的丁香、福禄考等
分吸芽	吸芽	植物在根际或地上茎的叶腋间自然萌生的短缩肥厚、呈莲座状的短枝	一些灌木类和室内观赏植物。如凤梨类、花叶万年青、景天、芦荟、苏铁、鱼尾葵等
分珠芽	珠芽	某些植物所具有的特殊形式的芽，球根状，体积较小	可产生珠芽的百合属植物，如卷丹、沙紫百合
分走茎	走茎	某些植物的叶丛中抽生的节间较长的花茎，具顶芽	吊兰、翠鸟兰（燕尾）、趣叠莲等观赏植物
分匍匐茎	匍匐茎	某些观赏植物的基部长出的一种变态茎，上具多个节和节间	如虎耳草、香堇、吊竹梅、鸢尾、竹子等具匍匐茎的观赏植物
分球根	鳞茎	由鳞片状叶组成的球状变态茎	水仙、郁金香、风信子、朱顶红等
	球茎	球状变态茎	唐菖蒲、小苍兰、番红花等
	根茎	根状变态茎	美人蕉、铃兰、鸢尾、香蒲、紫菀、萱草、铁线蕨等
	块茎	块状变态茎	仙客来、马蹄莲、球根秋海棠等
	块根	块状变态根	大丽花、银莲花、花毛茛等

（1）丛生型及萌蘖类灌木的分株繁殖　一些丛生型的灌木花卉，在秋季或早春掘起株丛，一般可分2~3株种植，如蜡梅等；另一类是易于产生根蘖的花卉，可将母株旁抽生的根蘖（也称吸芽或吸枝等）连根割下，另行种植，成为一个新植株，如木笔等。

（2）宿根类的分株繁殖　宿根植物地栽3~4年或盆栽2~3年，丛株过大，需要重新种植或翻盆，都可以在春、秋两季结合分株进行。挖取或倒盆后，在根系自然分节处劈开，一般分成2~3丛，再单独种植或换盆，如鸢尾、春兰等。

（3）块根类的分株繁殖　花卉在根颈上萌发多个新芽，可将块根带芽分开另植，如大丽花等。

（4）根茎类的分株繁殖　用刀将根茎带芽（3~4芽）分割另植。

（5）分球繁殖　将球茎、鳞茎类花卉上的自然分生的小球进行分栽。分球繁殖的季节，根据挖球及种植的时间而定。在球根掘取后将大小球分开，置于通风处，使其通过休眠后再种植。

4. 嫁接繁殖

嫁接繁殖（grafting propagation）是将植物营养器官的一部分移接于其他植物体上。用于嫁接的枝条称接穗，所用的芽称接芽，被嫁接的植株称砧木，接活后的苗称为嫁接苗。嫁接繁殖是繁殖无性系优良品种的方法，常用于蜡梅、月季等。嫁接成活的原理：具有亲和力的两株植物间在结合处的形成层可产生愈合现象，使导管、筛管互通，以形成一个新个体。

（1）嫁接时间

① 休眠期嫁接：一般在春季萌动前2~3周，3月上中旬，而有些萌动较早的种类在2月中下旬。因此时砧木的根部及形成层已开始活动，而接穗的芽即将开始活动，嫁接成活率最高。秋季嫁接在10月上旬至12月初，嫁接后使其先愈合，翌年春天接穗再抽枝，因此休眠期嫁接亦可分为春接和秋接。

② 生长期嫁接：在生长期的嫁接主要为芽接。多在树液流动旺盛的夏季进行，因此时枝条腋芽发育充实而饱满，而砧木树皮容易剥离。故7~8月是芽接最适期。虽夏秋之际均可进行，但亦称夏接。桃花、月季等多用芽接法。

（2）砧木和接穗的选择　砧木要选择与接穗亲缘近、抗性强、生长壮健、适应本地环境的种类。接穗应选壮年的健康植株上的充实而饱满的枝条的中部。

（3）嫁接方法　嫁接的主要原则为切口必须平直光滑，如枝条较硬、手持不稳，可用一块皮或厚帆布放在膝上，将待削的接穗平放，用快刀稳削，则削面平直，不致形成内凹。绑扎嫁接部分的材料，现在多用塑料薄膜剪成长条，既有弹性，又可防水。嫁接的方法很多，主要有以下4种。

① 切接：选定砧木，平截去上部，在其一侧纵向切下约2 cm，稍带木质部，露出形成层；接穗枝条的一端削成长2 cm左右的楔形，在其背侧末端斜削一刀，插入砧木，对准形成层（对线），扎缚即可。

② 劈接：也称割接，开花乔木的嫁接多用此法。先在砧木离地10~12 cm处，截去上部，然后在砧木横切面中央，用嫁接刀垂直切下3 cm左右，剪取接穗，选取充实枝条，留2~3芽的枝条为一个接穗，将接穗的一端削成楔形，插入切好的砧木内，扎紧即可。

③ 靠接：将要选作接穗与砧木的两枝植株，置于一处，选取可以靠近的两根粗细相当的枝条，在能靠拢的部位，接穗与砧木都削去长3~5 cm的一片，然后靠拢，对准形成

层，使其削面密切结合后扎紧。

④ 芽接：多用"T"形芽接，即将枝条中部各饱满的侧芽，剪去叶片，保存叶柄，连同枝条的皮层削成芽片，长约 2 cm，并稍带木质部（某些植物不带木质部，如月季）。然后将砧木的皮切一"T"形，并用芽接刀将另一端薄片的皮层挑开，将芽片插入，用塑料薄膜带扎紧，将芽及叶柄露出。

（三）组织培养

组织培养方法可用极少量的繁殖材料繁殖大量的植株，并可得到去病毒的壮苗，现已成为百合等名优花卉商品生产极为有效的繁殖手段。

1. 培养基和培养条件

用于花卉组织培养的培养基种类很多，其中 MS 培养基在花卉组织培养中应用最多。培养条件因培养对象不同而有所不同，一般采用 23～26℃恒温、每日光照 12～16 h 及光照度为 1 000～3 000 lx 的培养条件。培养室要求清洁卫生，减少污染。

2. 花卉组织培养的途径

在花卉组织培养实践中，用植物的组织或细胞培养成植株可以通过 3 条途径完成。

（1）通过器官发生 通过培养的组织，产生芽及根。由于器官发生所用培养材料的不同又可分为两种：一是培养花卉植物的茎尖产生大量芽，再将芽分离转移培养成植株；二是培养花卉植物器官外植体而产生不定芽，发育成植株。

（2）通过愈伤组织分化成植株 将花卉植物体的一小片组织培养成愈伤组织，再诱导分化成芽和根，成为完整植株。

（3）通过胚状体发生 由培养的植株产生愈伤组织，再通过悬浮培养，或直接产生大量的胚状体，再发育成完整植株。

常见观赏植物组织培养采用的外植体类型及再生途径见表9-3。

表 9-3 常见观赏植物组织培养采用的外植体类型及再生途径

植物名称	外植体	再生途径
月季（*Rosa hybrida*）	茎段	丛生式增殖型
蜡梅（*Chimonanthus praecox*）	单芽茎段	微型扦插型
樱花（*Prunus serrulata*）	单芽茎段	微型扦插型
康乃馨（*Dianthus caryophyllus*）	茎尖	丛生芽增殖型
仙客来（*Cyclamen persicum*）	叶片	不定芽发生型
郁金香（*Tulipa gesneriana*）	鳞片、鳞茎块	不定芽发生型
	茎尖	丛生芽发生型
球根秋海棠（*Begonia tuberous*）	叶片	不定芽发生型
菊花（*Dendranthema morifolium*）	茎尖、茎段	丛生芽发生型
兰花（*Cymbidium* spp.）	茎尖	原球茎发生型
杜鹃属（*Rhododendron*）	茎尖	丛生芽增殖型
	种子	胚状体发生型
山茶属（*Camellia*）	茎尖	丛生芽增殖型
	胚、下胚轴	胚状体发生型

续表

植物名称	外植体	再生途径
君子兰（*Clivia miniata*）	茎尖、幼叶	不定芽发育
牡丹（*Paeonia suffruticosa*）	茎尖、嫩叶	不定芽发生型
一品红（*Euphorbia pulcherrima*）	种子	胚状体发生型
花烛（*Anthurium andraeanum*）	茎尖	不定芽发生型

三、花卉品种的混杂退化

园林植物的品种退化是指原有的优良种性削弱的过程与表现，退化表现有形态畸变、生长衰退、花色紊乱、花径变小、重瓣性降低、花期不一、抗逆性差等。

（一）品种退化的原因

品种退化的原因较为复杂，主要原因如下。

1. 生物学混杂

用种子繁殖的一、二年生草花大多容易发生生物学混杂。在采种、晒种、储藏、包装、调运、播种、育苗、移栽、定植等过程中，混入其他基因型材料；或距离不当，发生天然杂交，造成基因的重组和分离。在种子或枝叶形态相似和蔓性很强的品种间最易发生生物学混杂。如香豌豆，由于植株间常缠绕在一起而较难分清。生物学混杂在异交植物与常异交植物的品种间或种间最易发生，自花授粉的植物中也间有发生。如某大学从外地引入的矮金鱼草品种，原种植株极矮，几乎平铺地面，是布置花坛、花境、花台的良好材料。但由于与其他高株的金鱼草隔离不够，发生了生物学混杂，表现了高低不齐，株型混乱、严重退化现象，原来宜做花坛材料的优良品质也完全丧失。

再如，矮万寿菊与普通（高株的）万寿菊之间的生物学混杂造成了严重的退化现象，使前者株矮、色鲜、花朵大小一致的优良品质完全消失；百日菊不同品种间（小球型与一般品种）的生物学混杂也造成严重的品种退化。在常异交的植物如翠菊中，也易发生生物学混杂，退化植株表现出重瓣性降低（露心）、花瓣变小等特征。

2. 基因劣变

鸡冠花的红色花冠由显性基因 A 控制，黄色由隐性基因 a 控制，当 A 突变为 a 时，花冠由红色变为黄色；相反，基因 a 突变为 A 时，则由黄色变为红色；如突变发生时间较晚，则出现红黄相嵌现象。有的出现返祖现象，失去硕大花冠而变成原种青葙花序等。

3. 病毒侵染

美人蕉感染黄瓜花叶病毒，初期叶片出现褪绿的小斑点，严重时叶片卷曲、畸形，花碎色，植株矮小，甚至枯死；又如百合花叶病毒，叶片向背卷曲，植株矮小，花畸形，甚至不能正常开花等。其侵染途径有：刺吸式口器昆虫如蚜虫、蓟马、蝉等吸取植物汁液时传播；通过嫁接、摘心、打杈等伤口接触传染；土壤病毒从根部伤口入侵等。病毒引起品种退化的花卉有郁金香、唐菖蒲、百合、菊花、大丽花、仙客来、香石竹、月季、泡桐等。

4. 繁殖方法不当

如金鱼草、矮牵牛的蒴果重量由花序下部往上递减，波斯菊放射（小）花所结的种子大而重，中盘花种子轻而小，如采花序上部或用中盘花种子繁殖，则苗细弱，生长不良；

五色鸡冠花、绞纹凤仙花，未在典型花序部位采种，或二色观叶植物（如吊兰、变叶木、鸭跖草、银边天竺葵、金心黄杨、海桐等），剪取了没有代表性状部位进行扦插，则往往失去其原有的典型性；悬铃木用修剪下来的高部位枝条扦插，结果发育过早，生长很快就衰退等。

5. 栽培环境不适宜

大丽花、唐菖蒲喜冷凉环境，如栽培在南方湿热地区，往往生长不良，花序变短，花朵变小；又如耐荫花卉种植在阳光过强的地方，花卉品质大大降低。

造成品种退化的原因是多样的，从分子机制解释主要有：①植物开花性状受基因控制，如基因之间发生重组分离或基因突变，花卉不表现当代优良性状；②花序、小花的形成以及植物的生长发育受基因程序调控，如上部采条扦插，即植物处于发育阶段，营养生长受到一定限制；③基因表达要求一定的环境条件，如光照、温度、水分、营养等，若其中某些条件得不到满足，基因表达不充分、受抑制，甚至不表达，花卉即失去原有的典型性；④病毒侵染植物引起花卉性状退化，这是病毒基因组和花卉基因组在一定环境条件下相互作用的结果，可能出现轻症、重症或无症，对前者属于品种退化防止之列。

（二）防止品种退化的技术措施

1. 防止机械混杂

防止机械混杂要严格遵守良种繁育制度，同时注意以下各个环节。

（1）采种　专人负责及时采收，掉落地上的种子应舍去以免混杂。先收最优良的品种，种子采收后必须当时标注品种名称，如发现无名称标签的种子应舍去。装种子的容器必须干净，保证其中没有旧种子，如用旧容器应清除其上用过的旧名称。晒种时各品种应间隔一定距离，易被风吹动的种子要防止随风飘散。

（2）播种育苗　播种要选无风天气，相似品种宜在同一畦内育苗，否则应以显著不同的品种间隔开。畦中灌水应放慢速度以免冲走种子，播种地段必须当时插标牌并绘制播种图。播种畦最好不与上年播种畦在同一地段。播种和定植地应该合理轮作，以免隔年种子前发出来造成混杂。

移苗过程中最易混杂，必须严格注意去杂和插木牌并绘制移植定植图。留种田的施肥应保证肥料中没有混入相似品种的种子。在各不同时期分别进行若干去杂工作，是防止机械混杂的有效措施，最好在移苗时、定植时、初花期、盛花期和末花期分别进行一次去杂。

2. 防止生物学混杂

防止生物学混杂的基本方法是隔离与选择。隔离主要有空间隔离与时间隔离两种。

（1）空间隔离　生物学混杂的媒介主要是昆虫和风力传粉，因此隔离的方法和距离随风力大小、风向情况、花粉数量、花粉易飞散程度、重瓣程度以及播种面积等而不同。一般花粉量大的风媒花植物比花粉量少的隔离距离要大；重瓣程度小的比重瓣程度大的隔离距离要大；风力较大及在同一风向的情况下隔离距离要大；播种面积大的隔离距离应较大；在缺乏障碍物的空旷地段隔离距离应较大（因此可以有意识地利用高大建筑或种植高秆作物进行隔离）；在面积较小时，可以利用阳畦或隔离网防止昆虫传粉。隔离也与天然杂交率的高低有关，天然杂交百分率较高，应有较大隔离。部分花卉植物种子生产的隔离要求见表9-4。

如果限于土地面积不能达到上述要求，可采用以下两种办法：一是时间隔离；二是组织有关专业户分区播种，以分区保管品种资源。

表 9-4 部分花卉植物的种子生产最小隔离距离

植物	最小隔离距离 /m	植物	最小隔离距离 /m	植物	最小隔离距离 /m
三色堇	30	百日草	200	万寿菊	400
飞燕草	30	石竹属	350	金盏花	400
金鱼草	200	桂竹香	350	波斯菊	400
矮牵牛	200	蜀葵	350	金莲花	400

（2）时间隔离 时间隔离是防止生物学混杂极为有效的方法，可分为跨年度隔离与不跨年度隔离两种。前一种即把全部品种分成两组或三组，每组内各品种间杂交率不高，每年只播种一组，将所生产的种子妥为储存，供二、三年之用，此方法对种子有效储存期长的植物适用。后一种是在同一年内进行分月播种，分期定植，把开花期错开，此方法对于某些光周期不敏感的植物适用，如翠菊品种可以秋播春季开花，也可以春播秋季开花。

木本植物的隔离：木本植物的隔离以空间隔离为主，主要靠建立母树林时规划出较大的空间和建立隔离林带（林带结构可参考防风林）以及利用地形（如山峰）进行隔离，木本植物在必要时可以进行人工辅助授粉以减少天然混杂。

3. 其他田间栽培管理措施

（1）在防止品种退化过程中应坚决遵循"防杂重于去杂、保纯重于提纯"的原则 在花卉生长发育的各个时期进行观察比较，淘汰性状不良植株（选择方法见选择育种）；注意栽培管理，保持基因纯度，达到复壮目的。

（2）选择合适的栽培环境，适地适花 有的可改季节栽培，如唐菖蒲南方夏季湿热，可改秋季栽培，防止品种退化。

（3）加强田间管理 拔除带毒植株，消灭害虫，避免连作，土壤消毒，除草施肥，创造有利于性状发育的环境条件。有的可通过打顶整枝（如紫罗兰，球根花卉）增加球茎、鳞茎、块根产量，增加萌蘖。通过上述措施，不断提高种子和种球品质。

品种退化的原因是相互联系的，如混杂将造成遗传性变劣与分离，从而不能充分表现出品种的典型性，但栽培条件不合适，不能给基因创造良好表达条件，优良性状也得不到发挥。所以防止退化的综合性措施特别重要。

良种退化以后，虽然在某些情况下可以恢复，但终究是一件复杂而困难的事，并且需时较长；有些品种发生退化，甚至难以恢复，所以应以预防为主。品种恢复一般可采用多次单株选择法和品种内杂交法，且需要在优良的栽培条件下进行。

四、花卉品种的快繁技术措施

花卉因其繁殖的特殊性，优良的品种在推向市场的过程中，如何由少量的原种快速生产出足够量的同时又能保持本品种特性的用于大田生产的种子种苗技术，在花卉种子生产中尤为重要。一般快繁的技术主要有如下几种。

1. 提高种子的繁殖系数

加大株行距，扩大植株生长营养面积，使植株营养体充分生长；摘心，促使侧枝生长；对于抗寒性较强的一年生植物，提前早播，延长生育期；对于春化要求条件严格的植物控制延迟春化阶段，使植株多花、多果、多结实，提高单株产量。许多异交植物和常异交植物如瓜叶菊、蒲包花等进行人工授粉，可显著提高种子产量。对于落花、落果严重的花卉，通过控制水肥，减少落花落果，提高繁殖系数。

2. 提高自然营养繁殖器官——球茎、鳞茎类的繁殖系数

利用地下的自然营养繁殖器官——球茎、鳞茎、块茎、块根等进行繁殖的花卉，提高繁殖系数的途径主要是提高这些繁殖器官的产量。一般采用分割、切块或者割伤以及一些特殊的栽培措施来增加种球量。如唐菖蒲，一个母球切成 3~4 块，让每块上都有 1 个芽，这样 3~4 个芽就能萌发并形成较大的球。栽培时把球茎（如唐菖蒲）栽浅，往往有利于增加小球的产量；当深度变大时虽大球发育较好，但小球数量较少。栽培中增施肥料，扩大株行距，也能增加小球的产量。

3. 提高一般营养繁殖器官的繁殖系数

大部分植物的一般营养器官（根、茎、叶、腋芽、萌蘖等）都具有较强的再生能力，通过采用叶插、根插、芽插、茎插等方法进行人工的营养繁殖，如秋海棠类、大岩桐、菊花等。可利用生长素处理提高再生能力。在温室条件下，许多花卉适宜繁殖的时间很长，几乎终年都可以嫁接扦插、分株、埋条等方式繁殖。在原种数量较少的情况下，尽可能节约繁殖材料，利用单芽扦插或芽接。这些措施可更多地增加繁殖系数。

第四节　林木种苗生产

一、林木种子生产概述

1. 林木的分类

世界上有 6 万多种树木，我国树种资源极为丰富，约 8 000 种。按树木的生长类型可以分为乔木、灌木、藤木和匍匐类树木 4 种主要类型。

（1）乔木类　我国约有 2 000 种。特点是树体高大（通常 6 m 至数十米），主干明显而直立，分枝繁盛，树干和树冠有明显区分，如雪松、梧桐。

（2）灌木类　是数量最多的一类树木，我国约有 6 000 种。特点是树体较矮小（通常在 6 m 以下），无明显主干，靠地面处生出许多枝条，呈丛生状，如迎春、连翘。

（3）藤木类　茎木质化，长而细弱，不能直立，需缠绕或攀缘他物才能向上生长，如葡萄、常春藤、爬山虎。

（4）匍匐类　干、枝等均匍地生长，如铺地柏。

2. 林木种子生产概述

林木种苗是林业建设的基础和保障。从整体上看，我国是林业相对落后的国家，森林资源严重不足，森林覆盖率仅有 20% 左右。发展林业，需要大量的林木种苗。林业生产周期长，一旦用劣种造林，不仅影响成活、成林和成材，而且造成极大的时间和资源的浪费，因此需要建立种子生产专用基地，实现林木种子生产的专业化和标准化，提高种子质量和产量。林木种子生产基地一般包括母树林、种子园、采种圃等。种子生产方法分为实生种繁育和种苗繁育两大类。

（1）实生种繁育　用种子繁殖的苗木，包括苗圃中用种子培育的播种苗和自然界中从母树上采摘的种子培育的苗木。实生种繁育具有繁殖方法简单、易于繁殖，种子来源多、

可进行大量繁殖，实生苗根系发达、生长健壮，对外界环境条件具有较强的适应性，实生苗生长较快、寿命较长、产量较高等优点。但也具有实生苗进入结果期较晚和实生苗变异性较大，不易保持原品种的优良性状的缺点。

（2）种苗繁育　采用无性繁殖的方式，以林木的根、茎、枝、叶等培育新种苗的方法，包括硬枝扦插育苗、嫩枝扦插育苗、埋条育苗、压条育苗、插根育苗、嫁接育苗等。种苗繁育具有繁殖系数大，生长周期短、能够保持原品种优良性状等优点。但对于某些物种具有技术相对复杂、成活率低、成本高等缺点。在生产上，大多数果树以及橡胶、乌桕、油桐等经济植物和某些观赏植物（如槐碧桃、梅等）用实生苗繁殖时，由于后代个体间性状分离，不能获得品质一致的产品，加之实生苗果树的周期较长，进入结果期较晚，绝大多数用嫁接苗生产方式繁殖。但果树中后代性状比较稳定的种类如番木瓜、榛、板栗、核桃和一些柑橘类果树仍直接利用实生苗繁殖。实际生产上，应根据树种特性和地区条件，合理选用实生种繁育和种苗繁育技术。

二、林木实生种种子生产技术

（一）林木实生种的结实规律

1. 林木的结实年龄

木本植物的个体，从种子形成直到整个植株死亡，大体上都经历着一个从幼年期到青年期、成年期、老年期的发育过程。根据阶段发育理论，可以将树木的生活史划分为5个时期，即种子期、幼年期、青年期、成年期和老年期。

（1）种子期　由雌雄配子体受精后的合子起至种子萌发之前，包括种子形成和个体休眠两个阶段。种子期能否形成和保持优良品种的优质种子，主要是受外界条件影响和种子本身结构制约。在此期间要创造良好的光照、水、肥、气、热等外界条件，防治病虫害，及时采种，搞好加工，合理贮藏，且为种子萌发做好准备工作。

（2）幼年期　种子萌发出土到形成树木为幼年期。在此期间，树木以旺盛的营养生长为主，地上茎叶和下部根系良好生长，是树木建造自身的重要时期。当树木营养物质积累到一定程度时，开始由营养生长转入生殖生长，其显著变化是开花。

（3）青年期　正常的开花标志着幼年期的结束和青年期的到来，此时期一般为3~5年。青年期结实量小，种子质量也较差，但可塑性和适应性强，所结的种子适宜作引种之用。

（4）成年期　随着年龄的增长，结实量逐渐增加，达到一定限度后，保持一段相当长的稳定时期，此时期即为树木的成年期。成年期结实量多，种子质量好，是采种的适宜时期。

（5）老年期　从开始衰老到最后枯死为树木的老年期。树木到了老年期，可塑性逐渐消失，生理机能衰退，枝梢逐渐枯死，病虫害增多，结实少、质量差，失去繁殖价值，不宜采种。

树木改良期的长短受树种生物学特性和环境条件的制约。一般喜光树种、速生树种、灌木树种，以及人工林、孤立木等发育早，幼年期短，结实早；而耐阴树种、慢生树种发育晚，幼年期长，结实晚。同一树种，起源不同，环境条件不一样，开始结实年龄也有差异，无性繁殖的树木要比种子繁殖的实生树木结实早。气候、土壤条件好，树木能提早结实。孤立木光照充足，营养面积大，比林木结实早。实践证明，环境条件对林木开始结实年龄影响甚大，所以加强母树林的经营管理，人为创造良好环境条件，对林木提早结实有重要作用。

2. 林木结实的间隔期

林木是多年生多次结实植物，在其整个生命过程中，除要经过种子期、幼年期、青年期、成年期和老年期外，在一年之中，还要经过芽开放、营养生长、开花结实、芽分化和休眠的周期。

在年周期中，树木的营养生长和开花结实是有机结合的。开花结实是以营养生长和营养物质积累为基础，当树木营养生长达到一定时期、营养物质积累到一定水平以后，在起诱导作用的激素和外界条件的作用下分化花原基，花原基进一步发育形成花芽，这一过程称为花芽分化。

花芽形成的多少和改良的好坏，直接影响林木开花结实的优劣。已经结实的林木，每年结实的数量也常常有很大差异，有的年份结实多，称为丰年（或大年），有的年份结实少，称为歉年（或小年）。相邻两个丰年相隔的年限为林木结实的间隔期。

林木结实间隔期的长短，因树种和管理水平不同而有很大差异。有些树种，如杨、柳、榆、桉，种子形成时间短，种粒小，营养物质消耗少，所以每年种子产量比较稳定，丰歉年现象不太明显；生长在高寒地区树种，如红松、落叶松、云杉、冷杉等，由于温度低，生长期短，营养物质积累少、消耗多，种子产量极不稳定，歉收年份出现相当频繁；而灌木树种一般没有间隔期。

所有林木，在结实丰年不仅产量多，而且种子质量好；在歉收年份种子产量低，质量也差。

（二）提高林木种子产量和质量的措施

林木结实不仅与树木本身特性有关，更重要的是受外界环境条件的制约。所以，通过控制和改善外界环境，可以有效地提高种子产量和质量。例如，母树林通过疏伐改造，可以改善林内光照条件和温热状况，有利于土壤微生物活动和有机质分解，提高土壤肥力，经过 3~5 年，种子产量和质量都会显著提高。

如果采取疏伐措施，疏伐强度一般以树冠间距保持 1.0~1.5 m，郁闭度保持在 0.5 左右为宜。疏伐方式要灵活，以留优去劣、适当照顾株距、保持母树分布均匀、逐年淘汰的方式为好。疏伐的次数视林龄而定，一般为 2~4 次。疏伐后的残落物要及时清理，以保持林内卫生。

母树林强度疏伐后，林地暴露，杂草丛生，因此每年要松土除草 2~3 次。通常是山脚平缓地区的林木实行全面整地、压青；对坡度为 10°~15° 的林地进行割灌；对坡度为 15°~30° 的林地，可在林木植株周围修筑半圆形水盘，以利蓄水保墒。有条件的地区，还可以施肥、灌溉。发现病虫害要及时防治。

（三）林木实生种种子的采收

种子采收是种子经营工作的中心环节，此项工作直接关系到能否按质按量地完成种子生产任务，所以在种子成熟前后，要做好调查，选择采种母树，适时采种，搞好种子加工精选等工作。随着林木生产水平的不断提高，对种子的原始产地，树种类型、来源和林区的类型要详细调查。因此，要求采种工作者对生产种子的树木和林分能够鉴别，要求建立专门的基地生产经过改良的优质种子。用于采种的林分有四大类型：①非划定林分。该种林分采种方便，但其中的树林常常不太合乎亲本要求。②划定林分。该种林分中的树林合乎亲本要求，划定时要把其中最好的树分选择出来用于采种。③采种母树林。中等水平以上的林分通过定期伐除不符合要求的树林，从而进一步提高质量，并通过培育提高种子生产水平。④种子园。选择最适宜于该地区生长的、木材质量与生长率都较突出的母树，建立种子园。种子园分为实生苗种子园和无性系种子园，一般位于亲本或原株的旁边不远处，或海拔稍低处，以方便管理，不受环境污染的危害。土壤肥力应为中等以上，并要搞好隔离。种子园所产种子的遗传控制程度较采种母林更高。

1. 母株选择

选优良的母树采种是一项最经济有效的林木种子生产方式。林木的干形、材质、生长量及果实品质等在很大程度上受遗传控制，优良的母树结优良的种子。优良母树的条件由造林目的决定。如果营造用材林，优树应生长迅速，树干通直、圆满，树冠窄长，侧枝细小，林质优良，无病虫害，抗逆性强，实生，壮龄；如营造经济林，优树应发育健壮，结实早，丰产、稳产、优质，无病虫害，抗逆性强；如果营造风景林，优树应具备树形美观，叶大枝密，色泽鲜艳，花果美丽，常绿或春天早发叶，秋天晚落叶，无病虫害，抗逆性强等特点。

如果选择无性繁殖材料，除要选择优良母树外，还要考虑树龄、枝龄、枝条着生位置或不定根的发育状况等。一般应选择幼树、低枝龄、茎部或中部的枝条进行扦插。

2. 采种时期

为了获得优质、高产的种子，必须适时采种。采集过早，种子没有完全成熟，种子或果实青瘪，品质低劣，不耐贮藏；采集过晚，种子脱落飞散，或遭鸟兽取食，采种量少，丰产不能丰收。

为了做到适时采种，首先要正确判断种子的成熟期，根据种子成熟程度和脱落特点，确定采种时期。种子是否成熟可根据种子（果实）外部形态来判断，也可通过测定种子成熟指数来确定。一般树种，胚长达到胚腔长度的70%以上时即为成熟；松、柏类种子，即用煤油或无水乙醇测定，有80%球果漂浮在煤油上（比重为0.8）或乙醇（比重为0.78）上，即为成熟。像栎类等含淀粉种子（果实），用刀切开，加一滴碘液，种子变为黑色即为成熟。当然，具体到某一种子，还需进一步试验才能确定成熟指数。

有些树种的种子，达到完全形态成熟随即脱落；有些树种的种子，虽然达到完全形态成熟，但仍宿存树上，长期不落。因此，确定适宜的采种时期，还应考虑种子成熟后的脱落方式。

（1）小粒种子 成熟后立即脱落随风飞散的小粒种子，如杨、柳、榆、桦、泡桐、杉木、落叶松等，应在形态成熟后开始脱落前采种，要求做到成熟一片采一片，否则稍有拖延将会采收不到种子。

（2）大粒种子 成熟后立即脱落的大粒种子，如核桃、板栗、油桐、槠栲等，可待自行脱落或经击打、震荡落于地面后，再进行收集。需要指出的是，栎类种实应在成熟后脱落前采集，因为自行脱落的种子，绝大部分遭受虫蛀，不宜作种。

（3）肉质果 肉质果的果实，如樟、楠、女贞、乌桕、桧柏、杜松等树种，由于成熟的果实色泽鲜艳，易被鸟类啄食，也容易腐烂，须在成熟后于树上采集。

（4）长期不脱落的种子 成熟后长期不脱落的种子，如油松、侧柏、国槐、紫穗槐、白蜡、苦楝等树种，可以适当延长其采种期，但不宜拖延太久，以免降低种子质量。

（5）枝和种根 用以进行无性繁殖的硬枝和种根，在秋季树木停止生长至春季树液流动以前采集最为适宜。过早，营养物质积累不多，木质化程度不高，难以贮藏，扦插后成活率低；过晚，树液开始流动，芽已膨大甚至萌发，消耗大量养分和水分，影响不定根的生长，扦插难以成活。如果进行嫩枝扦插，要在树木生长期间采集当年生的半木质化的健壮枝条，过嫩或过分木质化的枝条均不利于生根成活。

3. 采集方法

（1）做好准备工作　准备工作内容包括调查种子产量，确定采种地点、林分和采种数量，组织和训练劳力，准备采种工具以及晾棚、晒场等。

根据采种任务，对采种人员进行短期训练，组织学习有关采种知识，根据造林目的，学会选择具有优良林分的母树。采种时保护好母树，不能砍树、截枝、掳叶等。

准备好采种工具，如剪枝剪、高枝剪、采摘刀、钩镰、梯子、升降机和采种兜网等。

（2）采种　种子成熟后，采种人员应选择晴好天气采种。阴雨天时树干滑溜，采种不便，同时种子含水量较多，容易霉烂。采回的种子应及时晾晒，注意通风，防止种子品质下降。

采集嫩枝插穗或接穗时，要随采随插随接，且以早晨或阴天材条含水量高时采集为宜。采后放置装有少许凉水的容器塑料袋内，以免失水。

（3）种子登记　为了合理地使用种子，采种时必须做好种子登记工作，登记的内容和格式见表9-5。

表9-5　种子采收登记表

第　　号

树种名称			采种方式	自采　　收购	
采种地点					
采种时间			本批种子重量		（kg）
采种林地情况	林地类别	一般林分 ⎰ 天然林 ⎱ 人工林　　散生林		优良林分 ⎰ 天然林 ⎱ 人工林　　母树林　种子园	
	林龄		坡向		
	海拔	（m）	坡度		（°）

登记人：　　　　　　　采种单位：　　　　　　　年　月　日

（四）林木实生种种子加工贮藏

1. 种子加工

种子加工的目的是获得纯净而适宜贮藏和播种的优良种子。林木种子加工的内容包括从果实中取出种子、净种去杂、适当干燥以及截制插穗等。

（1）从果实中取出种子　果实种类不同，取种方法各异。一般原则是：对含水量高的种子，采用阴干法干燥，即放置通风的阴凉处干燥加工；对含水量低的种子；采用阳干法干燥，即放置太阳光下晒干加工。具体加工方法应根据种子特点而定，一般干果类包括蒴果、坚果、翅果、荚果等。蒴果类种子如杨树、柳树，一般含水量较高，采集后应立即薄薄地（3～6 cm）摊放在通风背阴的干燥处（最好放在室内，俗称"飞花室"）或预先架好的竹帘上进行干燥。要注意经常翻动，以免霉烂。经过3～4 d，待2/3以上蒴果开裂时即可脱粒。脱粒时可用调制拍（竹条或柳条制成）抽打，用手揉搓，或用脱粒机将种子脱出。泡桐、桉树、香椿等蒴果，采集后可在阳光下暴晒，经过 1~3 d 后稍加拍打，种子即可脱出。坚果类如栎类、槠栲类等，含水量高，在阳光下暴晒容易降低发芽力，采集后应及时手选或水选，除去蛀粒（如蛀粒不多，可不必水选），置于通风处阴干。翅果类如槭、白蜡树、榆树等，阳干后除去夹杂物，不必去翅，可直接用果实播种。荚果类如刺槐、紫穗槐、相思树等，含水量较低，采集后可在场院暴晒，干燥后用棒棍敲打或石碾压碎荚皮，脱出种粒。

肉质果类含有较多的果胶和糖类，很容易发酵腐烂，采集后必须及时处理，核果、浆果可用取核机、擦果器捣烂果皮。桧柏、国槐等可用木棒或石碾捣烂果皮，然后用水淘洗取出种子。肉质果类种子脱出后，有些树种往往在种皮上还附一层油脂，使种子互相黏着，容易霉烂，需用碱水或洗衣粉浸渍 0.5 h 后用草木灰脱脂，再用清水冲洗干净后阴干。

球果类如油松、落叶松、侧柏等，采集后可摊放在通风向阳干燥的场院暴晒，经过 5~10 d 待球果鳞片开裂后，再敲打脱粒。马尾松球果富有松脂，一般摊晒开裂，宜摊放在通风背阴处阴干脱粒。有条件的地区可将球果放置于室内进行人工加热干燥。

（2）净种分级　脱粒后的种子中不仅含有各种不同均匀度和完整度的种子，而且含有相当数量的混杂物，如鳞片、果皮、枝叶、秕壳、石块、虫尸、杂草种子等。这些混杂物带菌较多，又易吸湿，如不及时清选，极易恶化贮藏条件，降低种子品质。

净种方法主要有风选、水选、筛选和风选结合等。风选、水选是利用种子间、种子与杂质间的密度不同，在风力或水溶液的作用下使其相互分离的净种方法。筛选是利用种子的宽、厚与杂质间的差异，通过不同大小和类型的筛孔进行分离。风筛结合采用过风、过筛连续作业，其效果比单一的净种方法要好。目前常用的净种机具有簸箕、筛子、木风车、动力扬谷机等。根据种子的密度，可配成不同浓度的氯化钠、硫酸铜、硫酸铵等溶液进行水选。水选时间不宜过久，以免漂浮的杂质吸水后沉淀。

（3）适当干燥　经过净种后的纯净种子含水量较高，呼吸作用旺盛，不易贮藏，容易降低种子生活力，所以要及时做好种子的干燥工作，使其含水量降低到安全标准以下。

2. 种子贮藏

林木种子的贮藏方法可分为干藏和湿藏两大类。部分树种的贮藏方式与条件见表 9-6。

表 9-6　部分树种贮藏方式与条件

种属	方式	水分 /%	温度 /℃	备注
冷杉属	不密封	9~12	-18	可贮存 5 年，普通条件下 1 年丧失生活力 17~50 年
金合欢	不密封	9~12	室温	
槭属	密封	10~15	1.7~5	1~2 年
七叶树属	湿藏	38~56	-0.5~5	120 天
紫穗槐	不密封	38~56	室温	3~5 年
南洋杉	密封	湿润	3	4~6 年
山核桃	密封	湿润	4	90% 相对湿度 3~5 年

种属	方式	水分 /%	温度 /℃	备注
栗属	湿藏	40 ~ 45	-1 ~ 2	4 ~ 5 月
木麻黄	不密封	6 ~ 16	-7 ~ 2	2 年
雪松属	密封	< 10	-3 ~ 3	3 ~ 6 年
扁柏属	密封	< 10	< 0	5 ~ 7 年
桉属	密封	4 ~ 6	0 ~ 5	10 年
卫予属	密封	湿	3	7 年
胡桃属	湿藏	湿	1 ~ 3	80% ~ 90% 的相对湿度下 1 ~ 2 年
落叶松属	密封	6 ~ 8	-18 ~ 10	3 年
木兰属	密封	6 ~ 8	0 ~ 5	干燥贮藏
水杉	密封	密封	1 ~ 4	干燥贮藏
桑属	干燥贮藏	风干	-12 ~ -18	—
云杉	密封	4 ~ 8	0.6 ~ 3	5 ~ 17 年
松属	密封	5 ~ 10	-18 ~ -15	5 ~ 10 年
悬铃木属	密封	10 ~ 15	-7 ~ 3	>1 年
杨属	密封	6	5	2 ~ 3 年
李属	密封	5	0.6 ~ 5	3 年
刺槐	密封	7 ~ 8	0 ~ 4	>10 年
榆属	密封		-4 ~ 4	>2 年

（张春庆和高荣岐，1995）

三、林木种苗育苗技术

林木种子常因强迫休眠和生理休眠使种子在合适的发芽条件下不能很好萌发，需采用某些措施打破休眠，促进种子萌发。

（一）育苗前处理

大部分豆科植物、山榄科、杜鹃花科、鼠李科、漆树科和无患子科的一些树种都具有硬实现象，对于此类树种的处理方法有如下几种。

1. 酸蚀

用浓硫酸腐蚀无透性的种皮，常用的树种有金合欢、紫荆、槐树、沙枣、皂荚、漆树、无患子、椴树。不同树种酸蚀的时间不同，时间过长会使种皮布满坑凹疤痕，甚至露出胚乳。时间不足，则大部分种皮仍有光泽。处理得当的种子，种皮暗淡无光，但又没有出现很深的"坑坑洼洼"，因此应通过试验确定合理的处理时间。大部分树种需浸泡15 ~ 60 min；有一些树种如美国皂荚需要 2 h。漆树属有些种可能需要长达 6 h 的处理。种子处理后在凉水中彻底冲洗 5 ~ 10 min，至无酸性。

2. 机械损伤

此法是克服种子硬实的又一措施，其缺点是种子很容易因处理过度而受伤。大批量处理时需要专用种子擦伤机。

3. 层积处理

层积是将种子与湿润物（湿砂、泥炭等）混合或分层放置，以解除种子休眠，促进种子萌发。层积催芽是目前较好的催芽方法，适用于绝大多数树种，在生产上应用广泛。

（1）低温层积　低温层积的方法是将种子与基质按 1∶3 体积比混合，种子预浸一昼夜，基质的含水量为饱和含水量的 60% 左右。根据当地条件，堆积或放入坑内。当地气温很低时，应挖深 60～80 cm、宽 1 m 的沟，将种子与基质混合物放至沟沿，也可一层砂一层种子。如当地气温不很低，可将混合物堆积在背风背阴处。沟或堆每隔 1 m 设置一个通气孔，用草把通气。主要树种的层积日数可参考表 9-7。

表 9-7　主要树种层积日数

树种	层积日数 /d	树种	层积日数 /d
红松	180～300	杜仲	40～60
白皮松	120～130	女贞	60
落叶松	50～90	枫杨	60～70
樟子松	40～60	车梁木	100～120
油松	30～40	紫穗槐	30～40
杜松	120～150	沙棘	30～60
桧柏	150～250	文冠果	120～150
侧柏	15～30	沙枣	90
椴树	120～150	核桃	60～70
黄波罗	50～60	花椒	60～90
水曲柳	150～180	山楂	240
白蜡	80	山丁子	60～90
复叶槭	80	海棠	60～90
元宝枫	20～30	山桃	80
朴树	180～120	山杏	80
栾树	100～120	杜梨	40～60
黄栌	60～120	池杉	60～90

（张春庆和高荣岐，1995）

（2）高温层积　高温层积是将浸水吸胀（涨）的种子放在较高温度（20～30℃）条件下，保持适宜的水分和通气条件，经过一定时间的高温处理从而促进种子的萌发。高温层积适用于强迫休眠的种子。

（3）变温层积　有些树种的种子在低温层积之前先进行高温层积，效果更好。如白蜡类、野黑樱以及许多灌木树种子。红松种子低温层积需 200 d，而变温只需 90～120 d，15℃处理 1～2 个月，低温 0～5℃处理 2～3 个月。紫椴树种高温层积 30 d，再转入低温层积 120 d。

（二）育苗技术

育苗首先要选取优良的种子，优良的种子发育完整充分，成苗率高。育苗技术因树种不同而异。

1. 落叶松属

落叶松属种子应当秋播，或者经过层积 30～60 d 后春播，覆土 0.3～0.6 cm。秋播应在苗床上覆盖枯草叶或秸草等，春季发芽前除去。

2. 松属

松属种子秋播或春播，种子条播入土中，覆土 0.3～2.0 cm，秋播要比春播深，大粒要比小粒深。

3. 杨属

杨属种子寿命短（2 周到 1 个月），采后即可育苗。育苗时杨树种子不覆土，不压入苗床的土壤中。出苗的关键因素是水分，应保持至少 1 个月的苗床湿润，并遮阴。一般杨属繁殖用扦插而不用实生苗。

4. 柳属

柳属同杨属育苗基本相同。种子采后立即播种，将种子撒在整理好的苗床上，随即用一滚筒轻轻镇压。幼苗出齐前苗床应保持湿润，并遮阴。柳属繁殖主要用扦插的方法。

5. 雪松属

雪松种子可在秋季或春季条播，行距 10～15 cm。秋播苗床应覆盖越冬，春季及早除去覆盖。播量以 80～115 株/m² 为准。雪松也可用不定枝扦插。

6. 扁柏属

春季撒播，覆土 0.3～0.6 cm，播量 320～450 株/m²。播前变温层积，20～30℃下 30 d，然后 4℃下 40 d。苗床最好遮阴。扁柏也可扦插繁殖。

7. 云杉属

大多数云杉属种子不经层积即可良好发芽。少数需层积 30～90 d，需层积的种子可秋天播种。春播或秋播苗床覆盖 0.6～2.5 cm 厚的锯末、秸草等。幼苗生长第一季节可以部分遮阴。

8. 悬铃木属

悬铃木属种子适宜春季播种，但秋季或冬季也可播种，撒播或条播。条播行距 15～20 cm。种子播后应覆 0.6 cm 的土或锯末。播量以 54～107 株/m² 为宜。

9. 胡桃属及山核桃属

未层积的坚果可在秋天采后即播，苗床用锯屑、野草或秸草覆盖。春天去掉覆盖物。层积过的种子春天播种，3～5℃层积 30～150 d，覆盖土 2.5～5.0 cm，播量 90～160 粒/m²。

10. 木麻黄属

春季撒播，覆土 0.6 cm，播量 215～320 株/m²，4～6 个月可移栽。

11. 桉属

桉属种子细小，种子要混以细砂，然后将这种混合物均匀地撒到土壤表面，种子覆以 0.3 cm 的细砂，防止表面干燥。育苗前种子层积 4～6 周，育苗后苗床应中度遮阴。

12. 女贞属

女贞属种子可秋播或者用层积的种子春播。9 月份早采并脱粒，趁种子表面尚未完全干燥立即播种。春播种子需在 0～2℃低温下层积 60～90 d。播量 430 株/m²，覆土 0.6 cm。

秋播苗床上覆盖松针越冬。

13. 木兰属

木兰属种子可以秋播，也可以在 0～5℃下层积 3～6 个月后春播。条播行距 20～30 cm，覆土约 0.6 cm。秋播要覆盖以防种子冻坏。幼苗第一个夏季要半遮阴。

14. 苦楝

苦楝通常用采集的完整果核随即秋播，也可翌春播种。条播株距 5～8 cm，覆土 2.5 cm。

15. 桑属

桑属种子秋播前最好用冷水浸种 100 h。春播时在 1～5℃的湿砂里层积 30～90 d。条播或撒播，条播行距 20～30 cm，略微覆土。苗床要盖秸草，以保持湿润。发芽后苗床要半遮阴几周。

16. 李属

未经处理的李属种子可在秋季播种；层积处理的种子可在春季播种，3～5℃层积 90～150 d，少数 170～210 d。秋播和春播都应提前播种，播种深度 2.5～5.0 cm。

17. 栎属

栎属果实（又称橡子）春播不如秋播。白栎秋播后马上萌发，黑栎秋播则到春季能很快萌发。黑栎春播需 0～5℃层积 30～90 d，条播行距 30～20 cm，用紧实的土壤覆土 0.6～2.5 cm。播量 110～380 株/m²。秋播苗床加覆盖物防冻。

18. 榆属

榆属种子寿命短，通常都是采后即播。榆属的部分树种秋季成熟，种子需低温层积 60～90 d 后春播。

19. 合欢属

春播种子在浓硫酸中浸泡 10～15 min，可打破种子休眠。播深 0.6～1.3 cm，播量 210～270 株/m² 为宜。

20. 槭属

槭属以秋播为好，播种深度 0.6～2.5 cm，撒播或条播，播量 160～320 株/m²。

21. 银杏

银杏应在晚秋（11 月）播种，最好条播，覆土 5～7 cm，并用锯屑覆盖。银杏也可扦插繁殖。

22. 沙棘

未经处理的沙棘种子可在秋天播种。经过层积的种子需要春播，2～5℃层积 80～90 d，播种后覆土 0.6 cm，发芽初期遮阴。

23. 栾树

未经处理的种子可在秋天播种。春天播种的种子需要用硫酸浸种 1 h，再于 5℃下层积 90 d。覆土 0.6～1.2 cm。秋季采种之后立即播种，播量 320 株/m²。

24. 刺槐属

刺槐属种子可用浓硫酸处理，时间因种而异（10～120 min），需要试验。一般 3～5 月播种，用土或砂和锯末的混合物 0.6 cm，苗床覆盖一层枯草。

25. 栗属

栗属的坚果可秋播也可春播。秋播 10 月完成，春播的种子应层积越冬。播深

2.5～5.0 cm。秋播苗床覆盖 2.5～10.0 cm 的秸草。行距 8～15 cm，株距 8～10 cm。

（三）苗木出圃

1. 出圃准备

苗木出圃是林木育苗的最后一个环节，出圃前应做好各项准备工作。首先，对要出圃的苗木进行清查，核对出圃苗木的种类、品种和数量；其次，根据调查做出出圃计划，制定出圃技术操作规程，包括起苗技术要求、分级标准和包装质量等。

2. 苗木的挖掘和处理

（1）挖苗时期　挖苗时期根据定植时期而定。一般可于秋季落叶时至土壤封冻前或春季土壤解冻后萌芽前进行。挖苗前若土壤干燥应提前灌水，否则挖苗易伤根。

（2）苗木分级　挖出的苗木要尽量减少风吹日晒，及时根据苗木的大小、质量进行分级，这与定植后的成活率和果树的生长结果均有密切的关系。分级时应根据不同树种的规定标准进行评选，不合格者不应出圃，继续留在苗圃内培养。

（3）苗木的检疫和消毒　苗木检疫是防止病虫传播的有效措施，苗木外运之前必须经过检疫。我国列入检疫对象的北方浇叶果树主要病虫害种类有苹果小吉丁虫、苹果棉蚜、苹果黑星病、苹果锈果病、苹果蝇、苹果蠹蛾、葡萄根瘤蚜、梨圆介壳虫、美国白蛾、核桃枯萎病等。即使是非检疫对象的病虫也应严格控制其传播。因此，出圃前要对苗木进行消毒，最好喷洒 3～5°Bé 石硫合剂；也可在 100 倍波乐多液或 3～5°Bé 石硫合剂中浸 10～20 min，然后用清水冲洗根部。

3. 苗木假植、包装和运输

无论是外销还是内购，苗木出圃后如果不能及时定植、分级，消毒后均需对苗木进行假植贮藏。

短期假植可挖浅沟，将根部埋在地面以下即可，土壤干燥可灌水。如为越冬假植，则应选地势平坦、避风不易积水处挖沟假植，沟深 0.5～1.0 m、宽 1 m，长度视苗木数量而定，最好南北开沟，将苗木倾斜分层放于沟内，填土培严，以防漏风、冻根。培土厚度应为苗木高度的一半以上（速生苗最好全埋），严寒地区应增加培土高度，或用秫秸覆盖。假植时，若假植沟干旱宜适当灌水；若树种、品种较多，应注意挂牌标记，以免混杂。

苗木若长途运输，必须妥善包装，尤其可保护好根系。提倡根部蘸泥浆，然后用稻草包、蒲包等包裹；或者根部用塑料布包裹，外加草蒲包。运输前应将包装材料充分浸水保持湿度，按一定数量（50～100 株）分捆包好后，标明名种和砧木名称，以防混杂。

第五节　药用植物种子生产技术

一、药用植物种子生产技术概述

我国中药材种类繁多，资源丰富，分布很广。据 2018 年《中国中药资源发展报告》，全国中药资源普查信息管理系统已汇总 1.3 万余种野生药用资源、736 种栽培药材，基本建立起中药资源动态监测体系和种子种苗繁育体系。尽管中药材产量呈持续增长趋势，但仍存在野生资源利用过度、中药材栽培和选育技术发展缓慢等问题。不少品种大面积成规模的野生分布已很少见，如黄芪、红景天、甘草等。一些道地药材优良种质正在消失或解体，部分品种甚至濒临灭绝，如野生人参、贝母。随着野生资源减少，不少药用品种经历了"常见、繁多"到"稀缺、稀少"，再到"珍稀、濒危、灭绝"的转变，如三七、新疆紫草、重楼等。通过人工栽培，可以有效地满足世界各国对中药材的需求，保护我国的药用植物资源。2017年我国中药材种植面积超过5 000万亩，人工种养殖的药材已达常用中药材的1/3。在《中药材生产质量管理规范》的指导下，我国已开展中药材生产质量管理规范（GAP）生产基地建设，实施中药材的规范化种植。

种子种苗是中药材生产的物质基础，中药材生产规范化需要中药材种子种苗生产标准化。《中华人民共和国种子法》管理范围涵盖农作物和林木种子，但由于中药材的特殊性，真正纳入其中的药用植物品种数量极少。我国人工栽培的中药材300多种，截至2018年，只有人参、三七、甘草、黄芪、小豆蔻、麻黄属等中药材种子种苗有国家标准，紫花地丁、桔梗种子生产技术规程有行业标准，中华中医药学会2017年12月发布了62项中药材种子种苗团体标准，2019年1月发布了77项中药材种子种苗团体标准；中药材种子种苗地方标准130项涉及91种中药材品种。大部分药用植物尚未建立种子质量标准和种子生产、加工、检测规程，其中具备全程质控体系的品种很少。而像黄芩、黄芪、甘草、菘蓝等大宗中药材又有多个不完全一致的种子质量标准从不同渠道发布。中药材种子种苗生产技术规程、种子质量分级标准、种子检验规程和种子加工、包装、运输、贮藏标准等均需进一步加强研究和制定。

药用植物的繁殖方法分为两大类：一是通过种子进行有性繁殖；二是利用植物的根、茎、叶等营养器官进行无性繁殖。由于用种子进行繁殖时，繁殖系数高，在大面积生产时多采用种子繁殖。优质种子是获得高产优质中药材的前提和保证。要获得优质的种子，首先要选择适宜的生态环境。不同药用植物对土壤、气候有不同的适宜范围，应选择最适的生态条件进行栽培。如人参、黄连等属喜阴植物，在生长期间需要一定的荫蔽条件；地黄、洋地黄和柴胡等为喜光植物，须种植在向阳的环境下；薏苡、款冬等植物喜湿润环境，在生长期间要保证灌溉条件；甘草、黄芪等较为耐旱不耐涝，主要分布在我国三北（东北、华北、西北）地区，如引种到南方，会因雨水过多生长不良，且易遭受病害。

其次是注意采种技术。在采集种子时，除了要选择健壮、生命力强、株型良好的典型植株作为采种株外，还要选择合理的采收时间。一般来说，要等种子充分成熟时进行采种，充分成熟的种子发芽率及发芽势较高。但也有例外，如甘草种子充分成熟后，种子硬实率增加，因此可适当提前收获；天麻及龙胆种子在蜡熟期采收，发芽率较高，充分成熟时采收发芽率反而降低。桔梗、紫花地丁、半边莲、凤仙花和甘遂等植物种子成熟后，果实易破裂，柴胡种子、黄芩种子也是随熟随落，不便采集，对于此类植物，应在种子即将成熟前采集。蒲公英、白头翁种子成熟到散布时间很短，应掌握成熟的标志，一旦成熟立即采收。对于花果期较长、种子陆续成熟的补骨脂、萝芙木等植物，应分期分批采集。茜草、栝楼、忍冬、爬山虎等的果实不易落地，可安排稍晚的时间一次采集。最好在早晨采集种子，中午、下午种子比较干燥，容易造成脱粒。

鉴于中药材植物种类繁多，本节将按科介绍药用植物种子生产技术，同一科的植物对环境的要求及在种子生产技术上具有一定的相似性，每科具体选择一种代表性植物进行介绍。

二、豆科药用植物种子生产技术

（一）豆科的植物学特性

豆科（Leguminosae）植物中有 492 个种（包括 8 个亚种、23 个变种、4 个变型）可供药用，其代表性药用植物有甘草、决明子、黄芪、合欢、含羞草、苦参等。木本或草本，叶互生，多数为复叶，并具托叶。两性花，两侧对称或辐射对称；多数为蝶形花，雄蕊 10 枚，荚果。染色体 $X = 5 \sim 14$。其化学成分主要是黄酮类和生物碱类。

（二）甘草种子生产技术

甘草（*Glycyrrhiza uralensis* Fisch.）是多年生灌木状草本，花期 6 ~ 8 月，总状花序腋生，花密集，花萼钟状，花冠蝶形，紫红色或蓝紫色，雄蕊 10 枚，9 枚基部连合。果期 7 ~ 9 月，荚果镰刀状弯曲或呈环形，内有种子 2 ~ 8 粒，种子棕绿色或暗棕色，扁圆形或肾形，千粒重 8 ~ 13 g。以根和根状茎入药，具有补脾、润肺、解毒、调和诸药的功效。

甘草在我国集中分布于三北（东北、西北、华北）地区，以新疆、内蒙古、宁夏和甘肃为中心产区。甘草具有喜光、耐旱、耐热、耐盐碱和耐寒的特性。

1. 培育壮苗

首先选择土壤肥沃、土质疏松、排水良好、盐碱度低的沙质土。其次在播种前必须对种子进行打破硬实处理，甘草种子硬实率较高，通常为 70% ~ 90%，不易萌发，自然发芽率只有 10% ~ 30%，不经过处理，很难达到苗齐苗全。通常采用碾米机碾磨种子，以划破种皮但不损伤子叶为宜，也可采用浓硫酸拌种腐蚀种皮的方法打破种子硬实。

甘草可于 4 月中旬日平均气温稳定在 5℃以上时播种。条播，行距 30 ~ 50 cm，沟深 3 ~ 5 cm，覆土 2.0 ~ 2.5 cm，用种量 30 ~ 45 kg/hm²。播后及时浇水，保持表土湿润。育苗移栽的效果要优于直播，可选择第二年早春开沟进行移栽，株距 15 ~ 20 cm，将种根斜摆放于沟内。

2. 采种

甘草播种 3 年后开花结实，于 9 ~ 10 月选择生长健壮无病虫害的植株作为采种株，在开花结实期间摘除花序顶部的花或果，以获得饱满种子。采收时间以荚果为青绿略带紫红色，即进入定浆中期时最为适宜，此时种子硬实率低、出苗率高。剪下果序，晒干、脱粒、去除杂质，于通风干燥处保存。但要注意，采收时间不能过早，否则种子活力差，发芽率低，幼苗长势较弱。

《豆科草种子质量分级》（GB 6141—2008）依据净度、发芽率、其他植物种子数、水分将甘草种子分为三个等级（表 9-8）。发芽率中可含有硬实种子，当净度、发芽率不在同一级别时，以种子用价取代净度与发芽率。种子用价是指真正有利用价的种子所占的百分率：

$$种子用价（\%）= 净度 \times 发芽率 \times 100\%$$

表 9-8　甘草种子质量标准（摘自 GB 6141—2008）

级别	净度 /%	发芽率 /%	种子用价 /%	其他植物种子 /（粒 /kg）	水分 /%
一级	≥98.0	≥90	≥88.2		
二级	≥95.0	≥80	≥76.0	≤200	≤12.0
三级	≥92.0	≥70	≥64.4		

三、唇形科药用植物种子生产技术

（一）唇形科的植物学特征

唇形科（Labiatae）植物中可供药用的有 437 个种（包括 71 变种、9 变型），全国各地均有分布。本科常用的药用植物有益母草、紫苏、丹参、黄芩、广藿香、薄荷、裂叶荆芥、半枝莲及冬凌草等。草本，茎四棱形，单叶，对生。轮伞花序，有时为穗状或总状花序；花冠 5 裂，常二唇形（上唇 2 裂，下唇 3 裂）；雄蕊 4 枚，2 强，有时退化为 2 枚。4 枚小坚果。染色体 $X = 5 \sim 11$、13、14、16、$17 \sim 30$。其主要化学成分是挥发油、黄酮类化合物、生物碱。

（二）黄芩种子生产技术

黄芩（*Scutellatia baticalensis* Georgi.）为多年生草本。花期 $7 \sim 10$ 月，总状花序顶生，花排序紧密，偏生于花序一侧；花冠唇形，蓝紫色、紫红色或紫色；雄蕊 4 枚，2 强，雌蕊 1 枚，子房 4 深裂。果期 $8 \sim 10$ 月，小坚果卵圆形，果皮呈黑褐色，内含种子 1 粒，种子椭圆形，淡棕色，千粒重 $1.49 \sim 2.25$ g。以根入药，有清热燥湿、泻火解毒的作用。

黄芩喜温暖、耐高温、耐严寒、怕水涝。在干燥、向阳、雨量中等、排水良好、中性和弱碱性壤土中生长良好。主要分布于我国东北、华北、西北地区。

1. 培育壮苗

黄芩主要用种子进行繁殖。选择排水良好、阳光充足、土层肥沃的中性或弱碱性砂质土壤进行栽培。4 月播种，为保证出苗率，在播种前可用 45℃的温水浸种 $5 \sim 6$ h，然后置于 $20 \sim 25$℃下催芽，种子裂口时即时播种。播种量 $11 \sim 15$ kg/hm²。播种后盖上草帘保湿，出苗后及时揭去。

2. 采种

选择生长健壮的 $2 \sim 3$ 年生植株作为采种株。黄芩开花期较长，果实成熟不一致，且种子成熟后极易脱落，应及时采收。可在 $7 \sim 8$ 月结实期间人工捋种 $1 \sim 2$ 次；等大部分蒴果由绿色变成浅黄色、种子呈褐色时，剪下果序并晒干、拍打出种子，贮藏于通风干燥处。

河北省地方标准《中药材种子质量标准　第 2 部分：黄芩》（DB13/T 1083.2—2009）规定，黄芩种子的纯度应 ≥98%，净度 ≥90%，发芽率 ≥70%，水分 ≤10%。

四、伞形科药用植物种子生产技术

（一）伞形科的植物学特征

伞形科（Umbelliferae）植物中可供药用的有 236 个种，本科常用的药用植物有柴胡、当归、杭白芷、白花前胡、紫花前胡、防风、辽藁本、川芎及羌活等；草本，常含挥发油，具有芳香气。茎常中空，有纵棱。叶互生，多为羽状分裂或羽状复叶。常为复伞形花序；花两性，辐射对称；雄蕊、花瓣均为 5 枚；子房下位，2 心皮 2 室。双悬果，成熟时分裂为 2 个分果。染色体 $X = 6$、7、8、10、11，主要化学成分为香豆素类、挥发油和黄酮类化合物。香豆素类为本科植物的特征成分。

（二）柴胡种子生产技术

柴胡（*Bupleurum chinense* DC.）为多年生草本，花期 $7 \sim 9$ 月，复伞形花序腋生兼顶生，小花，黄色，花瓣 5 个，雄蕊 5 枚，花柱 2 个，子房椭圆形。果期 $8 \sim 10$ 月，双悬果，卵圆形或长圆形，褐色。分果瓣形似香蕉，千粒重 1.5 g。以根入药，有疏肝解郁、升阳解表的作用。分布东北、华北、西北、华东及河南、湖北、湖南等地。耐寒、耐旱、忌涝，野生于向阳山坡或草丛中。

1. 培育壮苗

柴胡一般用种子繁殖，选择向阳、排水良好、疏松肥沃的壤土、沙壤土或缓坡地种植，前作以禾本科为宜。柴胡种子不耐贮藏，常温下种子寿命不超过一年，且出苗率较低，只有 50% 左右，因此必须使用新鲜且经过处理的种子。可采用 0.8%～1.0% 的高锰酸钾浸种 10 min；或用 0.000 5～0.001 g/L 细胞分裂素（6-BA）或 35～40℃的温水浸种 1 d，再将种子与湿砂按 1∶3 的比例混合，于 20～25℃下催芽 10～12 d，可提高发芽率 12%～15%。

春播于 4 月中上旬，秋播于土壤冻结前。起高畦，条播，行距 30 cm，播种深度 1.5 cm，覆土要浅，轻轻镇压，浇水盖草保湿。播种量为 15～30 kg/hm²。除了种子发芽时需要充足的水分外，在生育期间，不遇严重干旱一般不用浇水。

2. 采种

柴胡播种次年才能开花结实。选择生长健壮、无病虫害 2～3 年生的柴胡植株留种。留种株不摘薹不去蘖，并偏施磷、钾肥，以促进果实发育。8～10 月当果实由青稍转变为褐色时，将果序割下，放阴凉处晾干，促进后熟，避免受热受潮。脱粒，除去杂质，于阴凉通风处保存。柴胡种子是陆续成熟，一旦成熟随即脱落，因此要及时采收。

内蒙古自治区地方标准《北柴胡种子质量分级》（DB15/T 1296—2017）根据净度、发芽率、种子用价（种子用价 = 净度 × 发芽率 ×100%）、其他植物种子数、水分将柴胡种子分为三级（表 9-9）。质量等级评定方法：依据净度、发芽率、其他植物种子数及水分 4 项指标进行综合定级，4 项指标均在同一质量等级时，直接定级；4 项指标有 1 项在三级以下定为等外；4 项指标均在三级以上（包括三级），其中净度和发芽率不在同一级时，先计算种子用价，由种子用价取代净度和发芽率。种子用价和其他植物种子数在同一级别时，则定为该级别，否则按低等级定级。

表 9-9　柴胡种子质量分级标准（DB15/T 1296—2017）

指标	级别		
	一级	二级	三级
净度 /%	≥95.0	≥90.0	≥85.0
发芽率 /%	≥75.0	≥63.0	≥52.0
种子用价 /%	≥71.25	≥56.70	≥44.20
其他植物种子数 /（粒/kg）	≤1 000	≤1 500	≤2 000
水分 /%	≤12	≤12	≤12

五、百合科药用植物种子生产技术

（一）百合科的植物学特征

百合科（Liliaceae）植物中可供药用的有 371 个种，本科常用的药用植物有百合、黄精、玉竹、浙贝母、知母、麦冬及土茯苓等；多为草本，具鳞茎，根状茎或块根。单叶，基生或互生，少数对生或轮生。多两性花；雄蕊6枚，子房上位，3心皮3室。蒴果或浆果。地下部分含大量淀粉粒。染色体 $X = 3 \sim 27$，主要化学成分包括甾体生物碱、甾体皂苷、强心苷等。

（二）知母种子生产技术

知母（*Anemarrhena asphodeloides* Bunge）为多年生草本植物，花期5~7月，总状花序，花红色、淡紫色至白色，花被6片，雄蕊3枚。果期6~9月，蒴果狭椭圆形，内顶端有短喙，有种子1~2枚，黑色，三棱形，千粒重7.5~8.1 g。

知母喜温暖、耐寒、耐旱。对土壤要求不严，但阴坡及土质黏重、排水不良的地块不宜种植，生长于向阳坡、草地、路旁较干燥处。分布于东北、华北、西北及山东、江苏、安徽、河南、四川、贵州等地。以根状茎入药，可清热泻火、生津润燥。

1. 培育壮苗

知母种子发芽率仅为40%~50%，一般砂藏至翌年春。一般4月中旬播种，播前将种子用60℃温水浸泡8~12 h，捞出晾干再与湿砂拌均匀，于向阳处催芽，待多数种子露白时取出，按1:5的比例与硫酸铵混合，进行播种，覆土以不见种子为宜，并保持土壤湿润。播种量为10~15 kg/hm²。

知母也可采用分株繁殖的方法，一般秋冬季或早春植株休眠时进行，挖取二年生的知母根茎，将根茎切成35 cm的小段，每段带2~3个芽头及少量的须根，沟播繁殖。

2. 采种

选择3年以上无病虫害的健壮株作采种株。8~9月中旬采集成熟的果实，脱粒晒干，进行砂藏。知母种子成熟时间不一致，且果实成熟后极易脱落，因此要注意及时采收。

中华中医药学会2019年发布的团体标准（T/CACM 1056.115）以种子发芽率、含水量、千粒重、净度、纯度等为质量分级指标，将知母种子质量分成三个级别。根据表9-10对发芽率、纯度、净度、含水量、千粒重进行单项指标定级，三级以下定为不合格种子。然后根据此5项指标进行综合定级，5项指标均同一质量级别时，直接定级；有一项在三级以下，定为不合格种子；5项指标不在同一质量级别时，采用最低定级原则，即以5项指标中最低一级指标进行定级。

表9-10 知母种子质量分级标准（T/CACM 1056.115—2019）

级别	发芽率/%	千粒重/g	净度/%	纯度/%	含水量/%
一级	≥90	≥7.538	≥97	≥95	≤10
二级	≥85	≥7.135	≥93	≥95	≤10
三级	≥80	≥6.939	≥90	≥95	≤10

六、桔梗科药用植物种子生产技术

（一）桔梗科的植物学特征

桔梗科（Campanulaceae）中可供药用的有111个种（包括7个亚种，13个变种），本科常用的药用植物有桔梗、党参、沙参和半边莲等。草本，单叶互生，无托叶，花单生，或成二歧或单歧聚伞花序，有时呈总状或圆锥状；花两性，辐射对称或两侧对称；花萼常5裂；花冠常钟状或管状，5裂，镊合状或复瓦状排列；雄蕊与花冠裂片同数，分离或合生，雌蕊 1 枚，子房通常下位或下半位。由 2~5 心皮合生，3 室，稀 2~5 室，胚珠多数，蒴果，种子小。

染色体 $X = 7 \sim 12$、14、17，其化学成分主要是三萜皂苷、生物碱和糖类。

（二）桔梗种子生产技术

桔梗 [*Platycodon grandiflorum* (Jacq.) A. Dc.] 为多年生草本植物。花期 6~8 月，花 1 至数朵生于茎枝的顶端；花萼钟状，5 裂，花冠宽钟状，5 浅裂，蓝紫色、白色或黄色，雄蕊 5 枚，花柱长，柱头 5 裂。果期 9~10 月，蒴果，倒卵圆形，表面棕色或棕褐色，具光泽，一侧具翼，千粒重 0.93~1.40 g。

桔梗喜凉爽湿润气候，耐寒，要求阳光充足、雨量充沛的环境。生于山地草坡或林边，全国各地均产；主要栽培品种为紫花桔梗和白花桔梗，药用以紫花桔梗为主，食用以白花桔梗为主。以根入药，具宣肺祛痰、排脓消肿的功能。

1. 培育壮苗

桔梗主要靠种子进行繁殖，选择向阳、地层深厚、疏松肥沃、排水良好的夹砂土壤。桔梗种子在常温条件下寿命只有 1 年，在生产上要注意不能使用陈种子。桔梗春、夏、秋播均可，但以 10 月下旬至 11 月下旬为宜。在播种前，可先用温水浸种 24 h，或用 0.3% 高锰酸钾浸种 12 h。直播，开沟条播，沟深 4~7 cm，行距 15~20 cm。播后覆土以不见种子为度。播种量为 15.0~22.5 kg/hm^2。

2. 采种

选择生长健壮、无病虫害的二年生植株作为采种株。桔梗花期较长，果实由上至下陆续成熟。留种株可于 6 月上旬剪去上侧枝和顶部花序，以使养分集中于上、中部果实，促使其充分发育成熟。当果实呈黄绿色、种子变黑色成熟时，及时分批采收，否则蒴果开裂后种子散落，很难收集。种果采回后，置于通风干燥的室内 3~5 d 进行后熟；晒干脱粒，除去杂质，贮藏于阴凉干燥处；有条件的地方最好进行低温贮藏，以延长种子寿命。

内蒙古自治区地方标准《桔梗种子质量分级》（DB15/T 1297—2017）根据净度、发芽率、种子用价（种子用价 = 净度 × 发芽率 × 100%）、其他植物种子数、水分将桔梗种子分为三级（表 9-11）。质量等级评定方法：依据净度、发芽率、其他植物种子数及水分 4 项指标进行综合定级，4 项指标均在同一质量等级时，直接定级；4 项指标有 1 项在三级以下定为等外；4 项指标均在三级以上（包括三级），其中净度和发芽率不在同一级时，先计算种子用价，由种子用价取代净度和发芽率。种子用价和其他植物种子数在同一级别时，则定为该级别，否则按低等级定级。

表 9-11 桔梗种子质量分级标准（DB15/T 1297—2017）

指标	级别		
	一级	二级	三级
净度 /%	≥98.0	≥96.0	≥94.0
发芽率 /%	≥95.0	≥85.0	≥75.0
种子用价 /%	≥93.0	≥81.5	≥70.5
其他植物种子数 /（粒/kg）	1 000	1 500	2 000
水分 /%	≤10.0	≤10.0	≤10.0

七、五加科药用植物种子生产技术

（一）五加科的植物学特征

五加科（Araliaceae）中可供药用的有 114 个种（包括 20 个变种、1 个变型）；除新疆外，各地均有分布。本科常用药用植物有人参、三七、西洋参和刺五加等，多为木本。茎常具刺。叶多互生；单叶，羽状或掌状复叶，常具托叶。花小，辐射对称，两性或杂性；伞形或头状花序，常集成圆锥状复花序；花瓣 5 个；雄蕊与花瓣同数，互生。浆果或核果。染色体 $X = 11$，12。其化学成分主要为皂苷类、黄酮类化合物及其苷类和香豆精类。

（二）人参种子生产技术

人参（*Panax ginseng* C. A. Mey.）是多年生宿根草本。花期 6 月，伞形花序单个顶生，总花梗长，花小，淡黄绿色；花萼钟状，5 齿裂，花瓣 5 个，卵形；雄蕊 5 枚，雌蕊 1 枚，柱头 2 裂。人参是常异花授粉植物，以自花授粉为主，但自然异交率较高，达 11%～27%。播种后 3 年开始开花，此后年年开花结实，伞形花序外缘小花先开，渐次为中央的小花，花期 7～15 d。果期 7～8 月，成熟时浆果为鲜红色，肾形或扁球形，内含 2 粒种子，种子倒卵形或肾形，扁平，黄白色或淡棕色，粗糙，千粒重 27～40 g。以根入药，具有补气益血、生津安神的功效。

人参耐寒，喜阴凉湿润环境，最适宜生长温度 20～25℃。忌积水、干旱、高温，必须搭棚栽培。主要分布于东北三省，现多栽培。农家品种有大马牙、二马牙、长脖和圆膀、圆芦等，其中以大马牙和二马牙产量和品质为佳。

1. 培育壮苗

选择排水良好、富含腐殖质的中性及微酸性砂质土壤。人参种子具有后熟性，在播种前必须进行催芽，10～30℃高温积层 2～3 个月后种皮裂口露白，再在 0～5℃低温下层积 2 个月后，才能正常发芽。人参种子春播和秋播均要进行催芽，秋播种子可直接利用高温层积后的种子。在气候较温暖的地区可夏播，用新采收的种子直接播种，利用环境温度完成后熟。播种时多采用撒播方式，播种量 35～50 kg/hm²，播后覆土 5 cm，并覆盖杂草或秸秆，可以起到保湿、保温及防止雨水冲刷的作用。由于人参自然异交率较高，在种植采种田时不同品种间要做好隔离。

2. 采种、加工与贮藏

虽然人参播后 3 年即可开花结实，但果实与种子均较小，数量也少，4 年后结果数目增多，种子饱满且大，6～7 年生种子最大；但此时正值人参的采收加工期，所以，生产上选择三年生 1～2 等参苗留种，种栽于留种田，1～2 年后选择生长健壮的植株（此时为四或五年生参苗）留种。在开花结实期，疏花疏果，将花序内部小花摘除，保留花序外围的花或果，一般每株留 30 个果为宜。7～8 月果实由绿变成鲜红时采种，搓去果肉漂去瘪籽，选粒大白色的种子直接播种或进行层积催芽。人参果实成熟后易脱落，所以要及时采收。采用干种子贮藏时，搓洗后的种子不能采用日光暴晒的方法进行干燥，可采用通风或阴干的方法使种子含水量降到 14% 以下。然后通过风选和筛选清除杂质和秕粒，提高种子净度。用直径 4.5 mm 的圆孔筛筛选，可达二等种子标准；用直径 5.0 mm 的圆孔筛筛选，可达一等种子标准。清选后的种子贮藏于冷凉、干燥、密封的仓库中，贮藏时间不得超过一年。

《人参种子》（GB 6941—1986）按千粒重、均匀度、种子净度、种子生活力、种子含水量等将人参种子分成一等、二等、三等共3个等级（表9-12）。

表9-12 人参种子分等（GB 6941—1986）

	一等种子	二等种子	三等种子
千粒重 /g	≥31	≥26	≥23
饱满粒 /%	≥95	≥95	≥90
生活力 /%	≥98	≥95	≥90
净度 /%	≥99	≥99	≥98
含水量 /%	≤14	≤14	≤14

注：a.符合一等种子标准，千粒重36 g以上者列为特等；b.生活力不符合标准的种子相应降等；c.净度不符合标准要进行筛选或风选；d.含水量超过标准 × 重量折算系数，计算规定含水量的千粒重。

八、十字花科药用植物种子生产技术

（一）十字花科的植物学特征

十字花科（Cruciferae）中可供药用有75个种（包括5变种），全国各地均有分布，本科常用药用植物有菘蓝、白芥、芸苔、独行菜及薏苡等。草本，常富含辛辣汁液。单叶互生，无托叶。花两性，辐射对称；总状或圆锥花序；雄蕊6枚，4长2短，为4强雄蕊；角果（长角果或短角果）。染色体 $X = 4 \sim 15$。芥子油苷及吲哚碱为本科植物的特征性化学成分。种子富含脂肪油。

（二）菘蓝种子生产技术

菘蓝（Isatis indigotica Fortune.）为1~2年生草本植物，花期4~5月，圆锥花序生于枝顶；花黄色，花梗细，下垂，花瓣4片，倒卵形，雄蕊6枚，4强，雌蕊1枚。果期5~6月，角果长圆形、扁平、翅状，紫褐色或黄褐色，稍有光泽。内含1粒种子，种子长椭圆形，表面黄褐色，千粒重约10.2 g。

以根（板蓝根）、叶（大青叶）入药。有清热解毒、凉血的功效。各地有栽培，目前已育成菘蓝的四倍体品种，其产量和质量均优于普通菘蓝，已在生产上推广。

对自然环境和土壤的适应性较强，耐寒、喜温暖、忌涝。主产于河北、江苏、安徽、陕西、河南等省，全国各地都有栽培。

1. 培育壮苗

选择排水良好、地层深厚、疏松肥沃的砂质壤土种植。春播4月上旬、秋播8~9月。播种前用30℃温水浸种3~4 h，再将种子放入100 g/L淡盐水中，捞去浮起种子及其他杂质，再用25℃温水浸种24 h，待种子露白后，与干细土拌匀，播种。条播，行距20~25 cm，沟深2 cm左右，播种后覆土1 cm左右，并稍加镇压，覆上一层稻草，保持表土湿润，6~7 d出苗后，除去覆盖物。播种量15~30 kg/hm²。

2. 采种

菘蓝为二年生长日照型植物，播后第二年4月下旬至5月中旬种子成熟，春播当年不开花。选择生长健壮无病虫害且子粒发育饱满的植株作为采种株，5月待角果表面成紫褐色或黄褐色、种子成熟时陆续采收，摘下果序、晒干、脱粒、清除杂质后，置通风干燥处贮藏。

中华中医药学会 2019 年发布的《中药材种子种苗　菘蓝种子》（T/CACM 1056.81—2019）将菘蓝种子分为三级（表 9-13）。根据表 9-13 对净度、发芽率、其他植物种子数、水分进行单项指标定级，三级以下定为等外级。然后根据该四项指标进行综合定级。四项指标在同一质量等级时，直接定级；四项指标有一项在三级以下定为等外；四项指标均在三级以上（包括三级），其中净度和发芽率不在同一级时，先计算种子用价，用种子用价取代净度与发芽率。种子用价和其他植物种子数在同一级别，则按该级别定级；若不在同一级别，按低等级定级。

表 9-13　菘蓝种子质量分级（T/CACM 1056.81—2019）

级别	净度 /%	发芽率 /%	种子用价 /%	其他植物种子 /（粒 /kg）	水分 /%
一级	≥95.0	≥90.0	≥85.5	≤100	
二级	≥90.0	≥80.0	≥72.0	≤200	≤12.0
三级	≥80.0	≥70.0	≥56.0	≤500	

思考题

1. 烟草原种生产的两种常用方法是什么？
2. 简述甜菜种子生产的三级繁育体系。
3. 优选提纯法生产花卉原种的关键措施有哪些？
4. 无性繁殖生产花卉种子的常见方法有哪些？
5. 林木结实间隔期的概念是什么？
6. 提高林木种子产量和质量的措施有哪些？
7. 不同药用植物采种时应注意哪些事项？
8. 中草药种子生产与主要农作物种子生产的区别是什么？

开放式讨论题

1. 花卉有哪些分类，简述各种类别花卉的种子生产的常见技术流程。
2. 林木实生种种子采收的注意事项有哪些？
3. 目前中草药种子产业发展的限制性因素有哪些？

第十章
种子生产的认证体系

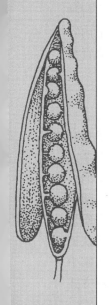

学习要求

掌握种子认证的概念和实施种子认证的意义；了解种子认证的发展过程和现状；掌握四世代种子认证程序。

引言

种子认证是种子质量控制的一种制度手段，是由第三方认证机构依据种子认证方案，通过对品种、亲本种子来源、种子田以及种子生产、加工、标识、封缄、扦样、检验等过程的质量监控，确认并通过颁发认证证书和认证标识来证明某一种子批符合相应的规定要求的活动，是保证生产遗传稳定且高质量的作物品种种子和繁殖材料的一种制度。种子认证与种子法规、种子检验、品种保护一起构成种子质量管理的核心，是国际上种子质量管理和种子贸易的基本制度。通过认证程序的执行来防止质量未达到要求的种子出售，对种子生产和贸易起着保证和监督的作用。我国2015年修订的《中华人民共和国种子法》中设立了种子认证制度，对提升我国种子质量，打破贸易技术壁垒，实现种业国际化发展战略具有重要意义。

第一节 种子认证概况

一、种子认证的概念

种子是一种特殊的产品，其质量包括遗传质量（品种真实性和纯度）和物理质量（净度、发芽率、其他种子数目、水分、健康度及活力等）两方面。目前，全球还没有一个权威机构认可的有关种子认证（seed certification）的定义，但基于种子认证具有一般产品质量认证的共性特点，美国种子管理员协会（AASCO）对种子认证进行了解释，认为种子认证是用来保持作物品种系谱记录和保证有效供应高品种纯度的种子和繁殖材料的系统；该系统是通过田间检验和种子检验，核查种子田隔离条件、种子生产、收获、加工、检验和种子批的标识等过程质量而实现；认证种子不仅要求品种真实，而且要求播种质量达到最低质量标准。因此，依照产品质量认证的定义，可将种子认证定义为：依据种子认证方案，由认证机构确认并通过颁发认证证书和认证标识来证明某一种子批符合相应的规定要求的活动。

具体来说，种子认证是通过三方面的活动来确认种子质量：一是通过对品种、种子田、种子来源、田间检验、清洁与不混杂管理、验证等一系列过程的控制，确认种子的遗传质量（真实性和品种纯度）保持在育种家原先育出的状况和水平；二是监控种子扦样、标识和封缄行为符合认证方案规定的要求；三是通过对种子检验室的检测，确认种子的物理质量（净度、发芽率等）符合国家标准或合同规定的要求。种子的遗传质量监控实行种子生产过程中的全过程管理，而种子物理质量的监控实行"100% 批验"制度。认证内容包括对种子品种合格的认可，可视为一种形式检验；田间检验和种子检验可视为监督检验；小区鉴定可视为后续跟踪检查。

二、种子认证的起源

种子认证起源于 19 世纪下半叶至 20 世纪初的欧美发达国家。随着育种工作的迅速开展，新品种不断产生，但很快发现这些新育成的品种在推广以后不久就出现了品种混杂或退化现象，在种子学创始人诺培教授的"种子控制必须采取预防和保护行为"理念的启发下，创建了种子认证制度。19 世纪下半叶至 20 世纪初，种子（品种）认证制度在欧美国家迅速建立；20 世纪 20 年代至 60 年代，种子认证制度已发展成为各国控制种子质量的主要途径；20 世纪 60 年代后，逐渐演变为双边互认、多边互认、区域和国际种子认证制度。当前，种子认证制度仍然是国际种子贸易自由流通和实行"最低标准制"国家中种子投放市场的唯一被认可的方式，也是实行"标签真实性"国家的种子质量管理方式之一。

三、种子认证的工作程序

1. 新品种发放的管理

凡是大学、农业种子试验站、研究机构和私人种子公司育成的新品种，必须经过品种性能鉴定和试种，并经植物学家、育种家、病理学家、昆虫学家、农学家等有关专家的评审，最后经种子认证机构确认合格品种，才能发放。

2. 种子繁殖和生产管理

育种家种子的扩大繁殖（即育种家种子—基础种子—登记种子）对生产大田种植用的鉴定种子十分重要。生产种子的机构和私人公司必须先向种子认证机构申请，达到具有繁殖和生产种子的知识、技术和土地等条件，并经认证机构确认，取得一种官方的种子标签（育种家种子和基础种子为白色标签，登记种子为紫色标签，鉴定种子为蓝色标签），才能进行各等级种子的繁殖和生产，确保种子质量。

3. 种子繁殖和生产田质量管理——大田检验

为了保证生产种子的质量，种子认证机构必须对种子生产田进行田间检查，主要检查异品种、异作物、杂草等的混杂情况以及隔离情况，以查明生产种子的质量。

4. 种子收获质量的管理

对于认证的种子收获应比其他种子更为小心。特别应注意种子水分、净度和机械损伤等，在整个收获过程应注意防杂、防伤和防变质，确保收获过程不降低种子质量。

5. 种子加工的质量管理

对于认证的种子必须通过有效的清选和分级，以除去异作物种子、杂草种子、秤壳，以及其他杂质，以满足和达到认证种子净度标准的要求，并且必须防止种子的机械损伤。

6. 扦取代表性样品管理

为了检查种子质量是否达到认证种子质量标准的要求，必须按有关规程规定的扦样程序，使用合适的扦样器扦取代表性的送验样品，送到检验室进行认证种子的最后质量检验。

7. 室内检验的质量管理

根据种子认证的种子质量标准要求，一般需要进行种子净度、品种纯度和发芽率等项目的测定。有时按种子认证机构的要求，还需进行种子检疫。种子必须达到质量标准，否则不能确认认证合格的种用种子。

8. 种子标签管理

种子认证机构采用的种子标签有两种系统：大多数种子认证机构采用"双标制"，即种子检验标签和认证标签；也有少数种子认证机构采用一种标签，即将种子检验结果（净度、发芽率等指标）打印在认证标签上，以满足认证合格种子标签规定的要求，并且必须将标签附着在认证合格的种子批上。

9. 市场销售管理

大田种植用的已经鉴定的种子的销售是种子生产者的重要工作。种子质量达标和享有良好的质量信誉对种子的销售具有很大促进作用。许多种子生产者为了避免发生种子过剩和短缺的情况，一般都同有关销售种子商或种子公司签订种子供需合同，合同需种子认证机构确认，并交付有关认证费用，再根据合同规定进行种子生产，有利于种子的正常供应和价格的稳定。

综上所述，种子认证工作要从原种种子质量抓起，直至把优良品种的优质种子送到种植者手中，把好每一环节，真正做好确保种子质量的工作，这实际上也就是我国种子质量管理机构所要求的全面种子质量管理。

四、种子认证的作用

英国的种子法规中明确规定，种子认证的目的是防止销售带有有害杂草种子的种子和未经纯度、发芽测定、田间特性试验的种子，并且给予购买者关于该种子的足够和可靠的信息。

种子认证制度经过种子行业 100 多年的实践和推广，在种子质量控制和种子贸易中发挥了巨大作用，已成为种子质量控制和营销管理的主要手段之一。种子认证连同种子立法、种子检验、品种保护一起构筑了种子宏观管理的核心，是为种子产业健康发展保驾护航的有效途径。

随着市场经济的发展，质量已成为占有和保持市场份额的首要因素。通过种子认证，至少可起到三方面的作用：一是在世界范围内消除种子贸易中的技术壁垒，促进种子贸易的发展；二是克服第一方和第二方评价的缺陷，真正实现公正的、客观的科学评价，保护种子生产者和农民的权益；三是能持续地提供优质高产的高质量种子，确保粮食安全，保证农业生产持续、健康发展。

五、种子认证现状

（一）国外种子认证现状

种子认证最具国际影响的是经济合作与发展组织（Organization for Economic Cooperation and Development，OECD）的种子认证。实施种子认证制度的国家非常多，截至 2020 年，经济合作与发展组织的成员国有 38 个，而参与该组织的种子认证国家有 61 个，几乎包含了所有种子生产的进出口大国，认证作物品种 204 个，涉及品种 62 000 个。各国实施的种子认证，按法律性质可分为强制性种子认证和自愿性种子认证两类。强制性认证国家如欧盟国家，认证种子占 70%~80%（其他为农民自留种）；自愿性认证国家如美国，认证种子占 20%~30%。OECD 认为，种子认证是由第三方依据程序，通过品种认可、过程控制、验证等方式来确认种子批的遗传质量和物理质量符合种子认证方案的要求，从而发放种子认证证书和认证标签。

在欧洲和加拿大，只有经过认证的种子才能进入市场。美国联邦种子法虽然对销售的种子不作上述要求，但各州要求进口的种子必须经过认证。美国在全国设有种子协会，每个州都有种子质量认证机构，根据州种子法及管理条例负责种子认证。州一级的种子认证机构包括农业厅认证机制、高校认证机构或者政府授权的非营利机构，如爱荷华州作物改良协会等。认证合格的种子由认证机构统一发放蓝色认证标签，蓝色认证标签需要封缄于种子的包装封口处。20 世纪 70 年代前，美国几乎所有的种子都要经过认证后再出售，但 70 年代后，认证的种子比例越来越小，当前比例约为 25%。

德、法及其他欧盟国家的种子质量均实行强制认证制度，未经认证的种子不准出售。多数国家是由官方机构，如农业农村部执行的。法国则由种子苗木跨行业联合会（GNIS）执行，德国的种子认证工作由各州的种子认证办公室（SAS）负责，执行 OECD 规定的标准，实行真实标签制。

种子认证是建立在种子质量检测基础上的，各国既有自己独立的种子质检机构，又有与科研单位合作的质检机构、如法国有 7 个独立机构，6 个合作机构负责种子质检工作。除进行室内种子质量检测外，还十分注重种子生产期间的田间质量控制。官方检验机构对每块种子生产田均建立质量档案，每次检验结果均记录在案。每季种子生产除公司或代理公司派人检验外，每块种子田官方至少检验 3 次，多则 5~6 次；每次检验由 2 人组成，同时不能固定人员、固定田块，以免每次检测时犯类似的错误。收获后的种子抽检也是由官方或 GNIS 实施，所有的种子田都要经田检和种子抽检，合格后由官方或 GNIS 发放质量认证书。认证后的种子可在欧盟内各国流通。

（二）国内种子认证现状

为了加强种子质量管理，提高种子质量水平，我国农业部于 1996 年颁发了《关于开展种子质量认证试点工作的通知》，开始开展农作物种子质量认证试点工作，旨在我国建立既与国际接轨又切合国情的种子质量认证制度，从而为农民持续地提供优质的种子，保证农业生产的持续发展。全国农业技术推广服务中心下属的全国农作物种子质量监督检验测试中心受农业部的委托，负责组织实施全国农作物种子质量认证试点工作。试点工作主要包括：选择部分种子企业开展种子认证试点工作；起草种子认证规范和标准；筹建成立种子认证机构。

在我国推行种子认证制度，必须建立起一套既适合我国国情、又与国际规则接轨的种子质量认证的标准和规范，使认证工作有章可循。为了加强和完善种子认证试点工作，自 2000 年以来，农业农村部（原农业部）加快了对种子认证标准和规范的制定步伐，经过努力，已基本形成种子认证标准的框架，并于 2002 年 1 月出版了《农作物种子认证手册》。从 2017 年起，全国农业技术推广服务中心开展了一系列种子认证试点示范工作，为推动我国种子认证制度的实施积累了经验、储备了技术、树立了典型。2017 年，种子认证试点示范面积共 8 700 亩，包括 11 家企业的 16 个品种；2018 年，试点示范进一步扩大省份和作物范围，春季在河北、山西、内蒙古等 10 省（区），对 17 家企业的 23 个品种，包括玉米、水稻、马铃薯和柑橘等进行了试点，面积 1.1 万亩。秋季又安排江苏、浙江、甘肃等 6 省的 6 家企业，对冬小麦、冬油菜等作物开展试点，面积 3 200 亩。我国种子认证工作，尤其在水稻中起了很好的示范作用，大大增强了种子企业的信心和质量意识，促进了试点企业建立健全管理制度，进一步规范了种子生产经营行为，示范区种子质量水平得到明显提升，企业品牌形象和市场竞争力显著增强，为我国实施种子认证，参与国际种子贸易竞争积累了宝贵经验。

第二节　种子认证组织

目前，国际种子认证组织主要有经济合作与发展组织（OECD）和北美官方种子认证机构协会（AOSCA），中国与上述两个组织的种子生产认证存在许多不同点，现分别进行介绍。

一、北美的官方种子认证机构协会（AOSCA）

北美的官方种子认证机构协会（AOSCA）是美国、加拿大和新西兰的种子认证机构的联盟，其历史可追溯至 1919 年。当时，随着美国的州立大学和政府实验站培育出第一个新品种，种子认证也应运而生。而在此之前，美国、加拿大部分大田作物都由其他国家的作物品种衍生而来，每当新品种产生就随机地分发到农民手中，这些品种常常被污染、丢失或混杂。为此来自密歇根州、明尼苏达州、北达科他州、南达科他州、威斯康星州和加拿大育种者联盟的代表们齐聚明尼苏达州的圣保罗，商讨建立了一个种子改良联盟，为了让更多的州参与进来，于是在同年 12 月的芝加哥国际谷物与牧草展示会期间相继召开第二次大会，包括美国 13 个州以及加拿大的参会代表在会上成立了国际作物改良协会（ICIA）。ICIA 的目标是促进全美国和加拿大的农业投入，特别强调大田作物的整体改良，尤其是种子改良。ICIA 的工作对美国及加拿大的种子认证工作有重大影响。它促进了种子认证基本概念的创立、种子大田和实验室检测标准的建立，以及促进会员机构的认证程序规范化。国际作物改良协会（ICIA）采取自愿加入的原则，其标准和规定也是自觉遵守的。然而，ICIA 几乎所有会员都是美国的认证机构，缺少加拿大的参与，于 1968 年 ICIA 正式更名为官方种子认证协会（AOSCA），也是北美洲一个较为重要的协会。

目前，美国种子认证工作由各州独立完成，每个州都有专门的认证机构。认证机构以本州的种子法作为认证依据，并由州作物育种改良协会负责种子认证工作，但也有一小部分州由合作发展社或其他第三方机构承担认证工作。作物育种改良协会的秘书长一般由作为育种者的高校科研人员担任，认证工作与高校科研人员保持着紧密的联系。美国和加拿大的种子认证程序是非营利性的，仅收取少量费用，以保证工作人员工资及日常开销等。

AOSCA 的宗旨是：①制定品种纯度的最低标准，推荐认证种子不同等级的最低标准；②对种子认证条例、程序和不同机构间种子认证的操作程序进行标准化；③定期审查不同机构及遗传标准和程序，保证与联邦种子法一致；④与农业部合作探索新的研究领域，改良种子扦样和检验技术；⑤与种子管理部门合作，决定与不同州之间或国际贸易的种子标示和推广有关的政策、条例、定义、程序；⑥与 OECD 及其他国际组织合作，制定与国际改良品种有关的标准、条例、程序和政策；⑦协助成员推进关于认证种子和其他作物品种的繁殖材料的营销、生产、鉴定和推广工作；⑧鼓励个人、机构、团体、组织合作，共同完成这一宗旨。

目前 AOSCA 的会员包括美国 42 个州的种子认证机构、加拿大（CSGA 和 AC）、新西兰（MA）、阿根廷和澳大利亚。协会下设 5 个专门委员会，即咨询委员会、产品委员会、合作委员会、教育和宣传委员会、执行委员会。

AOSCA 主要出版物有《AOSCA 遗传和作物认证标准》和《AOSCA 操作程序》，主要内容包括种子认证的规则和程序及 44 个种类的质量标准。目前，AOSCA 在全球种子认证机总计 10 个，分布于全球各个国家的从事种子科学与技术研究的相关机构中（表 10-1）。

表 10-1　AOSCA 全球种子认证机构

组织名称	英文名称	负责人职务
阿根廷国家种子研究所	ARGENTINA，INASE	董事长
澳大利亚种子管理站	AUSTRALIA – Australian Seeds Authority	首席执行官
澳大利亚 DTS 食品保障局	AUSTRALIA – DTS Food Assurance	检验认证主管
澳大利亚种子服务澳洲	AUSTRALIA – Seed Services Australia	经理
巴西农牧部和食品供应部	BRAZIL MINISTRY OF AGRICULTURE，LIVESTOCK，& FOOD SUPPLY	联邦监察员
加拿大食品检验局	CANADIAN FOOD INSPECTION AGENCY	种子标准资深专家
加拿大种子种植协会	CANADIAN SEED GROWERS' ASSOCIATION	常务董事
智利种子部	CHILE SEED DIVISION	主任；种子认证首席

组织名称	英文名称	负责人职务
新西兰种子质量管理局	NEW ZEALAND SEED QUALITY MANAGEMENT AUTHORITY	主席
南非国家种子组织	SOUTH AFRICAN NATIONAL SEED ORGANIZATION, SANSOR	总经理；技术经理

二、经济合作与发展组织（OECD）

欧洲的种子认证主要遵循经济合作与发展组织（OECD）的种子认证方案。OECD 的前身是 1948 年 4 月成立的欧洲经济合作组织（OEEC）。1960 年 12 月 14 日，加拿大、美国及欧洲经济合作组织的成员国等 20 个国家签署公约，决定成立经济合作与发展组织（OECD）。

OECD 的宗旨是：①达到最高的、持续的经济增长与就业，提高成员国生活水平，同时保持财政稳定，并以此为世界经济发展做贡献；②为成员国与非成员国在经济发展过程中良好的经济增长做贡献；③按照国际义务在多边、无歧视的基础上为世界贸易的发展做出贡献。

OECD 最重要的农业合作项目是开展了牧草种子质量认证。第二次世界大战后的欧洲迫切需要牧草生产作为牲畜的饲料，为此必须使用持续可靠的高质量种子。由于各国的种子生产、控制过程、检验方法和使用术语存在差异，不利于国家间的贸易流通，为此在 1952 年召开的第六次国际牧草会议上对这些问题进行了广泛的讨论，OEEC 的欧洲生产局（EPA）强烈要求开展种子认证的国际合作，后来被列为 1954 年 EPA 项目 215 号任务。来自欧洲和北美国家的种子认证专家和联合国粮农组织（FAO）、国际种子检验协会（ISTA）和国际种子贸易联盟（FIS）的专家进行一系列的讨论，同时对各国的种子认证方案进行详细的调查研究（结果汇编于 1959 年出版的 OEEC 粮农报告第 3 号文件），于1953 年建立了第一个国际上跨地区的标准——《国际贸易流通 OEEC 品种认证方案 牧草种子》。

由于牧草种子认证方案取得了较为显著的成效，从而延伸至其他农作物种子。1966年 OECD 发布了《国际贸易流通 OECD 品种认证方案 禾谷类种子》，1968 年发布了《国际贸易流通 OECD 品种认证方案 糖用和饲用甜菜种子》，1971 年发布了《国际贸易流通 OECD 品种控制方案 蔬菜种子》，1974 年发布了《国际贸易流通 OECD 品种认证方案 三叶草种子》，1977 年发布了《国际贸易流通 OECD 品种认证方案 玉米种子》，当前 OECD 种子认证范围已经包括大多数农作物和蔬菜种子（表 10-2）。

OECD 最初有 20 个创始成员国：奥地利、比利时、加拿大、丹麦、西班牙、美国、法国、希腊、爱尔兰、冰岛、意大利、卢森堡、挪威、荷兰、葡萄牙、联邦德国、英国、瑞典、瑞士、土耳其。20 世纪 60~70 年代，日本（1964）、芬兰（1969）、澳大利亚（1971）、新西兰（1973）先后加入；进入 20 世纪 90 年代，墨西哥（1994）、捷克（1995）、匈牙利（1996）、波兰（1996）和韩国（1996）相继加入。截至 2020 年 6 月，已有 61 个国家参加了 OECD 种子认证方案，涉及 204 种农业农作物及蔬菜用种。经济合作与发展组织下设 200 多个专业委员会和工作组。秘书处是 OECD 的常设机构，负责该组织

表 10-2　OECD 农业农作物及蔬菜种子认证涉及范围

英文	中文
Grasses and Legumes	牧草及豆科种子
Crucifers and other Oil or Fibre species	十字花科和其他油料、麻类作物种子
Cereals	禾谷类作物种子
Maize	玉米
Sorghum	高粱
Sugar and Fodder Beet	糖料作物、饲用甜菜种子
Subterranean clover and similar species	三叶草及相关类似种子
Vegetables	蔬菜种子

的日常工作。OECD 现有职员 2 000 多人，其中高级经济研究人员有 700 多人。

种子认证由 OECD 召开的年会和秘书处管理，年会和由成员国代表组成的顾问小组负责实施 OECD 方案。每年在巴黎的年会由各国委派的负责实施种子认证代表参加，年会的主要目的是评述每一方案的实施及管理，讨论决定新加入种子认证的国家，并且向农业委员会提交种子认证方案的修订案。秘书处在合作协调中心的协助下负责日常管理工作。现行合作协调中心设在英国剑桥的国家农业植物学研究所（NIAB），其目的是为秘书处提供技术帮助。

官方种子认证机构协会（AOSCA）以观察员身份参加 OECD 协会，同时在北美制定与 OECD 种子方案等效的种子认证方案。OECD 种子认证工作与欧盟（EU）的活动保持着紧密的配合，由于欧盟的种子认证较为正规，原 15 个成员国实行了强制性种子认证，其农作物种子销售法明确规定不经过官方认证的种子不能投放市场销售，而且与欧洲以外的 21 个国家建立了伙伴关系。OECD 与欧盟的合作目的是保证欧盟制定欧共体法令（EC Directive）和 OECD 方案等效，保证了欧盟与第三国的种子自由流通不存在技术壁垒。联合国粮农组织（FAO）的种子改良和发展署（SIDP）每年都安排一定的经费用于培训人才进行技术援助，OECD 的种子认证专家丰富的种子生产知识和经验正好提供了这方面的服务。国际种子检验协会（ISTA）与 OECD 有密切的联系和合作，参加 OECD 年会并积极参与种子认证的活动，而且 ISTA 国际证书伴随着国际贸易流通的所有 OECD 种子。国际种子贸易联盟（FIS）也积极支持国际贸易流通的 OECD 种子认证方案，并推动其活动。FIS 作为每年年会的主要观察员参与制定修订 OECD 方案规则。国际植物新品种保持联盟（UPOV）主要涉及植物育种者权利和品种的保护，也作为代表参加 OECD 每年的年会。

英国、法国、德国等欧盟国家，种子认证在大田作物基本上都是强迫性的，与北美国家相比，是种子生产的产前、产后均进行质量监控的体系。作为 OECD 和 UPOV 及 ISTA 的主要成员国，在种子质量监控中，从品种管理、释放，到种子的法规法律均遵从上述三大国际组织的相关规定。规定包含：①只有注册品种和进入官方品种目录的品种才可以进行生产和认证；②欧盟的官方品种目录制度开始于 1972 年，任何一个品种必须经过 DUS 1~3 个生长周期的测试观察，VCU 评估才可以获准在该目录注册登记；③在该目录登记的品种的种子可以在欧盟成员国的任一国家上市销售。

欧盟及部分非欧盟国家在遵守国际惯例的同时，各个国家均设有专门机构从事种子的认证管理工作。在英国，国家农渔食品部（Ministry of Agricultural Fishery and Food，MAFF）在苏格兰、爱尔兰、英格兰及威尔士设立了 3 个独立的种子认证机构，负责在所管辖的区域内实施种子法规。在每个辖区内又有不同的科研机构承担具体的认证任务，如在英格兰及威尔士，国家农业植物研究所（NIAB）代表国家农渔食品部进行种子生产田间检验、小区控制、种子扦样、室内检验、病害检验等一系列认证所需的工作。在苏格兰，则是由苏格兰农业科学院（SASA）负责。在北爱尔兰，由北爱尔兰农业部（DANI）负责。

在法国，成立于 1971 年的 GEVES（Group of the Study and Control of Variety and Seed）是法国种子专管机构，认证种子生产的每一环节均由该机构进行检测测试。除颁发认证合格证书外，该组织还负责新品种注册和新品种的 DUS 测试与 VCU 的评估。

三、中国种子认证

（一）中国种子认证的现状

在发达国家，已有实现所有种子都符合国家法规规定的质量要求的目标，并在满足种子使用者需求和考虑种子使用者期望方面有可能已经超出了国家规定。在我国，虽然种子产业在 21 世纪取得了可喜的成就，但总体而言，我国种子产业与国外发达国家相比还有较大的差距，尤其是种子质量总体水平不高，目前仍处于完成"基本满足标准规定"这一阶段。究其原因，主要是种子企业质量宏观管理机制薄弱，企业自律性较差，缺乏自我约束等。

我国种子产业起步较晚，种子质量宏观管理起步则更晚，20 世纪 80 年代着重于管理体系建设，在种子标准化建设方面进展不大。20 世纪 90 年代初，随着《中华人民共和国标准化法》《中华人民共和国产品质量法》《中华人民共和国种子管理条例》等的颁布，种子质量宏观管理才有了起色，在质量监督上实行了国家抽查制度，并实施了许可证制度。20 世纪 90 年代后期，通过"种子工程"的实施，大力改善了检测条件和手段，初步形成了种子质量监督检验检测网络。21 世纪，国家颁布了《中华人民共和国种子法》，并在 2016 年进行了第一次修订，种子质量认证是《中华人民共和国种子法》中设立的一项新制度。按照农业农村部的总体部署，全国农技中心从 2016 年开始探索建立我国种子认证制度，并在 18 个省份 33 个企业组织开展种子认证试点示范。我国的种子产业也是基于此才开始走向法律框架下的市场经济发展，并取得了长足的进步，种子质量显著提升，特别是大田作物种子质量基本达到了国家法规规定的质量要求。

（二）中国种子认证工作成效

20 世纪 80 年代国家颁布种子标准后，种子企业把质量标准作为内控的主要指标，加强田间检验和种子质量检验工作，加大检验的力度，制定了相关规章制度，保证了主渠道供应种子的质量。主要工作成效包括四个方面。

1. 提出先开展试点后推行认证制度

为了保证农业用种的质量，树立名牌产品和企业形象，促进我国种子质量管理体系与国际接轨，参与国际种子市场竞争，在国家种子工程的总体部署下，原农业部于 1996 年首次发布了"关于开展种子质量认证试点工作的通知"，颁发了《中国农作物种子质量认证试点方案（试行）》。2001 年 4 月全国农业技术推广中心发布了《农作物种子质量认证手册》，农业部全国农作物种子质量监督检验测试中心实行农作物种子质量认证委员会职能，监督执行认证程序。结合 OECD 的种子认证规程，全国农作物种子质量监督检验测试中心制定了一系列适合中国国情的种子认证规章制度，初步建立全国种子认证检测检验网络。目前全国有玉米、小麦、水稻、瓜菜种子质量监督检测中心 12 个，分别负责当地及周边参加种子认证试点种子公司的认证申请及种子生产条件、质保体系考核和种子质量检测、监督工作。

种子认证工作从 2017 年开始在全国范围内开展试点示范（2017 年试点示范面积共8 700 亩，包括 11 家企业的 16 个品种）；2018 年，试点示范进一步扩大省份和作物范围，在河北、山西、内蒙古、甘肃等十几个省份，对 23 家企业的包括玉米、水稻、马铃薯、柑橘、冬小麦和油菜等作物的 20 多个品种进行了试点，面积 1.42 万亩。目前对不同作物的不同品种认证仍在加强。在农业农村部种业司的领导下，经过 5 年多的试点工作，目前基本形成种子认证标准的框架。

2. 推行种子认证制度，大力推进种子产业规范自律行为

种子质量宏观管理除了实施种子生产经营许可证制度和社会监督机制外，主要有两种手段：一是实施种子质量监督检验，通过实施种子抽查制度，对种子生产、流通领域种子质量实施监督，是一项强制性行政措施，也是强化种子质量监督的法治手段，已被《中华人民共和国种子法》第四十三条作为制度固定下来。二是实施种子质量认证制度，质量认证属于市场评价型的制度，其克服了供种方和需种方评价主观性的缺陷，从公正、客观的角度评价种子质量，为市场提供优质的种子信息，保证种子市场良性循环，从而树立起企业品牌形象。

3. 组建种子认证机构

我国的种子认证机构由中国农作物种子质量认证管理委员会（简称"管理委员会"）和中国农作物种子质量认证中心（简称"种子认证中心"）组成，其中管理委员会是开展种子认证工作的领导、决策机构，而种子认证中心是开展种子认证工作的具体业务机构。此外，种子认证检测机构是受种子认证机构的委托，对申请认证的种子批进行检测，评价认证种子是否符合规定要求的机构。

（1）中国农作物种子认证管理委员会　管理委员会由品种育种者、种子生产者、经营者、使用者以及种子检验、质量监督和科研等方面的专家组成，具有较高的权威性和代表性，能对种子认证中心的科学性、公正性、独立性进行有效的监督和领导。为了体现公正性，组成的任何一方均不能处于支配地位。管理委员会一般设主任委员 1 名，副主任委员2~4 名，秘书长 1 名，委员若干名。管理委员会开展工作应遵循《农作物种子质量认证管理委员会章程》，章程主要规定种子认证机构的职能、管理委员会的任务、管理委员会全体委员会的职责、执行委员会的职责、管理委员会秘书处的职责、种子认证中心的职责以及其他有关重要事宜，以确保种子认证中心的运作方式、监督种子认证的实施。

（2）中国农作物种子认证中心　种子认证中心是管理委员会的日常办事机构或下属的认证实体，严格按照国家有关法规，参照国际通行准则，开展国内外种子认证工作。种子认证中心实行管理委员会领导下的中心主任负责制，业务上接受农业农村部和国家认证认可监督管理委员会的指导和监督。种子认证中心的具体机构可根据需要，设置综合部、质量体系审核部、扦样与田间检验协调部、检测机构协调部等。种子认证中心应按《产品认证机构认可通过要求》（CNACP110-99）要求，编制《质量管理手册》（包括质量体系说明、程序文件和操作指南等），建立完善的质量体系（王海波和高翔，2009）。种子认证中心开展工作必须获得中国产品质量认证机构国家认可委员会认可和国家认证认可监督管理

委员会的批准。

（3）种子认证检测机构 种子认证检测机构是受种子认证机构的委托，对申请认证的种子批所扦取的代表性样品按国家标准《农作物种子检验规程》（GB/T 3543.1～7—1995）进行检测，并与认证种子的质量要求进行比较，证实其是否符合规定要求，向认证机构提交种子检验报告。种子认证检验机构由种子认证机构负责推荐，并经有关部门批准确立。根据《中华人民共和国成品质量认证管理条例》第十四条规定，凡申请承担认证检测任务的检验机构，必须达到《产品认证检测机构认可通用要求》（CNACP-130-99），并按CNACP-330-99《产品认证检验机构认可程序》的规定，获得认可证书后，才能具备承担检验任务的资格。

4. 培养技术与管理人员

质量认证活动是一项技术性很强的工作，需要人力资源保障，包括技术人员与管理人员。在种子认证中，技术队伍主要由田间检验员、种子加工技术人员、种子扦样员等组成，主要负责田间检验、种子加工、种子扦样、种子标识和封缄等关键过程的质量监控。种子认证技术人员的素质和能力会明显影响种子认证的工作质量，因此人员必须经过理论和实践培训与考核，达到相关标准规定后才可持证上岗。同时，对于获证上岗的人员，认证机构也要采取一系列措施对其公正性和能力进行监督，确保其始终保持较高的职业道德及能力水平。管理人员主要是质量体系审核员，负责检查种子企业的技术措施落实情况和质量保证能力，评价其质量管理体系。审核人员的能力和水平直接影响到评定效果的有效性，对审核员的选择、培训、考核，注册和管理，各国普遍实行认证人员的国家注册管理制度。我国也不例外，审核员应达到国家审核员的要求后才准许上岗。

第三节 AOSCA 与 OECD 的种子生产认证程序

一、种子认证的四世代系统与种子类别

种子认证的内涵主要是一个四世代的系统。通过该系统，优良的作物品系（品种）在后继的种子生产中得以保存。人们为此设计了一个四世代体系来繁殖优良品种的种子（每一代的种子用特殊颜色的标签表示）：①育种家种子，是在育种家直接监控下生产的，它代表本品种的真实性状。②基础种子，是育种家种子的下一代，通常由基础种子生产组织生产，以白色标签表示。③登记种子，由基础种子产生，担负着在生产认证种子前扩大群体的任务；登记种子不作商业用途，以紫色标签表示（美国密歇根和威斯康星两个州的所有认证种子都是基础种子的直接后裔，并无登记种子这一级存在，但多数州还保留登记种子这一级，然而，这一级在许多异花授粉作物中被剔除了，尤其是那些在非生态适应区生产种子的物种）。④认证种子，由基础种子或登记种子生产，它代表着认证程序的终结，是认证程序的终产物，常常以熟悉的蓝色标签表示，以至公众一看到蓝色标签就能联想到认证种子。

加拿大的世代系统同美国的基本一致，只是在小麦、大麦、燕麦、黑麦、亚麻、黑小麦、珍珠麦、豌豆、扁豆、蚕豆和大豆生产中，在育种家种子和基础种子间还有一个选择级。这些作物的育种家种子被分配给加拿大育种者协会的成员，每个品种的种植面积不大

于 2.5 英亩（1 hm²）或所有品种种植不超过 5 英亩（2 hm²）。在小地块中，每 20 000 株作物中杂株不得多于 1 株。加拿大农业部控制着每块地的品种纯度。精选种子最多可繁殖 5 次，然后必须引入新的育种家种子。精选种子用于生产基础种子，基础种子亦受品种纯度监控。只有当加拿大育种者协会颁发了育种家种子证书后，育种家种子才能进行扩繁，而此后的一系列增殖都始于此，各级种子都要接受加拿大农业部门的品种纯度田间检验。

英国的认证种子分类根据种子繁殖世代划分为：未认证的前基础种子（uncertified pre-basic seed，仅用于玉米种）、育种家种子（breeder seed）、前基础种子（pre-basic seed）、基础种子（basic seed）、认证一代种子（certified seed of the first generation）、认证二代种子（certified seed of the second generation）。蔬菜种子有一个类别称标准种子（standard seed）。德国、波兰的种子分类与英国基本相同。世界有关机构及其国家认证种子等级见表 10-4。认证种子标签或包装袋的颜色所代表的认证种子等级详见表 10-5。

表 10-4　世界有关机构及其国家认证种子等级

OECD	AOSCA	EEC	加拿大	新西兰	瑞典
前基础种子	育种家种子	前基础种子	育种家种子	育种家种子	A（前基础种子）
			精选种子（Select Seed）		
基础种子	基础种子（Foundation Seed）	基础种子	基础种子（Foundation Seed）	基础种子	B（基础种子）
	登记种子（Registered Seed）		登记种子（Registered Seed）		
认证一代种子	认证种子（Certified Seed）	认证一代种子	认证种子（Certified Seed）	认证一代种子	C1（认证一代种子）
认证二代种子		认证二代种子		认证二代种子	C2（认证二代种子）
		商品种子（Commercial Seed）			H（商品种子）

注：EEC 指欧洲经济共同体。

表 10-5　认证种子标签或包装袋的颜色所代表的认证种子等级

认证种子分类	美国	新西兰	瑞典	OECD
育种家种子（前基础种子）	白色（标签）	绿色（包装袋）	白色（标签）（育种家种子）白色带蓝紫色斑点（标签）（前基础种子）	白色带紫色斜条（标签）
基础种子	白色（标签）	棕色（包装袋）	白色（标签）	白色（标签）
登记种子	紫色（标签）	—	蓝色（标签）	—
认证种子	蓝色（标签）	—	红色（标签）	—
（认证一代种子）	—	蓝色（标签）	棕色（标签）	蓝色（标签）
（认证二代种子）	—	红色（标签）	—	红色（标签）
商品种子				

（AOSCA，1971；OECD，1988；LSFS，1989；MAFF，1994）

我国认证种子种类主要分为常规种与杂交种。常规种又分为原种、大田用种一代、大田用种二代。杂交种又分为杂交种亲本种子，有原种、大田用种一代、大田用种二代三级；杂交种种子只有大田用种一级。认证种子标签颜色根据种子世代的不同使用不同的颜色：育种家种子使用白色并带有紫色单对角线条纹，原种使用蓝色，亲本种子使用红色，大田用种使用白色或者蓝红以外的单一颜色。

二、新品种被认证的条件

（一）品种释放

国际上多数农艺品种都是来自大学实验站，也有一些来自私人种子公司。私人种子公司释放品种主要为蔬菜、玉米、高粱和棉花，最近其他大田作物中也出现了由私人种子公司释放的品种。

除释放机构外，还必须有一个程序来评价和推荐有潜力的品种。当育种者有了一个理想的品种后，他们就会给相应的复审委员会递交一份有关本品种的材料，其中包括品种鉴别性状、特征性状和表现参数。释放程序包括一到两步，但通常情况下会先将品种递交到一个由熟悉本品种的人员组成的商业委员会。就试验站而言，该委员会一般由育种者、一位植物病理学家、一位昆虫学家、一位农艺推广者和其他专业人士组成。经审定后，品种被递交到一个更正式的委员会，该委员会由受过训练的专门从事品种释放的试验站人员组成。前一个委员会提供有关品种特性方面的知识；后一个委员会则审核品种推广程序的规范性以及对品种进行更客观的评价，还对释放程序及其他一些种子生产中的问题提出建议。

（二）品种命名

一个符合认证要求的品种必须是被适当释放、命名和描述的品种。过去，品种这一名词仅仅被定义为"经过多代种植后，其遗传特异性仍能保持的一个物种的亚群体"。由于认证的作物的品种多种多样，要确定这些送验的样品是否符合本品种的要求是很难的。为了解决这一问题，一个代表美国农业部、官方种子认证协会、美国农艺学会和美国种子贸易协会的委员会颁布了关于不同作物品种定义的一致意见，以供所有相关组织引用。

（三）品种复审委员会

单独的认证机构可帮助AOSCA成员国的品种复审委员会确定一个品种是否符合认证条件。目前已经建立了4个专门委员会，分别负责苜蓿、牧草、大豆和小粒谷物的品种认证。每个委员会有6个成员，分别代表美国种子贸易协会、官方种子认证协会、美国作物学会、国家商业作物育种者委员会、美国农业部和农业发展研究会（USDA）。

品和复审委员会的职责是复审和评价育种者所提供的品种信息，并确定它是否符合认证条件，从而为AOSCA将其作为真正的品种释放提供依据。其目的是使其成员机构接受委员会对所有品种所做的资格认证。但是，在实际操作过程中，许多独立机构仍要求品种的适应性和形态特征符合本地的特殊情况。

三、基础种子生产

基础种子有时被认为是在育种家监控下的育种家种子生产与认证种子生产者生产认证种子的重要连接。基础种子是生产认证种子和登记种子的播种材料，它由基础种子生产组织生产，该组织可能是种子生产者的私人协会，或是大学试验站的一项特别项目，或是一家私人公司。

基础种子机构接收已释放的新品种的育种家种子，然后扩繁成基础种子。育种家种子随着最初的释放，同时必须被保存起来，使每年都能得到育种家种子。这可以通过几种方法来实现。首先，在基础种子生产田中划出一小块地，专门用于育种家种子保持。该块地要仔细检查、严格去杂，并在试验站或释放机构的协作下，分离出育种家种子。通过这一措施，每年的基础种子生产就能建立在一个恒定的基础上。其次，由释放机构每年生产少量育种家种子提供给基础种子生产协会。对于多年生植物，每个品种的小区可以不断地提供育种家种子，然后按一定标准进行清选加工和包装后，即可以获得登记种子或认证种子。这种方法不太常用。

生产基础种子时要考虑3个因素。第一，只有拥有合适的土地、优良的设施并且具有丰富经验和出色技能的农场主，才能成为基础种子生产者。第二，基础种子产量不能大于需求量，应先对需求进行估计再投入生产，一旦生产了过多的基础种子，就得付出额外代价来处理它，如降级作为商品种子出售或者销毁。第三，认证种子生产者必须能够在一个合理的价格下获得足量的基础种子，如果基础种子供应不足，人们就会怀疑其生产者是否具有足够的设施和能力生产高品质种子。

虽然多数基础种子生产程序是非营利性的，但其必须能自给自足。基础种子生产组织常与负责释放新品种的育种家种子的农业试验站达成协议。但也有例外，比如当基础种子生产组织是一个与大学实验站无关的私人企业时，或者基础种子生产项目由试验站的工作人员管理时，这种协议就没有必要。

四、认证程序

1. 植物材料

合适的植物材料对于认证种子生产至关重要。它提供了可作为认证依据的系谱。认证种子主要由登记种子繁殖而来，也有少量由基础种子和育种家种子繁育。同样，其他级别的种子也可以由它以前的各级种子繁殖。

2. 申请

认证申请书必需递交到相应的国家认证机构，并注明要求认证的级别（基础、登记或认证种子），申请中至少要带有一个官方的标签，以显示种子原来的级别（育种家种子、基础种子或登记种子）。同时也要遵循每个认证机构的申请程序。

3. 田间检验

所有申请认证的种子都要进行田间检验。这是一个多次检验过程，以保证变异株、其他作物和杂草能被彻底清除。在有些作物中（三叶草和苜蓿），要进行幼苗检查以去除自生作物，一般在播种后几星期进行苗检。小粒谷物的田间检验在蜡熟后期颖片变色时进行，此时不同变异株的颖片颜色不同，易于区别；燕麦的田间检验则是在蜡熟前期植株尚为绿色时进行；草类和豆科的制种田则在授粉期进行田间检验，此时变异株和杂草最易被发现。异花授粉作物制种田必须隔离，以防止串粉。自交作物不必隔离，只需在两块地间有一小空隙，以防机械混杂即可。

4. 收获

认证种子用途的作物按常规收获，只需注意其种子含水量、纯度，防止机械损伤。过湿的种子在贮藏中不易保持其质量，而过干的种子易被机械损伤。为防止污染，收获前应对机械设备进行彻底清洁。

5. 处理

所有的种子必须彻底清洁（去除其他作物和杂草种子、谷壳、秸秆和其他无生命杂质）才能符合认证所需清洁标准。清洁的方法和工作量取决于种子的类型和组成。在处理不同种子批时，器械要彻底清洗。处理种子时要防止造成机械损伤，对于一些易破碎的种子更要小心处理。在处理流程中，种子至少会被提升一次（最好只有一次提升），之后利用重力使种子通过清洁、包装等流程。尽量避免使用螺旋提升器，否则易损伤种子。

6. 扦样

扦样一般是在种子经过最后一次处理后进行，以供测试种子质量和进行认证。人们可以用机械扦样，但对于袋装种子和桶装种子通常由认证机构的扦样员手工扦样。扦样必须在同一时间按同一程序进行，以准确反映种子批质量。如果种子经过杀菌剂处理，则扦样应在已处理种子的基础上进行。

7. 种子检验

供认证的种子样品分别进行纯度检验、发芽率测定和杂质成分测定。有时为了估计发病率，认证机构也会进行种子的健康度测试。由认证机构或种子实验室进行种子检验分析，决定一批种子是否符合认证的质量标准。

8. 种子标签

一些认证机构采用单一标签制，分析结果（如纯度、发芽率等）印在认证标签上。但是，多数机构采用两种标签，分析标签和认证标签。一些机构仍以实验室测定结果来判定种子是否符合认证条件，其标签上的信息都来自国家认证机构或商业实验室的检测结果。使用两种标签的优点是可以在不摘除官方蓝色认证标签的前提下，更新种子质量信息。

无论用单一标签制还是两种标签制，标签贴法均应能够显示种子容器是否被打开过。通常是通过将标签嵌在封口的缝里或用金属封条将标签封上。但金属封条现在已很少使用。

9. 认证种子的销售

认证种子的销售是种子生产者的责任。需要推广过程和质量声誉，许多有经验的种子生产者都有固定的老客户。许多认证机构也有高质量认证种子的广告。一些生产者为了免去推销的麻烦，就按合同为种子商或其他大生产者生产种子。甲方递交申请，支付认证费用以及加工、包装、标签费用（通常生产者只要种植并收获作物，然后交给甲方即可）。合同化生产日趋重要。

认证种子的销售也可以由几个生产者合作完成。通常成功的销售合作需要一致的产品。合作可使他们处理大宗业务，改进产品品质，稳定价格并且更具有竞争力。

北美作物改良协会通过征收附加费用来支持认证种子推广。主要利用广播、印刷品以及其他方法推广认证种子。其可能集中宣传认证种子的普遍优点，也可能推广某一特殊品种。一些项目是与个体认证种子生产者或认证种子生产者联合体合作进行的。

五、OECD 的种子认证特点

OECD 的认证是建立在品种纯度的基础上，并且建立了保持品种纯度的一系列标准。具体要求如下：①对适当的种植材料的鉴定；②地块种植的历史记录；③毗邻制种田的最小隔离限度；④一地块能连续作为认证种子生产田的年限；⑤田间检验标准。

一旦品种纯度合格，种子的质量因素，诸如发芽率、成熟度将不作为种子批被拒收的理由。

OECD 方案只涉及种子的遗传质量（品种纯度），不涉及净度、发芽率、含水量、杂草种子、种子健康等检验室检测的物理质量，所以 OECD 认证种子必须附有已填报净度等的检验报告，通常采用 ISTA 的橙色和绿色国际种子检验证书。根据种子认证证书和检验报告，对符合要求的种子发放标签，标签有英语、法语标志，并用白色、蓝色、红色等颜色表示种子的不同世代和代数，同时也表明了该批种子所达到的品种纯度标准。

OECD 通过与美国农业研究会（ARS）的协议，在美国推行这一程序。凡是与 ARS 达成协议的州认证机构都可以在种子认证中使用 OECD 的标准和官方认证标签。通常，当种子要被转运至另一个 OECD 成员国时就要使用这一程序。每年在美国有数千英亩的牧草和豆科饲草种子通过这一程序由美国种子公司销售给其他国家。这些种子之所以能成功销售，很大程度上归功于 OECD 认证标签的声望。

六、中国种子认证的要求与特点

（一）品种要求

中国种子认证要求被认证的品种需经认可有特异性和使用价值，并列入品种目录。从监控的角度看，种子认证确认的内容包括品种合格和种子质量合格两方面。品种合格是开展种子认证的前提，如果品种不合格，那么种子质量合格就无从谈起，因此种子认证的第一项原则就是对品种合格性要求的规定。特异性是指新品种必须能与已知品种相区别，有自己的特异性状。如果品种没有特异性，那么真实性和纯度就无法鉴定，就很难在今后的繁殖或生产中保持品种的真实性和纯度特性。

确认品种是否符合品种合格要求，需进行品种测定（variety testing）。由于各国的规定不同，品种测定也有所不同。一般来说，种子法规对品种合格要求有明确规定的，如我国和欧洲国家，通常称为品种审定或品种登记（variety registration）；种子法规对品种合格性没有要求或没有明确规定的，如美国则称为品种释放（variety release）。品种测定包括两方面内容：一是品种 DUS（特异性、异质性和稳定性测定），这是决定能否构成一个品种的先决条件。我国农业部 2016 年第 4 号令《主要农作物品种审定办法》第十二条规范了品种的这一内容。二是农业使用价值试验（VCU 试验），即通过不同生态区的布点测试品种的产量、抗病性等特性。DUS 和 VCU 这两种测定在品种审定或品种释放国家的实施途径也不同，在美国由种子企业组织实施，在中国由官方机构组织实施。

（二）种子繁殖代数要求

生产的所有认证种子应与基础种子的一代或几代有直接关系，其代数必须严格限制，通过不同颜色的标签或证书加以标识。同时，规定了种子生产的途径应采用系谱繁殖、限代繁殖的方法。所谓系谱繁殖，是指种子生产严格按照前基础种子、基础种子和认证种子等类别进行繁殖和生产。通过育种家种子繁殖前基础种子，前基础种子繁殖基础种子，基础种子繁殖认证种子。在种子繁殖过程中，每一种类别都有严格的代数限制，一般情况下不超过三代。为便于识别，不同类别的种子采用不同颜色的标签进行标识，如规定基础种子为白色、认证种子为蓝色等。

（三）品种纯度监控要求

鉴于种子物理质量监控种子检验易于操作，而种子遗传质量较难监控的情况，对于遗传质量的监控，除了把好源头（如品种个性、纯度达到标准、种子田要求）、控好过程（田间检验、混杂、去杂管理、标识及封缄等）外，还应用系谱法繁殖来保持品种的实效性，规定了采用小区后控的验证要求。小区种植的后控鉴定是确认系谱繁殖过程中的品种特征特性及品种纯度是否得到保持和保证，同时验证种子认证方案是否可靠实施，实现了闭环监控。

（四）根据不同种子类别分别认证要求

对种子类别做出规定，根据育种家种子、原种和大田用种三类种子分别认证。常规种种子类别分为原种（一至三代）和大田用种（一至三代）；杂交种生产中亲本种子类别分为原种（一至三代）和大田用种（一至三代）；杂交种种子类别为大田用种。认证方案中规定了"育种家种子"是指育种家育成的遗传性状稳定、特征特性一致的品种或亲本组合的最初一批种子。"原种"是指用育种家种子繁殖的第一代至第三代，经确认达到规定质量要求的种子；"大田用种"（过去称良种）是指用常规原种种子繁殖的第一代至第三代种子或杂交种。同时要求满足以下三个条件：一是系谱繁殖，二是要达到规定的要求，三是要经过验证。在通常情况下，育种家种子一般不需要经过种子认证，因此所规定的种子认证类别仅限于原种和大田用种。

（五）对种子生产源头进行控制

1. 种子田要求和标识

从种子认证机构角度而言，无论原种还是大田用种，不管繁殖或生产哪种种子，要求种子田绝对没有或者尽可能没有对生产种子产生品种污染的花粉源，种子田都要达到适宜的安全生产要求，从而保证生产的认证种子保持原有的"品种真实性"。种子质量与种子田、种子田内生长植株以及周围环境有很大关系，因此种子生产者欲实现结果的可追溯性，可以统一制定种子田的唯一标识模式，由种子生产者自行规定。

2. 品种合格

生产认证种子的品种应符合下列条件：①生产主要农作物种子的品种，应是已经审定通过的品种。申报时，种子生产者须向种子认证机构提供品种审定证书和审定公告的复印件或其他证明文件。②生产非主要农作物种子的品种，种子生产者应参照我国农业部《主要农作物品种审定办法》（2016年第4号令），进行品种DUS测定以及确定农艺使用价值的品种区域试验和生产试验，并取得满意结果后方可申报。

（六）种子生产过程的控制扦样、标识及封缄监控

1. 生产要求

对于原种种子的繁殖，种子生产者应该在品种持有者（育种家）的指导下进行生产并与之保持紧密的联系。种子生产者应根据不同作物种类和种子类别的种子生产要求，明确种子质量控制的关键点，采取切实有效的措施，做好田间去杂、去劣、去雄等工作，并保持记录。

2. 田间检验

种子认证机构应该根据需要可安排在苗期、花期和成熟期进行田间检验，但至少应该在品种特征特性表现最充分、最明显的时期进行一次鉴定。田间检验员依据《农作物种子田田间检验规程》（DB 22/T 1211—2011）规定的方法对种子田进行检验，并出具田间检验报告。对于生产大田用种类别的认证种子，种子认证机构可以授权认可田间检验员实施田间检验。认可田间检验员应符合《农作物种子质量认证中实施认可的管理指南》的规定。

（七）种子物理质量的监控

种子物理质量监控包括三方面措施：种子收获加工过程控制、种子批控制和种子检验。

1. 种子收获加工过程控制

采取措施，减少种子收获加工过程的质量劣变。

2. 种子批控制

种子加工后应根据《农作物种子检验规程 扦样》（GB/T 3543.2—1995）所规定的最大限量，划分种子批。加工后的种子批应均匀一致，没有异质性，并有唯一性的批号。如果种子批达不到种子质量要求，可以通过重新加工直至符合种子质量要求。重新加工后的种子批需要换发新的包装容器和标识，并报知种子认证机构。对于同一品种同一世代认证种子的两个或者多个种子批可以进行混合，但构成的新种子批应给予新的标识，原来不同种子批的批号和比例应记录和保存，并向种子认证机构报告。

3. 种子检验

种子检验由认证的种子检验机构承担。种子认证检测机构应依据《农作物种子检验规程》（GB/T3543.1～7—1995）规定的方法对送检样品进行检测，检测内容包括种子净度、其他作物种子、发芽率和水分。检测完毕后，签署种子检验结论，向种子认证机构出具种子检验报告。

（八）文件化管理

为了便于实施，实现质量信息的可追溯性，通常将种子认证规则的要求文件化。即通过一系列书面的认证表格作为种子认证的日常管理和控制手段，这种书面化程序通常称为文件化管理（documentary control）。

七、种子认证的一些特殊认证项目

（一）机构间认证

机构间认证是指在一个种子批的认证过程中需要两个或多个认证机构参与。当需要种子的地区远离种子产地时，就需要机构间认证。机构间认证最早于1943年提出，通过这种形式，种子生产和田间检验可以在一个地区进行，而实验室检验和认证就可以在另一个地区进行。例如美国密歇根的燕麦种子生产者每年种植几千英亩的认证燕麦种子，经田间检验后装船运至纽约州或俄亥俄州进行最终认证。

（二）品种纯度单项认证（VPO）

在美国，有关种子认证方面最有争议问题是品种纯度单项认证的概念。在这一概念指导下，只有田间检验和种子检验显示该品种符合品种纯度的最低标准，其种子才符合认证条件，种子批一旦被过多杂种污染就会被拒收。通过品种纯度单项认证，使用者可以认证作物的品种纯度，而对于净度、发芽率等种子质量指标则需在种子标签显示内容的基础上自定。一些州的认证机构已经使用了VPO认证，但多数州仍要求认证种子符合最低质量标准。

（三）混合品种的认证

一些机构为混合品种的种子提供认证服务。条件是：混合的所有成分都必须代表认证种子，混合比例必需确切，且符合商业要求。混合种的成分是生产者和认证机构间的秘密。一些认证机构认为混合品种不能代表一个纯的品种，所以不愿对其进行认证。

（四）草皮认证

一些认证机构已经进行了多年的草皮认证。认证主要针对如下几方面：认证优势品种和草种净度、确定植物品种组成、病虫害携带情况，以及杂草和其他作物种子含量。在美国的一些州，草皮认证主要是健康检验。

（五）树种认证

由于树种培育和改良的不断发展，产生了改良树种的认证。人们建立了新品种树木苗圃，生产的树种和苗木用于建立改良树林。认证机构的任务是为林业提供认证程序，以保证树种的纯度和幼苗质量。AOSCA 的标准现在经调整加入了树种、灌木和本土植物品种。

一些机构还对林木种苗起源进行认证，因为这样可以获得与将来种植地的气候、海拔、环境相似的地区的树种，从而保证经认证的最终的苗木适应种植地的生态环境，能够正常生长、存活。

（六）健康检验

健康检验并不是一般意义上的种子认证，它只是证明种子和其生产田未受某种病害侵袭。健康检验通常由政府机构和大学的种子检验专家及植病学家进行，并贴以标签表示已经检验。同时给种子发一份健康检验证书，供应商可在销售种子或将种子转运至其他地区或国家时，出示此证书。在国际种子贸易中，通常买方会要求出示健康检验证书，多数认证书的有效期限是种子或植物装运后的 14 天内。

八、种子认证服务与未来

因为认证的公正性决定了其非营利性的经济性质，许多认证机构只能考虑以认证服务以外的其他方法获利。因此，通常通过利用其优势，提供与认证相关的辅助服务来达到经济上的目标。这种服务主要有品种（身份）保存和质量保证两种。

（一）品种（身份）保存

关于遗传纯度的鉴定和保持从一开始就是种子认证的核心和主要内容。认证中的程序、操作措施，包括细致的记录、田间和收获后的遗传纯度及质量检查（包括一致性检查），使品种保存成为可能。品种保存可以使得农民能不断地迅速有效地获得改良品种，此项工作对美国乃至全世界的作物生产具有重大贡献。

近年来，专业认证鉴定逐渐进入农产品消费者的领域。例如，磨坊主要求含油量较高的大豆品种，为此他们愿意支付额外费用以获得经认证的优秀品种。这样做可以避免不同品种或不同质量级的谷物、油料种子和其他产品在储藏或销售过程中的混杂。专业认证鉴定的进一步发展，将为农业和相关的食品工业提供有关产品质量、水平和一致性的服务。

（二）质量保证

许多认证机构为种子行业提供质量保证。在不需要进行完全的认证步骤时，认证机构也可提供田间检验和评估服务。那些要求认证机构提供专业的田间检验或实验室检验和质量控制意见的种子公司就会接受这种服务。多数情况下，权威认证机构的种子质量监控不同于病害虫调查或一般作物种植咨询服务。权威机构的认证使得种子会被贴上一个专门的质量保证标签。

种子认证对北美洲的农业发展做出了重大贡献。它为州实验站培育的优良品种提供了一条迅速高效的普及和推广道路。这对北美洲的种子产业乃至整个农业产生巨大的冲击，并为世界各国种子认证发展提供了榜样。中国的种子产业要进一步发展，尤其是中国加入

WTO 后，适应国际种子贸易规则就成为当前的紧迫任务。中国已经开始试行种子生产的全过程认证制度，并制定了一系列的法律法规。但是政府应该在认识到认证体系在种子生产及其质量监控中的重要作用的同时，必须关注在我国现有体制下种子认证的特殊性与有效性。目前我国的种子认证还处于一种计划经济的模式，部分实行种子认证的企业提高了种子质量，但是认证还不能为众多企业所认可。如何发挥各级种子管理部门的积极性，使种子认证成为企业保证种子质量和提高行业竞争力的重要措施是今后要解决的问题。

思考题

1. 何谓种子认证？简述它的作用和意义。
2. 国际种子认证组织主要有哪些，它们的主要工作是什么？
3. 简述新品种认证的条件。
4. 简述 AOSCA 与 OECD 的种子生产认证程序。
5. 中国种子认证还有哪些方面有待提高？
6. 根据中国农作物种子认证管理办法，以你见过的某种作物为例，简述其种子认证的重要性。

参考文献 🅔

中英文（拉丁）对照 🅔

郑重声明

高等教育出版社依法对本书享有专有出版权。任何未经许可的复制、销售行为均违反《中华人民共和国著作权法》，其行为人将承担相应的民事责任和行政责任；构成犯罪的，将被依法追究刑事责任。为了维护市场秩序，保护读者的合法权益，避免读者误用盗版书造成不良后果，我社将配合行政执法部门和司法机关对违法犯罪的单位和个人进行严厉打击。社会各界人士如发现上述侵权行为，希望及时举报，本社将奖励举报有功人员。

反盗版举报电话　　(010)58581999　58582371　58582488
反盗版举报传真　　(010)82086060
反盗版举报邮箱　　dd@hep.com.cn
通信地址　　北京市西城区德外大街4号　高等教育出版社法律事务与版权管理部
邮政编码　　100120

防伪查询说明

用户购书后刮开封底防伪涂层，利用手机微信等软件扫描二维码，会跳转至防伪查询网页，获得所购图书详细信息。也可将防伪二维码下的20位密码按从左到右、从上到下的顺序发送短信至106695881280，免费查询所购图书真伪。

反盗版短信举报

编辑短信"JB，图书名称，出版社，购买地点"发送至10669588128

防伪客服电话

(010)58582300